백점

BOOK 1　개념북

과학 5·2

구성과 특징

BOOK 1 개념북

검정 교과서를 통합한 개념 학습

2023년부터 초등 5~6학년 과학 교과서가 국정 교과서에서 **9종 검정 교과서**로 바뀌었습니다.

'백점 과학'은 **검정 교과서의 개념과 탐구를 통합적으로 학습**할 수 있도록 구성하였습니다. 단원별 검정 교과서 학습 내용을 확인하고 **개념 학습, 문제 학습, 마무리 학습**으로 이어지는 3단계 학습을 통해 검정 교과서의 통합 개념을 익혀 보세요.

1 개념 학습

검정 교과서의 내용을 통합한 **핵심 개념**을 익힐 수 있습니다.

교과서 통합 대표 실험을 통해 검정 교과서별 중요 실험을 확인할 수 있습니다.

QR을 통해 개념 이해를 돕는 **개념 강의**, 한눈에 보는 **실험 동영상**이 제공됩니다.

2 문제 학습

기본 개념 문제로 개념을 파악합니다.

교과서 공통 핵심 문제로 여러 출판사의 공통 개념을 익힐 수 있습니다.

교과서별 문제를 풀면서 다양한 교과서의 개념을 학습할 수 있습니다.

![3]
마무리 학습

교과서 통합 핵심 개념에서
단원의 개념을 한눈에 정리할 수 있습니다.

단원 평가와 **수행 평가**를 통해
단원을 최종 마무리할 수 있습니다.

BOOK 2 평가북
학교 시험에 딱 맞춘 평가 대비

묻고 답하기

묻고 답하기를 통해 핵심 개념을 다시 익힐 수
있습니다.

단원 평가 기출 / 수행 평가 실전

단원 평가와 수행 평가를 통해 학교 시험에 대비할 수
있습니다.

차례

1 재미있는 나의 탐구 —————————— 5쪽

2 생물과 환경 —————————— 13쪽

3 날씨와 우리 생활 —————————— 41쪽

4 물체의 운동 —————————— 73쪽

5 산과 염기 —————————— 97쪽

1

재미있는 나의 탐구

▶ **학습 내용과 교과서별 해당 쪽수를 확인해 보세요.**

학습 내용	백점 쪽수	교과서별 쪽수				
		동아출판	비상 교과서	아이스크림 미디어	지학사	천재교과서
● 재미있는 과학 탐구 (탐구 문제, 탐구 계획, 탐구 실행, 탐구 결과 발표)	6~9	–	–	9~17	8~17	10~23
● 신나는 과학 탐구 (문제 인식, 가설 설정, 변인 통제, 자료 변환, 자료 해석, 결론 도출)	10~12	8~17	–	–	–	–

★ 2015 개정 과학과 교육과정에서는 다양한 탐구 중심의 학습이 이루어지도록 학년별 위계가 정해져 있지 않습니다.
　자신의 학교에 맞는 학습 내용을 선택하여 활용하면 됩니다.

● **재미있는 과학 탐구**는 금성출판사 「과학자처럼 문제를 해결해요」, 김영사 「1. 재미있는 나의 탐구」,
　　　　　　　아이스크림미디어 「재미있는 탐구 생활」, 지학사 「1. 함께하는 과학 탐구」,
　　　　　　　천재교과서 「1. 탐구야, 궁금한 점을 해결해 볼까?」 단원에 해당합니다.

● **신나는 과학 탐구**는 동아출판 「1. 신나는 과학 탐구」 단원에 해당합니다.

개념 강의

재미있는 과학 탐구

1 탐구 문제 정하기

❶ 궁금한 점 생각하기

생활 속에서 궁금했던 점이나 대상을 직접 관찰하며 궁금했던 점을 떠올려 보고, 글과 그림으로 기록합니다.

종이비행기를 새로운 모양으로 만들 수는 없을까?

[궁금한 점] 종이띠와 빨대를 이용하여 고리 비행기를 만들어 보는 것은 어때?

❷ 탐구 문제 정하기

여러 가지 궁금한 점 중에서 가장 알아보고 싶은 것을 탐구 문제로 정합니다.

탐구 문제는 "~까?"와 같은 형태로 쓰면 돼요.

고리 비행기를 어떤 모양으로 만들면 더 멀리 날 수 있을지 궁금해.

[탐구 문제] 어떻게 하면 5 m 이상 날아가는 고리 비행기를 만들 수 있을까?

❸ 탐구 문제 점검하기

탐구 문제가 적절한지, 스스로 탐구할 수 있는 문제인지 확인합니다.

2 탐구 계획하기

❶ 탐구 문제 해결 방법 정하기

탐구 문제를 해결할 수 있는 탐구 방법을 생각합니다.

원 모양 종이띠
빨대

고리 비행기 고리의 모양, 고리의 크기, 고리의 위치, 고리의 무게, 빨대의 굵기, 빨대의 길이 등을 모두 생각해야 해.

[탐구 문제 해결 방법] 앞뒤 고리 모두 원 모양으로 하고, 폭 1.5 cm, 길이 9 cm 인 종이띠를 사용해서 만들어 보자.

❷ 탐구 계획 세우기

탐구 방법에 따른 탐구 순서, 준비물, 안전 수칙을 정하고, 역할을 나눕니다.

탐구 문제	어떻게 하면 5 m 이상 날아가는 고리 비행기를 만들 수 있을까?
탐구 순서	❶ 원형 고리 비행기와 고리 비행기 발사대를 만든다. ❷ 발사대를 이용하여 고리 비행기를 날려 보고, 날아간 거리를 측정한다. →던지는 힘의 영향을 받지 않도록 발사대를 이용해요. ❸ 고리 비행기가 5 m 이상 날아가지 않는다면 무엇이 문제인지 생각해 보고, 이를 해결한 후 ❷번을 다시 실행한다. ❹ 문제점을 해결하면서 5 m 이상 날아가는 고리 비행기를 만든다.
준비물	종이띠, 굵은 빨대, 가는 빨대, 셀로판테이프, 양면테이프, 플라스틱판, 집게, 가위, 고무줄, 줄자, 종이테이프 등
안전 수칙	사람을 향해 고리 비행기를 날리지 않는다.
역할 분담	• ○○: 고리 비행기 만들기 • ☆☆: 발사대 만들기 • □□: 고리 비행기 날리기 • ◎◎: 기록 측정하기 • △△: 사진이나 동영상 촬영하기

⊕ 종이띠와 빨대를 이용하여 만든 고리 비행기 ⑩

종이띠
빨대

⊕ 탐구 문제를 정할 때 유의할 점
• 간단한 검색을 통해 정답을 알 수 있거나, 너무 어려워서 해결할 수 없는 탐구 문제는 정하지 않습니다.
• 탐구 준비물을 쉽게 구할 수 있어야 합니다.

⊕ 탐구 계획을 세울 때 유의할 점
• 탐구 계획을 세울 때에는 결과에 영향을 주는 조건을 꼼꼼히 점검합니다.
• 탐구 계획에 대하여 친구들과 의견을 나누고 수정할 부분이 있는지 점검합니다.

용어 사전

● **띠** 너비가 좁고 기다랗게 생긴 물건을 통틀어 이르는 말.
● **수칙** 행동이나 절차에 관하여 지켜야 할 사항을 정한 규칙.

3 탐구 실행하기

❶ 탐구 문제를 탐구 결과물로 만들어 탐구하기

탐구 계획에 따라 탐구 문제를 탐구 결과물로 만들어 보며 탐구해 봅니다.

고리 비행기 모양	원형 고리 비행기			
날아간 거리	1회	2회	3회	가장 멀리 날아간 기록
	215 cm	250 cm	245 cm	250 cm

❷ 탐구 결과물 점검하기

탐구 결과물이 탐구 문제를 해결하였는지 점검합니다.

탐구 문제	해결 여부
어떻게 하면 5 m 이상 날아가는 고리 비행기를 만들 수 있을까?	○, ⊗

❸ 문제점을 찾고 보완 방법 생각하기

[문제점]
고리 비행기가 날아가다가 앞의 고리가 위로 들리며 아래로 떨어져.

[보완 방법]
앞쪽에 클립을 끼워 약간 무겁게 하고, 뒤쪽을 더 큰 고리로 바꿔 보자.

- 만든 탐구 결과물의 문제점을 찾고, 이를 보완할 방법을 생각합니다.
- 탐구 문제를 해결할 수 있는 결과를 얻을 때까지 계속해서 보완해 봅니다.

➕ 문제점을 찾고 보완하기

문제점을 여러 차례 보완해 나가는 경우, 각 단계에서 바꾼 점을 메모하거나 사진 또는 동영상으로 기록합니다.

고리 비행기 모양	원형 고리 비행기			
날아간 거리	1회	2회	3회	가장 멀리 날아간 기록
	530 cm	600 cm	555 cm	600 cm
탐구 문제 해결 여부	◎, ×	◎, ×	◎, ×	◎, ×

❹ 탐구 결과 정리하기

탐구 결과를 정리하고, 탐구 결과로 알게 된 것을 친구들과 이야기해 봅니다.

[탐구 결과] 고리 비행기의 고리를 원 모양으로 만들고, 앞부분에 클립을 끼워 약간 무겁게 한 고리 비행기가 5 m 이상 날아갔다.

앞
클립
뒤

4 탐구 결과 발표하기

(1) **탐구 결과 발표 자료 만들기**

컴퓨터나 포스터를 활용하거나 전시회, 역할놀이 등 다양한 방법으로 발표할 수 있어요.

① 탐구 결과를 쉽게 전달할 수 있는 발표 방법과 발표 자료의 종류를 정합니다.
② 발표 자료에 들어갈 내용을 확인하고 발표 자료를 만듭니다.

(2) **탐구 결과 발표하기**

① 탐구 결과를 발표하고, 친구들의 질문에 대답합니다.
② 다른 친구의 발표를 주의 깊게 듣고 궁금한 점, 더 알고 싶은 점을 질문합니다.
③ 나의 발표에서 잘한 점과 보완해야 할 점을 정리해 봅니다.

용어 사전

● **보완** 모자라거나 부족한 것을 보충하여 완전하게 함.

◎ 재미있는 과학 탐구

1 금성, 김영사, 미래엔, 아이스크림, 지학사, 천재교과서, 천재교육

다음 대화와 관계 있는 탐구 문제로 가장 알맞은 것에 ○표 하시오.

> 주변에 있는 생활용품을 관찰하고, 어떤 과학 원리가 숨어 있는지 조사했어?
> 나
>
> 선풍기의 날개는 공기를 앞쪽으로 밀어 낸다는 것이 새삼 신기했어.
> 친구
>
> 직접 확인하고 싶거나 기능을 개선하고 싶은 것이 있었니?
> 나
>
> 강한 바람이 나오는 선풍기를 만들고 싶어.
> 친구

(1) 선풍기의 바람을 강하게 하려면 어떻게 만들어야 할까? ( )

(2) 선풍기의 날개가 천천히 돌아가게 하려면 어떻게 만들어야 할까? ( )

2 금성, 김영사, 미래엔, 아이스크림, 지학사, 천재교과서, 천재교육

다음 탐구 문제가 적절한지 확인할 내용으로 알맞지 <u>않은</u> 것을 보기 에서 골라 기호를 쓰시오.

> [탐구 문제] 어떻게 하면 5 m 이상 날아가는 고리 비행기를 만들 수 있을까?

보기
> ㉠ 스스로 탐구할 수 있는 문제인가?
> ㉡ 고리 비행기를 얼마나 아름답게 만들 수 있는가?
> ㉢ 만드는 데 필요한 준비물을 쉽게 구할 수 있는가?

( )

3 금성, 김영사, 미래엔, 아이스크림, 지학사, 천재교과서, 천재교육

위 **2**번 탐구 문제를 해결하기 위한 탐구 계획을 세울 때 해야 할 일로 옳은 것에 모두 ○표 하시오.

(1) 어떻게 만들지 정한다. ( )

(2) 만들려는 작품을 글과 그림으로 나타내 본다. ( )

4 금성, 김영사, 미래엔, 아이스크림, 지학사, 천재교과서, 천재교육

탐구를 실행할 때 할 일을 옳게 말한 사람의 이름을 쓰시오.

> • 시율: 문제가 생기면 탐구를 중단해.
> • 하준: 표나 그래프로 탐구 결과를 기록해.
> • 예은: 탐구 문제 여러 가지를 한꺼번에 실행해.

( )

5 금성, 김영사, 미래엔, 아이스크림, 지학사, 천재교과서, 천재교육

탐구를 실행하는 동안 예상하지 못한 문제가 생겼을 때의 태도로 옳지 <u>않은</u> 것을 보기 에서 골라 기호를 쓰시오.

보기
> ㉠ 문제가 생긴 원인을 찾는다.
> ㉡ 문제점은 크게 생각하지 않아도 된다.
> ㉢ 문제를 해결할 수 있는 과학적인 방법을 생각해 본다.

( )

6 서술형 천재교과서

탐구를 실행하다가 다음과 같은 문제점이 발생했을 때 알맞은 보완 방법을 한 가지 쓰시오.

> [문제점] 고리 비행기가 날아가다가 앞쪽의 고리가 위로 들리며 아래로 떨어진다.

_____

_____

7 금성, 김영사, 미래엔, 아이스크림, 지학사, 천재교과서, 천재교육

탐구 결과 발표 방법을 고민하는 윤진이에게 가장 알맞은 방법을 보기 에서 골라 기호를 쓰시오.

> 어떻게 발표하면 친구들이 우리가 탐구한 내용을 쉽게 이해할 수 있을까?

> 이렇게 해 보자.

윤진

보기
　㉠ 탐구 결과를 긴 글로 써서 정리한다.
　㉡ 같은 내용을 10회 이상 반복해서 발표한다.
　㉢ 탐구 과정을 짧은 동영상이나 사진으로 보여 준다.

(　　　　　　)

8 금성, 김영사, 미래엔, 아이스크림, 지학사, 천재교과서, 천재교육

탐구 결과 발표 자료를 만들 때 가장 먼저 해야할 일은 어느 것입니까? (　　　)

① 탐구한 내용을 떠올린다.
② 새로운 탐구 문제를 정한다.
③ 친구들에게 궁금한 것을 질문한다.
④ 탐구 결과 발표 장소와 시간을 정한다.
⑤ 탐구 결과를 발표할 때 입을 의상을 정한다.

9 금성, 김영사, 미래엔, 아이스크림, 지학사, 천재교과서, 천재교육

탐구 결과를 발표하기 위한 발표 자료에 들어갈 내용으로 알맞은 것을 보기 에서 모두 골라 기호를 쓰시오.

보기
　㉠ 탐구 문제　　　　㉡ 탐구 장소
　㉢ 역할 나누기　　　㉣ 탐구로 알게 된 것
　㉤ 더 알아보고 싶은 것

(　　　　　　)

10 금성, 김영사, 미래엔, 아이스크림, 지학사, 천재교과서, 천재교육

탐구 결과를 발표할 때 주의할 점으로 옳은 것에 ○표, 옳지 <u>않은</u> 것에 ×표 하시오.

(1) 아주 빠르고 분명하게 말한다.　　　(　　　)
(2) 요점을 빠뜨리지 않고 말한다.　　　(　　　)
(3) 모든 학생이 볼 수 있는 곳에서 발표한다. (　　　)

11 서술형　금성, 김영사, 미래엔, 아이스크림, 지학사, 천재교과서, 천재교육

다른 모둠의 탐구 결과 발표를 들을 때 주의해야 할 점을 한 가지 쓰시오.

_____

_____

12 금성, 김영사, 미래엔, 아이스크림, 지학사, 천재교과서, 천재교육

탐구하는 과정의 순서에 맞도록 ㉠, ㉡에 들어갈 알맞은 내용을 보기 에서 골라 각각 쓰시오.

보기
　탐구 실행하기,　　탐구 계획하기,
　새로운 탐구하기,　궁금한 점 생각하기

탐구 문제 정하기 ▶ ㉠ ▶ ㉡ ▶ 탐구 결과 발표하기

㉠ (　　　　　　), ㉡ (　　　　　　)

신나는 과학 탐구

 개념 강의

1 탐구 문제를 정하고 가설 설정하기

(1) **탐구 문제 정하기:** 평소에 궁금했던 점이나 어떤 현상을 관찰하면서 생긴 궁금한 것을 바탕으로 탐구 문제를 정합니다.

예

궁금한 것	➡	탐구 문제
고무 동력 수레를 어떻게 하면 더 멀리 이동시킬 수 있을까?		고무줄을 감는 횟수가 고무 동력 수레의 이동 거리에 어떤 영향을 줄까?

(2) **가설 설정하기**

① **가설:** 탐구 문제를 정하고 탐구 결과를 미리 예상해 보는 것을 말하며, 가설을 세우는 것을 **가설 설정**이라고 합니다.

② 가설은 이미 알고 있는 사실과 개념, 관찰한 경험 등을 바탕으로 세울 수 있습니다.

예 [가설] 고무 동력 수레의 고무줄을 감는 횟수가 많을수록 수레가 더 멀리 이동할 것입니다.

고무 동력 수레는 감겨 있던 고무줄이 풀리면서 움직이니까, 고무줄을 많이 감으면 멀리 이동할 수 있을 거야.

가설로 설정해 보는게 어때?

2 실험 계획하기

(1) **실험 계획을 세울 때 정해야 할 것**

① 실험 결과에 영향을 주는 조건을 찾고, 가설을 확인하기 위해 다르게 해야 할 조건과 같게 해야 할 조건을 확인하고 통제합니다. ➡ 이를 **변인 통제**라고 합니다.

② 변인 통제를 하지 않으면 어떤 조건이 실험 결과에 영향을 주었는지 확인하기 어렵습니다.

③ 실험을 하면서 관찰하거나 측정해야 할 것, 실험에 필요한 준비물, 실험 과정, 모둠원의 역할, 안전 수칙 등을 정합니다.

예

탐구 문제	고무줄을 감는 횟수가 고무 동력 수레의 이동 거리에 어떤 영향을 줄까?			
가설	고무 동력 수레의 고무줄을 감는 횟수가 많을수록 수레가 더 멀리 이동할 것이다.			
실험 조건	다르게 해야 할 조건	같게 해야 할 조건	준비물	고무 동력 수레, 줄자, 종이테이프
	고무 동력 수레의 고무줄을 감는 횟수	고무 동력 수레, 출발선, 실험하는 장소		
관찰하거나 측정할 것	• 고무 동력 수레가 움직이는 빠르기 관찰하기 • 고무 동력 수레가 이동한 거리 줄자로 측정하기			
실험 과정	❶ 고무 동력 수레의 고무줄을 각각 10회, 15회, 20회씩 감고 종이테이프로 표시한 출발선에 수레를 놓는다. ❷ 수레가 움직이다가 멈추면 출발선에서부터 수레가 이동한 거리를 줄자로 측정하고 기록한다.			

가설을 세울 때 유의할 점

탐구하려는 내용이 분명하게 드러나도록 표현해야 하며, 탐구 결과를 통해 가설이 맞는지 확인할 수 있어야 합니다. 또 가설을 이해하기 쉽도록 간결한 문장을 사용하여 표현합니다.

고무 동력 수레 만들기

빵 끈

❶ 구부린 빵 끈에 고무줄을 끼운 뒤, 짧은 나무 막대를 고무줄에 끼우기

실패

❷ 빵 끈을 구멍 뚫린 실패의 구멍에 통과시키기

나무 구슬

❸ 실패를 통과한 빵 끈을 구멍 뚫린 나무 구슬의 구멍에 통과시켜 고무줄 빼내기

❹ 빼낸 고무줄에 긴 나무 막대를 끼운 후 빵 끈 제거하기

용어 사전

● **동력** 전기 또는 자연에 있는 에너지를 쓰기 위하여 기계적인 에너지로 바꾼 것.

● **변인** 성질이나 모습이 변하는 원인.

● **실패** 실을 감아 두는 작은 도구.

3 실험하기

① 변인 통제에 유의하면서 계획한 실험 과정에 따라 실험을 합니다.
② 실험하는 동안 관찰하거나 측정한 내용은 있는 그대로 기록합니다.
③ 실험 결과가 예상과 다르더라도 고치거나 빼지 않습니다.
④ 항상 안전에 유의하면서 실험을 합니다.

예

고무줄을 감은 횟수	측정 횟수	고무 동력 수레가 이동한 거리(cm)
10	1회	60
	2회	62
	3회	60
15	1회	98
	2회	100
	3회	100
20	1회	170
	2회	170
	3회	173

말풍선: 여러 번 해 보자!
말풍선: 고무줄을 많이 감을수록 더 멀리 이동하네.

└● 정확한 결과를 얻기 위해 여러 번 반복해서 측정해요.

4 실험 결과를 정리하고 결론 내리기

(1) 실험 결과 정리하기

① 실험 결과를 한눈에 비교하기 쉽게 표나 그래프 등의 형태로 바꾸어 나타냅니다.
➡ 이를 **자료 변환**이라고 합니다.
② 실험 결과를 그림이나 표, 그래프 등으로 변환한 뒤에는 **자료를 해석**하여 그 의미를 확인합니다.
③ 실험에서 다르게 한 조건과 실험 결과 사이에는 어떤 관계가 있는지 살펴봅니다.

예 각각 3번씩 반복하여 측정한 값 중에서 가장 많이 측정된 값을 결과로 기록함.

고무줄을 감은 횟수	고무 동력 수레가 이동한 거리(cm)
10	60
15	100
20	170

그래프: 세로축 "고무 동력 수레가 이동한 거리(cm)" 0, 50, 100, 150, 200 / 가로축 "고무줄을 감은 횟수" 10회, 15회, 20회

└● 실험 결과와 가설이 같은 것을 알 수 있어요.

(2) 결론 내리기

① 실험 결과를 통해 가설이 맞는지 판단합니다.
② 실험 결과가 가설과 같다면 이를 바탕으로 탐구 문제의 답을 정리해 결론을 내립니다. ➡ 이를 **결론 도출**이라고 합니다.

예 결론 | 고무 동력 수레의 고무줄을 많이 감을수록 수레가 더 멀리 이동한다.

③ 실험 결과가 가설과 다르다면 가설을 수정하여 탐구를 다시 시작합니다.

➕ **고무줄을 감는 횟수에 따른 고무 동력 수레의 이동 거리 측정하기**

줄자
출발선

❶ 고무 동력 수레의 고무줄을 각각 10회, 15회, 20회씩 감고 종이테이프로 표시한 출발선에 수레 놓기

❷ 수레가 움직이다가 멈추면 출발선에서부터 수레가 이동한 거리를 줄자로 측정하고 기록하기

➕ **꺾은선 그래프 그리기**

❶ 가로축에는 탐구에서 다르게 한 조건을 나타내고, 세로축에는 탐구에서 측정한 결과를 나타냅니다.
❷ 가장 큰 측정값을 나타낼 수 있도록 눈금을 정합니다.
❸ 가로축과 세로축의 측정값이 만나는 곳에 점을 찍고 점과 점을 선으로 연결합니다.

용어 사전

● **변환** 달라져서 바꾸는 것. 또는 다르게 하여 바꾸는 것.
● **도출** 판단이나 결론 등을 이끌어 냄.

신나는 과학 탐구

● 정답과 풀이 1쪽

1 동아

다음 궁금한 점을 바탕으로 정한 탐구 문제로 가장 알맞은 것을 보기 에서 골라 기호를 쓰시오.

[궁금한 점] 고무 동력 수레를 어떻게 하면 더 멀리 이동시킬 수 있을까?

보기

㉠ 고무 동력 수레를 만드는 준비물에는 무엇이 있을까?

㉡ 고무 동력 수레가 이동한 거리를 어떤 도구로 측정할까?

㉢ 고무줄을 감는 횟수가 고무 동력 수레의 이동 거리에 어떤 영향을 줄까?

( )

2 서술형 동아

위 **1**번 궁금한 점과 관련지어 어떤 가설을 세울 수 있을지 한 가지 쓰시오.

_____

_____

3 동아

다음은 실험 계획을 세울 때 정해야 할 것에 대한 내용입니다. ( ) 안에 들어갈 알맞은 말은 어느 것입니까? ( )

실험 결과에 영향을 주는 조건을 찾고, 가설을 확인하기 위해 다르게 해야 할 조건과 같게 해야 할 조건을 확인하고 통제해야 하는데, 이를 ( ) (이)라고 한다.

① 문제 인식   ② 가설 설정
③ 변인 통제   ④ 자료 변환
⑤ 자료 해석

4 동아

탐구 문제를 해결하기 위한 실험을 할 때 지켜야 할 것으로 알맞은 것에 모두 ○표 하시오.

⑴ 실험하는 동안 측정한 내용은 있는 그대로 모두 기록한다. ( )

⑵ 실험 결과가 예상한 것과 다르더라도 고치거나 빼지 않는다. ( )

⑶ 같게 해야 할 조건으로 정했던 것이라도 반드시 같게 할 필요는 없다. ( )

5 동아

다음과 같이 실험 결과를 한눈에 비교하기 쉽게 표나 그래프의 형태로 바꾸어 나타내는 것을 무엇이라고 하는지 쓰시오.

고무줄을 감은 횟수	고무 동력 수레가 이동한 거리(cm)
10	60
15	100
20	170

( )

6 동아

실험 결과를 정리하고 결론을 내리는 단계에 대해 옳지 <u>않게</u> 말한 사람의 이름을 쓰시오.

• 원지: 실험 결과를 통해 가설이 맞는지 판단해.
• 호수: 실험 결과가 가설과 같다면, 이를 바탕으로 결론을 내려.
• 재롬: 실험 결과가 가설과 다르다면, 탐구에 실패하였으므로 새로운 탐구를 계획해.

( )

2

생물과 환경

▶ 학습 내용과 교과서별 해당 쪽수를 확인해 보세요.

학습 내용	백점 쪽수	교과서별 쪽수				
		동아출판	비상교과서	아이스크림 미디어	지학사	천재교과서
❶ 생태계, 생태계를 이루는 요소	14~17	22~23	14~17	22~23	22~25	28~33
❷ 생물 요소의 먹이 관계, 생태계 평형	18~21	24~27	18~19	24~29	26~29	34~37
❸ 비생물 요소가 생물에 미치는 영향	22~25	28~29	20~21	30~31	30~31	38~39
❹ 생물의 적응, 환경 오염이 생물에 미치는 영향	26~29	30~33	22~27	32~37	32~35	40~43

★ 동아출판, 김영사, 미래엔, 지학사, 천재교과서, 천재교육의 「2. 생물과 환경」 단원에 해당합니다.

★ 금성출판사, 비상교과서, 아이스크림미디어의 「1. 생물과 환경」 단원에 해당합니다.

1 생태계, 생태계를 이루는 요소

개념 강의

1 생태계

(1) 생물이 사는 곳: 생물은 다양한 환경에서 살아갑니다. 생물이 사는 곳을 서식지라고 하며, 서식지가 다르면 그곳에 사는 생물도 다릅니다.

(2) 생태계

① 어떤 장소에서 서로 영향을 주고받는 생물과 생물 주변의 환경 전체를 생태계라고 합니다.

② 화단, 연못, 어항처럼 비교적 작은 규모부터 숲, 하천, 갯벌, 바다처럼 큰 규모에 이르기까지 생태계의 종류는 다양합니다. ──● 지구도 하나의 커다란 생태계에 해당해요.

③ 북극이나 남극, 사막처럼 환경이 특별한 생태계도 있습니다.

▲ 화단 생태계　　▲ 연못 생태계　　▲ 어항 생태계　　▲ 숲 생태계

▲ 하천 생태계　　▲ 갯벌 생태계　　▲ 바다 생태계　　▲ 사막 생태계

(3) 생태계 관찰하기(예 연못, 숲 생태계): 생태계는 다양한 요소로 이루어져 있으며 서로 영향을 주고 받습니다.

연못 생태계 / 숲 생태계

참새, 햇빛, 온도, 공기, 여우, 수련, 소금쟁이, 연꽃, 개구리, 부들, 곰팡이(400배), 흙, 버섯, 뱀, 붕어, 물, 검정말, 세균(1000배), 토끼, 구절초

살아 있는 것	살아 있지 않은 것
소금쟁이, 붕어, 검정말, 수련, 세균, 연꽃, 개구리, 부들, 토끼, 여우, 참새, 곰팡이, 뱀, 버섯, 구절초 등	햇빛, 공기, 물, 온도, 돌, 흙 등

생물 요소	생태계를 이루는 요소 중 동물이나 식물 등과 같이 살아 있는 것	비생물 요소	햇빛, 공기, 물 등과 같이 살아 있지 않은 것

➕ 생물이 살기 힘든 환경

• 동물은 공기가 없으면 숨을 쉴 수 없습니다.

• 식물은 물과 햇빛이 없으면 잘 자랄 수 없습니다.

• 흙이 없으면 식물이 뿌리를 내리고 자랄 수 없습니다.

• 다른 생물이 없으면 이를 먹이로 하는 동물은 살아갈 수 없습니다.

➕ 생물 요소와 비생물 요소가 서로 주고 받는 영향 예

• 생물 요소인 식물은 비생물 요소인 햇빛이 있어야 잘 자랍니다.

• 생물 요소인 동물과 식물은 비생물 요소인 물이 없으면 살기 어렵습니다.

• 생물 요소인 동물의 배출물은 비생물 요소인 흙을 비옥하게 해 줍니다.

용어 사전

◆ **요소** 무엇을 이루는 데 반드시 있어야 할 중요한 물질이나 조건.

◆ **배출물** 사람이나 동물이 몸 밖으로 내보내는 똥이나 오줌, 땀 등의 물질.

2 양분을 얻는 방법에 따라 생물 요소 분류하기

① 생물 요소 찾아보기: 배추, 배추흰나비, 배추흰나비 애벌레, 곰팡이, 느티나무, 참새, 세균, 개망초 등의 생물 요소를 찾을 수 있습니다.

② 각 생물 요소가 양분을 얻는 방법: 생물은 양분을 얻어야만 살아갈 수 있습니다.

③ 양분을 얻는 방법에 따라 생물 요소 분류하기: 생태계를 구성하는 생물 요소는 양분을 얻는 방법에 따라 생산자, 소비자, 분해자로 분류할 수 있습니다.

3 생물 요소의 역할

---

2 단원

생물이 양분을 얻는 모습을 본 경험 예

- 새는 작은 곤충이나 열매 등을 먹고 삽니다.
- 강아지는 먹이를 먹고 물을 마셔야 살 수 있습니다.
- 화분에 기르는 식물은 햇빛을 잘 받게 하고 물을 주어야 잘 자랍니다.

생산자인 동시에 소비자인 식충 식물

모든 생물이 생산자, 소비자, 분해자 중 하나에만 속하는 것은 아닙니다. 파리지옥이나 끈끈이주걱과 같이 곤충을 잡아먹는 식충 식물은 햇빛을 이용하여 양분을 만드는 생산자이면서, 곤충을 잡아먹는 소비자입니다.

생산자가 사라지면 일어날 수 있는 일

생산자인 식물을 먹이로 하여 양분을 얻는 생물이 살지 못할 것이고, 이 생물을 먹이로 하는 생물 또한 살지 못할 것입니다. 결국 생태계의 모든 생물이 멸종될 수 있습니다.

용어 사전

- **분해** 여러 부분이 합쳐져 이루어진 것을 그 낱낱으로 나눔.
- **멸종** 생물의 한 종류가 아주 없어짐.

1 생태계, 생태계를 이루는 요소

기본 개념 문제

1
(   )이/가 사는 곳을 서식지라고 하며 땅속, 땅 위, 물속, 물가 등 다양한 곳이 있습니다.

2
낙타, 모래, 햇빛, 선인장, 미어캣 등이 서로 영향을 주고받는 생태계는 (   ) 생태계입니다.

3
생태계의 구성 요소 중 공기, 온도, 물, 돌 등과 같이 살아 있지 않은 것을 (   ) 요소라고 합니다.

4
생물 요소를 분류할 때 스스로 양분을 만드는 생물을 (   )(이)라고 합니다.

5
소비자는 다른 생물을 먹이로 하여 (   )을/를 얻습니다.

6 ➕ 9종 공통

다음 (   ) 안에 들어갈 알맞은 말을 쓰시오.

> (   )(이)란 어떤 장소에서 서로 영향을 주고받는 생물과 생물 주변의 환경 전체를 말한다.

(   )

7 ➕ 9종 공통

다음 중 생태계의 종류로 알맞은 것을 두 가지 골라 기호를 쓰시오.

ㄱ ▲ 물

ㄴ ▲ 화단

ㄷ ▲ 갯벌

ㄹ ▲ 개구리

(   )

8 ➕ 9종 공통

생태계의 구성 요소들을 구분하여 알맞은 것끼리 선으로 이으시오.

(1)
▲ 흙

(2)
▲ 온도

(3)
▲ 붕어

(4)
▲ 소

• ㉠ 생물 요소

• ㉡ 비생물 요소

9 ➕ 9종 공통

다음은 숲 생태계에서 볼 수 있는 구성 요소들입니다. 생물 요소와 비생물 요소로 분류하여 모두 기호를 쓰시오.

㉠ 물	㉡ 흙	㉢ 돌	㉣ 개
㉤ 벌	㉥ 공기	㉦ 사람	㉧ 민들레

(1) 생물 요소: (   )

(2) 비생물 요소: (   )

10 ➕ 9종 공통

다음 중 다른 생물을 먹이로 하여 양분을 얻는 생물을 골라 기호를 쓰시오.

㉠
▲ 부들

㉡
▲ 곰팡이

㉢
▲ 소금쟁이

(   )

11 ➕ 9종 공통

다음 (1)~(3)의 생물 요소가 양분을 얻는 방법을 보기 에서 각각 골라 기호를 쓰시오.

┌─ 보기 ●────────────────
│ ㉠ 다른 생물을 먹이로 하여 양분을 얻는다.
│ ㉡ 햇빛을 이용하여 스스로 양분을 만든다.
│ ㉢ 죽은 생물이나 생물의 배출물을 분해하여 양분을 얻는다.
└──────────────────────

(1) 배추: (   )

(2) 곰팡이: (   )

(3) 배추흰나비: (   )

12 ➕ 9종 공통

생태계의 생물 요소에 대한 설명으로 옳은 것에 ○표 하시오.

(1) 양분을 얻는 방법에 따라 생산자, 소비자, 분해자로 분류할 수 있다. (   )

(2) 곰팡이, 세균 등은 광합성을 통해 스스로 양분을 만드는 생산자이다. (   )

13 ➕ 9종 공통

양분을 얻는 방법에 따라 생물 요소를 분류할 때 사과나무와 같은 무리로 분류할 수 있는 것에 대해 옳게 말한 사람의 이름을 쓰시오.

▲ 사과나무

• 은빈: 소비자로 분류하면 돼.
• 재준: 생물의 배출물을 분해하는 생물의 무리야.
• 소영: 햇빛을 이용해 스스로 양분을 만드는 생물 요소야.

(   )

14 서술형 ➕ 9종 공통

생태계를 구성하는 생물 요소를 분류할 수 있는 기준을 포함하여 각각 무엇으로 부르는지 쓰시오.

_____

_____

_____

2 생물 요소의 먹이 관계, 생태계 평형

1 생물 요소의 먹이 관계

(1) 생물들의 먹이 관계

도토리 | 다람쥐는 도토리를 먹음. | 뱀은 다람쥐를 잡아먹음. | 매는 뱀을 먹이로 먹음.

➡ 생태계에서 생물 요소는 서로 먹고 먹히는 관계에 있습니다.

(2) 먹이 사슬

맛있겠다.
맛있는 들쥐로군.
잘 먹겠습니다.

▲ 풀 → ▲ 들쥐 → ▲ 뱀 → ▲ 매

① 생물들의 먹고 먹히는 관계가 사슬처럼 연결되어 있는 것을 먹이 사슬이라고 합니다.
② 실제 생태계에서 소비자는 다양한 종류의 생물을 먹습니다.
③ 생물의 먹이 관계는 한 줄로 연결된 먹이 사슬의 형태가 아닌, 복잡한 형태로 나타납니다.

(3) 먹이 그물: 여러 개의 먹이 사슬이 복잡하게 얽혀 그물처럼 연결되어 있는 것을 먹이 그물이라고 합니다.

들쥐, 뱀, 매, 개구리, 박새, 질경이, 사마귀, 토끼, 메뚜기, 강아지풀

(4) 생태계의 생물이 살아가기에 좋은 먹이 관계

① 먹이 사슬과 먹이 그물 중 생태계에서 여러 생물이 함께 살아가기에 유리한 것은 먹이 그물입니다.
② 먹이 그물은 어느 한 종류의 먹이가 부족해지더라도 다른 종류의 먹이를 먹고 살 수 있으므로 생물이 살아가는 데 영향을 덜 받을 수 있습니다.

➕ 생태계에서 생물의 먹고 먹히는 관계 나타내기

▲ 벼   ▲ 메뚜기   ▲ 개구리   ▲ 매

• 먹히는 쪽에서 먹는 쪽으로 화살표를 그어 표현합니다.
• 사슬과 같이 한 줄로 나열한 뒤 연결하는 형태로 나타낼 수 있습니다.

➕ 먹이 사슬과 먹이 그물의 공통점과 차이점

• 공통점: 생물들의 먹고 먹히는 관계가 나타납니다.
• 차이점: 먹이 사슬은 한 방향으로만 연결되어 있고, 먹이 그물은 여러 방향으로 연결되어 있습니다.

용어 사전

• 사슬 고리를 여러 개 죽 이어서 만든 줄.
• 질경이 들이나 길가에서 자라는 여러 해살이 풀. 잎은 뿌리에서 뭉쳐나며 긴 타원형으로 어린잎은 먹기도 함.

2 생태계의 먹이 관계

단계	설명
최종 소비자	소비자의 가장 마지막 단계 생물
2차 소비자	1차 소비자를 먹는 생물
1차 소비자	생산자인 식물을 먹이로 하는 생물
생산자	

> 생태계에서 먹이 단계가
> 올라갈수록
> 생물의 수는 적어져.

① 생태계의 생물들은 서로 의존하는 관계입니다.
② 만약 생산자가 사라진다면 소비자들도 살아남기 어려울 것입니다.

➕ 안정된 생태계에서 생물의 수나 양

- 최종 소비자(매)
- 2차 소비자(개구리)
- 1차 소비자(메뚜기)
- 생산자(벼)

안정된 생태계에서 먹이 단계에 따라 생물의 수나 양을 아래에서부터 쌓아 올리면 위로 갈수록 줄어드는 피라미드 모양이 됩니다.

3 생태계 평형

(1) 생태계 평형
① 생태계의 생물은 서로 먹고 먹히는 관계를 이루며 안정적인 상태로 살아갑니다.
② 어떤 지역에 사는 생물의 종류와 수 또는 양이 균형을 이루며 안정된 상태를 유지하는 것을 생태계 평형이라고 합니다.

(2) 생태계 평형이 깨지는 까닭
① 특정 생물의 수나 양이 갑자기 늘거나 줄면 생태계 평형이 깨지기도 합니다.

• 일시적으로 깨진 생태계 평형은 자연적으로 회복되기도 해요.

(예)

사람들의 무분별한 늑대 사냥으로 인해 국립 공원에 살던 늑대가 모두 사라지고, 늑대가 사라지자 사슴이 빠르게 늘어남.

늘어난 사슴이 풀과 나무를 닥치는 대로 먹은 결과 풀과 나무가 잘 자라지 못하고, 나무로 집을 짓고 살던 비버가 국립 공원에서 거의 사라짐.

늑대를 다시 국립 공원에 풀어놓자 사슴의 수는 조금씩 줄어들었고, 풀과 나무가 다시 자람. 오랜 시간이 지나면서 비버의 수도 늘어나게 됨.

② 산불, 홍수, 가뭄, 지진, 태풍 등과 같은 자연 재해에 의해 생태계 평형이 깨지는 경우가 있습니다.
③ 댐, 도로, 건물 등을 건설하면서 자연이 파괴되어 사람의 활동에 의해 생태계 평형이 깨지기도 합니다.

(3) 생태계 평형이 깨졌을 때: 생태계 평형이 깨지면 원래대로 회복하는 데 오랜 시간이 걸리고 많은 노력이 필요합니다.

용어 사전

- **의존** 다른 것에 몸을 의지하고 기대어 존재함.
- **무분별** 세상 물정에 대한 바른 생각이나 판단이 없음.

2 생물 요소의 먹이 관계, 생태계 평형

기본 개념 문제

1

생태계에서 ( ) 요소는 서로 먹고 먹히는 관계에 있습니다.

2

먹이 그물은 여러 개의 ( ) 이/가 복잡하게 얽혀 그물처럼 연결된 것입니다.

3

먹이 사슬과 먹이 그물 중 여러 생물이 함께 살아가기에 유리한 것은 ( )입니다.

4

생산자인 식물을 먹이로 하는 생물을 ( ) 소비자라고 합니다.

5

( )은/는 어떤 지역에 사는 생물의 종류와 수 또는 양이 균형을 이루며 안정된 상태를 유지하는 것을 말합니다.

6 ➕ 9종 공통

다음과 같이 생물들의 먹이 관계가 사슬처럼 연결되어 있는 것을 무엇이라고 하는지 쓰시오.

▲ 토끼풀   ▲ 토끼   ▲ 늑대

( )

7 ➕ 9종 공통

다음 생물들을 먹이 사슬의 순서에 맞게 나열하시오.

▲ 벼   ▲ 개구리   ▲ 메뚜기

( ) → ( ) → ( )

8 ➕ 9종 공통

생태계에서 먹고 먹히는 먹이 관계를 화살표로 표시했더니 다음과 같이 그물처럼 연결되었습니다. 이것을 무엇이라고 하는지 쓰시오.

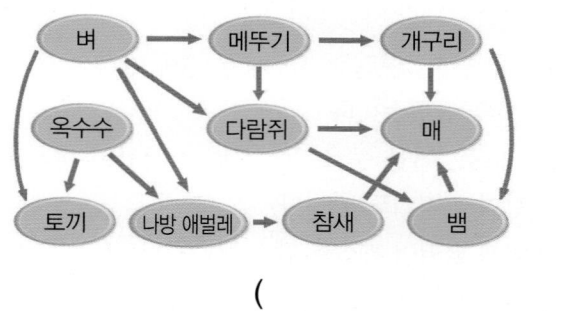

( )

9 ➕ 9종 공통

먹이 그물에 대해 옳게 말한 사람의 이름을 쓰시오.

> • 태민: 먹이 사슬 여러 개가 얽혀 있는 모습이야.
> • 현구: 한 종류의 먹이가 부족해지면 생물은 살 수 가 없다는 것을 보여줘.
> • 보라: 생물들의 먹고 먹히는 관계가 한 방향으로 만 연결되어 있어.

(   )

10 ➕ 9종 공통

먹이 사슬과 먹이 그물의 공통점으로 옳은 것을 보기 에서 골라 기호를 쓰시오.

> **보기**
> ㉠ 한 방향으로만 연결되어 있다.
> ㉡ 생물의 수를 정확하게 알 수 있다.
> ㉢ 생물들의 먹고 먹히는 관계가 나타난다.

(   )

11 서술형 ➕ 9종 공통

먹이 사슬과 먹이 그물의 차이점을 생물의 먹고 먹히는 관계가 연결된 방향과 관련지어 쓰시오.

_____

_____

_____

12 동아, 김영사

오른쪽 ㉠의 매와 같이 마지막 단계에 있는 소비자를 무엇이라고 하는지 쓰시오.

매 ← ㉠

참새

메뚜기

(   ) 소비자

13 김영사, 미래엔, 아이스크림, 천재교과서, 천재교육

다음 이야기에서 만약 국립 공원에 다시 늑대를 풀어 놓지 않았다면, 현재 국립 공원에 살고 있는 비버의 수는 어떻게 될지 옳게 말한 사람의 이름을 쓰시오.

> 사람들의 무분별한 늑대 사냥으로 인해 국립 공원에 살던 늑대가 모두 사라지자 사슴이 빠르게 늘어났다.
> 늘어난 사슴들이 풀과 나무를 닥치는 대로 먹자, 나무로 집을 짓고 살던 비버가 국립 공원에서 거의 사라졌다. 그 후 사람들이 다시 늑대를 국립 공원에 풀어놓았고, 오랜 시간에 걸쳐 생태계는 점점 평형을 되찾았다.

> • 정윤: 국립 공원에 늑대를 풀어놓지 않았더라도 비버의 수는 금방 다시 늘어났을 거야.
> • 하린: 국립 공원에 늑대를 풀어놓지 않았다면 비버는 그 수가 더 줄어들었을 거야.
> • 민준: 비버는 나무로 집을 짓고 나뭇가지 등을 먹고 살기 때문에 비버의 수와 늑대를 풀어놓는 것은 아무런 관련이 없어.

(   )

2. 생물과 환경 **21**

2 단원

3 비생물 요소가 생물에 미치는 영향

1 비생물 요소가 생물에 미치는 영향

햇빛

식물이 양분을 만들 때 햇빛이 필요하고, 꽃이 피는 시기와 번식에도 영향을 줌.

햇빛은 동물이 눈으로 볼 수 있게 하고 성장과 생활하는 데 필요하며, 동물의 번식 시기에 영향을 줌.

물

식물은 뿌리로 물을 흡수하여 생명을 유지하며, 물이 부족한 환경에서는 가시 모양의 잎 등으로 물의 손실을 최소화하며 삶.

동물은 물을 마셔서 생명을 유지함. 지렁이는 땅 위에 있다가도 피부의 물기가 마르기 전에 흙 속으로 들어감.

온도

온도가 낮아지면 식물은 잎에 단풍이 들거나 낙엽이 짐.

털갈이를 하거나 겨울잠을 자는 동물도 있고, 철새는 먹이를 구하거나 새끼를 기르기에 온도가 알맞은 곳을 찾아 이동함.

└ 곰, 개구리, 다람쥐, 박쥐 등

흙

식물이 살아가는 터전이며, 식물은 흙에서 자라는 데 필요한 물과 양분을 얻음.

흙은 다양한 동물이 살아가는 장소를 제공함.

공기

식물이 양분을 만드는 데 이용됨.

동물이 숨을 쉴 수 있게 해 줌.

① 햇빛은 식물의 자람과 동물의 활동에 영향을 미칩니다.
② 물은 생물이 생명을 유지하는 데 꼭 필요합니다.
③ 온도가 낮아지면 식물의 잎에 단풍이 들거나 낙엽이 지고, 동물은 개나 고양이처럼 털갈이를 하거나 곰이나 다람쥐처럼 겨울잠을 자기도 합니다.
④ 흙은 생물이 살아가는 장소를 제공해 주고, 식물은 흙에서 양분을 흡수합니다.
⑤ 생물은 공기가 있어야 숨을 쉴 수 있습니다.

⊕ 동물의 번식 시기에 영향을 주는 햇빛

꾀꼬리와 종달새는 일조 시간이 길어지는 봄에 번식하고, 송어와 노루는 일조 시간이 짧아지는 가을에 번식합니다.

⊕ 동물의 행동에 영향을 주는 온도

주위 온도에 따라 체온이 변하는 동물인 도마뱀, 뱀, 거북 등은 온도가 낮아지면 일정 체온을 유지하기 위해 햇볕을 쬐어 체온을 유지합니다.

용어 사전

- **번식** 생물의 수가 늘어나는 것.
- **털갈이** 짐승이나 새의 묵은 털이 빠지고 새 털이 남.
- **일조 시간** 태양의 직사광선이 지표면에 실제로 비친 시간.

실험 1 햇빛과 물이 콩나물의 자람에 미치는 영향 알아보기 📖 9종 공통

❶ 자른 페트병 네 개의 입구 부분을 거꾸로 하여 각각 탈지면을 넣고, 길이와 굵기가 비슷한 콩나물을 같은 양씩 담습니다.

❷ 햇빛과 물의 조건을 각각 다르게 하여, 일주일 동안 콩나물이 자라는 모습을 관찰합니다.

실험 결과

① 실험에서 다르게 한 조건
- 햇빛이 콩나물의 자람에 미치는 영향을 알아보는 실험: 콩나물이 받는 햇빛의 양
- 물이 콩나물의 자람에 미치는 영향을 알아보는 실험: 콩나물에 주는 물의 양

② 콩나물이 자라는 모습 관찰하기

햇빛이 잘 드는 곳에 둔 콩나물	물을 준 것		• 콩나물 떡잎 색이 초록색으로 변함. • 떡잎 아래 몸통이 길고 굵게 자랐고, 초록색 본잎이 생김.
	물을 주지 않은 것		• 콩나물 떡잎 색이 초록색으로 변함. • 콩나물이 시들어 말랐음.
어둠상자로 덮어 놓은 콩나물	물을 준 것		• 콩나물 떡잎 색이 그대로 노란색이고, 떡잎 아래 몸통이 길게 자람. • 노란색 본잎이 생김. 우리가 먹는 콩나물의 모습이에요.
	물을 주지 않은 것		콩나물 떡잎 색은 변화가 없고, 콩나물이 시들었음.

➡ 햇빛이 잘 드는 곳에서 물을 준 콩나물이 가장 잘 자랐습니다.

정리	햇빛과 물은 식물이 자라는 데 영향을 줍니다.

실험 2 온도와 물이 씨가 싹 트는 데 미치는 영향 알아보기 📖 동아, 미래엔, 비상

❶ 페트리 접시 네 개에 솜을 깔고 같은 양의 무씨를 뿌려, 두 개는 교실에 두고 하나에만 물을 줍니다.

❷ 나머지 페트리 접시 두 개는 냉장고 안에 넣고 하나에만 ❶과 같은 양의 물을 줍니다.

❸ 모든 페트리 접시를 검은 상자로 덮어 햇빛을 가리고, 일주일 뒤 실험 결과를 비교해 봅니다.
　　모두 햇빛을 가려서 온도와 물 외의 조건을 동일하게 해 주기 위해서예요.

실험 결과
- 실험에서 다르게 한 조건: 온도와 물
- 교실에 두고 물을 준 무씨에서만 싹이 틉니다.

싹이 튼 무씨

정리	씨가 싹 트는 데에는 적당한 온도와 충분한 물이 필요합니다.

실험 TIP !

- 자른 페트병의 나머지 부분은 물 받침대로 사용해요.
- 생명을 존중하는 마음을 가지고 콩나물이 자라는 것을 관찰해요.

- 실험에서 다르게 한 조건 외의 모든 조건은 같게 해야 해요.

실험동영상

실험⁺ 온도 변화에 따른 동물의 행동 알아보기 📖 금성

❶ 열변색 점토로 주위 온도에 따라 체온이 변하는 동물(거북, 뱀, 곤충 등)의 모형을 만들어 야외의 여러 곳에 놓아둡니다.

❷ 동물 모형의 색깔이 빨리 변한 곳의 비생물 요소를 알아봅니다.

실험 결과

햇빛이 잘 비치는 곳에 있는 돌 위에서 동물 모형의 색깔이 빠르게 변했습니다.

➡ 주위 온도에 따라 체온이 변하는 거북, 뱀, 곤충 등은 밤사이 내려간 체온을 올리기 위해서 낮 동안에 햇볕을 쬡니다.

3 비생물 요소가 생물에 미치는 영향

1

비생물 요소 중 (   )은/는 식물이 양분을 만들 때 필요하고, 꽃이 피는 시기에 영향을 줍니다.

2

식물은 뿌리로 흡수하고 동물은 마심으로써 생명을 유지하는 데 이용하는 비생물 요소는 (   )입니다.

3

(   )이/가 낮아지면 식물의 잎에 단풍이 들거나 낙엽이 지고, 동물이 겨울잠을 자기도 합니다.

4

(   )은/는 식물이 양분을 흡수하는 곳이며, 생물이 살아가는 장소를 제공해 줍니다.

5

생물이 숨을 쉴 수 있게 해 주는 비생물 요소는 (   )입니다.

[6-9] 다음과 같이 설치하고 비슷한 굵기와 길이의 콩나물을 같은 양으로 넣은 뒤, 햇빛과 물의 조건만 다르게 하였습니다. 물음에 답하시오.

햇빛이 잘 드는 곳에 놓아둔 콩나물		어둠상자로 덮어 놓은 콩나물	
㉠	㉡	㉢	㉣
물○	물✕	물○	물✕

6 ➕ 9종 공통

위 ㉠~㉣ 중 일주일 후 콩나물이 자란 모습이 다음과 같은 것을 골라 기호를 각각 쓰시오.

(1) 떡잎과 떡잎 아래 몸통이 초록색으로 변했고, 떡잎 아래 몸통이 길고 굵어졌음.

(   )

(2) 떡잎이 노란색이고, 떡잎 아래 몸통이 곧고 길게 자랐음.

(   )

7 ➕ 9종 공통

위 **6**번 결과와 같이 콩나물 떡잎의 색깔을 노란색에서 초록색으로 변하게 하는 비생물 요소는 무엇인지 쓰시오.

(   )

8 ➕ 9종 공통

일주일 후 위 ㉣ 콩나물의 모습에 대해 옳게 말한 사람의 이름을 쓰시오.

- 희철: 콩나물의 떡잎 아래 몸통이 굵어졌어.
- 지영: 콩나물이 위로 자라면서 본잎이 나왔어.
- 성윤: 콩나물의 떡잎 색은 변화가 없고, 콩나물이 시들었어.

(   )

9 ➕ 9종 공통

앞 실험 결과를 통해 알 수 있는 내용으로 (　　　) 안에 들어갈 알맞은 말을 각각 쓰시오.

> (　㉠　)와/과 (　㉡　)은/는 식물이 자라는 데 영향을 준다.

㉠ (　　　　　　　　　　), ㉡ (　　　　　　　　　　)

10 동아, 미래엔, 비상

페트리 접시 네 개에 솜을 깔고 같은 양의 무씨를 뿌려, 두 개는 교실에 두고 나머지 두 개는 냉장고 안에 넣었습니다. 일주일 뒤 싹이 튼 무씨로 알맞은 것을 골라 기호를 쓰시오.

교실에 둔 무씨	냉장고에 둔 무씨
물× 　 물○	물× 　 물○

> ㉠ 교실에 두고 물을 준 것
> ㉡ 교실에 두고 물을 주지 않은 것
> ㉢ 냉장고에 두고 물을 준 것
> ㉣ 냉장고에 두고 물을 주지 않은 것

(　　　　　　　　　　)

11 ➕ 9종 공통

생물이 생명을 유지하는 데 꼭 필요한 비생물 요소로 알맞은 것을 골라 ○표 하시오.

> 돌, 물, 소리, 모래, 높은 온도

12 ➕ 9종 공통

다음과 공통으로 관련 있는 비생물 요소는 무엇인지 쓰시오.

> • 식물이 양분을 만들 때 필요하다.
> • 동물이 눈으로 물체를 볼 수 있게 한다.
> • 꽃이 피는 시기와 번식에도 영향을 준다.

(　　　　　　　　　　)

13 ➕ 9종 공통

오른쪽과 같이 가을에 나뭇잎에 단풍이 드는 것은 비생물 요소 중 무엇의 영향인지 쓰시오.

(　　　　　　　　　　)

14 서술형 ➕ 9종 공통

만약 흙이 없어진다면 오른쪽 민들레에게 어떤 영향을 미칠지 그렇게 생각한 까닭과 함께 쓰시오.

_____

_____

_____

4 생물의 적응, 환경 오염이 생물에 미치는 영향

1 생물의 적응

(1) 비생물 요소가 생물에 미치는 영향
① 생물은 사는 곳의 빛, 온도, 물과 같은 비생물 요소의 영향을 받으며 살아갑니다.
② 생물이 오랜 기간에 걸쳐 특정 비생물 요소의 영향을 받으면, **생김새**뿐만 아니라 **생활 방식**이 달라지기도 합니다.

(2) 적응
① 생물은 각 서식지에서 살아남기에 유리한 특징을 지녀야 번식할 수 있습니다.
② 생물이 오랜 기간에 걸쳐 서식지의 환경에서 살아남기에 유리한 특징을 가지는 것을 적응이라고 합니다.

(3) 다양한 환경에 적응한 생물

티베트모래여우
회색과 황토색 털이 황토색의 마른풀과 회색 돌로 덮인 서식지 환경과 비슷함.

사막여우
털색이 서식지 환경과 비슷하고, 몸집이 작고 귀가 커서 열이 잘 배출되므로 더운 환경에서 살아남기에 유리함.

북극여우
사막에서 사는 여우에 비해 몸집이 크며 귀가 짧고 둥글어서 열이 덜 배출되므로, 추운 환경에서 살아남기에 유리함.

바다거북
바다에 사는 거북은 넓적한 지느러미 모양의 다리로 헤엄을 잘 칠 수 있음.

강에 사는 거북
발가락 사이에 물갈퀴가 있어서 땅 위를 걷거나 헤엄을 칠 수 있음.

육지에 사는 거북
헤엄을 치는 거북과 달리 발에 물갈퀴가 없으며, 땅 위를 걷기에 알맞음.

펭귄(아프리카)
따뜻한 바다에 살기 알맞게 몸집이 작고 몸에 체지방이 적음.

펭귄(남극)
차가운 바다에 살기 알맞게 몸집이 크고 체지방이 많음.

사마귀
난초사마귀
같은 종류의 생물도 서식지 환경에 따라 생김새가 다양하게 적응함.

부리의 생김새
새들은 어떤 먹이를 먹는지에 따라 부리의 생김새가 다양함.

자벌레
대벌레
나뭇가지가 많은 환경에서 몸을 보호하기에 유리한 생김새를 가짐.

오리의 물갈퀴
부레옥잠 잎자루
물에 떠서 살아가기에 유리함. 잎자루에 공기 주머니가 있음.

공벌레의 행동
고슴도치의 가시
적의 공격으로부터 몸을 보호하기에 유리함. 밤송이의 가시도 동물에게서 밤을 보호하기 위한 것임.

철새의 서식지 이동
동물의 겨울잠
계절에 따라 살아남기에 알맞은 방법으로 행동함.

➕ 다양한 특징의 환경에서 살아가기에 유리한 생물의 특징 예

사막
일년 내내 비가 거의 내리지 않아 건조하고 낮에는 더우므로, 물을 자주 마시거나 흡수하지 못해도 살 수 있는 특징을 가진 생물이 유리합니다.

극지방
온도가 매우 낮아 춥고 먹이가 부족하므로, 몸에 지방이 많거나 두꺼운 털 등이 있어 추위에 잘 견딜 수 있는 특징을 가진 생물이 유리합니다.

동굴
어둡고, 1년 내내 온도와 습도가 일정하게 유지되며 먹이를 찾기 힘든 환경이므로, 어둠 속에서도 먹이를 잘 찾고 이동할 수 있도록 여러 가지 감각 기관이 발달한 생물이 유리합니다.

서식지 환경과 몸의 색이 비슷하면 적으로부터 몸을 숨기거나 먹잇감에 접근하기 유리해.

용어 사전
● **체지방** 몸속에 쌓여 있는 지방으로, 추위를 막아 줌.
● **공벌레** 절지동물로 낮에는 어둡고 습한 곳에 숨어 있다가 밤이 되면 나와서 돌아다니며, 위협을 느꼈을 때 몸을 공처럼 오므림.

2 환경 오염이 생물에 미치는 영향

(1) **환경 오염**: 사람들의 활동으로 자연환경이나 생활 환경이 더럽혀지거나 훼손되는 것입니다.

(2) **환경 오염이 생물에 미치는 영향**

① 환경이 오염되면 그곳에 사는 생물의 종류와 수가 줄어들고, 심지어 생물이 멸종되기도 합니다.

② 환경 오염 외에도 사람들이 농경지를 만들거나 도로나 건물을 짓는 등 환경을 개발할 때 생태계가 파괴될 수 있습니다. ─●공장 폐기물 등에서 나오는 중금속도 토양 오염의 원인이에요.

토양 오염(흙 오염): 생활 쓰레기, 농약·비료의 지나친 사용 등이 원인이 됨.

- 쓰레기를 땅속에 묻으면 토양이 오염되어 나쁜 냄새가 심하게 나고, 동물이 살 곳을 잃음.
- 지하수가 오염되어 동물에게 질병을 일으킴.
- 식물에 오염 물질이 점점 쌓여 식물을 먹는 다른 생물에게 나쁜 영향을 미침.

수질 오염(물 오염): 공장 폐수, 생활 하수, 기름 유출 사고 등이 원인이 됨.

- 물이 더러워지고 좋지 않은 냄새가 남.
- 물고기가 오염된 물을 먹고 죽거나 모습이 이상해지기도 함.
- 바다에서 유조선의 기름이 유출되면 생물의 서식지가 파괴됨.

대기 오염(공기 오염): 자동차의 배기가스, 공장의 매연 등이 원인이 됨.

- 오염된 공기 때문에 동물의 호흡 기관에 이상이 생기거나 병에 걸림.
- 이산화 탄소 등이 많이 배출되어 지구의 평균 온도가 높아지면 동식물의 서식지가 파괴됨.
- 깨끗하고 선명한 하늘을 보기 어려워짐.

3 생태계 보전을 위한 노력

국가나 사회		
우포늪	생태 통로	
▲ 자연 생태계 보전 지역, 국립 공원을 지정함.	▲ 생태 하천, 생태 통로 등을 조성함.	▲ 오염된 물을 정화하는 하수 처리 시설을 만듦.

개인		
▲ 일회용품, 물, 전기 등 자원의 사용을 줄임.	▲ 가까운 거리는 걷거나 자전거로 이동함.	▲ 재활용품을 분리하여 배출함.

2
단원

➕ **생태계를 지켜야 하는 까닭**
- 생태계가 파괴되면 동식물뿐만 아니라, 사람도 살 수 없습니다.
- 파괴된 생태계를 복원하려면 많은 노력과 비용, 오랜 시간이 필요합니다.

> 환경 개발은 주변의 생태계를 보호하며 균형 있게 이루어져야 해.

➕ **생태계 보전을 위한 국가나 사회의 노력 ⑩**
- 생태계를 보전할 수 있는 규정을 만듭니다. ⑩ 람사르 협약, 파리 기후 변화 협약, 몬트리올 의정서
- 투명한 방음벽에 조류 충돌 방지 스티커를 붙입니다.

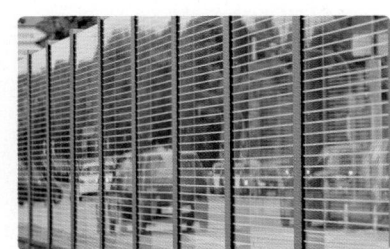

▲ 조류 충돌 방지 스티커를 붙인 모습

용어 사전

- ●**하수** 집, 공장 등에서 쓰고 버리는 더러운 물.
- ●**생태 통로** 도로 위에 다리를 놓거나 도로 아래로 굴을 파서 만든 길로, 야생 동식물의 이동을 도우며 서식지가 단절되거나 훼손되는 것을 방지함.

4 생물의 적응, 환경 오염이 생물에 미치는 영향

기본 개념 문제

1

생물은 사는 곳의 (　　　　　　)와/과 같은 비생물 요소의 영향을 받으며 살아갑니다.

2

(　　　　　)(이)란 생물이 오랜 기간에 걸쳐 서식지의 환경에서 살아남기에 유리한 특징을 가지는 것입니다.

3

환경 오염은 (　　　　　)들의 활동으로 자연환경이나 생활 환경이 더럽혀지거나 훼손되는 것입니다.

4

(　　　　　) 오염은 자동차의 배기가스나 공장의 매연 등이 원인이 되어 생깁니다.

5

(　　　　　　　)은/는 도로 위에 다리를 놓거나 도로 아래로 굴을 파서 만든 길로, 야생 생물의 서식지가 단절되거나 훼손되는 것을 막습니다.

6 미래엔, 비상, 지학사, 천재교과서

다음은 각 서식지의 환경에서 살아남기에 유리하게 적응한 여우의 모습입니다. 어떤 방식으로 적응한 것인지 알맞은 것에 ○표 하시오.

▲ 사막여우

▲ 북극여우

생김새를 통한 적응,　생활 방식을 통한 적응

7 서술형　미래엔, 아이스크림, 천재교육

오른쪽은 나뭇가지 위 대벌레의 모습입니다. 대벌레는 환경에 어떻게 적응하였는지 쓰시오.

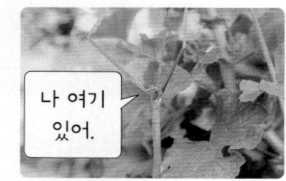
나 여기 있어.

_____

_____

8 김영사, 미래엔, 천재교육

몸을 보호하기에 유리하도록 몸을 공처럼 둥글게 오므리는 행동으로 적응한 아래 동물의 이름을 쓰시오.

(　　　　　　　　　)

9 ➕ 9종 공통

다음에서 설명하는 밑줄 친 이것은 무엇인지 쓰시오.

> 이것은 사람들의 활동으로 자연환경이나 생활 환경
> 이 더럽혀지거나 훼손되는 것을 말한다.

(　　　　　　　　　　　)

10 ➕ 9종 공통

다음은 동물의 호흡 기관에 이상이 생기거나 병에 걸
릴 수 있는 황사나 미세 먼지가 심한 날의 모습입니
다. 이와 관련 있는 환경 오염의 종류를 골라 알맞은
것에 ◯표 하시오.

> 토양 오염,　수질 오염,　대기 오염

11 ➕ 9종 공통

환경 오염과 그 원인으로 알맞은 것끼리 선으로 이으
시오.

(1) 토양 오염 (흙 오염) ・ 　　・ ㉠ 생활 쓰레기, 농약과 비료의 지나친 사용

(2) 수질 오염 (물 오염) ・ 　　・ ㉡ 공장 폐수, 생활 하수

12 ➕ 9종 공통

환경 오염에 대한 설명으로 옳은 것을 보기 에서 골
라 기호를 쓰시오.

> **보기** ●
> ㉠ 환경이 오염되면 생태계 평형이 깨질 수 있다.
> ㉡ 사람들의 활동으로 자연환경이 깨끗해지는 것
> 이다.
> ㉢ 환경이 오염되면 그곳에 사는 생물의 수가 최대
> 로 늘어난다.

(　　　　　　　　　　　)

13 ➕ 9종 공통

우리의 생활로 인해 환경이 오염되어 생물에게 해로
운 영향을 주는 경우로 알맞은 것의 기호를 모두 골
라 쓰시오.

㉠ 　㉡

▲ 음식물 쓰레기 남기기　　▲ 일회용품 많이 사용하기

㉢ 　㉣

▲ 샴푸 많이 사용하기　　▲ 쓰레기 분리배출하기

(　　　　　　　　　　　)

14 ➕ 9종 공통

생태계 보전을 위해 우리가 실천할 수 있는 일로 알
맞은 것에 ◯표 하시오.

(1) 물, 전기 등 자원 사용 줄이기　　　(　　)
(2) 냉장고 문은 자주 열었다 닫기　　　(　　)
(3) 가까운 거리는 자동차 타고 다니기　(　　)

2 생물과 환경

★ 여러 가지 생태계의 모습

▲ 연못 생태계

▲ 숲 생태계

▲ 바다 생태계

1. 생태계, 생태계를 이루는 요소

(1) 서식지: ❶[　　　]이 사는 곳을 말합니다.

(2) ❷[　　　　　]: 어떤 장소에서 서로 영향을 주고받는 생물과 생물 주변의 환경 전체를 말합니다.

　　⑩ 화단, 연못, 어항, 숲, 하천, 갯벌, 바다, 북극, 남극, 사막

(3) 생태계의 구성 요소 분류하기

생물 요소	비생물 요소
살아 있는 것. ⑩ 사람, 고양이, 개, 민들레, 개미, 벌	살아 있지 않은 것. ⑩ 햇빛, 물, 온도, 흙, 공기, 돌

(4) 생물 요소 분류하기: ❸[　　　　]을 얻는 방법에 따라 생산자, 소비자, 분해자로 분류할 수 있습니다.

생산자	햇빛 등을 이용하여 스스로 양분을 만드는 생물임. ⑩ 배추, 느티나무, 개망초, 괭이밥
소비자	다른 생물을 먹이로 하여 양분을 얻는 생물임. ⑩ 배추흰나비, 공벌레, 개미, 참새, 고양이
분해자	죽은 생물이나 배출물을 분해하여 양분을 얻는 생물임. ⑩ 곰팡이, 세균, 버섯

2. 생물 요소의 먹이 관계, 생태계 평형

(1) 생물 요소의 먹이 관계

① **먹이 사슬**

생물들의 먹고 먹히는 관계가 사슬처럼 연결되어 있는 것임.

② ❹[　　　　　　　　]: 여러 개의 먹이 사슬이 복잡하게 얽혀 그물처럼 연결되어 있는 것입니다.

★ 먹이 그물

먹이 그물은 어느 한 종류의 먹이가 부족해지더라도 다른 종류의 먹이를 먹고 살 수 있으므로 생물이 살아가는 데 영향을 덜 받을 수 있습니다.

(2) 생태계의 먹이 관계

최종 소비자(매): 소비자의 가장 마지막 단계 생물임.

2차 소비자(개구리): 1차 소비자를 먹는 생물임.

1차 소비자(메뚜기): 생산자인 식물을 먹이로 하는 생물임.

생산자(벼): 안정된 생태계에서는 생산자의 수가 가장 많음.

(3) 생태계 ❺[　　　　]: 어떤 지역에 살고 있는 생물의 종류와 수 또는 양이 균형을 이루며 안정된 상태를 유지하는 것입니다.

3. 비생물 요소가 생물에 미치는 영향

햇빛	• 식물이 양분을 만드는 데 필요함. • 동물의 번식 시기에 영향을 줌.	
물	생물의 생명 유지에 반드시 필요함.	
❻	• 식물의 잎에 단풍이 들거나 낙엽이 짐. • 동물은 털갈이를 하거나 겨울잠을 잠.	
흙	• 생물이 살아가는 장소를 제공함. • 식물은 흙에서 자라는 데 필요한 물과 양분을 얻음.	
공기	생물이 숨을 쉴 수 있게 해 줌.	

★ 햇빛과 물이 콩나물의 자람에 미치는 영향

잎이 초록색임.

몸통이 길고 굵게 자람.

햇빛이 있고 물을 준 조건의 콩나물이 그렇지 않은 조건의 콩나물보다 더 잘 자랍니다.

2
단원

4. 생물의 적응, 환경 오염이 생물에 미치는 영향

(1) ❼ [   ]: 생물이 오랜 기간에 걸쳐 서식지의 환경에서 살아남기에 유리한 특징을 가지는 것을 말합니다.

① 생물의 생김새가 환경에 적응한 예

  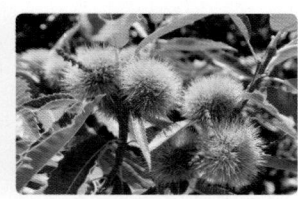

▲ 선인장의 굵은 줄기와 뾰족한 가시는 건조한 환경에 적응함.　　▲ 대벌레의 가늘고 길쭉한 생김새는 나뭇가지가 많은 환경에서 몸을 숨기기에 유리함.　　▲ 밤송이의 가시는 밤을 먹으려고 하는 동물로부터 밤을 보호하기 유리하게 적응함.

② 생물의 행동이나 생활 방식이 환경에 적응한 예

철새의 이동	철새가 다른 지역으로 이동하는 행동은 계절별 온도 차가 큰 환경에서 생활 방식을 통해 적응한 것임.	
겨울잠	겨울잠을 자는 행동을 통해 몸에 저장된 양분을 천천히 사용하여 추운 겨울을 지내기 유리하게 적응함.	
공벌레의 행동	공벌레는 몸을 오므리는 행동을 통해 적의 공격으로부터 몸을 보호하기 유리하게 적응함.	

(2) ❽ [   ]: 사람들의 활동으로 자연환경이나 생활 환경이 더럽혀지거나 훼손되는 것입니다.

토양 오염	생활 쓰레기, 농약이나 비료의 지나친 사용 등이 원인임.
수질 오염	공장 폐수, 생활 하수, 기름 유출 사고 등이 원인임.
대기 오염	자동차의 배기가스, 공장의 매연 등이 원인임.

(3) **생태계 보전을 위한 우리의 노력**: 일회용품 사용 줄이기, 자전거 이용하기, 재활용품 분리배출하기, 음식을 남기지 않기, 샤워 시간 줄이기 등을 실천합니다.

★ 환경 오염이 생물에 미치는 영향

환경이 오염되면 그곳에 사는 생물의 종류와 수가 줄어들고, 심지어 생물이 멸종되기도 합니다.

1 ➕ 9종 공통

다음 설명의 밑줄 친 이것에 대해 옳게 말한 사람의 이름을 쓰시오.

> 생태계는 어떤 장소에서 서로 영향을 주고받는 <u>이것</u>과 그 주변의 환경 전체를 말한다.

> • 보영: 물에 사는 동물만 해당해.
> • 유진: 숲 생태계의 식물만을 의미해.
> • 탐희: 동물과 식물처럼 살아 있는 거야.

(   )

2 ➕ 9종 공통

다음 보기 에서 생물 요소로 알맞은 것을 모두 골라 기호를 쓰시오.

> **보기** •
> ㉠ 물   ㉡ 흙   ㉢ 개미
> ㉣ 연꽃   ㉤ 온도   ㉥ 애벌레

(   )

3 ➕ 9종 공통

생물 요소와 비생물 요소가 서로 주고받는 영향에 대한 설명으로 ( ) 안에 들어갈 알맞은 비생물 요소를 각각 쓰시오.

> 비생물 요소인 (㉠)이/가 없으면 생물 요소는 호흡을 할 수 없다. 또한 비생물 요소인 (㉡)이/가 없으면 연못이나 바다에서 사는 생물 요소가 살 수 없을 것이다.

㉠ (   ), ㉡ (   )

4 ➕ 9종 공통

생태계를 구성하는 생물을 다음과 같이 분류하는 기준으로 알맞은 것은 어느 것입니까? (   )

> 생산자   소비자   분해자

① 몸의 크기   ② 생활하는 곳
③ 번식하는 방법   ④ 양분을 얻는 방법
⑤ 생물의 겉 표면을 이루는 것

5 서술형 ➕ 9종 공통

살아가는 데 필요한 양분을 얻는 방법이 나머지와 다른 하나를 골라 쓰고, 고른 생물이 양분을 얻는 방법을 쓰시오.

▲ 세균

▲ 수련

▲ 튤립

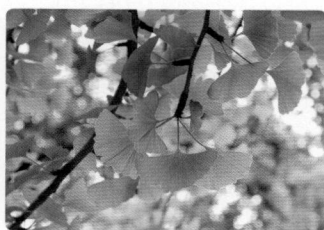
▲ 은행나무

_____

_____

6 ➕ 9종 공통

소비자에 대한 설명으로 옳은 것을 보기 에서 골라 기호를 쓰시오.

보기
ㄱ 곰팡이와 세균은 소비자에 속한다.
ㄴ 생태계의 비생물 요소에 해당한다.
ㄷ 꽃의 꿀을 먹는 벌은 1차 소비자이다.

(   )

7 ➕ 9종 공통

다음 중 먹이 사슬이 바르게 연결된 것은 어느 것입니까? (   )

① 벼 → 매 → 개구리
② 개구리 → 메뚜기 → 벼
③ 뱀 → 개구리 → 메뚜기
④ 벼 → 메뚜기 → 개구리 → 매
⑤ 메뚜기 → 벼 → 개구리 → 매

8 서술형 ➕ 9종 공통

먹이 그물이란 무엇인지 먹이 사슬과의 차이점을 예로 들어 쓰시오.

_____

_____

_____

9 ➕ 9종 공통

다음은 무엇에 대한 설명인지 쓰시오.

• 어떤 지역에 사는 생물의 종류와 수 또는 양이 균형을 이루며 안정된 상태를 유지하는 것이다.
• 산불, 홍수, 가뭄, 지진, 태풍 등과 같은 자연 재해에 의해 깨지는 경우도 있다.

(   )

2 단원

10 ➕ 9종 공통

다음은 비슷한 굵기와 길이의 콩나물을 같은 양씩 각각의 페트병에 넣고 햇빛과 물의 조건만 다르게 하여 일주일 이상 관찰한 결과입니다. ㉠~㉢ 중 어느 것의 결과인지 알맞은 것을 골라 기호를 쓰시오.

[관찰 결과]
• 떡잎이 노란색이다.
• 떡잎 아래 몸통이 길게 자랐다.
• 노란색 본잎이 생겼다.

햇빛이 잘 드는 곳에 놓아둔 콩나물		어둠상자로 덮어 놓은 콩나물	
㉠	㉡	㉢	㉣

물○   물×   물○   물×

(   )

11 ⊕ 9종 공통

오른쪽 대화를 보고, 대화의 내용과 관련 있는 비생물 요소를 골라 ○표 하시오.

친구   편집
8:00 AM

지훈: 박사님, 동물마다 번식하는 시기가 다른가요?

백 박사: 네. 제비는 낮의 길이가 상대적으로 긴 봄과 여름에 번식을 하지만, 사슴은 낮의 길이가 상대적으로 짧은 가을과 겨울에 번식을 해요.

지훈: 아하, 낮의 길이에 따라 달라지는 군요.

백 박사: 이러한 원리를 바탕으로 양계장에서는 전등을 켜 두는 시간을 늘려 닭이 알을 낳는 비율을 높이기도 한답니다.

보내기

흙,	물,
공기,	햇빛

12 ⊕ 9종 공통

오른쪽과 같이 얼음과 눈이 많은 서식지에 사는 동물이 살아남기에 유리한 털 색깔로 알맞은 것은 어느 것입니까? (   )

① 갈색   ② 빨간색   ③ 노란색
④ 검은색   ⑤ 하얀색

13 김영사, 미래엔, 아이스크림, 지학사, 천재교육

고슴도치의 가시와 비슷한 방식으로 환경에 적응한 것으로 알맞은 것의 기호를 쓰시오.

  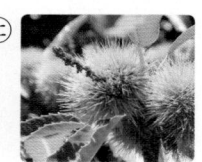

㉠ ▲ 서식지를 이동하는 철새   ㉡ ▲ 겨울잠을 자는 다람쥐   ㉢ ▲ 가시를 가진 밤송이

(   )

14 서술형 ⊕ 9종 공통

오른쪽과 같이 쓰레기를 땅속에 묻었을 때 발생할 수 있는 환경 오염은 무엇인지 쓰고, 이 환경 오염은 생물에게 어떤 영향을 미칠 수 있는지 한 가지 쓰시오.

_____

_____

_____

15 ⊕ 9종 공통

생태계 보전을 위한 노력으로 옳은 것을 보기 에서 모두 골라 기호를 쓰시오.

보기
㉠ 물을 절약한다.
㉡ 가까운 거리는 걸어 다닌다.
㉢ 오염된 물을 정화하는 하수 처리 시설을 만든다.
㉣ 생태계 보전이 필요한 곳을 개발하여 주민 센터로 만든다.

(   )

1 ⊕ 9종 공통

생태계에 대한 설명으로 옳지 <u>않은</u> 것을 보기 에서 골라 기호를 쓰시오.

보기

㉠ 생태계의 종류는 다양하다.
㉡ 동물과 식물처럼 살아 있는 것만 해당한다.
㉢ 서로 영향을 주고받는 생물과 생물 주변의 환경 전체를 말한다.

(   )

2 ⊕ 9종 공통

다음 연못 생태계에서 볼 수 있는 생물 요소와 비생물 요소를 각각 분류하여 쓰시오.

(1) 생물 요소: (   )
(2) 비생물 요소: (   )

3 ⊕ 9종 공통

생물 요소와 비생물 요소가 서로 주고받는 영향에 대하여 옳게 말한 사람의 이름을 쓰시오.

• 준희: 생물 요소인 식물에게는 비생물 요소가 필요 없어.
• 강수: 비생물 요소인 흙이 없어도 산이나 들의 민들레와 소나무는 살 수 있어.
• 규진: 비생물 요소인 공기가 없으면 생물 요소들이 호흡할 수 없어.

(   )

4 ⊕ 9종 공통

㉠~㉢에 들어갈 생물로 알맞은 것을 다음에서 골라 이름을 각각 쓰시오.

▲ 토끼   ▲ 곰팡이   ▲ 구절초

• (㉠)은/는 스스로 양분을 만든다.
• (㉡)은/는 다른 생물을 먹이로 하여 양분을 얻는다.
• (㉢)은/는 죽은 생물이나 배출물을 분해하여 양분을 얻는다.

㉠ (   ), ㉡ (   )
㉢ (   )

2 단원

5 서술형 ⊕ 9종 공통

생태계에서 분해자가 모두 사라진다면 어떤 일이 생길지 쓰시오.

_____

_____

_____

6 ➕ 9종 공통

다음 먹이 사슬에서 2차 소비자에 해당하는 것은 무엇인지 이름을 쓰시오.

벼   메뚜기   개구리   뱀

(   )

[7-8] 다음은 생물들 사이의 먹고 먹히는 관계를 화살표로 나타낸 것입니다. 물음에 답하시오.

7 ➕ 9종 공통

위 먹이 관계에 대한 설명으로 옳지 않은 것은 어느 것입니까? (   )

① 옥수수는 먹이 관계가 이어져 있지 않다.
② 다람쥐도 벼를 먹고, 메뚜기도 벼를 먹는다.
③ 매는 개구리, 다람쥐, 참새, 뱀을 잡아먹는다.
④ 개구리는 메뚜기를 먹고, 뱀은 개구리를 먹는다.
⑤ 참새는 나방 애벌레를 먹고, 매에게 잡아먹힌다.

8 ➕ 9종 공통

위 먹이 관계에서 벼로부터 시작하는 먹이 사슬을 찾아 한 가지 쓰시오.

(   )

9 ➕ 9종 공통

생태계 평형이 깨지는 원인으로 옳지 않은 것은 어느 것입니까? (   )

① 건물을 짓기 위해 산을 깎는다.
② 태풍이 불어 숲의 나무와 풀이 모두 꺾인다.
③ 댐을 건설하여 인위적으로 물의 흐름을 막는다.
④ 가뭄을 견디지 못한 특정한 생물이 모두 죽는다.
⑤ 어떤 지역에 살고 있는 생물의 종류와 수가 조화롭게 균형을 이룬다.

10 서술형 ➕ 9종 공통

자른 페트병의 입구 부분을 거꾸로 하여 탈지면을 깔고 콩나물을 담은 후, 어둠상자로 덮어 햇빛을 가렸습니다. 물을 주지 않고 일주일 뒤 콩나물의 모습을 쓰시오.

_____

_____

11 ✚ 9종 공통

다음에서 설명하는 비생물 요소는 각각 무엇인지 쓰시오.

⑴ 사람이 숨을 쉴 수 있게 해 준다.

(   )

⑵ 식물이 자라는 데 필요한 양분과 식물이 살아가는 터전을 제공한다. (   )

12 ✚ 9종 공통

생물의 적응에 대한 설명으로 옳은 것은 어느 것입니까? (   )

① 생물이 사는 곳을 말한다.

② 생물이 양분을 만드는 방법이다.

③ 생물 간의 먹고 먹히는 관계이다.

④ 어떤 장소에서 생물이 다른 생물과 상호 작용하는 것이다.

⑤ 생물이 오랜 기간에 걸쳐 서식지의 환경에서 살아 남기에 유리한 특징을 가지는 것이다.

13 ✚ 9종 공통

환경이 오염되는 원인에 대해 옳게 말한 사람의 이름을 쓰시오.

> • 상호: 공기 청정기를 오래 작동시켰기 때문이야.
> • 기정: 화학 농약을 많이 사용하지 않았기 때문이야.
> • 주완: 사람들이 쓰레기나 생활 하수를 많이 배출하기 때문이야.

(   )

14 서술형 ✚ 9종 공통

다음은 환경 오염의 여러 가지 원인입니다. 대기 오염의 직접적인 원인을 골라 기호를 쓰고, 대기 오염이 생물에게 미치는 영향을 한 가지 쓰시오.

㉠

▲ 생활 쓰레기

㉡

▲ 농약의 지나친 사용

㉢

▲ 기름 유출 사고

㉣

▲ 공장의 매연

⑴ 대기 오염의 원인: (   )

⑵ 대기 오염이 생물에게 미치는 영향: _____

_____

_____

15 ✚ 9종 공통

사람들의 활동으로 환경이 오염되어 생물에게 해로운 영향을 주는 일이 <u>아닌</u> 것은 어느 것입니까?

(   )

① 생태 하천을 조성한다.

② 난방이나 냉방을 세게 튼다.

③ 산을 깎아 골프장을 짓는다.

④ 산을 관통하는 터널을 뚫는다.

⑤ 음식물 쓰레기를 많이 남긴다.

평가 주제	생물 요소 분류하기, 생물들의 먹이 관계 알아보기
평가 목표	생물이 양분을 얻는 방법에 따라 생물 요소를 분류할 수 있고, 생물 간의 먹고 먹히는 관계를 알 수 있다.

[1-2] 다음은 숲 생태계의 모습입니다. 물음에 답하시오.

1 위 생태계의 생물 요소를 모두 찾아 양분을 얻는 방법에 따라 세 무리로 분류하여 쓰시오.

도움 그림 속 생물 요소들이 양분을 얻는 방법이 어떻게 다른지 생각해 봅니다.

	생산자	소비자	분해자
양분을 얻는 방법	㉠	㉡	㉢
생물 요소	㉣	㉤	㉥

2 생물들의 먹고 먹히는 관계가 사슬처럼 연결되어 있는 것을 무엇이라고 하는지 골라 ○표 하고, 위 숲 생태계 생물 요소의 먹고 먹히는 관계 중에서 한 가지를 나타내시오.

도움 생태계 생물 요소의 먹고 먹히는 관계는 화살표를 이용하여 나타낼 수 있습니다.

먹이 사슬, 먹이 낚시, 먹이 그물, 먹이 관계, 먹이 피라미드	생물 요소의 먹고 먹히는 관계

● 정답과 풀이 6쪽

평가 주제	환경 오염이 생물에게 미치는 영향, 생태계 보전을 위한 노력 알아보기
평가 목표	환경 오염이 생물에게 미치는 영향을 통해 생태계 보전의 필요성을 알 수 있다.

[1-3] 다음은 환경 오염의 여러 가지 원인입니다. 물음에 답하시오.

▲ 자동차의 배기가스

▲ 공장의 폐수와 쓰레기

▲ 많은 양의 생활 쓰레기

1 오른쪽과 같은 수질 오염의 직접적인 원인을 위에서 골라 기호를 쓰고, 수질 오염이 생물에게 미치는 영향을 한 가지 쓰시오.

(1) 수질 오염의 직접적인 원인: (   )

(2) 수질 오염이 생물에게 미치는 영향: _____

_____

도움 ㉠~㉢ 모두 환경 오염의 원인이 될 수 있지만, 이 중에서 수질 오염에 직접적으로 영향을 미치는 것은 무엇인지 생각해 봅니다.

2 위 ㉠~㉢과 관련 있는 생태계를 보전하기 위한 방법을 보기 에서 골라 각각 기호를 쓰시오.

보기
㈎ 하수 처리 시설 만들기
㈏ 가까운 거리는 자전거 타기
㈐ 쓰레기를 분리하여 배출하기

㉠ (   )
㉡ (   )
㉢ (   )

도움 ㉠~㉢을 해결하거나 줄이는 데 도움을 줄 수 있는 방법을 연관지어 생각해 봅니다.

3 위 **2**번 보기 의 방법들이 생태계를 보전하는 데 어떻게 도움이 되는지, ㈎~㈐ 중 한 가지를 골라서 쓰시오.

(1) 내가 고른 생태계 보전 방법: (   )

(2) 생태계 보전에 도움이 되는 점: _____

_____

도움 수질 오염, 대기 오염, 토양 오염과 생태계를 보전하기 위한 방법을 연관지어 이것이 어떤 도움을 줄 수 있을지 생각합니다.

다른 그림을 찾아보세요.

● 정답 6쪽

다른 곳이 15군데 있어요.

날씨와 우리 생활

▶ 학습 내용과 교과서별 해당 쪽수를 확인해 보세요.

학습 내용	백점 쪽수	교과서별 쪽수				
		동아출판	비상교과서	아이스크림 미디어	지학사	천재교과서
❶ 습도가 우리 생활에 미치는 영향	42~45	44~47	42~43	50~53	46~47	54~57
❷ 이슬과 안개, 그리고 구름	46~49	48~49	44~45	54~55	48~51	58~61
❸ 비와 눈이 내리는 과정	50~53	50~51	46~47	56~57		62~63
❹ 고기압과 저기압	54~57	52~53	48~51	58~59	52~53	64~65
❺ 바람이 부는 방향, 우리나라의 계절별 날씨	58~61	54~57		60~63	54~59	66~69

★ 동아출판, 김영사, 미래엔, 지학사, 천재교과서, 천재교육의 「3. 날씨와 우리 생활」 단원에 해당합니다.
★ 금성출판사, 비상교과서, 아이스크림미디어의 「2. 날씨와 우리 생활」 단원에 해당합니다.

1 습도가 우리 생활에 미치는 영향

1 습도

(1) 공기 중에 포함되어 있는 수증기

① 눈에 보이지 않지만 공기 중에는 수증기가 있습니다.

② 공기 중에 수증기가 없다면 차가운 물체를 놔두었을 때 물체의 표면에 물방울이 맺히지 않을 것입니다.

겨울철 창틀에 맺힌 물방울은 공기 중 수증기가 응결한 거야.

(2) **습도**: 공기 중에 수증기가 포함된 정도를 말합니다.

(3) 습도를 측정하는 방법

① 건습구 습도계로 건구 온도와 습구 온도를 측정한 다음, 습도표를 이용하여 현재 습도를 구합니다.

② 측정한 습도는 숫자에 단위 %(퍼센트)를 붙여 나타냅니다.

③ 습도표 읽는 방법(예 건구 온도: 15 ℃, 습구 온도: 13 ℃일 때)

(단위: %)

건구 온도에 해당하는 15 ℃를 세로줄에서 찾아 표시하기	건구 온도(℃)	건구 온도와 습구 온도의 차(℃)			건구 온도와 습구 온도의 차 (15℃-13℃=2℃)를 구해 가로줄에서 찾아 표시하기
		0	1	2	
	14	100	90	79	
①	**15**	100	90	**80**	**③** ①과 ②가 만나는 지점이 현재 습도를 나타냄.
	16	100	90	81	

➡ 현재 습도는 80 %입니다.

2 습도가 우리 생활에 미치는 영향

(1) 습도가 우리 생활에 미치는 영향

습도가 높을 때

▲ 빨래가 잘 마르지 않음.

▲ 세균이 쉽게 번식하고 음식이 부패하기 쉬움.

▲ 곰팡이가 잘 핌.

습도가 낮을 때

▲ 빨래가 잘 마름.

▲ 산불이 발생하기 쉬움.

▲ 코나 목이 건조해져 호흡기 질환이 생기기 쉬움.
피부도 쉽게 건조해져요.

(2) 습도를 조절하는 방법

습도를 낮추는 방법	• 제습기나 제습제를 사용함. • 바람이 잘 통하게 함.
습도를 높이는 방법	• 가습기를 사용함. • 젖은 수건을 널어 두거나 물을 끓임.

➕ 건습구 습도계

건구 온도계 — 습구 온도계 — 뷰렛 집게 — 액체샘 — 빵 끈 — 헝겊 — 초시계 — 물 — 스탠드

알코올 온도계 두 개를 사용하여 습도를 측정하며, 액체샘을 헝겊으로 감싼 아랫부분이 물에 잠기도록 한 온도계를 습구 온도계, 헝겊을 감싸지 않은 온도계를 건구 온도계라고 합니다.

➕ 장소에 따라 다른 습도

• 운동장 한가운데나 운동장 쪽 창가와 같이 햇볕에 의해 물의 증발이 잘 일어나고 바람이 잘 통하는 곳은 습도가 낮습니다.

• 화장실의 세면대나 식당과 같이 물을 자주 사용하는 곳은 습도가 높습니다.

➕ 습도를 느껴 본 경험 예

• 장마철에 피부가 끈적한 것을 느꼈고, 과자나 김이 빨리 눅눅해졌습니다.

• 흐린 날보다 맑고 건조한 날에 목이 금방 마르고, 코에 코딱지가 잘 생기는 것을 경험했습니다.

용어 사전

• **부패** 단백질이나 지방 등이 미생물에 의해 분해되는 과정. 또는 그런 현상으로 독특한 냄새가 나거나 독성 물질이 발생함.

• **제습기** 공기 중의 수분을 직접 흡수하여 습기를 제거하는 전기 기구.

교과서 통합 대표 실험

실험 건습구 습도계로 습도 측정하기 📖 9종 공통

❶ 알코올 온도계 두 개 중 한 개만 액체샘을 헝겊으로 감쌉니다.

❷ 스탠드에 뷰렛 집게를 연결하고 알코올 온도계 두 개를 설치합니다.

❸ 헝겊으로 감싼 온도계 아래에 물이 담긴 비커를 놓고 헝겊의 아랫부분이 물에 잠기도록 합니다.

헝겊의 한쪽 끝이 액체샘 위로 2 cm~3 cm 정도 올라오도록 감싸요.

헝겊
액체샘

빵 끈 — 액체샘

헝겊으로 감싼 온도계의 액체샘이 물에 잠기지 않도록 해요.

건구 온도 습구 온도

❹ 10분이 지난 뒤 건구와 습구의 온도 변화가 없을 때 온도를 각각 측정해 봅시다.

❺ 습도표를 이용하여 현재 습도를 구해 봅시다.

실험 결과

★ 건구 온도는 23 ℃이고, 습구 온도는 19 ℃입니다.

◆ 건구 온도와 습구 온도의 차이는 4 ℃입니다.

➡ 따라서, 습도표를 이용하여 구한 현재 습도는 69 %입니다.

습도표

(단위: %)

건구 온도 (℃)	건구 온도와 습구 온도의 차(℃)										
	0	1	2	3	4	5	6	7	8	9	10
10	100	88	77	66	55	44	34	24	15	6	
11	100	89	78	67	56	46	36	27	18	9	
12	100	89	78	68	58	48	39	29	21	12	
13	100	89	79	69	59	50	41	32	22	15	7
14	100	90	79	70	60	51	42	34	26	18	10
15	100	90	80	71	61	53	44	36	27	20	13
16	100	90	81	71	63	54	46	38	30	23	15
17	100	91	81	72	64	55	47	40	32	25	18
18	100	91	82	73	65	57	49	41	34	27	20
19	100	91	82	74	65	58	50	43	36	29	22
20	100	91	83	74	66	59	51	44	37	31	24
21	100	92	83	75	67	60	53	46	39	32	26
22	100	92	83	76	68	61	54	47	40	34	28
23	100	92	84	76	69	62	55	48	42	36	30
24	100	92	84	77	69	62	56	49	43	37	31
25	100	92	84	77	70	63	57	50	44	39	33
26	100	92	85	78	71	64	58	51	46	40	34
27	100	92	85	78	71	65	58	52	47	41	36
28	100	93	85	78	72	65	59	53	48	42	37
29	100	93	86	79	72	66	60	54	49	43	38
30	100	93	86	79	73	67	61	55	50	44	39

정리	건습구 습도계를 이용하면 습도를 측정할 수 있으며, 습도는 %(퍼센트)로 나타냅니다.

헝겊으로 알코올 온도계를 감쌀 때 액체샘 부분을 손으로 만지지 않도록 하고, 헝겊은 너무 두껍지 않은 것으로 해요.

3 단원

젖은 손이 마르면서 시원해지는 것처럼, 습구 온도계의 액체샘 부분을 감싸고 있는 젖은 헝겊에서 물이 증발하면서 주변의 온도를 낮추기 때문에 습구 온도가 건구 온도보다 낮아요.

- 건구 온도와 습구 온도의 차이가 적을수록 습도가 높아요.
- 습도는 고정된 값이 아니며, 날씨와 시간에 따라 달라질 수 있어요.

1 습도가 우리 생활에 미치는 영향

기본 개념 문제

1

공기 중에 (   )이/가 포함된 정도를 습도라고 합니다.

2

습도는 숫자에 단위인 (   )을/를 붙여서 나타냅니다.

3

습도가 (   )으면 세균이 쉽게 번식하고 곰팡이가 잘 핍니다.

4

습도가 (   )으면 산불이 발생하기 쉬워집니다.

5

가습기를 사용하면 습도를 (   ) 수 있습니다.

6 ➕ 9종 공통

다음에서 설명하는 것은 무엇인지 쓰시오.

> 공기 중에 수증기가 포함된 정도를 말한다.

(   )

7 ➕ 9종 공통

오른쪽 건습구 습도계에서 습구 온도계로 알맞은 것의 기호를 쓰시오.

ㅡ헝겊
ㅡ물

(   )

8 ➕ 9종 공통

건구 온도가 23 ℃이고, 습구 온도가 20 ℃일 때 아래 표를 이용해 현재의 습도를 구하시오.

건구 온도 (℃)	건구 온도와 습구 온도의 차(℃)					
	0	1	2	3	4	5
23	100	92	84	76	69	62
24	100	92	84	77	69	62
25	100	92	84	77	70	63

(   ) %

9 ➕ 9종 공통

앞 **8**번과 같이 습도를 구할 때 사용하는 표를 무엇이라고 하는지 쓰시오.

( )

10 ➕ 9종 공통

다음 중 습도가 높을 때 나타날 수 있는 현상으로 알맞은 것을 골라 기호를 쓰시오.

㉠

▲ 빨래가 잘 마름.

㉡
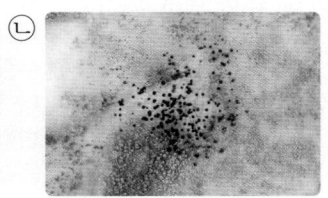
▲ 곰팡이가 잘 핌.

( )

11 서술형 ➕ 9종 공통

습도가 높을 때 나타날 수 있는 현상과 이때 습도를 낮출 수 있는 방법을 각각 한 가지 쓰시오.

(1) 습도가 높을 때 나타날 수 있는 현상: _____

_____

(2) 습도를 낮출 수 있는 방법: _____

_____

12 ➕ 9종 공통

낮은 습도가 우리 생활에 미치는 영향으로 옳은 것에 모두 ○표 하시오.

(1)

▲ 피부가 촉촉해짐.
( )

(2)

▲ 산불이 발생하기 쉬워짐.
( )

(3)

▲ 호흡기 질환이 생기기 쉬워짐.
( )

(4)

▲ 과자나 김이 빠르게 눅눅해짐.
( )

13 ➕ 9종 공통

다음 ㉠~㉢을 습도를 높이는 방법과 습도를 낮추는 방법으로 분류하여 각각 기호를 쓰시오.

> ㉠ 옷장 속에 제습제를 넣는다.
> ㉡ 실내에 젖은 수건을 널어 둔다.
> ㉢ 실내에 바람이 잘 통하게 한다.

(1) 습도를 높이는 방법: ( )
(2) 습도를 낮추는 방법: ( )

3
단원

2 이슬과 안개, 그리고 구름

1 이슬과 안개, 그리고 구름

> 응결은 공기 중의 수증기가 물방울로 변하는 현상을 말해요.

응결

구름

이슬

안개

① 이슬: 밤이 되어 기온이 낮아지면 공기 중의 수증기가 응결하여 나뭇가지나 풀 잎 등에 물방울로 맺히는 것입니다.

② 안개: 지표면 근처의 공기가 차가워져 공기 중의 수증기가 응결해 작은 물방울 로 지표면 가까이에 떠 있는 것입니다.

③ 구름: 공기 중의 수증기가 응결하여 작은 물방울이나 얼음 알갱이로 변해 높은 하늘에 떠 있는 것입니다.

2 이슬, 안개, 구름의 공통점과 차이점

구분		이슬	안개	구름
공통점		공기 중의 수증기가 응결하여 나타나는 현상임.		
차이점	생성 과정	공기 중의 수증기가 차가운 물체 표면에 닿아 응결하여 생성됨.	지표면 가까이에 있는 공기 중의 수증기가 응결하여 생성됨.	공기 중의 수증기가 높은 하늘에서 응결하여 생성됨.
	생성 위치	물체 표면	지표면 근처	높은 하늘

3 우리 생활에서 볼 수 있는 이슬과 같은 현상

추운 날 밖에 나갔다가 따뜻 한 실내에 들어오면 안경이 뿌옇게 흐려짐.

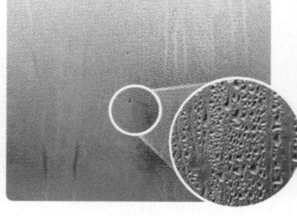

욕실에서 목욕을 하면 욕실 거울이 뿌옇게 흐려짐.

물이 끓고 있는 냄비의 뚜껑 안쪽에 물방울이 맺힘.

➕ 이슬, 안개, 구름이 잘 생기는 날씨

공기 중에 수증기가 많고 기온 차가 큰 날씨에 잘 생깁니다. 수증기는 기 온 차가 많이 날 때 잘 응결하기 때문 입니다.

➕ 구름이 만들어지는 과정

❶ 육지나 바다와 같은 지구 표면에서 물이 증발하여 수증기로 변합니다.
❷ 공기 중의 수증기가 지표면에서 하늘 로 올라가면서 온도가 점점 낮아집 니다.
❸ 수증기가 응결하여 작은 물방울이나 더 낮은 온도에서는 얼음 알갱이로 변합니다.
❹ 응결한 물방울과 얼음 알갱이가 모여 서 구름이 됩니다.

➕ 이슬이 낮보다 새벽에 잘 맺히는 까닭

응결은 온도가 낮을 때 잘 일어나므로 낮보다 온도가 낮은 새벽 시간, 차가워 진 물체 표면에 물방울이 잘 맺힙니다.

용어 사전

● **지표면** 지구의 표면. 또는 땅의 겉면.
● **생성** 사물이 생겨남. 또는 사물이 생 겨 이루어지게 함.

실험 1 이슬과 안개 발생 실험하기 (1) 📖 금성, 김영사, 미래엔, 비상, 아이스크림, 지학사, 천재교육

활동 1 이슬 발생 실험하기

집기병에 얼음과 물을 $\frac{2}{3}$ 정도 넣고 표면을 마른 수건으로 닦은 뒤, 집기병 표면의 변화를 관찰해 봅니다.

실험 결과

| 집기병 표면이 뿌옇게 흐려지고 작은 물방울이 맺힘. | ➡ | 집기병 주변에 있는 공기 중의 수증기가 차가워진 집기병 표면에 응결해 물방울로 맺혔기 때문임. | ➡ | 이슬 |

따뜻한 집기병은 집기병에 뜨거운 물을 넣어 데운 뒤 물을 버려서 준비해요.

활동 2 안개 발생 실험하기

향 연기를 넣은 따뜻한 집기병에 얼음이 담긴 페트리 접시를 올려놓고 집기병 안의 변화를 관찰해 봅니다.

실험 결과

| 페트리 접시 아래부터 하얀 연기와 같은 것이 생기고, 집기병 안이 뿌옇게 흐려짐. | ➡ | 집기병 안에 있는 공기 중의 수증기가 차가워져 응결해 작은 물방울로 떠 있기 때문임. | ➡ | 안개 |

정리 │ 이슬과 안개는 공기 중의 수증기가 응결하여 나타나는 현상입니다.

실험 2 이슬과 안개 발생 실험하기 (2) 📖 동아, 천재교과서

❶ 투명 플라스틱 통에 따뜻한 물을 높이 1 cm 정도 넣고, 향에 불을 붙여 통에 향을 2초 정도 넣었다가 뺍니다.

❷ 투명 반구를 투명 플라스틱 통에 올려 놓고, 얼음과 색소를 탄 물을 $\frac{2}{3}$ 정도 넣어 나타나는 현상을 관찰해 봅시다.

실험동영상

투명 반구의 표면에 맺힌 물방울을 흰 종이에 묻혀 보면, 색소를 탄 물이 밖으로 새어 나온 것이 아니라 공기 중 수증기가 응결하여 맺힌 것임을 알 수 있어요.

실험 결과

투명 플라스틱 통 안	투명 반구의 표면
통 안이 뿌옇게 흐려짐. ➡ 안개	반구의 표면에 물방울이 맺힘. ➡ 이슬

정리 │ 이슬은 공기 중의 수증기가 차가워진 물체 표면에 응결해 맺힌 것이고, 안개는 공기 중의 수증기가 응결해 작은 물방울로 떠 있는 것입니다.

2 이슬과 안개, 그리고 구름

기본 개념 문제

1

이슬은 공기 중의 수증기가 차가운 물체의 표면에 닿아 (   )하여 생성됩니다.

2

이슬이 낮보다 새벽에 잘 맺히는 까닭은, 응결은 온도가 (   )을 때 잘 일어나기 때문입니다.

3

지표면 가까이에 있는 공기 중 (   )이/가 응결하여 안개가 생성됩니다.

4

(   )은/는 공기 중의 수증기가 응결하여 작은 물방울이나 얼음 알갱이로 변해 높은 하늘에 떠 있는 것입니다.

5

물이 끓고 있는 냄비의 뚜껑 안쪽에 물방울이 맺히는 현상은 자연 현상에서 (   )와/과 비슷합니다.

6 ➕ 9종 공통

다음 (   ) 안에 들어갈 알맞은 말을 쓰시오.

> 집기병에 얼음과 물을 반 정도 넣고, 표면을 마른 수건으로 닦은 뒤 시간이 지나면 집기병 표면에 작은 물방울이 맺힌다. 이는 공기 중의 수증기가 집기병 표면에 (   )한 것이다.

작은 물방울이 맺힘.

(   )

7 ➕ 9종 공통

다음은 무엇에 대한 설명인지 쓰시오.

> 밤이 되어 기온이 낮아지면 공기 중 수증기가 응결하여 나뭇가지나 풀잎 등에 물방울로 맺히는 것이다.

(   )

8 ➕ 9종 공통

차가운 주스가 담긴 컵 표면에 시간이 지난 뒤 물방울이 맺힌 것은 자연 현상에서 무엇이 만들어지는 현상과 가장 비슷합니까? (   )

① 눈
② 안개
③ 이슬
④ 구름
⑤ 고드름

9 서술형 ➕ 9종 공통

생활에서 볼 수 있는 다음의 두 가지 현상과 자연에서 이슬이 만들어지는 현상의 공통점은 무엇인지 쓰시오.

▲ 목욕을 하면 욕실 거울이 뿌옇게 흐려짐.   ▲ 겨울에 따뜻한 실내에 들어오면 안경이 뿌옇게 흐려짐.

_____

_____

10 동아, 천재교과서

따뜻한 물을 조금 넣은 플라스틱 통에 불을 붙인 향을 넣었다가 뺀 뒤 얼음과 물을 넣은 반구를 플라스틱 통 위에 올려놓았습니다. 플라스틱 통 안에서 나타나는 변화로 옳은 것에 ○표 하시오.

(1) 플라스틱 통 안에 얼음이 생긴다.   (   )
(2) 플라스틱 통 안이 뿌옇게 흐려진다.   (   )
(3) 플라스틱 통이 점점 뜨거워지며 떨린다.   (   )

11 동아, 천재교과서

위 **10**번 플라스틱 통 안에서 나타나는 현상은 자연에서 무엇이 만들어지는 과정과 비슷한지 쓰시오.

(   )

12 ➕ 9종 공통

다음 ㉠~㉢ 안에 들어갈 알맞은 말을 각각 쓰시오.

> 공기 중의 수증기가 응결하여 차가운 물체의 표면에 물방울로 맺히는 것은 (㉠), 지표면 가까이에 있는 공기 중의 수증기가 응결하여 떠 있는 것은 (㉡), 공기 중의 수증기가 높은 하늘에서 응결하여 떠 있는 것은 (㉢)이다.

㉠ (   ), ㉡ (   )
㉢ (   )

13 ➕ 9종 공통

다음 중 우리 생활에서 볼 수 있는 이슬과 같은 현상과 가장 관련이 적은 것을 골라 기호를 쓰시오.

㉠   ㉡

▲ 물가에 핀 안개   ▲ 뿌옇게 흐려진 안경

㉢   ㉣

▲ 거미줄에 맺힌 물방울   ▲ 뚜껑 안쪽에 맺힌 물방울

(   )

3 비와 눈이 내리는 과정

개념 강의

1 비나 눈이 내릴 때 하늘의 모습

① 하늘에 구름이 많이 끼어 있습니다.
② 구름이 두껍게 발달해 있어 하늘이 어둡습니다.
③ 구름이 점점 몰려오고 하늘이 어두워지면서 비가 내리기 시작합니다.

2 비가 내리는 과정 알아보기

비의 생성 과정 모형실험 (1)

과정   📖 천재교과서

세제를 묻히면 비커 안쪽에 김이 생기는 것을 막아 나타나는 변화를 관찰하기 쉬워요.

❶ 비커에 뜨거운 물을 $\frac{1}{4}$ 정도 넣기
❷ 빨대 한쪽 끝을 화장지로 말아 셀로판테이프로 고정하기
❸ ❷의 화장지에 세제를 묻힌 뒤, 비커 입구 안쪽에 세제를 돌려 가며 바르기

❷ 화장지 / 빨대 / 셀로판테이프

❸ 세제를 묻힘. / 뜨거운 물

❹ 투명 반구에 얼음물을 절반 정도 넣고 ❸의 비커 위에 올려놓은 뒤, 5분 동안 투명 반구에서 나타나는 변화 관찰하기

결과
• 물이 증발하여 생긴 수증기가 투명 반구 아랫부분에서 응결하여 물방울이 맺힙니다.
• 물방울들이 합쳐지고 커져서 떨어집니다.
• 투명 반구에 맺힌 물방울이 합쳐지고 무거워져 떨어지는 것처럼, 구름 속 작은 물방울이 합쳐지면서 무거워지면 비가 되어 내립니다.

얼음물 / 투명 반구 / 뜨거운 물

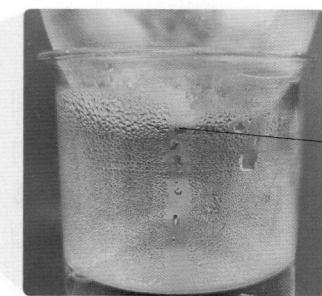
물방울이 맺히고, 커져서 떨어짐.

비의 생성 과정 모형실험 (2)   📖 천재교육

과정
❶ 잘게 부순 얼음과 찬물을 둥근바닥 플라스크에 $\frac{1}{3}$ 정도 넣고 겉면을 마른 수건으로 닦기
❷ 뜨거운 물을 $\frac{1}{3}$ 정도 넣은 비커를 스탠드에 놓고, 둥근바닥 플라스크를 비커 위에서 3 cm 정도 떨어뜨려 고정하기
❸ 둥근바닥 플라스크 아랫면에 어떤 변화가 생기는지 관찰하기

결과
둥근바닥 플라스크의 아랫면에 작은 물방울이 맺히고, 작은 물방울들이 합쳐지고 커져서 비처럼 떨어집니다.

둥근바닥 플라스크 / 얼음+물 / 뜨거운 물 / 스탠드

물방울이 맺히고 합쳐져서 커지며, 비처럼 떨어짐.

➕ 비와 관련된 경험 예
• 태풍이 와서 비가 많이 내린 적이 있습니다.
• 갑자기 소나기가 내려 비를 맞은 적이 있습니다.
• 운동장에서 체육 수업을 할 때 비가 와서 교실로 들어온 경험이 있습니다.

➕ 눈과 관련된 경험 예
• 눈사람을 만들었던 경험이 있습니다.
• 친구들과 눈싸움을 해 보았습니다.
• 눈이 오는 날 미끄러지지 않게 조심조심 걸었던 경험이 있습니다.

용어 사전

● **태풍** 세찬 바람과 함께 큰 비를 내리는 강한 열대 저기압.
● **소나기** 짧고 굵게 내리는 비로, 갑자기 구름이 짙어지면서 굵은 빗방울이 1~2시간 휘몰아치듯 내리다가 그침.

비가 내리는 과정 모형실험 (1) 📖 아이스크림

과정
원통에 스펀지를 올려놓고 분무기로 물을 계속 뿌리면서 나타나는 현상 관찰하기

결과
물방울이 스펀지 구멍에 모여서 합쳐지면서, 커진 물방울이 아래로 떨어집니다.

물이 담긴 분무기
스펀지
원통

스펀지는 구름, 아래로 떨어지는 물방울은 비를 의미해요.

비가 내리는 과정 모형실험 (2) 📖 미래엔

과정
❶ 페트리 접시에 스포이트로 물을 여러 군데 떨어뜨려 뒤집고, 여러 방향으로 기울여 물방울을 합칩니다.
❷ 물방울이 합쳐지면 어떻게 되는지 관찰해 봅니다.

결과
물방울이 합쳐져 크기가 커지고, 커진 물방울이 아래로 떨어집니다.

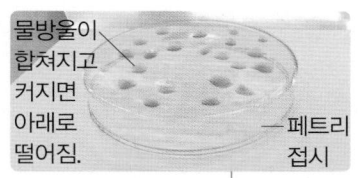

물방울이 합쳐지고 커지면 아래로 떨어짐.
페트리 접시

합쳐지기 전 물방울은 구름을 이루는 작은 물방울을 의미해요.

3 비와 눈이 내리는 과정

비가 내리는 과정

작은 물방울
큰 물방울
빗방울

비는 구름 속 작은 물방울이 합쳐지고 커지면서 무거워져 떨어지거나, 크고 무거워진 얼음 알갱이가 녹아서 떨어지는 것이에요.

눈이 내리는 과정

얼음 알갱이
수증기
커진 얼음 알갱이

눈은 구름 속 작은 얼음 알갱이가 커지면서 무거워져 떨어질 때 녹지 않은 채로 떨어지는 것이에요.

➕ 비가 내리다가 얼어서 만들어진 것

비가 내리다가 얼면 눈이라고 생각할 수 있습니다. 하지만 눈은 구름 속 작은 얼음 알갱이가 떨어질 때 녹지 않은 채로 떨어지는 것입니다. 비가 내리다가 찬 공기를 통과하면서 얼어서 생긴 것을 '언비'라고 하며, 이는 눈과 다릅니다.

➕ 우리나라에서 여름에 눈이 내리지 않는 까닭

우리나라의 여름에는 온도가 높으므로 구름 속 작은 얼음 알갱이가 떨어질 때 모두 녹기 때문입니다.

용어 사전

● **스펀지** 생고무나 합성수지로 만들어 탄력이 있고, 수분을 잘 빨아들여 쿠션이나 물건을 닦는 재료로 많이 쓰이는 물건.

3 비와 눈이 내리는 과정

기본 개념 문제

1

비나 눈이 내릴 때 하늘에는 (　　　　　)이/가 많은 공통점이 있습니다.

2

(　　　　　)은/는 구름 속 작은 물방울이 합쳐지고 무거워져 떨어지는 것입니다.

3

비가 내리는 과정을 알아보는 실험에서 투명 반구 아랫부분에 맺힌 물방울은 (　　　　　)이/가 응결하여 생긴 것입니다.

4

원통에 스펀지를 올려놓고 분무기로 물을 계속 뿌리면, 스펀지 구멍에 모여서 합쳐지고 커진 물방울이 (　　　　　　　　).

5

(　　　　　)은/는 구름 속 작은 얼음 알갱이가 커지면서 무거워져 떨어질 때 녹지 않은 것입니다.

6 ➕9종 공통

다음 중 비나 눈이 내릴 때 하늘의 모습으로 알맞지 <u>않은</u> 것에 ×표 하시오.

(1) 하늘에 구름이 많이 끼어 있다.　　　　(　　)

(2) 구름이 없어 하늘이 맑고 파랗다.　　　(　　)

(3) 구름이 점점 몰려오고 하늘이 어두워지며 비나 눈이 내리기 시작한다.　　　　　　　(　　)

[7-9] 비커에 뜨거운 물을 넣고 비커 안쪽에 세제를 바른 뒤, 얼음물을 넣은 투명 반구를 비커 위에 올려놓았습니다. 물음에 답하시오.

7 천재교과서

위에서 비커 안쪽에 세제를 바르는 까닭으로 알맞은 말에 ○표 하시오.

> 비커 안쪽에 김이 생기는 것을 (도와, 막아) 주어 나타나는 변화를 관찰하기 쉽기 때문이다.

8 천재교과서

위 투명 반구에서 5분 동안 나타나는 현상을 옳게 말한 사람의 이름을 쓰시오.

> • 지훈: 5분 동안 아무런 변화가 없어.
> • 민아: 투명 반구의 얼음물이 순식간에 녹아.
> • 소정: 투명 반구 아랫부분에 물방울이 맺히고, 합쳐지고 커져서 떨어져.

(　　　　　　　)

9 천재교과서

앞 **8**번 투명 반구에서 나타나는 현상은 자연 현상에서 무엇이 생성되는 과정과 비슷한지 쓰시오.

(   )

10 아이스크림

비가 내리는 과정을 알아보기 위해, 원통에 스펀지를 올려놓고 분무기로 물을 계속 뿌리면서 나타나는 현상을 관찰하는 실험을 하였습니다. 각각 무엇에 해당하는지 알맞은 것끼리 선으로 이으시오.

물이 담긴 분무기
스펀지
원통

(1) 스펀지 •   • ㉠   비

(2) 스펀지에서 떨어지는 물방울 •   • ㉡   구름

11 미래엔

페트리 접시에 스포이트로 물을 여러 군데 떨어뜨려 뒤집고, 여러 방향으로 기울여 물방울을 합칠 때 볼 수 있는 모습으로 <u>잘못된</u> 것을 골라 기호를 쓰시오.

스포이트

┌─────────────────────────────────────┐
│ ㉠ 물방울이 합쳐져 크기가 커진다. │
│ ㉡ 크기가 커진 물방울이 아래로 떨어진다. │
│ ㉢ 물방울이 합쳐지고 응결하여 페트리 접시가 뿌옇게 흐려진다. │
└─────────────────────────────────────┘

(   )

12 서술형   ➕ 9종 공통

구름에서 비가 내리는 과정을 쓰시오.

난 빗방울이야. 어떻게 만들어졌을까?

─────────────────────────────────────

─────────────────────────────────────

─────────────────────────────────────

─────────────────────────────────────

13 ➕ 9종 공통

눈이 내리는 과정으로 옳은 것을 보기 에서 골라 기호를 쓰시오.

┌─ 보기 ──────────────────────────────┐
│ ㉠ 구름 속 물방울이 증발하여 만들어진다. │
│ ㉡ 구름에서 비가 내리다가 얼어서 만들어진다. │
│ ㉢ 구름 속 얼음 알갱이가 무거워져 떨어질 때 녹지 않은 채로 떨어지는 과정을 거친다. │
└─────────────────────────────────────┘

(   )

4 고기압과 저기압

1 공기의 무게

① 공기는 눈에 보이지 않지만 무게가 있습니다.

② 공기의 무게는 공기의 온도에 따라 달라집니다.

③ 같은 부피일 때, 차가운 공기가 따뜻한 공기보다 무겁습니다.

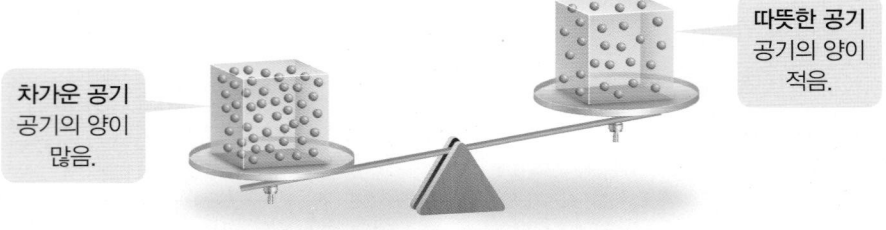

2 고기압과 저기압

(1) 기압

① 공기의 무게 때문에 생기는 힘을 기압이라고 합니다.

② 일정한 부피에 공기의 양이 많을수록 공기는 무거워지고, 기압은 높아집니다.

③ 기압은 공기의 무게 때문에 생기는 힘이므로 차가운 공기가 따뜻한 공기보다 기압이 높습니다.

(2) 고기압과 저기압

고기압	저기압
• 주변보다 공기가 많음.	• 주변보다 공기가 적음.
• 주위보다 상대적으로 온도가 낮고, 기압이 높은 곳임.	• 주위보다 상대적으로 온도가 높고, 기압이 낮은 곳임.

(3) 고기압과 저기압 구분하기: 지구 표면에서 고기압과 저기압은 정해져 있는 것이 아니라 시간과 장소, 상황에 따라 달라집니다.

예)

20 ℃인 공기 주변에 30 ℃인 공기가 있으면 20 ℃인 공기가 고기압이지만, 20 ℃인 공기 주변에 10 ℃인 공기가 있으면 20 ℃인 공기는 저기압이 됨.

➕ 공기의 무게 느껴보기 예

공기는 무게가 있기 때문에 고무보트에 공기를 넣은 뒤 들었을 때가 공기를 넣기 전보다 무겁게 느껴집니다.

➕ 기압에 대하여 들어본 경험 예

• 텔레비전의 날씨 예보 방송에서 들어보았습니다.

• 날씨가 기압과 관련이 있다는 것을 책에서 본 적이 있습니다.

• 내일은 저기압의 영향으로 날씨가 흐릴 것이라는 말을 방송에서 들어보았습니다.

➕ 기압과 온도

실험에서는 온도가 높아지면 가벼워져 저기압이 되고 온도가 낮아지면 무거워져 고기압이 되지만, 날씨에서 고기압과 저기압은 주변과 비교하여 상대적인 무게로 나타납니다.

예) 시베리아 고기압은 온도가 낮지만 북태평양 고기압은 온도가 높음.

용어 사전

◆ **상대적** 서로 맞서거나 비교되는 관계에 있는 것.

실험 1 온도에 따른 공기의 무게 비교하기 📖 동아, 금성, 김영사, 아이스크림, 천재교과서, 천재교육

❶ 투명 플라스틱 통의 안쪽에 액정 온도계를 붙입니다.

❷ 얼음물이 담긴 그릇에 뚜껑을 닫지 않은 투명 플라스틱 통을 넣습니다.

❸ 5분 뒤 투명 플라스틱 통의 뚜껑을 닫고 표면의 물기를 마른 수건으로 닦아, 전자저울에 올려놓고 온도와 무게를 측정합니다.

> 액정 온도계에서 초록색으로 변한 부분의 숫자가 현재 온도예요.

현재 온도: 20 ℃

액정 온도계
얼음물
전자저울

❹ 따뜻한 물이 담긴 그릇에 뚜껑을 닫지 않은 같은 투명 플라스틱 통을 넣고, ❸을 반복하여 결과를 비교합니다.

실험 결과

구분	얼음물에 넣은 플라스틱 통	따뜻한 물에 넣은 플라스틱 통
온도	20 ℃	24 ℃
무게	150.3 g	149.9 g

➡ 얼음물에 넣은 플라스틱 통의 무게가 따뜻한 물에 넣은 플라스틱 통보다 더 무거운 것을 통해, 차가운 공기가 따뜻한 공기보다 더 무겁다는 것을 알 수 있습니다.

> 정리 | 공기는 무게가 있으며, 같은 부피일 때 차가운 공기가 따뜻한 공기보다 무거워 기압이 더 높습니다.

실험 2 공기의 무게 측정하기 📖 지학사

❶ 감압 용기의 뚜껑을 닫고 전자저울로 무게를 측정합니다.

❷ 무게를 측정한 용기를 저울에서 내리고, 뚜껑 위 중앙 홈에 펌프를 끼워 용기 속에서 공기를 빼낸 뒤 펌프를 제거합니다.

❸ 공기를 빼낸 감압 용기의 무게를 전자저울로 측정하여, ❶과 비교해 봅니다.

홈
감압 용기

펌프로 공기를 빼냄.

실험 결과

구분	공기를 빼내기 전	공기를 빼낸 후
무게	220.0 g	219.5 g

➡ 감압 용기의 공기를 빼내기 전과 비교하여 빼낸 후의 무게가 줄어들었습니다.

> 정리 | 공기가 많을수록 공기의 무게도 무거워지고, 공기가 적을수록 공기의 무게도 가벼워집니다.

실험 TIP !

실험동영상

277.3 g

머리말리개의 온풍 기능을 이용해 플라스틱 통에 공기를 넣기 전과 공기를 넣은 뒤의 무게를 비교해 공기의 온도에 따른 공기의 무게 변화를 비교할 수도 있어요.

3 단원

> 기압은 공기의 무게 때문에 생기는 힘이므로, 상대적으로 무거운 공기의 기압이 높아요.

감압 용기는 일정한 부피 안에 들어 있는 공기를 빼낼 때 사용하는 기구예요.

4 고기압과 저기압

기본 개념 문제

1

공기의 온도가 (　　　　　　)을 때 같은 부피에 있는 공기의 양이 많아져 무겁습니다.

2

공기의 온도가 (　　　　　)을 때 같은 부피에 있는 공기의 양이 적어져 가볍습니다.

3

(　　　　　)은/는 공기의 무게 때문에 생기는 힘입니다.

4

주변보다 기압이 높은 곳을 (　　　　　)기압이라고 합니다.

5

주변보다 기압이 낮은 곳을 (　　　　　)기압이라고 합니다.

[6-8] 얼음물에 넣었던 플라스틱 통과 따뜻한 물에 넣었던 플라스틱 통의 무게를 비교하는 실험을 했습니다. 물음에 답하시오.

액정
온도계

얼음물

▲ 얼음물에 넣었던 것　　▲ 따뜻한 물에 넣었던 것

6 동아, 금성, 김영사, 아이스크림, 천재교과서, 천재교육

위 실험에 대한 설명으로 옳은 것은 어느 것입니까?
(　　　　)

① (가) 통과 (나) 통의 무게가 같다.
② (가) 안쪽 공기의 온도와 (나) 안쪽 공기의 온도가 같다.
③ (가) 통 안쪽에 들어 있는 공기의 양이 (나) 통 안쪽에 들어 있는 공기의 양보다 많다.
④ (가)와 (나)에서 나타나는 모습을 통해 안개와 구름이 생성되는 과정을 알 수 있다.
⑤ 같은 부피일 때 공기 중 산소의 양을 비교하는 실험이다.

7 동아, 금성, 김영사, 아이스크림, 천재교과서, 천재교육

위 실험의 무게 측정 결과가 다음과 같을 때, (가)와 (나) 중에서 어떤 것의 무게를 측정한 것인지 구분하여 쓰시오.

(1) 측정한 무게: 148.9 g	(2) 측정한 무게: 150.3 g

8 동아, 금성, 김영사, 아이스크림, 천재교과서, 천재교육

앞 실험에서 알 수 있는 같은 부피일 때 공기의 온도에 따른 공기의 무게에 대해 옳게 말한 사람의 이름을 쓰시오.

• 보람: 공기의 온도와 공기의 무게는 관련이 없어.
• 지우: 차가운 공기가 따뜻한 공기보다 더 무거워.
• 미라: 공기가 따뜻할수록 공기의 무게가 무거워져.

( )

9 ✚ 9종 공통

공기의 무게 때문에 생기는 힘을 무엇이라고 합니까? ( )

① 기온 ② 속력
③ 기단 ④ 습도
⑤ 기압

10 ✚ 9종 공통

다음은 같은 부피일 때 공기의 양과 공기의 무게를 비교한 모습입니다. 고기압을 나타내는 것을 골라 기호를 쓰시오.

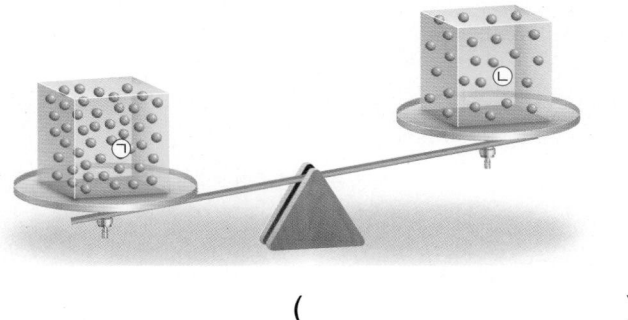

( )

11 서술형 ✚ 9종 공통

다음은 같은 부피인 공기의 무게를 비교한 모습입니다. ㉠과 ㉡을 이루고 있는 공기의 양을 ○ 안에 >, =, <로 나타내고, 기압을 비교하여 쓰시오.

(1) 공기의 양: ㉠ ◯ ㉡

(2) ㉠, ㉡의 기압 비교하기: _____

_____

_____

_____

12 ✚ 9종 공통

다음 ( ) 안에 들어갈 알맞은 말을 각각 쓰시오.

주위보다 상대적으로 공기가 많아서 무거워 기압이 높은 곳을 (㉠)(이)라고 하고, 상대적으로 공기가 적어서 가벼워 기압이 낮은 곳을 (㉡)(이)라고 한다.

㉠ ( ), ㉡ ( )

5 바람이 부는 방향, 우리나라의 계절별 날씨

1 바람이 부는 방향

(1) 바람이 부는 까닭
① 이웃한 어느 두 지역 사이에 기압 차가 생기면 공기가 고기압에서 저기압으로 이동하여 바람이 생깁니다.
② 바람: 기압의 차이 때문에 공기가 이동하는 것을 바람이라고 합니다.
— 수평 방향으로 이동해요.

(2) 바닷가에서 부는 바람의 방향: 맑은 날 낮과 밤에 부는 바람의 방향이 다릅니다.

맑은 날 낮에 바람이 부는 방향
바람의 방향
육지   바다

낮에는 육지가 바다보다 온도가 높으므로 육지 위는 저기압, 바다 위는 고기압이 됨.
➡ 바람이 바다에서 육지로 붐.
해풍

맑은 날 밤에 바람이 부는 방향
바람의 방향
육지   바다

밤에는 바다가 육지보다 온도가 높으므로 바다 위는 저기압, 육지 위는 고기압이 됨.
➡ 바람이 육지에서 바다로 붐.
육풍

2 우리나라의 계절별 날씨

(1) 공기 덩어리의 성질
① 공기 덩어리가 대륙이나 바다, 사막과 같이 넓은 지역에 오랫동안 머물게 되면 그 지역의 온도나 습도와 비슷한 성질을 가지게 됩니다.
② 일정한 성질을 가진 공기 덩어리가 다른 지역으로 이동해 가면 그 지역의 온도와 습도, 날씨에 영향을 미칩니다.

(2) 우리나라의 계절별 날씨: 계절마다 성질이 다른 공기 덩어리의 영향을 받습니다.

| 겨울 | 춥고 건조함. |
북서쪽의 차갑고 건조한 공기 덩어리의 영향을 받음.

| 초여름 | 서늘하고 습함. |
북동쪽의 차갑고 습한 공기 덩어리의 영향을 받음.

짧은 기간 동안 동해안에 서늘하고 습한 날이 나타나기도 해요.

| 봄, 가을 | 따뜻하고 건조함. |
남서쪽의 따뜻하고 건조한 공기 덩어리의 영향을 받음.

| 여름 | 덥고 습함. |
남동쪽의 따뜻하고 습한 공기 덩어리의 영향을 받음.

(3) 날씨가 우리 생활에 미치는 영향
① 날씨는 우리 생활에 많은 영향을 줍니다.
② 야외 활동이나 옷차림, 사람들의 건강, 생활에 불쾌감을 느끼는 정도 등 계절별 날씨에 따라 우리의 생활 모습이 달라집니다.

➕ 바닷가에서 하루 동안 측정한 육지와 바다의 기온 그래프 예

· 낮에는 육지가 바다보다 빠르게 데워지기 때문에 육지의 온도가 바다의 온도보다 높습니다.
· 밤에는 육지가 바다보다 빠르게 식기 때문에 육지의 온도가 바다의 온도보다 낮습니다.
· 모래는 물보다 온도 변화가 큽니다.

➕ 공기 덩어리의 성질

위치	성질
적도 근처	따뜻함.
극지방 근처	차가움.
대륙(육지)	건조함.
바다	습함.

➕ 다양한 날씨 지수

기상청에서는 다양한 날씨에 사람들이 적절하게 대처하여 생활할 수 있도록 날씨 지수를 제공합니다.

식중독 지수	식중독 발생 확률을 예측함.
감기 가능 지수	감기 발생 가능 정도를 예측함.
피부 질환 지수	피부 질환 발생 가능 정도를 예측함.

용어 사전

● 바람 고기압에서 저기압으로 공기가 이동하는 것.
● 질환 몸의 온갖 병.

실험 1 바람 발생 모형실험 하기 📖 동아, 김영사, 비상, 아이스크림, 지학사, 천재교과서, 천재교육

❶ 수조의 한가운데에 향을 세웁니다.
❷ 수조의 한쪽에는 데우지 않은 찜질팩을 넣고 다른 쪽에는 따뜻하게 데운 찜질팩을 넣습니다.
❸ 향에 불을 붙여 약 30초 동안 향 연기의 움직임을 관찰해 봅시다.

실험 결과

> 향 연기는 데우지 않은 찜질팩이 있는 곳에서 따뜻하게 데운 찜질팩이 있는 곳으로 이동해요.

데우지 않은 찜질팩
• 주변 공기가 차가움.
• 공기의 양이 많아 무거움. ➡ 고기압

따뜻하게 데운 찜질팩
• 주변 공기가 따뜻함.
• 공기의 양이 적어 가벼움. ➡ 저기압

> **정리** | 공기는 고기압에서 저기압으로 이동합니다.

실험 2 바람이 부는 까닭 알아보기 📖 미래엔, 금성

❶ 같은 양의 물과 모래를 각각 담은 두 그릇으로부터 일정한 거리 위에 전등이 위치하도록 설치하고, 스탠드를 하나씩 놓아 알코올 온도계를 매답니다.
❷ 알코올 온도계의 액체샘 부분이 물과 모래에 약 1 cm 깊이로 꽂히도록 높이를 조정한 뒤 물과 모래의 온도를 측정합니다.
❸ 전등을 켜고 물과 모래를 5분~6분 동안 가열한 뒤, 온도를 측정합니다.
❹ 불을 붙인 향을 물과 모래 그릇의 중앙에 넣어 향 연기의 움직임을 관찰합니다.

실험 결과

① 물과 모래의 온도 측정 결과 → 모래는 물보다 온도 변화가 커요.

구분	물	모래
가열하기 전의 온도(℃)	14	14
가열한 후의 온도(℃)	17	24

➡ 물 위는 고기압이 되고, 모래 위는 저기압이 됩니다.
② 향 연기의 움직임: 향 연기는 물 위에서 모래 위로 이동합니다.

> **정리** | 바닷가에서 맑은 날 낮에는 육지가 바다보다 빨리 데워져서 바다 위는 고기압, 육지 위는 저기압이 되므로 바다에서 육지로 바람이 붑니다.

실험 TIP !

실험동영상

• 따뜻하게 데운 찜질팩과 데우지 않은 찜질팩 대신에 따뜻한 물과 얼음물을 이용해도 돼요.
• 향 연기를 넣는 까닭은 공기가 눈에 보이지 않기 때문에 향 연기를 통하여 공기의 움직임을 알아보기 위해서예요.

3 단원

> 공기의 이동 방향이 항상 똑같은 것은 아니에요. 모래보다 물의 온도가 더 높으면 모래 위가 고기압, 물 위가 저기압이 되므로 공기는 모래 위에서 물 위로 이동해요.

5 바람이 부는 방향, 우리나라의 계절별 날씨

기본 개념 문제

1

(　　　　　)은/는 공기가 고기압에서 저기압으로 이동하여 생깁니다.

2

맑은 날 바닷가에서 낮에는 (　　　　　)풍이 붑니다.

3

맑은 날 바닷가에서 밤에는 바다가 육지보다 온도가 (　　　　　)으므로 바다 위는 저기압, 육지 위는 고기압이 됩니다.

4

우리나라는 (　　　　　)철에 북서쪽의 차갑고 건조한 공기 덩어리의 영향을 받습니다.

5

계절별 (　　　　　)에 따라 야외 활동이나 옷차림, 사람들의 건강, 생활에 불쾌감을 느끼는 정도 등 우리의 생활 모습이 달라집니다.

6 ➕ 9종 공통

다음은 어느 두 지점의 공기의 양을 나타낸 것입니다. 공기가 어디에서 어디로 이동할지 ▭ 안에 화살표로 방향을 나타내시오.

7 ➕ 9종 공통

위 **6**번과 같이 공기가 수평 방향으로 이동하는 것을 무엇이라고 하는지 쓰시오.

(　　　　　　　　　)

8 ➕ 9종 공통

바람에 대해 옳게 말한 사람의 이름을 쓰시오.

- 가온: 차가운 공기가 따뜻해질 때 바람이 불어.
- 태희: 어느 두 지역 사이에 기압 차가 생기기 때문에 바람이 불어.
- 세진: 기압이 낮은 곳에서 기압이 높은 곳으로 공기가 이동하는 거야.

(　　　　　　　　　)

[9-10] 다음은 수조에 데우지 않은 찜질팩과 따뜻하게 데운 찜질팩을 넣고 향에 불을 붙였을 때 향 연기의 움직임을 화살표로 나타낸 것입니다. 물음에 답하시오.

9 동아, 김영사, 비상, 아이스크림, 지학사, 천재교과서, 천재교육

위에서 향 연기가 수평 방향으로 이동하는 모습과 자연 현상을 비교하였을 때, 가장 비슷한 것은 어느 것입니까? (   )

① 비
② 눈
③ 이슬
④ 안개
⑤ 바람

10 동아, 김영사, 비상, 아이스크림, 지학사, 천재교과서, 천재교육

다음은 위와 같이 향 연기가 움직이는 까닭입니다. (   ) 안에 들어갈 알맞은 말을 각각 쓰시오.

> 데우지 않은 찜질팩 주변의 공기는 상대적으로 온도가 낮아 (㉠   )이/가 되고, 따뜻하게 데운 찜질팩 주변의 공기는 온도가 높아 (㉡   )이/가 된다. 공기는 (㉠   )에서 (㉡   )(으)로 이동하기 때문에 향 연기가 움직이는 것이다.

㉠ (   ), ㉡ (   )

11 ➕ 9종 공통

바닷가에서 부는 바람의 방향과 관련이 있는 것끼리 선으로 이으시오.

(1) 낮 •   • ㉠ 육지에서 바다로 부는 바람   • ㉮ 육풍

(2) 밤 •   • ㉡ 바다에서 육지로 부는 바람   • ㉯ 해풍

12 ➕ 9종 공통

우리나라의 봄과 가을철 날씨에 영향을 미치는 공기 덩어리로 알맞은 것의 기호를 쓰시오.

(   )

13 서술형 ➕ 9종 공통

우리나라의 여름이 덥고 습하며 겨울은 춥고 건조한 까닭을 공기 덩어리의 성질과 관련지어 쓰시오.

_____

_____

_____

_____

1. 습도가 우리 생활에 미치는 영향

(1) 습도 측정하기

❶	공기 중에 수증기가 포함된 정도를 말함.
건습구 습도계로 습도 측정하기	알코올 온도계 두 개를 사용하여 습도를 측정하며 습구 온도와 건구 온도를 측정한 다음, 습도표를 이용하여 현재 습도를 구함.
습도표로 습도 구하는 방법	❶ 건구 온도를 측정하여 습도표의 세로줄에서 찾아 표시함. ❷ 건구 온도와 습구 온도의 차를 구하여 습도표의 가로줄에서 찾아 표시함. ❸ ❶과 ❷가 만나는 지점이 습도를 나타냄.

(2) 습도가 우리 생활에 미치는 영향

습도가 높을 때	• 빨래가 잘 마르지 않음. • 세균이 쉽게 번식하고 음식물이 부패하기 쉬움.
습도가 낮을 때	• 빨래가 잘 마름. • 코나 목이 건조해져 호흡기 질환이 생기기 쉬움.

2. 이슬과 안개, 그리고 구름

구분	❷	안개	❸
공통점	공기 중의 수증기가 ❹ 하여 나타나는 현상임.		
차이점			
	공기 중의 수증기가 차가운 물체 표면에 닿아 응결하여 생성됨.	지표면 가까이에 있는 공기 중의 수증기가 응결하여 생성됨.	공기 중의 수증기가 높은 하늘에서 응결하여 생성됨.

3. 비와 눈이 내리는 과정

비는 구름 속 작은 물방울이 커지면서 무거워져 떨어지거나 크고 무거워진 얼음 알갱이가 녹아서 떨어지는 것임.

눈은 구름 속 작은 얼음 알갱이가 커지면서 무거워져 떨어질 때 녹지 않은 채로 떨어지는 것임.

4. 고기압과 저기압

(1) **기압**: 공기의 무게 때문에 생기는 힘입니다.

(2) **고기압과 저기압**

❺	❻
주위보다 상대적으로	주위보다 상대적으로
온도가 낮음. / 공기가 많음. / 기압이 높음.	온도가 높음. / 공기가 적음. / 기압이 낮음.

☆ 고기압과 저기압의 무게 비교

같은 부피일 때 공기의 온도에 따라 공기의 무게가 다릅니다.

5. 바람이 부는 방향, 우리나라의 계절별 날씨

(1) ❼ [　　　] : 기압의 차이 때문에 공기가 수평 방향으로 이동하는 것입니다.

(2) **바닷가에서 부는 바람의 방향**

해풍(바다에서 육지로 부는 바람)	육풍(육지에서 바다로 부는 바람)
바람의 방향 / 육지 　 바다	바람의 방향 ➡ / 육지 　 바다
낮에는 육지가 바다보다 온도가 높으므로 육지 위는 저기압, 바다 위는 고기압이 됨. ➡ 바다에서 육지로 바람이 붊.	밤에는 바다가 육지보다 온도가 높으므로 바다 위는 저기압, 육지 위는 고기압이 됨. ➡ 육지에서 바다로 바람이 붊.

☆ 바닷가에서 하루 동안 측정한 육지와 바다의 온도 변화 그래프

육지(모래)는 바다(물)보다 온도 변화가 큽니다.

(3) **우리나라의 계절별 날씨에 영향을 미치는 공기 덩어리와 날씨의 특징**

봄, 가을	남서쪽 대륙에서 이동해 오는 따뜻하고 건조한 공기 덩어리의 영향으로 날씨가 따뜻하고 건조함.
❽	남동쪽 바다에서 이동해 오는 따뜻하고 습한 공기 덩어리의 영향으로 날씨가 덥고 습함.
❾	북서쪽 대륙에서 이동해 오는 차갑고 건조한 공기 덩어리의 영향으로 날씨가 춥고 건조함.

겨울 　 초여름
봄, 가을 　 여름

우리나라는 계절에 따라 성질이 다른 공기 덩어리의 영향을 받아요.

☆ 공기 덩어리의 성질

일정한 성질을 가진 공기 덩어리가 다른 지역으로 이동해 가면 그 지역의 온도와 습도, 날씨에 영향을 미칩니다.

(4) **날씨가 우리 생활에 미치는 영향**

▲ 야외 활동이나 옷차림　　▲ 사람들의 건강　　▲ 불쾌감을 느끼는 정도

1 ➕ 9종 공통

건습구 습도계의 건구 온도가 29.0 ℃, 습구 온도가 25.0 ℃일 때, 아래 습도표를 보고 현재 습도를 구하시오.

(단위: %)

건구 온도 (℃)	건구 온도와 습구 온도의 차(℃)					
	0	1	2	3	4	5
27	100	92	85	78	71	65
28	100	93	85	78	72	65
29	100	93	86	79	72	66

(   ) %

2 ➕ 9종 공통

습도가 우리 생활에 미치는 영향에 대한 설명으로 옳은 것은 어느 것입니까? (   )

① 습도가 높으면 빨래가 잘 마른다.
② 습도가 낮으면 산불이 나지 않는다.
③ 습도가 높으면 감기에 걸리기 쉽다.
④ 습도가 낮으면 곰팡이가 피기 쉽다.
⑤ 습도가 높으면 음식물이 부패하기 쉽다.

3 ➕ 9종 공통

습도를 낮추는 방법으로 알맞은 것을 골라 기호를 쓰시오.

ㄱ

▲ 제습제 사용하기

ㄴ

▲ 가습기 사용하기

(   )

4 서술형 ➕ 9종 공통

오른쪽과 같이 차가운 물이 든 컵 표면에 물방울이 맺히는 현상은 다음 중 무엇과 관련 있는지 골라서 ○표 하고, 이 물방울이 어떻게 생성된 것인지 쓰시오.

눈, 이슬, 구름, 안개, 우박

_____

_____

_____

5 금성, 김영사, 미래엔, 비상, 아이스크림, 지학사, 천재교육

다음 실험 과정을 보고, 결과에 대해 옳게 말한 사람의 이름을 쓰시오.

[실험 과정]
향 연기를 넣은 따뜻한 집기병에 얼음이 담긴 페트리 접시를 올려놓고 집기병 안의 변화를 관찰한다.

얼음
집기병

• 서진: 집기병 안에 얼음이 생겨.
• 윤미: 집기병 안이 뿌옇게 흐려져.
• 정민: 집기병 안의 향 연기가 푸른색으로 변해.

(   )

6 ✚ 9종 공통

다음에서 설명하는 자연 현상에 해당하는 것을 보기 에서 각각 골라 쓰시오.

보기
비, 이슬, 구름, 안개, 서리

(1) 수증기가 응결하여 작은 물방울로 지표면 근처에 떠 있는 것이다.

( )

(2) 수증기가 응결하여 작은 물방울이나 얼음 알갱이의 상태로 높은 하늘에 떠 있는 것이다.

( )

7 ✚ 9종 공통

다음은 구름에서 비가 내리는 과정을 순서에 관계없이 나타낸 것입니다. 순서대로 기호를 쓰시오.

㉮ 무거워진 물방울이 아래로 떨어진다.
㉯ 구름 속 작은 물방울이 합쳐지고 커진다.
㉰ 공기 중의 수증기가 높은 하늘에서 응결하여 물방울이 된다.

( ) → ( ) → ( )

8 ✚ 9종 공통

다음 ( ) 안에 들어갈 알맞은 말을 쓰시오.

( )은/는 구름 속 작은 얼음 알갱이가 커지면서 무거워져 떨어질 때 녹지 않은 채로 떨어지는 것이다.

( )

9 서술형 동아, 금성, 김영사, 아이스크림, 천재교과서, 천재교육

플라스틱 통에 약 20초 동안 각각 차가운 공기와 따뜻한 공기를 넣은 뒤 뚜껑을 닫고 플라스틱 통의 무게를 전자저울로 측정하였을 때의 결과가 다음과 같았습니다. 차가운 공기가 따뜻한 공기보다 더 무거운 까닭을 쓰시오.

▲ 차가운 공기를 넣고 무게 측정하기

▲ 따뜻한 공기를 넣고 무게 측정하기

_____

_____

_____

10 미래엔, 금성

오른쪽과 같이 장치한 후 모래와 물을 가열하기 전과 가열한 후의 온도 측정 결과가 다음과 같았습니다. ㉠과 ㉡은 각각 무엇인지 쓰시오.

구분	㉠	㉡
가열하기 전의 온도(℃)	14	14
가열한 후의 온도(℃)	17	24

㉠ ( ), ㉡ ( )

11 동아, 김영사, 비상, 아이스크림, 지학사, 천재교과서, 천재교육

수조에 데우지 않은 찜질팩과 따뜻하게 데운 찜질팩을 넣고, 불을 붙인 향을 넣었습니다. 이때 볼 수 있는 모습으로 옳은 것을 보기 에서 골라 기호를 쓰시오.

데우지 않은 찜질팩　　　따뜻하게 데운 찜질팩

보기

㉠ 향 연기가 움직이지 않는다.
㉡ 향 연기가 위쪽에만 머물러 있는다.
㉢ 향 연기가 데우지 않은 찜질팩 쪽에서 따뜻하게 데운 찜질팩 쪽으로 이동한다.

(　　　　　　　)

12 ➕ 9종 공통

다음 중 맑은 날 바닷가에서 낮에 부는 바람의 방향으로 옳은 것을 골라 기호를 쓰시오.

㉠ 육지　바다　　㉡ 육지　바다

(　　　　　　　)

[13-15] 다음은 계절별로 우리나라 날씨에 영향을 미치는 공기 덩어리의 모습입니다. 물음에 답하시오.

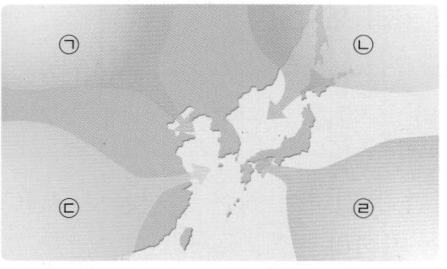

13 ➕ 9종 공통

위 ㉠~㉣ 중 우리나라의 여름철 날씨에 영향을 미치는 공기 덩어리의 기호를 쓰시오.

(　　　　　　　)

14 서술형　➕ 9종 공통

위 13번 답의 공기 덩어리는 어느 방향에서 이동해 오며 어떤 성질이 있는지 쓰시오.

_____

_____

15 ➕ 9종 공통

위 ㉠~㉣ 중, 우리나라의 날씨와 사람들의 생활 모습이 다음과 같을 때 영향을 미치는 공기 덩어리로 알맞은 것의 기호를 쓰시오.

• 춥고 건조하며, 눈이 내린다.
• 따뜻한 옷차림을 하고, 눈썰매나 스키를 탄다.

(　　　　　　　)

1 ➕ 9종 공통

건습구 습도계로 측정한 건구 온도가 23.0 ℃, 습구 온도가 20.0 ℃일 때, 다음 습도표를 보고 습도를 옳게 나타낸 것은 어느 것입니까? (   )

건구 온도(℃)	건구 온도와 습구 온도의 차(℃)								
	0	1	2	3	4	5	6	7	8
20	100	91	83	74	66	59	51	44	37
21	100	91	83	75	67	60	53	46	39
22	100	92	83	76	68	61	54	47	40
23	100	92	84	76	69	62	55	48	42
24	100	92	84	77	69	62	56	49	43

① 23 ℃   ② 62 ℃   ③ 74 %
④ 76 ℃   ⑤ 76 %

2 ➕ 9종 공통

일상생활에서 습도를 낮추는 방법을 옳게 말한 사람의 이름을 쓰시오.

- 루민: 제습기를 켜 놓아야지.
- 재희: 실내에 젖은 빨래를 널자.
- 단우: 실내에 가습기를 켜 놓는 게 좋겠어.

(   )

3 ➕ 9종 공통

다음 중 공기 중의 수증기가 응결하여 지표면 가까이에 떠 있는 자연 현상의 기호와 이름을 쓰시오.

 ㉠   ㉡   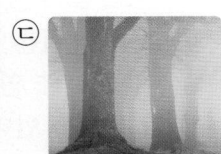 ㉢

(   )

4 ➕ 9종 공통

다음 ㉠~㉢에 들어갈 알맞은 말끼리 옳게 짝 지은 것은 어느 것입니까? (   )

공기가 지표면에서 위로 올라가면서 온도가 점점 (㉠)질 때 공기 중의 수증기가 (㉡)하여 높은 하늘에 떠 있는 것을 (㉢)(이)라고 한다.

	㉠	㉡	㉢		㉠	㉡	㉢
①	낮아	증발	이슬	②	낮아	응결	구름
③	높아	증발	안개	④	높아	응결	구름
⑤	높아	냉각	비				

5 서술형 ➕ 9종 공통

안개와 구름의 공통점과 차이점을 쓰시오.

(1) 공통점: _____

_____

(2) 차이점: _____

_____

_____

_____

6 ➕ 9종 공통

다음 ㉠과 ㉡ 중 눈에 대한 설명으로 옳은 것은 어느 것인지 기호를 쓰시오.

> 구름 속 작은 물방울이 합쳐지고 커지면서 무거워져 떨어지거나, 크기가 커진 얼음 알갱이가 ㉠ 무거워져 떨어지면서 녹은 것과 ㉡ 녹지 않은 채로 떨어지는 것이 있다.

(   )

7 ➕ 9종 공통

감압 용기의 공기를 빼내기 전과 공기를 빼낸 후의 무게가 다음과 같을 때, 이를 통하여 알 수 있는 사실은 무엇입니까? (   )

공기를 빼냄.
감압 용기

구분	공기를 빼내기 전	공기를 빼낸 후
무게(g)	220.0	219.5

① 공기의 양과 공기의 무게는 상관없다.
② 공기가 적을수록 공기의 무게가 무거워진다.
③ 공기가 많을수록 공기의 무게가 무거워진다.
④ 공기를 빼내면 감압 용기의 부피가 늘어난다.
⑤ 공기를 빼내면 감압 용기의 무게가 무거워진다.

8 서술형 ➕ 9종 공통

고기압과 저기압이 무엇인지 비교하여 쓰시오.

_____

_____

_____

[9-10] 다음과 같이 수조에 따뜻한 물과 얼음물을 넣은 그릇을 넣고, 가운데 향에 불을 붙였습니다. 물음에 답하시오.

따뜻한 물   향   얼음물

9 동아, 금성, 김영사, 아이스크림, 천재교과서, 천재교육

위 실험에서 향 연기를 넣는 까닭으로 (   ) 안에 공통으로 들어갈 알맞은 말을 쓰시오.

> 향 연기를 넣는 까닭은 (   )이/가 눈에 보이지 않기 때문에 향 연기를 통하여 (   )의 움직임을 알아보기 위해서이다.

(   )

10 동아, 금성, 김영사, 아이스크림, 천재교과서, 천재교육

위 실험에서 관찰할 수 있는 향 연기의 움직임에 대한 설명으로 옳지 않은 것을 보기 에서 골라 기호를 쓰시오.

> **보기**
> ㉠ 향 연기의 움직임은 수조 속 공기의 움직임이다.
> ㉡ 향 연기가 수평 방향으로 움직이는 것을 바람이라고 할 수 있다.
> ㉢ 얼음물 위는 저기압이고 따뜻한 물 위는 고기압이므로 향 연기는 따뜻한 물 쪽에서 얼음물 쪽으로 움직인다.

(   )

11 ⊕ 9종 공통

다음 중 바람에 대한 설명으로 옳은 것을 보기 에서 골라 기호를 쓰시오.

보기
⊙ 바닷가에서 맑은 날 밤에는 해풍이 분다.
ⓒ 바람은 공기가 한곳에 모여 있는 것이다.
ⓒ 바닷가에서 맑은 날 낮에는 바다에서 육지로 바람이 분다.

(   )

13 ⊕ 9종 공통

우리나라의 계절별 날씨에 영향을 미치는 공기 덩어리 중 건조한 성질을 가지는 공기 덩어리로 알맞은 것을 두 가지 골라 기호를 쓰시오.

(   )

14 ⊕ 9종 공통

우리나라 계절별 날씨의 특징에 대한 설명으로 옳은 것은 어느 것입니까? (   )

① 봄은 따뜻하고 습하다.
② 여름은 무덥고 건조하다.
③ 가을은 따뜻하고 건조하다.
④ 겨울은 춥고 습하다.
⑤ 봄, 여름, 가을, 겨울의 날씨는 모두 비슷하다.

12 ⊕ 9종 공통

바닷가에서 맑은 날 낮과 밤에 부는 바람의 방향을 각각 옳게 나타낸 것을 두 가지 고르시오. (   )

15 서술형 ⊕ 9종 공통

기상청에서 제공하는 날씨 지수에는 어떤 것이 있는지 한 가지 쓰고, 무엇인지 설명하시오.

_____

_____

3. 날씨와 우리 생활

● 정답과 풀이 11쪽

평가 주제	건습구 습도계로 습도 측정하기
평가 목표	건습구 습도계로 습도를 측정할 수 있고, 습도표를 이용하는 방법을 이해할 수 있다.

[1-2] 다음과 같이 건습구 습도계를 만들었습니다. 물음에 답하시오.

❶ 알코올 온도계 두 개 중 한 개만 액체샘을 헝겊으로 감싸고, 스탠드와 뷰렛 집게를 사용해 온도계 두 개를 설치한다.

❷ 헝겊으로 감싼 온도계 아래에 물이 담긴 비커를 놓고 헝겊의 아랫부분이 물에 잠기도록 한다.

건구 온도계 / 습구 온도계 / 헝겊

1 위 건습구 습도계로 측정한 내 방의 건구 온도와 습구 온도가 아래와 같을 때 다음 습도표를 참고하여 ㉠, ㉡에 들어갈 알맞은 말을 쓰시오.

건구 온도 (℃)	건구 온도와 습구 온도의 차(℃)										
	0	1	2	3	4	5	6	7	8	9	10
21	100	92	83	75	67	60	53	46	39	32	26
22	100	92	83	76	68	61	54	47	40	34	28
23	100	92	84	76	69	62	55	48	42	36	30
24	100	92	84	77	69	62	56	49	43	37	31

건구 온도	23.0 ℃	습구 온도	14.0 ℃
건구 온도와 습구 온도의 차	㉠	현재 습도	㉡

> **도움** 습도는 건구 온도, 건구 온도와 습구 온도의 차이를 이용하여 구합니다.

2 위 건습구 습도계로 교실과 과학실의 온도를 측정하였습니다. 1번 습도표를 참고하여, 현재 습도가 더 높은 곳은 어디인지 쓰시오.

교실의 건구 온도	24.0 ℃	과학실의 건구 온도	21.0 ℃
교실의 습구 온도	21.0 ℃	과학실의 습구 온도	15.0 ℃

( )

> **도움** 건구 온도와 습구 온도의 차이가 클수록 습도가 낮습니다.

평가 주제	바닷가에서 부는 바람의 방향 알아보기
평가 목표	육지와 바다의 온도 변화 차이를 알고, 이를 통해 바닷가에서 부는 바람의 방향을 알 수 있다.

[1-3] 오른쪽은 바닷가에서 맑은 날 낮에 바람이 부는 방향을 나타낸 것입니다. 물음에 답하시오.

육지   바람의 방향   바다

1 위 육지 위와 바다 위 공기의 온도와 기압을 각각 비교하여 더 높은 쪽을 골라 아래 빈칸에 ○표 하시오.

구분	육지 위	바다 위
공기의 온도	㉠	㉡
기압	㉢	㉣

> **도움** 바람은 기압의 차이 때문에 공기가 이동하는 것입니다. 화살표로 표시된 바람의 방향을 보고, 공기의 온도와 기압을 예상해 봅니다.

2 위 **1**번 답과 관련지어 바닷가에서 맑은 날 낮과 밤에 육지와 바다의 온도와 기압의 차이를 비교하여 쓰시오.

_____

_____

> **도움** 바닷가에서는 맑은 날 낮과 밤에 부는 바람의 방향이 다릅니다.

3 오른쪽은 맑은 날 바닷가에서 하루 동안 측정한 육지와 바다의 기온 변화 그래프입니다. 위 **2**번 답과 관련지어 ㉠, ㉡은 각각 무엇의 기온 변화를 나타낸 것인지 구분하여 쓰시오.

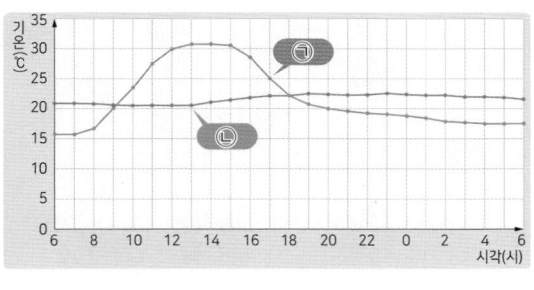

> **도움** 그래프에서 기온의 변화가 더 큰 것과 기온의 변화가 거의 없는 것이 있습니다. 어느 것이 육지이고 어느 것이 바다의 기온 변화 그래프인지 생각해 봅니다.

㉠ (   ), ㉡ (   )

3 단원

숨은 그림을 찾아보세요.

● 정답 11쪽

4

물체의 운동

▶ 학습 내용과 교과서별 해당 쪽수를 확인해 보세요.

학습 내용	백점 쪽수	교과서별 쪽수				
		동아출판	비상교과서	아이스크림 미디어	지학사	천재교과서
1 물체의 운동	74~77	68~71	64~65	76~79	70~71	80~83
2 물체의 빠르기 비교	78~81	72~75	66~69	80~81	72~75	84~87
3 물체의 속력, 속력과 안전	82~85	76~81	70~77	82~89	76~83	88~93

★ 동아출판, 김영사, 미래엔, 지학사, 천재교과서, 천재교육의 「4. 물체의 운동」 단원에 해당합니다.

★ 금성출판사, 비상교과서, 아이스크림미디어의 「3. 물체의 운동」 단원에 해당합니다.

1 물체의 운동

1 물체의 운동

(1) 운동

① 움직이는 자동차나 자전거처럼 시간이 지남에 따라 물체의 위치가 변할 때, 물체가 운동한다고 합니다.

② 우리 주변에는 운동하는 물체와 운동하지 않는 물체가 있습니다.

(2) 운동하는 물체와 운동하지 않는 물체 (예)

운동하는 물체	운동하지 않는 물체
시간이 지남에 따라 위치가 변하는 물체	시간이 지나도 위치가 변하지 않는 물체
↓	↓
달리는 자동차, 비탈면을 따라 이동하는 케이블카, 날아오르는 새, 내리막길을 내려가는 자전거 등	버스 정류장에 서 있는 사람, 건물, 신호등, 나무 등

➕ 운동하지 않는 물체

철봉에 매달려 있는 사람의 경우, 일상생활에서는 운동을 했다고 말할 수 있지만 과학에서의 운동에는 해당하지 않습니다. 시간이 지나도 사람의 위치가 변하지 않았기 때문입니다.

2 물체의 운동을 나타내는 방법

① 물체의 운동은 물체가 이동하는 데 걸린 시간과 이동 거리로 나타냅니다.

② 물체의 이동 거리를 측정할 때에는 물체의 앞쪽 끝부분과 같이 일정한 기준을 정하여 그 부분을 기준으로 측정합니다.

● 앞쪽 끝부분을 기준으로 측정했어요.

이동하는 데 걸린 시간		이동 거리

• 자동차는 1초 동안 20 m를 이동했습니다.
• 자동차는 2초 동안 40 m를 이동했습니다.
• 자동차는 3초 동안 60 m를 이동했습니다.

➕ 우리 생활에서 물체의 운동을 나타내는 예

교통 수단	기차가 1시간 동안 150 km를 이동했다.
운동 경기	야구공이 1초 동안 45 m를 날아갔다.
날씨	태풍이 1시간 동안 30 km를 이동했다.

용어 사전

● **비탈면** 비스듬히 기울어진 면.

③ 다양한 물체의 운동 나타내기 예

그림에서 시간이 지남에 따라 운동한 물체와 운동하지 않은 물체를 찾아보고, 물체의 운동을 이동하는 데 걸린 시간과 이동 거리로 나타내 봐요.

운동한 물체

버스, 킥보드 타는 사람, 걷는 사람

운동하지 않은 물체

건물, 나무, 버스 정류장

- 버스는 1초 동안 7 m를 이동했습니다.
- 킥보드 타는 사람은 1초 동안 2 m를 이동했습니다.
- 걷는 사람은 1초 동안 1 m를 이동했습니다.

3 운동하는 물체의 빠르기

(1) 운동하는 물체의 빠르기
① 우리 주변에는 빠르게 운동하는 물체도 있고 느리게 운동하는 물체도 있습니다.
② 우리 주변에는 빠르기가 일정한 운동을 하는 물체도 있고, 빠르기가 변하는 운동을 하는 물체도 있습니다.

(2) 빠르기가 일정한 운동
① 물체가 운동하는 동안 빠르기가 변하지 않습니다.
② 일정한 시간 동안 일정한 거리만큼 움직입니다.

▲ 움직이는 케이블카

▲ 움직이는 컨베이어

▲ 움직이는 자동계단

(3) 빠르기가 변하는 운동
① 물체가 운동하는 동안 빠르기가 빨라지거나 느려집니다.
② 멈추어 있다가 움직이거나 움직이다가 멈추는 물체는 빠르기가 변합니다.

▲ 이착륙하는 비행기

▲ 출발하는 자전거

▲ 움직이는 범퍼카

➕ 빠르기가 일정한 운동을 하는 물체 예

▲ 대관람차는 일정한 빠르기로 회전하는 운동을 함.

▲ 자동길은 일정한 빠르기로 움직이므로 탑승자가 장치 위에서 걷거나 서서 이동할 수 있음.

4 단원

➕ 빠르기가 변하는 운동을 하는 물체 예

▲ 롤러코스터는 오르막길에서는 빠르기가 점점 느려지고 내리막길에서는 빠르기가 점점 빨라지는 운동을 함.

용어 사전

● **컨베이어** 물건을 연속적으로 이동·운반하는 띠 모양의 운반 장치.
● **자동계단** 사람이나 화물이 자동적으로 위아래 층으로 오르내릴 수 있도록 만든 계단 모양의 장치. = 에스컬레이터.
● **이착륙** 이륙과 착륙을 통틀어 이르는 말.

기본 개념 **문제**

1

움직이는 자전거나 자동차처럼 시간이 지남에 따라 물체의 위치가 변할 때, 물체가 (   ) 한다고 합니다.

2

시간이 지나도 (   )이/가 변하지 않는 물체는 운동하지 않는 물체입니다.

3

물체의 운동은 물체가 이동하는 데 걸린 시간과 (   )(으)로 나타냅니다.

4

대관람차는 빠르기가 (   ) 운동을 하는 놀이 기구입니다.

5

멈추어 있다가 움직이거나 움직이다가 멈추는 물체는 빠르기가 (   ) 운동을 합니다.

6 ➕ 9종 공통

물체의 운동에 대한 설명으로 옳은 것을 [보기] 에서 골라 기호를 쓰시오.

> [보기]
> ㉠ 시간이 지나도 물체의 위치가 변하지 않는 것
> ㉡ 시간이 지남에 따라 물체의 위치가 변하는 것
> ㉢ 시간이 지남에 따라 물체의 모양이 변하는 것

(   )

7 ➕ 9종 공통

다음은 1초 간격으로 공원의 사진을 찍은 것입니다. ㉠~㉣을 운동한 물체와 운동하지 않은 물체로 구분하여 기호를 쓰시오.

(1) 운동한 물체: (   )
(2) 운동하지 않은 물체: (   )

8 ➕ 9종 공통

운동하지 않는 물체에 대한 설명으로 옳은 것을 [보기] 에서 두 가지 골라 기호를 쓰시오.

> [보기]
> ㉠ 빠르기가 점점 빨라지는 물체이다.
> ㉡ 시간이 지나도 제자리에 있는 물체이다.
> ㉢ 시간에 따라 위치가 변하지 않는 물체이다.

(   )

9 ➕ 9종 공통

물체의 운동을 나타내는 방법에 대해 옳게 말한 사람의 이름을 쓰시오.

- 수영: 이동 거리로만 나타내.
- 보라: 걸린 시간만 정확하게 알면 돼.
- 유주: 걸린 시간과 이동 거리로 나타내야 해.

(   )

10 ➕ 9종 공통

다음 자전거의 운동을 나타낸 것으로 가장 옳은 것에 ○표 하시오.

(1) 자전거는 2 m를 이동했다.   (   )
(2) 자전거는 1초 동안 이동했다.   (   )
(3) 자전거는 1초 동안 2 m를 이동했다.   (   )

11 ➕ 9종 공통

다음 자동차의 운동을 나타낼 때 (   ) 안에 들어갈 알맞은 숫자를 각각 쓰시오.

자동차는 (㉠   )초 동안 (㉡   ) m를 이동했다.

㉠ (   ), ㉡ (   )

12 ➕ 9종 공통

다음 물체 중 빠르기가 변하는 것을 골라 쓰시오.

▲ 자동길   ▲ 배드민턴 공

(   )

13 ➕ 9종 공통

놀이 기구 중 하나인 회전목마를 타고 있는 동생을 보면서 희준이가 한 말로 가장 알맞은 것에 ✓표 하시오.

(1) "빠르기가 로켓보다도 빠르네."   ☐

(2) "빠르기는 변하지만 운동은 하지 않네."   ☐

(3) "빠르기가 일정하게 회전하네."   ☐

14 서술형 ➕ 9종 공통

움직이는 롤러코스터와 자동계단의 운동을 빠르기와 관련지어 서로 비교하여 쓰시오.

▲ 롤러코스터   ▲ 자동계단

_____

_____

_____

_____

2 물체의 빠르기 비교

개념강의

1 같은 거리를 이동한 물체의 빠르기 비교

① 물체가 같은 거리를 이동하는 데 걸린 시간으로 비교합니다.
② 같은 거리를 이동하는 데 짧은 시간이 걸린 물체가 긴 시간이 걸린 물체보다 더 빠릅니다.
③ 같은 거리를 이동하는 데 걸린 시간을 측정해 빠르기를 비교하는 운동 경기 (예)

▲ 자동차 경주　　▲ 100 m 달리기　　▲ 스피드 스케이팅

▲ 조정　　▲ 수영　　▲ 봅슬레이

➡ 일정한 거리를 완주하는 경기의 출발선에서 선수들이 동시에 출발했다면, 결승선에 먼저 도착한 선수의 순서대로 빠른 것입니다. ─● 먼저 도착한 선수가 나중에 도착한 선수보다 같은 거리를 이동하는 데 걸린 시간이 더 짧아요.

2 같은 시간 동안 이동한 물체의 빠르기 비교

① 물체가 같은 시간 동안 이동한 거리로 비교합니다.
② 같은 시간 동안 긴 거리를 이동한 물체가 짧은 거리를 이동한 물체보다 더 빠릅니다.
③ 3시간 동안 여러 교통수단이 이동한 거리 비교하기 (예)

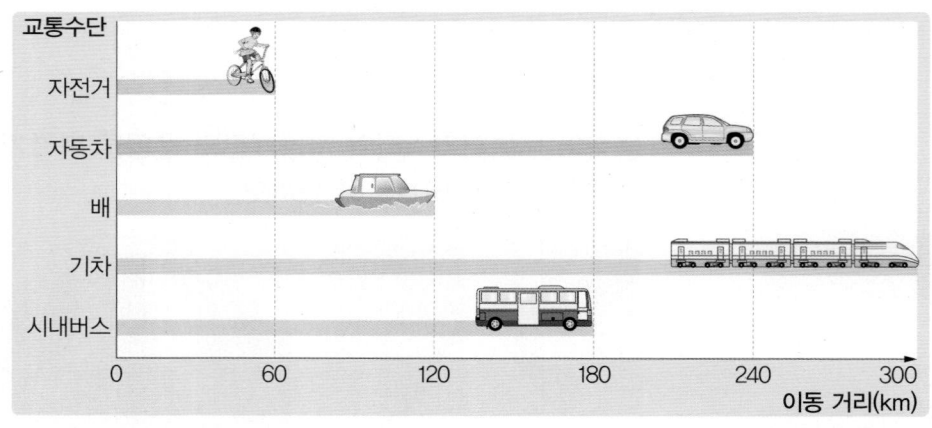

교통수단

자전거 ／ 자동차 ／ 배 ／ 기차 ／ 시내버스

0　60　120　180　240　300
이동 거리(km)

• 자전거는 3시간 동안 60 km를 이동했습니다.
• 자동차는 3시간 동안 240 km를 이동했습니다.
• 배는 3시간 동안 120 km를 이동했습니다.
• 기차는 3시간 동안 300 km를 이동했습니다.
• 시내버스는 3시간 동안 180 km를 이동했습니다.

빠른 순서

기차 → 자동차 →
시내버스 → 배 →
자전거

➡ 같은 시간 동안 가장 먼 거리를 이동한 기차가 가장 빠른 교통수단입니다.

+ 스피드 스케이팅

스피드 스케이팅은 거의 대부분의 종목에서 두 명의 선수가 나란히 서서 달리는데, 경기에 참가한 모든 선수들 중에서 가장 빠른 선수가 우승하는 경기입니다. 즉, 같은 거리를 이동하는 데 걸리는 시간을 측정하여 빠르기를 겨루는 운동 경기입니다.

가장 느린 교통수단은 자전거이고, 가장 빠른 교통수단은 기차예요.

용어 사전

● **조정** 정해진 거리에서 노를 저어 레이스 보트의 빠르기를 겨루는 수상 스포츠.
● **봅슬레이** 브레이크와 핸들이 장착된 썰매를 타고 눈과 얼음으로 만든 경사진 트랙을 활주하여 빠르기를 겨루는 동계 스포츠.

교과서 **통합 대표 실험**

| 실험 1 | 같은 거리를 이동한 물체의 빠르기 비교하기 📖 9종 공통 |

❶ 자석 자동차를 만듭니다.

빨대 / 막대 자석 / 병뚜껑 / 원형 자석

실험동영상

자석 자동차는 빨대, 가위, 셀로판테이프, 막대자석, 이쑤시개, 병뚜껑, 나무 막대, 원형 자석을 이용해서 만들어요.

❷ 같은 거리를 이동한 자석 자동차의 빠르기를 비교하는 방법을 생각해 봅니다.

❸ 자석 자동차를 움직이면서 경주를 해 보고, 가장 빠른 자석 자동차를 찾아 봅니다.

출발선 / 결승선

▲ 자석 자동차 경주

실험 결과

① 같은 거리를 이동한 자석 자동차의 빠르기를 비교하는 방법: 자석 자동차가 출발선에서 출발하여 결승선에 도착하는 데 걸린 시간을 측정합니다.

② 자석 자동차의 빠르기 비교하기 예

만든 사람	걸린 시간	만든 사람	걸린 시간
시윤	10초 3위	소현	**5초** 1위
도윤	7초 2위	서율	12초 4위

➡ 결승선에 도착하는 데 걸린 시간이 가장 짧은 소현이가 만든 자석 자동차가 가장 빠릅니다.

| 정리 | 같은 거리를 이동한 물체의 빠르기는 물체가 이동하는 데 걸린 시간으로 비교할 수 있습니다. |

| 실험 2 | 같은 시간 동안 이동한 물체의 빠르기 비교하기 📖 9종 공통 |

실험동영상

❶ 같은 시간 동안 이동한 태엽 로봇의 빠르기를 비교하는 방법을 생각해 봅니다.

❷ 경주 시간을 정합니다.

❸ 태엽 로봇의 태엽을 감아 경주를 해 보고, 가장 빠른 태엽 로봇을 찾아 봅니다.

출발! / 출발선

시간을 측정하는 친구는 출발 신호를 보내는 동시에 초시계의 출발 버튼을 누르고, 정해진 시간이 되면 정지 신호를 외쳐요.

실험 결과

① 같은 시간 동안 이동한 태엽 로봇의 빠르기를 비교하는 방법: 태엽 로봇이 출발선에서 출발하여 경주 시간 동안 이동한 거리를 측정합니다.

② 경주 시간을 5초로 정했을 때, 태엽 로봇의 빠르기 비교하기 예

만든 사람	이동한 거리	만든 사람	이동한 거리
시윤	20 cm 1위	소현	15 cm 4위
도윤	16 cm 3위	서율	18 cm 2위

➡ 이동 거리가 가장 긴 시윤이가 만든 태엽 로봇이 가장 빠릅니다.

| 정리 | 같은 시간 동안 이동한 물체의 빠르기는 물체가 이동한 거리로 비교할 수 있습니다. |

2 물체의 빠르기 비교

기본 개념 문제

1

같은 거리를 이동한 물체의 빠르기는 물체가 같은 거리를 이동하는 데 (   )(으)로 비교합니다.

2

물체의 빠르기를 비교할 때, 같은 거리를 이동하는 데 짧은 시간이 걸린 물체가 긴 시간이 걸린 물체보다 더 (   ).

3

같은 시간 동안 이동한 물체의 빠르기는 물체가 같은 시간 동안 (   )(으)로 비교합니다.

4

물체의 빠르기를 비교할 때, 같은 시간 동안 긴 거리를 이동한 물체가 짧은 거리를 이동한 물체보다 더 (   ).

5

(   )은/는 같은 거리를 이동하는 데 걸린 시간을 측정해 빠르기를 비교하는 운동 경기입니다.

6 ➕ 9종 공통

다음은 100 m 달리기 기록입니다. 100 m를 가장 빠르게 달린 사람은 누구인지 이름을 쓰시오.

이름	걸린 시간
방소연	10초 17
감은호	8초 45
홍유란	9초 12

(   )

7 ➕ 9종 공통

같은 거리를 이동한 물체의 빠르기를 비교하는 방법으로 옳은 것을 보기 에서 골라 기호를 쓰시오.

> 보기
> ㉠ 물체의 크기를 비교한다.
> ㉡ 출발선의 위치를 비교한다.
> ㉢ 물체가 이동한 거리를 비교한다.
> ㉣ 물체가 이동하는 데 걸린 시간을 비교한다.

(   )

8 ➕ 9종 공통

다음은 100 m 수영 경기에 출전한 선수들의 기록입니다. 결승선에 먼저 도착한 순서대로 이름을 쓰시오.

이름	걸린 시간	이름	걸린 시간
현석	1분 10초 55	원정	1분 12초 33
희태	1분 11초 22	미소	1분 10초 88

(   ) → (   ) → (   ) → (   )

9 ➕ 9종 공통

일정한 거리를 이동하는 데 걸린 시간을 측정하여 순위를 결정하는 운동 경기의 기호를 쓰시오.

▲ 야구　　　　▲ 양궁　　　　▲ 스피드 스케이팅

(　　　　　)

[10-11] 다음은 종이 자동차를 출발선에 놓고 출발 신호와 함께 동시에 부채질을 하다가 경주 시간이 끝나고 동시에 부채질을 멈췄을 때 종이 자동차의 위치입니다. 물음에 답하시오.

10 ➕ 9종 공통

위 ㉠~㉢ 종이 자동차의 빠르기를 비교하기 위해서는 무엇을 확인해야 합니까? (　　　)

① 부채의 크기
② 출발선의 색깔
③ 종이 자동차의 색깔
④ 종이 자동차의 이동 거리
⑤ 종이 자동차가 이동한 시간

11 ➕ 9종 공통

오른쪽 연지의 말을 보고, 위 ㉠~㉢ 중 연지의 종이 자동차는 어느 것인지 골라 기호를 쓰시오.

(　　　　)

내 종이 자동차가 가장 느리네.

연지

12 ➕ 9종 공통

3시간 동안 여러 교통수단이 이동한 거리를 보고, 가장 빠른 교통수단과 가장 느린 교통수단을 쓰시오.

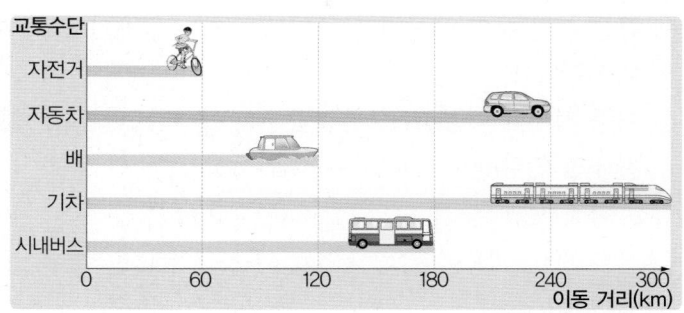

(1) 가장 빠른 교통수단: (　　　　　　)
(2) 가장 느린 교통수단: (　　　　　　)

13 ➕ 9종 공통

위 **12**번의 여러 교통수단 중에서 자동차보다 느린 교통수단을 모두 골라 쓰시오.

(　　　　　　　　　　)

4 단원

14 서술형 ➕ 9종 공통

같은 시각에 달리기 운동을 시작한 민주와 지수의 대화를 보고, 더 빠르게 달린 친구의 이름과 그렇게 생각한 까닭을 함께 쓰시오.

나는 30분 동안 4.8 km를 달렸어.　민주　지수　나는 30분 동안 5.5 km를 달렸어.

_____

_____

3 물체의 속력, 속력과 안전

1 물체의 빠르기를 비교하는 방법

① 같은 거리를 이동한 물체의 빠르기는 물체가 같은 거리를 이동하는 데 걸린 시간으로 비교합니다.

② 같은 시간 동안 이동한 물체의 빠르기는 물체가 같은 시간 동안 이동한 거리로 비교합니다.

③ 이동 거리와 이동하는 데 걸린 시간이 모두 다른 물체의 빠르기는 **속력**으로 나타내면 편리하게 비교할 수 있습니다.

2 물체의 속력

(1) 속력

① 속력: 1초(s), 1시간(h)과 같이 일정한 시간 동안 물체가 이동한 거리를 말합니다.

> 배드민턴 셔틀콕의 속력은 얼마일까?

② 속력은 물체가 이동한 거리를 걸린 시간으로 나누어 구합니다.

$$\text{(속력)} = \text{(이동 거리)} \div \text{(걸린 시간)}$$

(2) 물체의 속력을 나타내는 방법: 물체의 속력을 나타낼 때는 m/s(미터 매 초), km/h(킬로미터 매 시) 등의 단위를 씁니다. → 초속은 1초 동안 이동한 거리로, 시속은 1시간 동안 이동한 거리로 나타내요.

3초 동안 15 m를 이동한 자전거의 속력은 15 m ÷ 3 s=5 m/s로 구하고, '오 미터 매 초' 또는 '초속 오 미터'라고 읽습니다.

> 자전거의 속력 5 m/s는 1초 동안 5 m를 이동한 것을 말해요.

2시간 동안 140 km를 이동한 자동차의 속력은 140 km ÷ 2 h=70 km/h로 구하고, '칠십 킬로미터 매 시' 또는 '시속 칠십 킬로미터'라고 읽습니다.

> 자동차의 속력 70 km/h는 1시간 동안 70 km를 이동한 것을 말해요.

(3) 여러 가지 물체의 속력 비교하기 예

➡ 헬리콥터 → 기차 → 파란색 자동차 → 버스 → 배 → 자전거 → 뛰는 사람 → 강아지와 산책하는 사람의 순서로 속력이 빠릅니다.

➕ 속력을 이용해 나타내는 것 예

우리는 일상생활에서 교통수단, 경기 기록, 바람, 동물 등의 빠르기를 이해하기 쉽게 속력을 이용해 나타냅니다.

▲ '투수가 던진 공의 속력이 130 km/h였다.' 등과 같이 야구에서 야구공의 빠르기를 속력으로 나타냄.

➕ 번개가 치고 난 뒤 천둥소리가 들리는 까닭

번개와 천둥은 거의 동시에 생기지만 천둥소리는 번개가 치고 난 뒤에 들립니다. 그 까닭은 소리의 속력이 빛의 속력보다 느리기 때문입니다.

- 배의 속력
  160 km ÷ 4 h = 40 km/h
- 기차의 속력
  280 km ÷ 2 h = 140 km/h
- 파란색 자동차의 속력
  240 km ÷ 3 h = 80 km/h
- 버스의 속력
  60 km ÷ 1 h = 60 km/h

용어 사전

● **투수** 야구에서 공격 팀의 타자에게 야구공을 던지는 선수.

3 속력과 관련된 안전장치와 교통안전 수칙

(1) 교통수단의 속력과 안전

① 자동차, 자전거 등과 같은 교통수단은 속력이 크면 충돌할 때 큰 충격이 가해져 탑승자와 보행자가 모두 크게 다칠 수 있습니다.

② 속력이 크면 제동 장치를 밟더라도 교통수단을 바로 멈출 수 없어 위험합니다.

③ 해결 방안 이야기하기 ⑩

교통 안전사고를 예방하거나 피해를 줄일 수 있도록 교통수단이나 도로에 다양한 안전장치를 설치해요.

여러 가지 법이나 교통안전 수칙을 만들어 사람들에게 널리 알리고 지킬 수 있게 해요.

(2) 속력과 관련된 안전장치

자동차

▲ 안전띠는 긴급 상황에서 탑승자의 몸을 고정해 줌.

▲ 에어백은 충돌 사고에서 탑승자의 몸에 가해지는 충격을 줄여 줌.

▲ 자동 긴급 제동 장치는 충돌의 위험이 있을 때 자동으로 차량을 멈춤.

도로

▲ 어린이 보호 구역 표지판은 자동차의 속력을 제한해 어린이들의 교통 안전사고를 예방함.

▲ 과속 방지 턱은 자동차의 속력을 줄여서 사고를 예방함.

▲ 속력 제한 표지판은 자동차의 속력을 제한하여 너무 큰 속력으로 달리지 않도록 유도함.

(3) 지켜야 할 교통안전 수칙: 교통 안전사고가 발생하지 않도록 교통안전 수칙을 잘 지킵니다.

횡단보도에서는 자전거에서 내려서 걸어가야 함.

버스를 기다릴 때는 차도로 내려가지 않음.

횡단보도를 건널 때에는 신호등을 확인하고 좌우를 살피며 건너야 함.

도로 주변에서는 공놀이를 하거나 장난치지 않고, 주변을 살피며 감.

⌐●공을 공 주머니에 넣어요.

---

4 단원

➕ **속력이 큰 물체가 위험한 이유**

자동차의 속력이 30 km/h일 때 제동 거리는 6 m이지만 자동차의 속력이 50 km/h일 때 제동 거리는 18 m로 자동차의 속력이 클수록 제동 거리가 길어진다는 것을 알 수 있습니다.

➕ **자전거, 인라인스케이트, 킥보드 등을 탈 때 보호 장비를 착용해야 하는 까닭**

놀이 기구를 타고 큰 속력으로 달리다가 다른 물체와 충돌하면 피해가 크므로, 몸을 보호하는 안전모와 보호대 등의 보호 장비를 착용하여 부딪칠 때의 피해를 줄이기 위해서입니다.

용어사전

● **보행자** 걸어서 길거리를 오고 가는 사람.

● **제동 장치** 운전 속도를 조절하고 제어하기 위한 장치. = 브레이크.

● **제동 거리** 운전자가 보행자를 발견하고 제동 장치를 작동한 후 자동차가 멈출 때까지 자동차가 이동한 거리.

3 물체의 속력, 속력과 안전

기본 개념 문제

1

이동 거리와 이동하는 데 걸린 시간이 모두 다른 물체의 빠르기는 (   )(으)로 나타내면 편리하게 비교할 수 있습니다.

2

속력은 물체가 (   )을/를 걸린 시간으로 나누어 구합니다.

3

속력의 단위 m/s에서 s는 (   )을/를 나타냅니다.

4

(   )은/는 자동차에 설치된 안전장치입니다.

5

(   )은/는 도로에 설치된 안전장치입니다.

6 ✚ 9종 공통

속력을 구하는 방법으로 옳은 것을 보기 에서 골라 기호를 쓰시오.

> **보기**
> ㉠ (이동 거리) + (걸린 시간)
> ㉡ (이동 거리) × (걸린 시간)
> ㉢ (걸린 시간) ÷ (이동 거리)
> ㉣ (이동 거리) ÷ (걸린 시간)

(   )

7 ✚ 9종 공통

다음 중 속력이 같은 물체를 두 가지 고르시오.

(   )

① 12초 동안 360 m를 이동한 물체
② 25초 동안 450 m를 이동한 물체
③ 22초 동안 440 m를 이동한 물체
④ 30초 동안 540 m를 이동한 물체
⑤ 26초 동안 1300 m를 이동한 물체

[8-9] 종민이는 6초 동안 30 m를 달렸습니다. 물음에 답하시오.

8 ✚ 9종 공통

위 종민이의 속력을 구하여 단위와 함께 쓰시오.

(   )

9 ✚ 9종 공통

현우는 3초 동안 21 m를 달렸습니다. 앞 종민이와 현우의 빠르기에 대한 설명으로 옳은 것을 보기 에서 골라 기호를 쓰시오.

> **보기** ●
> ㉠ 두 사람의 빠르기는 같다.
> ㉡ 현우의 속력은 7 m/s이다.
> ㉢ 1초 동안 종민이가 현우보다 이동한 거리가 더 길다.

( )

10 ✚ 9종 공통

다음 섬 지역의 일기 예보를 보고, 바람이 가장 빠르게 불 것으로 예상되는 섬을 쓰시오.

국화도	
수온	풍속
0 ℃	13 m/s

가거도	
수온	풍속
4 ℃	9 m/s

신시도	
수온	풍속
1 ℃	12 m/s

( )

11 ✚ 9종 공통

자동차에 설치된 오른쪽 안전장치는 충돌 사고에서 탑승자의 몸에 가해지는 충격을 줄여 줍니다. 이름이 무엇인지 쓰시오.

( )

12 서술형 ✚ 9종 공통

오른쪽은 도로에 설치된 안전장치입니다. 안전장치의 이름을 쓰고, 이것이 어떻게 교통안전을 지킬 수 있는지 쓰시오.

_____

_____

13 ✚ 9종 공통

학교 근처에서 볼 수 있는 녹색 학부모는 교통 안전 사고가 일어나지 않도록 어떤 노력을 하는지 알맞은 것에 ○표 하시오.

(1) 어린이들이 안전하게 등교하도록 돕는다. ( )
(2) 운전자가 교통 법규를 잘 지키는지 단속한다.

( )

14 ✚ 9종 공통

우리가 지켜야 할 교통안전 수칙으로 ( ) 안에 들어갈 알맞은 말이 <u>아닌</u> 것을 보기 에서 골라 기호를 쓰시오.

> 횡단보도에서 ( )

> **보기** ●
> ㉠ 무단 횡단하지 않는다.
> ㉡ 자동차가 멈췄는지 확인하고 건넌다.
> ㉢ 초록색 신호등이 켜지면 곧바로 빨리 뛰어서 건넌다.

( )

4 물체의 운동

★ 운동한 물체 찾기

↓ 1초 뒤

시간이 지남에 따라 위치가 변한 '달리는 사람'과 '유모차를 미는 사람'이 운동한 물체입니다.

1. 물체의 운동

(1) 운동: 시간이 지남에 따라 물체의 위치가 변할 때 물체가 운동한다고 합니다.

운동하는 물체	운동하지 않는 물체
시간이 지남에 따라 위치가 변하는 물체 예 걷는 사람, 떨어지는 낙엽, 날아오르는 새	시간이 지나도 위치가 변하지 않는 물체 예 버스 정류장에 서 있는 사람, 신호등, 나무

(2) 물체의 운동을 나타내는 방법: 물체가 이동하는 데 걸린 시간과 **❶**[   ]로 나타냅니다.

예 자전거는 1초 동안 2 m를 이동했습니다.

(3) 여러 가지 물체의 운동

① 우리 주변에는 빠르게 운동하는 물체와 느리게 운동하는 물체가 있습니다.

▲ 빠르게 운동하는 로켓

▲ 느리게 운동하는 달팽이

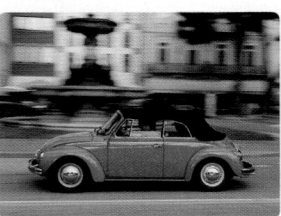
▲ 느리거나 빠르게 운동하는 자동차

② 어떤 물체는 빠르기가 일정한 운동을 하고, 어떤 물체는 빠르기가 변하는 운동을 합니다.

▲ 빠르기가 일정한 운동을 하는 대관람차

▲ 빠르기가 일정한 운동을 하는 자동계단

▲ 빠르기가 **❷**[   ] 운동을 하는 롤러코스터

★ 같은 거리를 이동하는 데 걸린 시간을 측정해 빠르기를 비교하는 운동 경기 예

▲ 스피드 스케이팅

▲ 조정

2. 물체의 빠르기 비교

(1) 같은 거리를 이동한 물체의 빠르기 비교: 같은 거리를 이동하는 데 짧은 시간이 걸린 물체가 긴 시간이 걸린 물체보다 더 **❸**[   ]니다.

▲ 50 m 달리기

이름	결승선까지 걸린 시간
형진	8초 13
시원	7초 17
일선	8초 53
지은	9초 58
우진	9초 10

➡ 시원 → 형진 → 일선 → 우진 → 지은이의 순서대로 빠르게 달렸습니다.

(2) 같은 시간 동안 이동한 물체의 빠르기 비교: 같은 시간 동안 긴 거리를 이동한 물체가 짧은 거리를 이동한 물체보다 더 ❹[＿＿＿＿＿＿]니다.

▲ 5초 동안 종이 자동차 경주하기

구분	이동 거리
이민준이 만든 종이 자동차	120 cm
김서현이 만든 종이 자동차	60 cm
주효민이 만든 종이 자동차	80 cm
박지석이 만든 종이 자동차	115 cm

➡ 이민준 → 박지석 → 주효민 → 김서현이 만든 종이 자동차의 순서대로 빠르게 달렸습니다.

3. 물체의 속력, 속력과 안전

(1) 물체의 속력

속력의 뜻	일정한 ❺[＿＿＿＿＿] 동안 물체가 이동한 거리임.
속력을 구하는 방법	(속력) = (이동 거리) ÷ (걸린 시간)
속력을 나타내는 방법	• 속력의 크기와 단위를 함께 씀. • 속력의 단위: m/s, km/h 등

(2) 속력과 관련된 안전장치 예

▲ ❻[＿＿＿＿＿]

▲ 어린이 보호 구역 표지판

▲ 과속 방지 턱

(3) 지켜야 할 교통안전 수칙 예

★ **속력을 이용하는 까닭**

이동 거리와 이동하는 데 걸린 시간이 모두 다른 물체의 빠르기는 속력으로 나타내면 편리하게 비교할 수 있기 때문입니다.

★ **속력과 관련된 안전장치가 필요한 까닭**

교통 안전사고를 예방하거나 피해를 줄이기 위해서입니다.

4
단원

4. 물체의 운동

[1-3] 다음은 1초 간격으로 공원의 모습을 나타낸 것입니다. 물음에 답하시오.

1 ⊕ 9종 공통

위 ㉠~㉤ 중 다음 설명에 해당하는 것을 모두 골라 기호를 쓰시오.

> 1초 동안 운동하였다.

( )

2 ⊕ 9종 공통

위 1번 답 중 빠르기가 가장 빠른 사람을 골라 기호를 쓰시오.

( )

3 ⊕ 9종 공통

위 ㉤의 운동을 옳게 말한 사람의 이름을 쓰시오.

- 예린: 운동하지 않았어.
- 정훈: 1초 동안 2 m를 운동했어.
- 민하: 5초 동안 3 m를 운동했어.

( )

4 ⊕ 9종 공통

다음을 빠르기가 변하는 운동을 하는 물체와 빠르기가 일정한 운동을 하는 물체로 분류하여 기호를 쓰시오.

㉠

▲ 움직이는 자동길

㉡

▲ 날아가는 배드민턴 공

㉢

▲ 이륙하는 비행기

㉣
▲ 이동 중인 케이블카

(1) 빠르기가 변하는 운동: ( )
(2) 빠르기가 일정한 운동: ( )

5 서술형 ⊕ 9종 공통

로켓과 달팽이의 운동을 다음의 주어진 말을 모두 포함하여 비교하여 쓰시오.

▲ 로켓

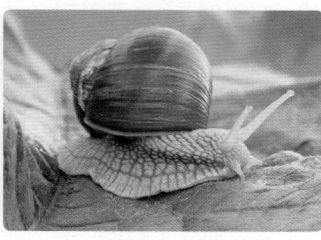
▲ 달팽이

> 빠르게 운동, 느리게 운동

_____

_____

[6-7] 다음은 민규네 반 친구들의 50 m 달리기 기록입니다. 물음에 답하시오.

구분	박정화	강소형	최미리	한정수
걸린 시간	9초 33	10초 17	11초 89	9초 41

6 ➕ 9종 공통

위 네 명 중 달리기가 가장 빠른 친구의 이름을 쓰시오.

( )

7 서술형 ➕ 9종 공통

위 6번과 같이 생각한 까닭을 쓰시오.

_____

_____

_____

8 ➕ 9종 공통

다음은 세 가지 달리기 종목에서 호영이의 걸린 시간과 이동 거리를 기록한 것입니다. 옳은 것을 보기 에서 골라 기호를 쓰시오.

- 한 발로 뛰기에서 10초 동안 25 m를 이동했다.
- 2인 3각 걷기에서 10초 동안 15 m를 이동했다.
- 양발 이어 걷기에서 10초 동안 6 m를 이동했다.

호영

보기
⊙ 세 종목에서 호영이의 빠르기는 같다.
ⓛ 호영이가 가장 느린 종목은 2인 3각 걷기이다.
ⓒ 같은 시간 동안 이동 거리가 가장 긴 한 발로 뛰기가 호영이가 가장 빠르게 달린 종목이다.

( )

[9-10] 다음은 3시간 동안 여러 교통수단이 이동한 거리입니다. 물음에 답하시오.

기차 ➡ 300 km

자동차 ➡ 220 km

지하철 ➡ 120 km

오토바이 ➡ 180 km

9 ➕ 9종 공통

위 여러 교통수단을 빠른 것부터 순서대로 쓰시오.

( ) → ( )
→ ( ) → ( )

10 ➕ 9종 공통

버스는 위 여러 교통수단 중 오토바이보다 빠르고 자동차보다 느립니다. 버스로 3시간 동안 이동한 거리를 예상한 것으로 가장 알맞은 것은 어느 것입니까?

( )

① 35 km ② 50 km
③ 200 km ④ 230 km
⑤ 340 km

11 서술형 ● 9종 공통

속력의 단위 중 'm/s'가 뜻하는 것은 무엇인지 쓰시오.

_____

_____

12 ● 9종 공통

진아가 자동길에 서서 자동길의 시작부터 끝 부분까지 이동하는 데 60초가 걸렸습니다. 자동길의 속력을 구하여 단위와 함께 쓰시오.

진아

| 0 | 60(m) |
| 처음 | 60초 뒤 |

(   )

13 ● 9종 공통

다음 중 가장 빠른 동물로 알맞은 것은 어느 것입니까? (   )

① 2초 동안 30 m를 이동한 개
② 1초 동안 13 m를 이동한 고양이
③ 21 m를 이동하는 데 7초가 걸린 펭귄
④ 36 m를 이동하는 데 3초가 걸린 사슴
⑤ 20 m를 이동하는 데 2초가 걸린 스컹크

14 ● 9종 공통

오른쪽은 탑승자의 안전을 위해 자동차에 설치된 안전장치입니다. 이 안전장치의 기능으로 옳은 것을 보기 에서 골라 기호를 쓰시오.

보기

㉠ 운전자에게 위험 상황을 알려 준다.
㉡ 충돌 사고에서 탑승자의 몸에 가해지는 충격을 줄여 준다.
㉢ 길에서 보행자가 안전하게 지나갈 수 있도록 보호하는 장치이다.

(   )

15 ● 9종 공통

다음 중 교통안전 수칙을 가장 잘 지킨 친구의 이름을 쓰시오.

• 지율: 자동차를 탔을 때 안전띠를 맸어.
• 서하: 도로 옆에서 인라인스케이트를 탔어.
• 휘민: 버스에서 내리자마자 바로 길을 건넜어.

(   )

1 ➕ 9종 공통

다음 (   ) 안에 들어갈 알맞은 말을 쓰시오.

> 물체가 (   )(하)면 시간이 지남에 따라 물체의 위치가 변한다.

(   )

2 ➕ 9종 공통

다음은 10초 동안의 모습을 한 장의 그림에 나타낸 것입니다. 그림에서 볼 수 있는 운동에 대한 설명으로 옳지 <u>않은</u> 것은 어느 것입니까? (   )

0m 10m 20m 30m 40m 50m 60m 70m 80m 90m 100m

① 남자아이는 운동하지 않았다.
② 자전거는 가장 먼 거리를 이동했다.
③ 자동차는 10초 동안 80 m를 이동했다.
④ 할아버지는 10초 동안 10 m를 이동했다.
⑤ 운동한 물체와 운동하지 않은 물체가 있다.

3 서술형 ➕ 9종 공통

위 2번 그림에서 운동하지 않은 물체를 한 가지 골라 쓰고, 그렇게 생각한 까닭을 쓰시오.

(1) 운동하지 않은 물체: (   )

(2) 그렇게 생각한 까닭: _____

_____

4 ➕ 9종 공통

다음 보기 의 여러 가지 물체의 운동을 ㉠, ㉡으로 분류하여 쓰시오. (단, 물체 모두 일반적으로 움직이는 상황을 생각합니다.)

> 보기
>
> 축구공,   자동길,   케이블카,
> 배드민턴 공,   스키장 승강기

빠르기가 변하는 운동을 하는 물체	빠르기가 일정한 운동을 하는 물체
㉠	㉡

㉠ (   )
㉡ (   )

5 ➕ 9종 공통

100 m 달리기 경기에서 가장 빠르게 달린 사람을 찾는 방법으로 옳은 것을 보기 에서 골라 기호를 쓰시오.

> 보기
>
> ㉠ 이동 거리가 가장 긴 사람을 찾는다.
> ㉡ 걸린 시간이 가장 짧은 사람을 찾는다.
> ㉢ 결승선에 마지막으로 들어온 사람을 찾는다.
> ㉣ 출발선에서 가장 먼저 출발한 사람을 찾는다.

(   )

6 ➕ 9종 공통

다음은 마라톤 대회의 경기 기록입니다. 경기 결과에 대한 설명으로 옳은 것은 어느 것입니까? (   )

선수	걸린 시간	이동 거리
㉠	2시간 07분 21초	42.195 km
㉡	2시간 14분 33초	42.195 km
㉢	2시간 10분 08초	42.195 km
㉣	2시간 06분 57초	42.195 km

① ㉢ 선수의 빠르기가 가장 빨랐다.
② ㉠ 선수와 ㉣ 선수의 빠르기는 같았다.
③ ㉢ 선수가 ㉡ 선수보다 빠르기가 빨랐다.
④ ㉠ 선수가 가장 먼저 결승선에 들어왔다.
⑤ ㉡ 선수가 두 번째로 결승선에 들어왔다.

7 ➕ 9종 공통

다음은 3시간 동안 여러 교통수단이 이동한 거리를 나타낸 것입니다. 이에 대한 내용으로 옳은 것은 어느 것입니까? (   )

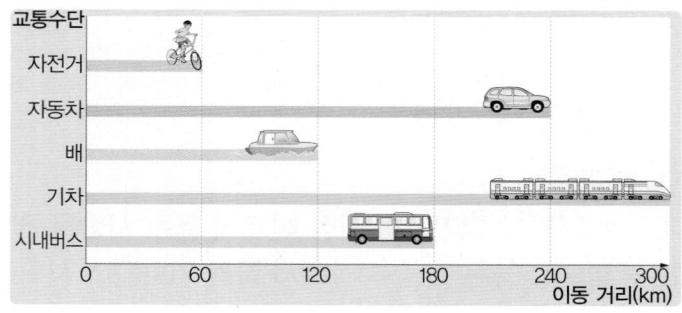

① 기차의 이동 거리가 가장 짧다.
② 자전거의 이동 거리가 가장 길다.
③ 자동차는 배보다 빠르기가 느리다.
④ 3시간 동안 시내버스는 60 km를 이동했다.
⑤ 3시간 동안 자동차는 자전거보다 180 km를 더 이동했다.

8 ➕ 9종 공통

다음은 여러 동물들이 30초 동안 달린 거리를 나타낸 것입니다. 가장 빠른 동물로 알맞은 것은 어느 것입니까? (   )

① 사자 – 500 m   ② 타조 – 540 m
③ 표범 – 740 m   ④ 치타 – 800 m
⑤ 호랑이 – 610 m

9 서술형 ➕ 9종 공통

이동 거리가 다른 두 물체의 빠르기를 비교하는 방법을 한 가지 쓰시오.

_____

_____

_____

_____

10 ➕ 9종 공통

다음은 여러 장난감이 이동한 거리와 이동하는 데 걸린 시간을 측정한 결과입니다. 장난감의 속력을 구했을 때 '초속 이 미터'라고 읽을 수 있는 것을 골라서 쓰시오.

구분	배	기차	버스	자동차
이동 거리	10 cm	6 m	2 m	9 cm
걸린 시간	4초	3초	2초	3초

(   )

11 ⊕ 9종 공통

3시간 동안 750 km를 이동하는 고속 열차의 속력을 나타낸 것으로 옳은 것은 어느 것입니까? (   )

① 25 m/s
② 75 km/h
③ 750 km/h
④ 250 km/h
⑤ 2250 km/h

12 ⊕ 9종 공통

다음 일기 예보를 보고, 27일 오후 3시부터 오후 9시까지 태풍이 이동하는 동안의 태풍의 속력을 단위와 함께 쓰시오.

태풍이 27일 오후 3시 제주특별자치도에서 남쪽으로 150 km 떨어진 바다 위에서 북쪽으로 이동하여 오후 9시에는 제주특별자치도에 도달할 것으로 예상된다.

27일 오후 9시
27일 오후 3시

(   )

13 ⊕ 9종 공통

다음 중 빠르기가 가장 빠른 것과 가장 느린 것을 골라 각각 기호를 쓰시오.

㉠ 2초 동안 12 m를 이동한 강아지
㉡ 15 m를 이동하는 데 5초 걸린 자전거
㉢ 25초 동안 100 m를 이동한 장난감 자동차
㉣ 96 m를 이동하는 데 12초 걸린 인라인스케이트 선수

⑴ 가장 빠른 것: (   )
⑵ 가장 느린 것: (   )

14 서술형 ⊕ 9종 공통

오른쪽 표지판은 도로에 설치된 안전장치입니다. 이 표지판은 어떤 역할을 하는지 쓰시오.

어린이보호구역
SCHOOL ZONE
30 여기부터 속도를 줄이시오

_____

_____

_____

15 ⊕ 9종 공통

도로에서 지켜야 할 교통안전 수칙으로 옳은 것은 어느 것입니까? (   )

①
▲ 횡단보도가 아닌 곳에서 길 건너기

②
▲ 좌우를 살피며 횡단보도 건너기

③
▲ 게임하면서 횡단보도 건너기

④
▲ 차도에 내려와서 버스 기다리기

4. 물체의 운동

 문제 강의

● 정답과 풀이 15쪽

평가 주제	물체의 운동과 빠르기 비교하기, 물체의 속력 알기
평가 목표	물체의 운동, 빠르기를 비교하는 방법, 물체의 속력을 구하는 방법을 알 수 있다.

[1-3] 다음은 1초 간격으로 도로의 사진을 찍은 것입니다. 물음에 답하시오.

1 위에서 볼 수 있는 각 자동차의 운동을 나타내시오.

(1) 트럭

(2) 경찰차

(3) 승용차

도움 트럭, 경찰차, 승용차 모두 차의 가장 뒷부분을 기준으로 하여 생각해 봅니다.

2 위 자동차의 빠르기를 비교하는 여러 가지 방법으로 (　　) 안에 들어갈 알맞은 말을 보기 에서 골라 각각 써넣으시오.

보기
속력,　걸린 시간,　생기는 힘,　이동한 거리,　변하는 무게

(1) 물체가 같은 시간 동안 (　　　　　　　　　)(으)로 비교할 수 있다.

(2) 물체의 이동 거리를 (　　　　　　　　)(으)로 나누어 (　　　　　　　　)을/를 구해 비교할 수 있다.

도움 어떤 자동차가 더 빠르다고 표현하려면 무엇을 비교해야 할지 생각해 봅니다.

3 위 2번 답과 관련지어 각 자동차의 속력을 구해, 단위와 함께 쓰시오.

(가) 트럭	(나) 경찰차	(다) 승용차

도움 속력은 물체가 이동한 거리를 이동하는 데 걸린 시간으로 나누어 구합니다.

평가 주제	물체의 빠르기 비교하기, 물체의 속력 구하기
평가 목표	같은 시간 동안 이동한 물체의 빠르기를 비교할 수 있고, 물체의 속력을 구하여 그 의미를 이해할 수 있다.

[1-3] 다음은 10초 동안 사람과 동물, 물체가 이동한 거리를 나타낸 것입니다. 물음에 답하시오.

단거리 육상 선수 110m
사자 220m
타격 후의 야구공 330m

1 위에서 빠르기가 빠른 것부터 순서대로 다음 빈칸에 써넣으시오.

◯ ➡ ◯ ➡ ◯

도움 같은 시간 동안 이동한 물체의 빠르기를 비교하는 방법을 떠올려 봅니다.

2 위 1번 답과 같이 생각한 까닭을 쓰시오.

_____

_____

_____

도움 속력의 값을 구하지 않아도 빠르기를 비교할 수 있습니다.

4 단원

3 고속도로에서는 어떤 구간의 시작과 끝에서 차량이 통과하는 시각과 이동 거리를 측정하여 과속 여부를 확인하는 구간 단속을 합니다. 다음 자동차의 속력을 구하여 단위와 함께 쓰고, 이 구간의 제한 속력이 100 km/h일 때 이 자동차의 과속 여부로 알맞은 것에 ◯표 하시오.

도움 제한 속력이란 자동차 등에 정해 있는 최고 또는 최저 속도를 말합니다. 따라서 제한 속력이 100 km/h인 구간에서는 100 km/h 이상 속력을 내면 과속입니다.

시작 구간 통과 시각 10시 30분
끝 구간 통과 시각 11시 30분
80km

(1) 총 80 km 구간을 통과한 자동차의 속력: (   )
(2) 이 자동차의 과속 여부: (과속함, 과속하지 않음).

미로를 따라 길을 찾아보세요.

● 정답 16쪽

출발

도착

산과 염기

▶ 학습 내용과 교과서별 해당 쪽수를 확인해 보세요.

학습 내용	백점 쪽수	교과서별 쪽수				
		동아출판	비상교과서	아이스크림 미디어	지학사	천재교과서
1 용액의 분류	98~101	92~95	90~97	102~105	94~97	104~107
2 천연 지시약으로 용액 분류하기, 산성·염기성 용액의 성질	102~105	96~99		106~109	98~101	108~111
3 산성·염기성 용액을 섞을 때의 변화, 산성·염기성 용액의 이용	106~109	100~103	98~101	110~113	102~107	112~115

★ 동아출판, 김영사, 미래엔, 지학사, 천재교과서, 천재교육의 「5. 산과 염기」 단원에 해당합니다.

★ 금성출판사, 비상교과서, 아이스크림미디어의 「4. 산과 염기」 단원에 해당합니다.

1 용액의 분류

1 용액의 분류

(1) **여러 가지 용액을 분류하는 방법**: 용액의 성질을 관찰한 뒤 관찰한 결과를 바탕으로 분류 기준을 정해 여러 가지 용액을 분류할 수 있습니다.

(2) **겉으로 보이는 성질에 따른 용액의 분류**

색깔이 있는 것과 없는 것으로 분류하기

투명한 것과 불투명한 것으로 분류하기

냄새가 나는 것과 나지 않는 것으로 분류하기

거품이 유지되는 것과 유지되지 않는 것으로 분류하기

> 용액이 들어 있는 점적병을 흔든 뒤에 거품이 3초 이상 유지되는지 관찰해요.

2 지시약을 이용한 용액의 분류

➕ **겉으로 보이는 성질로만 용액을 분류할 때의 어려운 점** 예

- 용액에 따라 맛을 보거나 냄새를 맡거나 만져 보는 활동은 위험할 수 있습니다.
- 색깔이 없고 투명한 용액은 쉽게 구분되지 않습니다.
  ➡ 지시약을 이용하여 구분합니다.

(1) **지시약**: 어떤 용액에 넣었을 때 그 용액의 성질에 따라 색깔 변화가 나타나는 물질입니다. 지시약으로 산성 용액과 염기성 용액을 분류할 수 있습니다.

예 리트머스 종이, 페놀프탈레인 용액, BTB(브로모티몰 블루) 용액 등

(2) **지시약을 이용한 용액의 분류**

① 리트머스 종이의 색깔 변화

지시약 \ 용액	사이다	레몬즙	식초	빨랫비누 물	유리 세정제	석회수	묽은 염산	묽은 수산화 나트륨 용액
푸른색 리트머스 종이	붉은색	붉은색	붉은색	변화 없음.	변화 없음.	변화 없음.	붉은색	변화 없음.
붉은색 리트머스 종이	변화 없음.	변화 없음.	변화 없음.	푸른색	푸른색	푸른색	변화 없음.	푸른색

② 페놀프탈레인 용액의 색깔 변화 → 페놀프탈레인 용액은 색깔이 없고 투명해요.

지시약 \ 용액	사이다	레몬즙	식초	빨랫비누 물	유리 세정제	석회수	묽은 염산	묽은 수산화 나트륨 용액
페놀프탈레인 용액	변화 없음.	변화 없음.	변화 없음.	붉은색	붉은색	붉은색	변화 없음.	붉은색

③ BTB(브로모티몰 블루) 용액의 색깔 변화 → BTB 용액은 종류에 따라 색이 다를 수 있지만 산성에서는 노란색, 염기성에서는 파란색, 중간인 중성에서는 초록색으로 변해요.

지시약 \ 용액	사이다	레몬즙	식초	빨랫비누 물	유리 세정제	석회수	묽은 염산	묽은 수산화 나트륨 용액
BTB 용액	노란색	노란색	노란색	파란색	파란색	파란색	노란색	파란색

④ 지시약의 색깔 변화로 산성 용액과 염기성 용액 분류하기

산성 용액
- 푸른색 리트머스 종이 → 붉은색
- 페놀프탈레인 용액 → 변화 없음.
- BTB 용액 → 노란색

염기성 용액
- 붉은색 리트머스 종이 → 푸른색
- 페놀프탈레인 용액 → 붉은색
- BTB 용액 → 파란색

용어 사전

● **점적병** 약물이나 액즙 등의 분량을 한 방울씩 떨어뜨려서 헤아리는 기구.

실험 1   여러 가지 용액을 관찰하여 분류하기   📖 9종 공통

여러 가지 용액의 색깔, 투명한 정도, 냄새, 점적병을 흔든 뒤 발생한 거품이 3초 이상 유지되는지 등의 특징을 관찰하고, 용액을 분류할 수 있는 기준을 세워 여러 가지 용액을 분류해 봅시다.

실험 결과

① 여러 가지 용액의 특징 예 → 일반적인 특징으로, 종류에 따라서는 색깔 등의 특징이 다를 수 있어요.

사이다	레몬즙	식초	빨랫비누 물
• 색깔: × 투명함. • 투명도: ○ • 냄새: ○ • 거품 유지: ×	• 색깔: ○ 투명하지 않음. • 투명도: × • 냄새: ○ • 거품 유지: ×	• 색깔: ○ • 투명도: ○ • 냄새: ○ • 거품 유지: ×	• 색깔: ○ • 투명도: × • 냄새: ○ • 거품 유지: ○

유리 세정제	석회수	묽은 염산	묽은 수산화 나트륨 용액
• 색깔: ○ • 투명도: ○ • 냄새: ○ • 거품 유지: ○	• 색깔: × • 투명도: ○ • 냄새: × • 거품 유지: ×	• 색깔: × • 투명도: ○ • 냄새: ○ • 거품 유지: ×	• 색깔: × • 투명도: ○ • 냄새: × • 거품 유지: ×

② 여러 가지 용액 분류하기 예

분류 기준: 용액의 색깔이 있는가?

그렇다. ／＼ 그렇지 않다.

레몬즙, 식초, 빨랫비누 물, 유리 세정제	사이다, 석회수, 묽은 염산, 묽은 수산화 나트륨 용액

분류 기준: 용액에서 냄새가 나는가?

그렇다. ／＼ 그렇지 않다.

사이다, 레몬즙, 식초, 빨랫 비누 물, 유리 세정제, 묽은 염산	석회수, 묽은 수산화 나트륨 용액

> 정리 | 우리 주변에서 볼 수 있는 용액을 색깔, 투명한 정도, 냄새 등을 기준으로 분류할 수 있습니다.

5 단원

실험 2   지시약을 이용하여 용액 분류하기   📖 9종 공통

지시약의 색깔 변화에 따라 여러 가지 용액을 분류해 봅시다.

실험 결과

실험동영상

리트머스 종이		페놀프탈레인 용액	
푸른색 → 붉은색	붉은색 → 푸른색	변화 없음.	붉은색으로 변함.
사이다, 레몬즙, 식초, 묽은 염산	빨랫비누 물, 유리 세정제, 석회수, 묽은 수산화 나트륨 용액	사이다, 레몬즙, 식초, 묽은 염산	빨랫비누 물, 유리 세정제, 석회수, 묽은 수산화 나트륨 용액
산성 용액	염기성 용액	산성 용액	염기성 용액

푸른색 리트머스 종이   붉은색 리트머스 종이

산성 용액   염기성 용액

▲ 리트머스 종이의 색깔 변화

산성   염기성

▲ 페놀프탈레인 용액의 색깔 변화

> 정리 | 지시약의 색깔 변화로 산성 용액과 염기성 용액을 분류할 수 있습니다.

1 용액의 분류

기본 개념 문제

1

(   )은/는 어떤 용액에 넣었을 때 그 용액의 성질에 따라 색깔 변화가 나타나는 물질입니다.

2

(   )은/는 지시약의 한 종류입니다.

3

(   ) 용액은 푸른색 리트머스 종이를 붉은색으로 변하게 합니다.

4

(   ) 용액은 페놀프탈레인 용액을 붉은색으로 변하게 합니다.

5

(   ) 용액은 BTB(브로모티몰 블루) 용액을 노란색으로 변하게 합니다.

[6-8] 다음의 여러 가지 용액을 분류하려고 합니다. 물음에 답하시오.

6 ➕ 9종 공통

위 여러 가지 용액을 분류할 때 가장 먼저 해야 할 일을 보기 에서 골라 기호를 쓰시오.

> **보기**
> ㉠ 용액을 관찰한다.
> ㉡ 분류 기준을 정한다.
> ㉢ 기준에 따라 용액을 분류한다.

(   )

7 ➕ 9종 공통

위 용액 중 연한 푸른색이고, 흔들었을 때 발생한 거품이 3초 이상 유지되는 용액을 골라 이름을 쓰시오.

(   )

8 ➕ 9종 공통

위 여러 가지 용액을 '색깔이 있는가?'라는 분류 기준으로 분류할 때 '그렇다.'로 분류할 수 있는 용액을 모두 골라 ○표 하시오.

9 ➕ 9종 공통

여러 가지 용액을 다음과 같이 분류한 기준으로 옳은 것은 어느 것입니까? (   )

| 식초, 사이다, 묽은 염산 | 레몬즙, 빨랫비누 물 |

① 투명한 용액과 투명하지 않은 용액
② 색깔이 있는 용액과 색깔이 없는 용액
③ 먹을 수 있는 용액과 먹을 수 없는 용액
④ 냄새가 나는 용액과 냄새가 나지 않는 용액
⑤ 거품이 3초 이상 유지되는 용액과 유지되지 않는 용액

10 서술형 ➕ 9종 공통

다음 세 가지 용액을 관찰한 결과를 보고, 이들 용액을 구분하기 어려운 점은 무엇인지 쓰시오.

• 석회수: 투명함.
• 묽은 염산: 투명함.
• 묽은 수산화 나트륨 용액: 투명함.

_____

_____

11 ➕ 9종 공통

지시약에 대한 설명으로 옳은 것을 보기 에서 두 가지 골라 기호를 쓰시오.

보기
㉠ 리트머스 종이는 지시약이다.
㉡ 용액의 성질에 따라 무게가 바뀐다.
㉢ 지시약을 이용하여 산성 용액과 염기성 용액을 분류할 수 있다.

(   )

12 ➕ 9종 공통

어떤 용액에 푸른색 리트머스 종이를 넣었더니 붉은색으로 변했습니다. 이 용액으로 알맞은 것은 어느 것입니까? (   )

➡

① 석회수   ② 묽은 염산
③ 빨랫비누 물   ④ 유리 세정제
⑤ 묽은 수산화 나트륨 용액

13 ➕ 9종 공통

다음 용액에 붉은색 리트머스 종이를 넣었을 때의 색깔 변화에 따라 분류할 때, 나머지와 다른 무리로 분류되는 용액의 이름을 쓰시오.

| 식초, 사이다, 석회수, 묽은 염산 |

(   )

14 ➕ 9종 공통

페놀프탈레인 용액을 떨어뜨렸을 때 색깔이 변하지 않는 용액끼리 옳게 짝 지은 것은 어느 것입니까?

(   )

① 레몬즙, 석회수
② 레몬즙, 묽은 염산
③ 식초, 유리 세정제
④ 석회수, 유리 세정제
⑤ 석회수, 묽은 수산화 나트륨 용액

5
단원

2 천연 지시약으로 용액 분류하기, 산성·염기성 용액의 성질

1 천연 지시약으로 용액 분류하기

(1) 여러 가지 천연 지시약

① 붉은 양배추 지시약은 식물에서 얻을 수 있는 재료로 만드는 대표적인 천연 지시약입니다.

② 여러 가지 용액에 붉은 양배추 지시약을 떨어뜨리면 용액의 성질에 따라 색깔이 다르게 나타납니다.

③ 포도, 검은콩, 장미, 비트, 나팔꽃 등도 지시약으로 사용할 수 있는 천연 재료입니다.

(2) 붉은 양배추 지시약으로 용액 분류하기

① 붉은 양배추 지시약의 색깔 변화

사이다	레몬즙	식초	빨랫비누 물	유리 세정제	석회수	묽은 염산	묽은 수산화 나트륨 용액
붉은색	붉은색	붉은색	푸른색	푸른색	연두색	붉은색	노란색

└ 또는 연한 푸른색

② 지시약의 색깔 변화에 따라 여러 가지 용액 분류하기

붉은 양배추 지시약의 색깔 변화

붉은색 계열이다. → 사이다, 레몬즙, 식초, 묽은 염산 → **산성 용액**

푸른색이나 노란색 계열이다. → 빨랫비누 물, 유리 세정제, 석회수, 묽은 수산화 나트륨 용액 → **염기성 용액**

붉은 양배추 지시약으로 용액을 분류한 결과와 리트머스 종이와 페놀프탈레인 용액, BTB 용액으로 용액을 분류한 결과가 서로 같아요.

2 산성·염기성 용액의 성질

용액＼물질	달걀 껍데기	삶은 달걀 흰자	대리암 조각	두부
산성 용액 (묽은 염산)	묽은 염산+달걀 껍데기	묽은 염산+삶은 달걀 흰자	묽은 염산+대리암 조각	묽은 염산+두부
	• 기포가 발생함. • 껍데기가 녹음.	변화가 없음.	• 기포가 발생함. • 대리암이 녹음.	변화가 없음.
염기성 용액 (묽은 수산화 나트륨 용액)	묽은 수산화 나트륨 용액+달걀 껍데기	묽은 수산화 나트륨 용액+삶은 달걀 흰자	묽은 수산화 나트륨 용액+대리암 조각	묽은 수산화 나트륨 용액+두부
	변화가 없음.	• 뿌옇게 흐려짐. • 녹아서 흐물흐물해짐.	변화가 없음.	• 뿌옇게 흐려짐. • 녹아서 흐물흐물해짐.

➕ **포도주스 얼룩이 빨랫비누 물에 닿았을 때의 변화**

포도주스 얼룩을 빨랫비누 물에 담그면 보라색 얼룩이 푸른색으로 변하는데, 이는 포도주스가 지시약 역할을 하여 염기성 용액인 빨랫비누 물에 의해 색깔이 변한 것입니다.

➕ **여러 가지 용액을 분류할 때 지시약을 사용하면 좋은 점**

색깔이나 냄새 등 겉으로 보이는 성질로 분류할 수 없는 용액도 분류할 수 있습니다.

➕ **대리암으로 만든 서울 원각사지 십층 석탑에 유리 보호 장치를 한 까닭**

대리암의 성분은 탄산 칼슘으로 산성 용액에 녹습니다. 따라서 환경 오염으로 산성이 강해진 빗물이나 산성 물질인 새의 배설물이 대리암으로 만든 석탑을 빠르게 훼손시킬 수 있으므로 유리 보호 장치를 한 것입니다.

용어 사전

● **탄산 칼슘** 달걀 껍데기, 조개껍데기 등의 주성분으로 무색 또는 하얀색의 고체.

● **훼손** 헐거나 깨뜨려 못 쓰게 만듦.

실험 1 지시약을 만들어 용액 분류하기 📖 9종 공통

실험 TIP !

❶ 붉은 양배추 지시약을 만듭니다.

실험동영상

붉은 양배추를 가위로 작게 잘라 비커에 넣기

붉은 양배추가 잠길 정도로 따뜻한 물 붓기

붉은 양배추의 색깔을 충분히 우려내기

우려낸 붉은 양배추 지시약을 점적병에 옮겨 담기

❷ 붉은 양배추 지시약의 색깔이 비슷하게 변한 용액끼리 분류해 봅시다.

주변에서 구할 수 있는 재료 중 지시약을 만들 때 이용할 수 있는 것에는 검은콩, 포도, 무궁화, 체리, 비트, 붉은 장미, 나팔꽃 등이 있어요.

실험 결과

① 붉은 양배추 지시약의 색깔 변화

사이다 | 레몬즙 | 식초 | 빨랫비누 물 | 유리 세정제 | 석회수 | 묽은 염산 | 묽은 수산화 나트륨 용액

② 색깔이 비슷하게 변한 용액끼리 분류하기

붉은색을 띠는 용액	사이다, 레몬즙, 식초, 묽은 염산	➡ 산성 용액
푸른색이나 노란색을 띠는 용액	빨랫비누 물, 유리 세정제, 석회수, 묽은 수산화 나트륨 용액	➡ 염기성 용액

정리 | 붉은 양배추 지시약을 붉은색 계열로 변하게 하는 용액은 산성 용액, 푸른색이나 노란색 계열로 변하게 하는 용액은 염기성 용액입니다.

실험 2 용액에 여러 가지 물질 넣어 보기 📖 9종 공통

실험동영상

묽은 염산과 묽은 수산화 나트륨 용액에 각각 달걀 껍데기, 삶은 달걀 흰자, 대리암 조각, 두부를 넣고 변화를 관찰해 봅시다.

실험 결과

달걀 껍데기 | 삶은 달걀 흰자
기포가 발생하며 녹음. | 변화가 없음.
대리암 조각 | 두부

달걀 껍데기 | 삶은 달걀 흰자
녹아서 흐물흐물해짐.
대리암 조각 | 두부
녹아서 흐물흐물해짐.

▲ 묽은 염산에 넣고 하루가 지난 모습　　▲ 묽은 수산화 나트륨 용액에 넣고 하루가 지난 모습

산성 용액은 달걀 껍데기, 대리암 조각, 메추리알 껍데기, 탄산 칼슘 가루, 조개껍데기 등을 녹이고, 염기성 용액은 삶은 달걀 흰자, 두부, 삶은 메추리알 흰자, 삶은 닭 가슴살, 식용유 등을 녹여요.

정리 | 산성 용액은 달걀 껍데기와 대리암 조각을 녹이고, 염기성 용액은 삶은 달걀 흰자와 두부를 녹입니다. ─● 삶은 달걀 흰자와 두부는 모두 단백질이 많은 물질이에요.

5 단원

2 천연 지시약으로 용액 분류하기, 산성·염기성 용액의 성질

기본 개념 문제

1

(   )은/는 지시약으로 사용할 수 있는 천연 재료입니다.

2

(   ) 용액에 붉은 양배추 지시약을 떨어뜨리면 붉은색 계열로 변합니다.

3

붉은 양배추 지시약으로 용액을 분류한 결과와 리트머스 종이, BTB 용액으로 용액을 분류한 결과는 서로 (   ).

4

달걀 껍데기를 넣었을 때 기포가 발생하면서 껍데기가 녹는 것은 (   ) 용액의 성질입니다.

5

두부를 넣었을 때 녹아서 흐물흐물해지며 용액이 뿌옇게 흐려지는 것은 (   ) 용액의 성질입니다.

6 ➕ 9종 공통

다음 중 붉은 양배추 지시약에 대한 설명으로 옳은 것을 보기 에서 골라 기호를 쓰시오.

> **보기**
> ㉠ 산성 용액에서는 색깔이 변하지 않는다.
> ㉡ 염기성 용액에서는 붉은색 계열의 색깔로 변한다.
> ㉢ 지시약의 색깔 변화에 따라 산성 용액과 염기성 용액을 분류할 수 있다.

(   )

7 ➕ 9종 공통

다음은 붉은 양배추 지시약을 떨어뜨렸을 때의 색깔 변화에 따라 두 무리로 분류한 결과입니다. 잘못 분류한 용액을 골라 이름을 쓰시오.

| 식초, 사이다 | 석회수, 묽은 염산, 묽은 수산화 나트륨 용액 |

(   )

8 서술형 ➕ 9종 공통

어떤 용액에 붉은 양배추 지시약을 떨어뜨렸더니 오른쪽과 같은 색깔로 변했습니다. 같은 용액에 푸른색 리트머스 종이를 넣었을 때 볼 수 있는 색깔 변화를 �시오.

_____

_____

9 ➕ 9종 공통

묽은 염산과 묽은 수산화 나트륨 용액을 각각 산성 용액과 염기성 용액으로 분류하여 쓰시오.

산성 용액	㉠
염기성 용액	㉡

[10-11] 어떤 용액에 달걀 껍데기를 넣었더니 오른쪽과 같은 변화가 나타났습니다. 물음에 답하시오.

기포가 발생하면서 껍데기가 녹음.

10 ➕ 9종 공통

위 용액의 성질은 산성인지 염기성인지 쓰시오.

( )

11 ➕ 9종 공통

위 용액에 넣었을 때 위와 같은 변화가 나타날 것으로 예상되는 물질을 보기 에서 골라 기호를 쓰시오.

보기

㉠ 두부   ㉡ 식용유
㉢ 대리암 조각   ㉣ 삶은 닭 가슴살
㉤ 삶은 달걀 흰자

( )

12 ➕ 9종 공통

묽은 수산화 나트륨 용액에 두부를 넣었을 때 관찰할 수 있는 모습으로 옳은 것을 두 가지 고르시오.

( )

① 변화가 없다.
② 검은 연기가 발생한다.
③ 두부가 흐물흐물해진다.
④ 용액이 뿌옇게 흐려진다.
⑤ 용액이 붉은색으로 변하고, 두부에는 변화가 없다.

13 ➕ 9종 공통

염기성 용액에 어떤 물질을 넣었을 때의 변화로 알맞은 말에 ◯표 하시오.

염기성 용액에 (달걀 껍데기, 삶은 달걀 흰자)를 넣으면 시간이 지나면서 녹아 용액이 뿌옇게 흐려진다.

14 ➕ 9종 공통

오른쪽과 같이 대리암으로 만들어진 서울 원각사지 십층 석탑에 유리 보호 장치를 한 까닭을 옳게 말한 사람의 이름을 쓰시오.

• 범준: 염기성을 띤 빗물에 녹아서 훼손될 수 있기 때문이야.
• 은수: 산성 물질이 닿으면 대리암으로 만들어진 석탑이 녹을 수 있어서야.

( )

3 산성·염기성 용액을 섞을 때의 변화, 산성·염기성 용액의 이용

1 산성 용액과 염기성 용액을 섞을 때의 변화

(1) 산성 용액과 염기성 용액을 섞을 때 붉은 양배추 지시약의 색깔 변화

묽은 염산에 묽은 수산화 나트륨 용액을 넣은 횟수	처음 (0)	1	2	3	4	5	6
붉은 양배추 지시약의 색깔							
묽은 수산화 나트륨 용액에 묽은 염산을 넣은 횟수	처음 (0)	1	2	3	4	5	6
붉은 양배추 지시약의 색깔							

붉은 양배추 지시약의 색깔 변화표

◀ 산성이 강함.　　　　　　　　　　염기성이 강함. ▶

(2) 산성 용액과 염기성 용액을 섞을 때의 변화

① 산성 용액에 염기성 용액을 넣을수록 산성이 약해지다가 어느 순간부터는 염기성이 점점 강해집니다.

② 염기성 용액에 산성 용액을 넣을수록 염기성이 약해지다가 어느 순간부터는 산성이 점점 강해집니다.

③ 산성 용액과 염기성 용액을 섞었을 때 변화가 생기는 까닭: 산성 용액과 염기성 용액을 섞으면 용액 속의 산성을 띠는 물질과 염기성을 띠는 물질이 섞이면서 용액의 성질이 변하기 때문입니다.

2 산성 용액과 염기성 용액의 이용

산성 용액의 이용

비린내가 나게 하는 물질: 염기성

식초, 레몬즙: 산성

▲ 식초로 생선을 손질한 도마를 닦거나 생선을 먹을 때 레몬즙을 뿌림.

변기의 때: 염기성　변기용 세제: 산성

▲ 변기용 세제로 변기를 청소함.

염기성 용액의 이용

비누, 표백제, 하수구 세정제: 염기성

하수구 속 머리카락: 염기성 용액에 녹음.

얼룩이나 때: 산성

▲ 염기성 용액은 때를 잘 지울 수 있으므로 씻거나 청소를 할 때 비누, 표백제, 하수구 세정제 등을 사용함.

위액: 산성　제산제: 염기성

▲ 속이 쓰릴 때 제산제를 먹음.

➕ 서로 성질이 다른 용액을 계속 넣을 때의 변화

- 산성 용액에 염기성 용액을 계속 넣으면 산성 용액의 성질이 약해지다가 결국 염기성 용액으로 변합니다.
- 염기성 용액에 산성 용액을 계속 넣으면 염기성 용액의 성질이 약해지다가 결국 산성 용액으로 변합니다.

➕ BTB 용액을 이용한 용액의 성질 변화 관찰하기

묽은 수산화 나트륨 용액을 계속 넣음.

▲ 묽은 염산 + BTB 용액　▲ 염기성이 강해짐.

- BTB 용액은 산성에서 노란색, 염기성에서 파란색을 띱니다.
- 묽은 염산에 BTB 용액을 넣은 용액에 묽은 수산화 나트륨 용액을 계속 넣으면, 용액의 산성이 점차 약해지다가 결국 염기성 용액으로 변합니다.

➕ 산성 용액과 염기성 용액을 섞었을 때 성질이 변하는 것을 이용하는 예

- 염산 누출 사고가 발생하면 산성 용액인 염산에 염기성을 띤 소석회를 뿌려 염산의 성질을 약하게 합니다.
- 산성으로 변한 토양에 염기성인 석회 가루를 뿌립니다.

용어 사전

- ● **제산제** 속쓰림을 느낄 때 위액의 강도를 약하게 하여 속쓰림을 줄이는 약.
- ● **누출** 액체나 기체 등이 밖으로 새어 나옴.
- ● **소석회** 수산화 칼슘이라고도 하며, 석고나 시멘트의 성분으로 쓰이는 하얀색 가루 물질.

교과서 **통합 대표 실험**

실험동영상

실험 1 산성 용액과 염기성 용액을 섞을 때의 변화 관찰하기 📖 9종 공통

❶ 묽은 염산에 붉은 양배추 지시약을 떨어뜨린 다음, 묽은 수산화 나트륨 용액을 넣으면서 색깔을 관찰해 봅시다.

❷ 묽은 수산화 나트륨 용액에 붉은 양배추 지시약을 떨어뜨린 다음, 묽은 염산을 넣으면서 색깔을 관찰해 봅시다.

실험 결과

① 묽은 염산에 묽은 수산화 나트륨 용액을 1회~6회 넣었을 때 지시약의 색깔 변화

0회   1회   2회   3회

4회   5회   6회

지시약이 붉은색 계열에서 노란색 계열로 점차 색깔이 변해요.

② 묽은 수산화 나트륨 용액에 묽은 염산을 1회~6회 넣었을 때 지시약의 색깔 변화

0회   1회   2회   3회

4회   5회   6회

지시약이 노란색 계열에서 붉은색 계열로 점차 색깔이 변해요.

> **정리** | 산성 용액과 염기성 용액을 섞으면 용액의 성질이 약해지다가 변합니다.

실험 2 제빵 소다와 구연산의 성질 알아보기 📖 천재교과서

❶ 제빵 소다 용액과 구연산 용액을 리트머스 종이에 각각 묻혀 색깔 변화를 관찰하고, 각 용액의 성질을 이야기해 봅니다.

❷ 제빵 소다와 구연산이 우리 생활에 어떻게 이용되는지 조사해 봅니다.

실험 결과

① 리트머스 종이의 색깔 변화로 알 수 있는 제빵 소다와 구연산의 성질

구분	붉은색 리트머스 종이의 색깔 변화	푸른색 리트머스 종이의 색깔 변화	용액의 성질
제빵 소다 용액	푸른색으로 변함.	변화가 없음.	염기성
구연산 용액	변화가 없음.	붉은색으로 변함.	산성

② 제빵 소다와 구연산이 이용되는 예

제빵 소다 (염기성)
• 채소나 과일에 남은 농약의 산성 부분과 기름때를 제거함.
• 악취의 주성분인 산성을 약화해 냄새를 제거함.

구연산 (산성)
• 물에 섞어 뿌려서 세균의 번식을 막음.
• 그릇에 남은 염기성 세제 성분을 없앰.

> **정리** | 우리는 생활 속에서 산성 용액과 염기성 용액을 다양하게 이용합니다.

비커 두 개에 물을 50 mL씩 넣은 다음, 제빵 소다와 구연산을 각각 한 숟가락씩 넣고 섞어서 제빵 소다 용액과 구연산 용액을 준비해요.

▲ 제빵 소다는 주로 빵을 부풀리는 데 사용됨.

▲ 구연산은 탄산음료나 약품을 만드는 원료로 주로 사용됨.

5 단원

3 산성·염기성 용액을 섞을 때의 변화, 산성·염기성 용액의 이용

기본 개념 문제

1

산성 용액에 (　　　　　) 용액을 계속 넣으면 산성 용액의 성질이 약해집니다.

2

산성 용액에 (　　　　) 용액을 계속 넣으면 염기성 용액의 성질이 점점 강해집니다.

3

(　　　　)(으)로 변한 토양에는 염기성 성질을 띠는 석회 가루를 뿌리면 도움이 됩니다.

4

산성을 띠는 얼룩이나 때는 (　　　　) 용액인 표백제를 이용하여 제거할 수 있습니다.

5

구연산과 같은 (　　　　) 물질을 이용하면 그릇에 남은 염기성 세제 성분을 없앨 수 있습니다.

[6-8] 붉은 양배추 지시약을 떨어뜨린 묽은 수산화 나트륨 용액에 묽은 염산을 넣으면서 색깔 변화를 관찰했습니다. 다음 색깔 변화표를 참고하여 물음에 답하시오.

ㄱ　　　　　　ㄴ　　ㄷ　ㄹ

붉은 양배추 지시약의 색깔 변화표

6 ⊕ 9종 공통

위 실험 내용과 연관지어 다음 (　　) 안에 들어갈 알맞은 말을 쓰시오.

> (　　　　　)은/는 산성 용액과 염기성 용액을 섞었을 때의 변화를 확인하기 위해 넣는다.

(　　　　　　　)

7 ⊕ 9종 공통

위에서 묽은 염산을 가장 많이 넣었을 때의 지시약 색깔로 알맞은 것을 골라 기호를 쓰시오.

(　　　　　　　)

8 ⊕ 9종 공통

위 실험 과정을 통해 알 수 있는 사실로 옳은 것에 ○표 하시오.

(1) 산성 용액에 염기성 용액을 넣을수록 염기성이 점점 약해진다. (　　)

(2) 염기성 용액에 산성 용액을 넣을수록 염기성이 점점 약해진다. (　　)

9 서술형 ➕ 9종 공통

BTB(브로모티몰 블루) 용액을 떨어뜨린 묽은 염산에 묽은 수산화 나트륨 용액을 계속 넣었을 때 지시약의 색깔 변화가 아래와 같은 까닭을 쓰시오.

노란색 → 파란색

_____

_____

_____

10 ➕ 9종 공통

염산 누출 사고 현장에 소석회를 뿌리는 까닭으로 ( ) 안에 공통으로 들어갈 알맞은 말을 쓰시오.

( ) 용액인 염산에 염기성을 띤 소석회를 뿌리면 염산의 ( )이/가 점차 약해지기 때문이다.

( )

11 ➕ 9종 공통

산성 용액의 성질을 약하게 하기 위해 넣을 수 있는 용액으로 알맞은 것을 보기 에서 골라 기호를 쓰시오.

보기
㉠ 식초   ㉡ 묽은 염산   ㉢ 빨랫비누 물

( )

12 ➕ 9종 공통

오른쪽과 같이 생선을 손질한 도마를 산성 용액인 식초로 닦아 내는 것을 통하여 알 수 있는 생선 비린내의 성질로 알맞은 것에 ○표 하시오.

식초
생선

(1) 생선 비린내는 산성 물질이다.   ( )
(2) 생선 비린내는 염기성 물질이다.   ( )
(3) 생선 비린내의 성질을 알 수는 없다.   ( )

13 ➕ 9종 공통

변기를 청소할 때 사용하는 변기용 세제는 산성 용액입니다. 이를 통해 알 수 있는 변기 때의 성질은 산성인지 염기성인지 쓰시오.

( )

14 ➕ 9종 공통

다음 ( ) 안에 들어갈 알맞은 용액의 성질을 각각 쓰시오.

속이 쓰릴 때 (㉠) 용액인 제산제를 먹으면 위액의 (㉡)을 약하게 하여 속쓰림이 줄어든다.

㉠ ( ), ㉡ ( )

5 산과 염기

★ 여러 가지 용액 예

여러 가지 용액은 색깔, 투명한 정도, 냄새 등 다양한 특징을 가집니다.

1. 용액의 분류

(1) **용액을 분류할 때 이용할 수 있는 특성**: 용액의 색깔, 용액의 투명한 정도, 용액의 냄새, 용액을 흔들었을 때에 거품이 유지되는 정도 등

(2) **분류 기준을 정하여 용액 분류하기**

예 **분류 기준**: 투명한가?

투명한 것	불투명한 것
사이다, 식초, 유리 세정제, 석회수, 묽은 염산, 묽은 수산화 나트륨 용액	레몬즙, 빨랫비누 물

예 **분류 기준**: 흔들었을 때 거품이 3초 이상 유지되는가?

거품이 유지되는 것	거품이 유지되지 않는 것
빨랫비누 물, 유리 세정제	사이다, 레몬즙, 식초, 석회수, 묽은 염산, 묽은 수산화 나트륨 용액

(3) **❶[   ]**: 어떤 용액에 넣었을 때 그 용액의 성질에 따라 색깔 변화가 나타나는 물질입니다.

(4) **지시약으로 용액 분류하기**

① 리트머스 종이의 색깔 변화에 따라 용액 분류하기

푸른색 리트머스 종이 → 붉은색	사이다, 레몬즙, 식초, 묽은 염산	산성
붉은색 리트머스 종이 → 푸른색	빨랫비누 물, 유리 세정제, 석회수, 묽은 수산화 나트륨 용액	염기성

② 페놀프탈레인 용액의 색깔 변화에 따라 용액 분류하기

변화가 없음.	사이다, 레몬즙, 식초, 묽은 염산	산성
❷[ ]색으로 변함.	빨랫비누 물, 유리 세정제, 석회수, 묽은 수산화 나트륨 용액	염기성

③ BTB(브로모티몰 블루) 용액의 색깔 변화에 따라 용액 분류하기

❸[ ]색으로 변함.	사이다, 레몬즙, 식초, 묽은 염산	산성
파란색으로 변함.	빨랫비누 물, 유리 세정제, 석회수, 묽은 수산화 나트륨 용액	염기성

★ 지시약의 색깔 변화로 산성 용액과 염기성 용액 분류하기

산성 용액

- 푸른색 리트머스 종이 → 붉은색으로 변함.
- 페놀프탈레인 용액 → 변화가 없음.
- BTB 용액 → 노란색으로 변함.
- 붉은 양배추 지시약 → 붉은색 계열로 변함.

염기성 용액

- 붉은색 리트머스 종이 → 푸른색으로 변함.
- 페놀프탈레인 용액 → 붉은색으로 변함.
- BTB 용액 → 파란색으로 변함.
- 붉은 양배추 지시약 → 푸른색이나 노란색 계열로 변함.

2. 천연 지시약으로 용액 분류하기, 산성·염기성 용액의 성질

(1) **붉은 양배추 지시약으로 용액 분류하기**

❹[ ]색 계열로 변함.	사이다, 레몬즙, 식초, 묽은 염산	산성
푸른색이나 노란색 계열로 변함.	빨랫비누 물, 유리 세정제, 석회수, 묽은 수산화 나트륨 용액	염기성

(2) **지시약을 사용하면 좋은 점**: 지시약을 사용하면 겉으로 보이는 성질만으로는 분류하기 힘든 용액도 쉽게 분류할 수 있습니다.

(3) ⑤[⠀⠀⠀⠀]성 용액의 성질: 달걀 껍데기, 대리암 조각을 녹입니다.

・기포가 발생함.
・껍데기가 녹음.

・기포가 발생함.
・대리암이 녹음.

(4) ⑥[⠀⠀⠀⠀]성 용액의 성질: 삶은 달걀 흰자, 두부를 녹입니다.

・뿌옇게 흐려짐.
・녹아서 흐물흐물
 해짐.

・뿌옇게 흐려짐.
・녹아서 흐물흐물
 해짐.

★ 산성 용액에 삶은 달걀 흰자와 두부를 넣었을 때의 변화

아무런 변화가 없습니다. 마찬가지로 염기성 용액에 달걀 껍데기와 대리암 조각을 넣었을 때에도 아무런 변화가 일어나지 않습니다.

3. 산성·염기성 용액을 섞을 때의 변화, 산성·염기성 용액의 이용

(1) 산성 용액과 염기성 용액을 섞었을 때의 변화

붉은 양배추 지시약의 색깔 변화표		

◀···▶
산성이 강함.　　　　　　　　　　　　　　　　염기성이 강함.

산성 용액에 염기성 용액을 점점 많이 넣었을 때	붉은 양배추 지시약의 색깔이 붉은색 계열에서 푸른색이나 노란색 계열로 변함. ➡ ⑦[⠀⠀⠀]성이 약해진 것을 알 수 있음.
염기성 용액에 산성 용액을 점점 많이 넣었을 때	붉은 양배추 지시약의 색깔이 푸른색이나 노란색 계열에서 붉은색 계열로 변함. ➡ ⑧[⠀⠀⠀]성이 약해진 것을 알 수 있음.

(2) **산성 용액과 염기성 용액을 섞었을 때 변화가 생기는 까닭**: 용액 속의 산성을 띠는 물질과 염기성을 띠는 물질이 서로 섞이면서 용액의 성질이 변하기 때문입니다.

(3) **우리 생활에서 산성 용액과 염기성 용액을 이용하는 예**

산성 용액과 염기성 용액을 이용하는 예	이용하는 까닭
생선을 손질한 도마를 식초로 닦거나 생선을 먹을 때 레몬즙 뿌리기	산성인 식초가 생선에서 비린내가 나게 하는 물질의 염기성을 약하게 하기 때문임.
변기용 세제로 변기 청소하기	산성인 변기용 세제가 염기성인 변기의 때를 없애는 데 도움을 주기 때문임.
표백제로 욕실 청소하기	염기성인 표백제가 산성인 욕실의 얼룩이나 때를 없애는 데 도움을 주기 때문임.
속이 쓰릴 때 제산제 먹기	⑨[⠀⠀⠀]성인 제산제를 먹으면 위액의 산성이 약해져 속쓰림이 줄어들기 때문임.

★ 제빵 소다 용액과 구연산 용액의 성질과 이를 이용하는 예

▲ 제빵 소다 용액을 묻힌 붉은색 리트머스 종이의 변화
➡ 염기성 용액임을 알 수 있음.

▲ 구연산 용액을 묻힌 푸른색 리트머스 종이의 변화
➡ 산성 용액임을 알 수 있음.

제빵 소다 용액은 채소나 과일에 남은 농약의 산성 부분과 기름때를 제거할 수 있고, 구연산 용액은 그릇에 남은 염기성 세제 성분을 없앨 수 있습니다.

5 단원

1 ⊕ 9종 공통

여러 가지 용액을 분류할 수 있는 기준으로 알맞은 것을 보기 에서 모두 골라 기호를 쓰시오.

보기
㉠ 맛이 있는가?
㉡ 색깔이 있는가?
㉢ 페놀프탈레인 용액을 떨어뜨렸을 때 색깔이 붉은색으로 변하는가?

( )

2 ⊕ 9종 공통

묽은 염산과 묽은 수산화 나트륨 용액에 붙인 이름표가 떨어졌을 때, 두 용액을 구분하는 방법으로 가장 알맞은 것은 어느 것입니까? ( )

① 용액을 흔들어 본다.
② 용액의 색깔을 관찰한다.
③ 용액이 투명한지 관찰한다.
④ 용액에 물을 떨어뜨려 본다.
⑤ 용액을 푸른색 리트머스 종이에 묻혀 본다.

3 ⊕ 9종 공통

어떤 용액에 페놀프탈레인 용액을 떨어뜨렸더니 오른쪽과 같이 지시약의 색깔이 변했습니다. 이 용액의 성질은 산성인지 염기성인지 쓰시오.

( )

4 ⊕ 9종 공통

3번 용액을 리트머스 종이에 묻혔을 때의 결과로 옳은 것을 보기 에서 두 가지 골라 기호를 쓰시오.

보기

㉠ 푸른색 리트머스 종이가 붉은색으로 변함.

㉡ 푸른색 리트머스 종이의 색깔이 변하지 않음.

㉢ 붉은색 리트머스 종이가 푸른색으로 변함.

㉣ 붉은색 리트머스 종이의 색깔이 변하지 않음.

( )

5 서술형 ⊕ 9종 공통

붉은 양배추 지시약으로 산성 용액과 염기성 용액을 분류할 수 있는 까닭을 쓰시오.

_____

_____

_____

6 ⊕ 9종 공통

다음은 서로 다른 용액이 담긴 각각의 시험관에 붉은 양배추 지시약을 떨어뜨렸을 때의 결과입니다. 용액의 성질에 따라 모두 분류하여 기호를 쓰시오.

㉠	㉡	㉢	㉣	㉤
연두색	분홍색	노란색	붉은색	푸른색

(1) 산성: (   )

(2) 염기성: (   )

8 서술형 ⊕ 9종 공통

다음과 같은 성질의 용액에 두부를 넣었을 때 나타나는 변화를 쓰시오.

• 페놀프탈레인 용액의 색깔을 붉은색으로 변하게 한다.
• 붉은 양배추 지시약의 색깔을 푸른색 계열로 변하게 한다.

_____

_____

9 ⊕ 9종 공통

다음 밑줄 친 ㉠의 성질이 산성인지 염기성인지 구분하여 쓰시오.

대리암으로 만들어진 서울 원각사지 십층 석탑은 ㉠ 새의 배설물에 의해 탑이 훼손되는 것을 막기 위해 유리 보호 장치를 씌워 놓았다.

(   )

7 ⊕ 9종 공통

오른쪽과 같이 묽은 염산에 달걀 껍데기를 넣었을 때 볼 수 있는 변화로 옳은 것을 두 가지 고르시오.

묽은 염산

(   )

① 변화가 없다.
② 기포가 발생한다.
③ 불꽃이 일어난다.
④ 껍데기가 녹는다.
⑤ 달걀 껍데기가 푸른색으로 변한다.

10 ⊕ 9종 공통

다음 (   ) 안에 공통으로 들어갈 알맞은 말은 어느 것입니까? (   )

붉은 양배추 지시약을 넣은 묽은 염산에 묽은 수산화 나트륨 용액을 넣을수록 지시약의 색깔이 붉은색 계열에서 (   ) 계열로 변하고, (   ) 계열에서 노란색 계열로 변한다.

① 회색   ② 하얀색   ③ 푸른색
④ 검은색   ⑤ 투명한

5 단원

11 ➕ 9종 공통

붉은 양배추 지시약을 넣은 석회수에 식초를 계속 넣었을 때 나타나는 변화로 옳은 것을 보기 에서 골라 기호를 쓰시오.

보기 ●
⊙ 석회수가 뿌옇게 변한다.
ⓒ 지시약의 색깔이 붉은색 계열에서 점차 푸른색 계열로 변한다.
ⓒ 지시약의 색깔이 푸른색 계열에서 점차 붉은색 계열로 변한다.

(   )

12 ➕ 9종 공통

산성 용액과 염기성 용액을 섞었을 때에 대한 설명으로 옳은 것에 ○표 하시오.

⑴ 산성 용액에 염기성 용액을 계속 넣을수록 산성이 점점 약해진다. (   )
⑵ 염기성 용액에 산성 용액을 계속 넣을수록 염기성이 점점 강해진다. (   )

13 ➕ 9종 공통

다음과 같은 결과가 나타나는 용액끼리 옳게 짝 지은 것은 어느 것입니까? (   )

• 용액에 염기성 용액을 넣을수록 점점 성질이 약해진다.
• 용액에 떨어뜨린 페놀프탈레인 용액의 색깔이 변하지 않는다.

① 식초, 석회수
② 식초, 묽은 염산
③ 석회수, 빨랫비누 물
④ 사이다, 빨랫비누 물
⑤ 묽은 염산, 묽은 수산화 나트륨 용액

14 ➕ 9종 공통

산성 용액을 이용하는 예에 대한 설명으로 옳은 것은 어느 것입니까? (   )

생선을 손질한 도마를 식초로 닦아 냄.

산성을 띠는 변기용 세제로 변기의 때를 청소함.

① 식초는 염기성 용액이다.
② 변기의 때는 염기성을 띤다.
③ 생선의 비린내는 산성을 띤다.
④ 식초와 변기의 때는 성질이 같다.
⑤ 식초는 생선의 비린내를 강하게 한다.

15 서술형 ➕ 9종 공통

다음 글을 참고하여, 제산제를 섞은 물을 푸른색 리트머스 종이에 묻혔을 때 나타나는 결과를 쓰시오.

위가 산을 너무 많이 분비하여 속쓰림을 느낄 때, 제산제를 먹으면 위액의 강도를 약하게 하여 속쓰림이 줄어든다.

[1-3] 다음 여러 가지 용액의 모습을 보고, 물음에 답하시오.

1 ➕ 9종 공통

위 용액들을 분류하기 위한 분류 기준으로 알맞은 것을 두 가지 고르시오. (   )

① 맛이 있는가?

② 냄새가 좋은가?

③ 색깔이 있는가?

④ 내가 자주 사용하는가?

⑤ 흔들었을 때 거품이 3초 이상 유지되는가?

2 서술형 ➕ 9종 공통

위 **1**번에서 고른 분류 기준 중 하나를 골라, 위 용액들을 두 무리로 분류하시오.

선택한 분류 기준	(1)
용액 분류하기	(2)

3 ➕ 9종 공통

앞 여러 가지 용액을 다음과 같은 분류 기준에 따라 분류했을 때 <u>잘못</u> 분류한 용액은 어느 것입니까?

(   )

분류 기준: 투명한가?

그렇다.   그렇지 않다.

① 석회수
② 묽은 염산
③ 유리 세정제

④ 레몬즙
⑤ 묽은 수산화
　　나트륨 용액

4 ➕ 9종 공통

석회수나 묽은 염산과 같이 무색이고, 투명한 용액을 구분하는 데 이용할 수 있는 것을 두 가지 고르시오.

(   )

① 식초　　　　　　② 유리 세정제

③ 리트머스 종이　　④ 페놀프탈레인 용액

⑤ 묽은 수산화 나트륨 용액

5 ➕ 9종 공통

위 **4**번 답과 같이 어떤 용액에 넣었을 때 그 용액의 성질에 따라 색깔 변화가 나타나는 물질을 무엇이라고 하는지 쓰시오.

(   )

5
단원

6 ⊕ 9종 공통

다음 실험에서 식초 대신 사용하여 같은 결과를 얻을 수 있는 용액으로 알맞은 것은 어느 것입니까?
( )

[실험 방법]
식초를 푸른색 리트머스 종이와 붉은색 리트머스 종이에 각각 한두 방울씩 떨어뜨린 뒤 색깔 변화를 관찰한다.

[실험 결과]
푸른색 리트머스 종이가 붉은색으로 변했고, 붉은색 리트머스 종이는 색깔의 변화가 없었다.

① 석회수   ② 레몬즙
③ 유리 세정제   ④ 빨랫비누 물
⑤ 묽은 수산화 나트륨 용액

7 ⊕ 9종 공통

다음은 여러 가지 용액에 붉은 양배추 지시약을 떨어뜨렸을 때의 색깔 변화입니다. 이를 통해 알 수 있는 사실로 알맞은 말에 각각 ○표 하시오.

붉은색 계열	사이다, 레몬즙, 식초, 묽은 염산
푸른색이나 노란색 계열	빨랫비누 물, 유리 세정제, 석회수, 묽은 수산화 나트륨 용액

붉은 양배추 지시약은 ㉠ (산성, 염기성) 용액에 넣으면 붉은색 계열의 색깔로 변하고 ㉡ (산성, 염기성) 용액에 넣으면 푸른색이나 노란색 계열의 색깔로 변한다.

8 서술형 ⊕ 9종 공통

앞 **7**번에서 붉은 양배추 지시약을 붉은색 계열의 색깔로 변하게 했던 용액에 페놀프탈레인 용액을 떨어뜨렸을 때 나타나는 색깔의 변화를 쓰시오.

_____

_____

9 ⊕ 9종 공통

어떤 용액에 두부를 넣었더니 오른쪽과 같이 두부가 녹아서 흐물흐물해지며, 용액이 뿌옇게 흐려졌습니다. 이 용액은 산성 용액과 염기성 용액 중 어떤 것인지 쓰시오.

( )

10 ⊕ 9종 공통

다음 중 산성 용액에 넣었을 때 기포가 발생하면서 녹는 것을 두 가지 골라 기호를 쓰시오.

㉠ 두부   ㉡ 대리암 조각   ㉢ 달걀 껍데기   ㉣ 삶은 달걀 흰자

( )

11 ● 9종 공통

다음 실험 결과를 옳게 설명한 것에 ○표 하시오.

지시약의 색깔 변화를 관찰해 보자.

붉은 양배추 지시약

삼각 플라스크에 묽은 염산 20 mL를 넣고 붉은 양배추 지시약을 떨어뜨린 다음, 묽은 수산화 나트륨 용액을 5 mL 씩 여섯 번 넣으면서 지시약의 색깔 변화를 관찰한다.

(1) 붉은 양배추 지시약의 색깔이 붉은색 계열에서 점차 푸른색 계열로 변한다. ( )

(2) 붉은 양배추 지시약의 색깔이 푸른색 계열에서 점차 붉은색 계열로 변한다. ( )

12 ● 9종 공통

위 **11**번 실험에서와 같이 산성 용액에 염기성 용액을 계속 넣었을 때의 결과로 ( ) 안에 들어갈 알맞은 말을 쓰시오.

산성 용액에 염기성 용액을 넣을수록 산성이 점점 ( ).

( )

13 서술형 ● 9종 공통

물에 녹인 제빵 소다를 유리 막대에 묻혀 푸른색 리트머스 종이에 묻혔을 때의 색깔 변화는 어떠한지 쓰시오.

_____

_____

14 ● 9종 공통

위 **13**번 지시약의 색깔 변화를 통해 알 수 있는 제빵 소다의 성질은 산성과 염기성 중에서 어느 것인지 쓰시오.

( )

15 ● 9종 공통

우리 생활에서 산성 용액을 이용하는 예로 알맞은 것을 두 가지 고르시오. ( )

① 표백제로 욕실을 청소한다.
② 속이 쓰릴 때 제산제를 먹는다.
③ 생선을 손질한 도마를 식초로 닦아 낸다.
④ 변기를 청소할 때 변기용 세제를 사용한다.
⑤ 하수구가 막혔을 때 하수구 세정제를 사용한다.

평가 주제	용액 분류하기
평가 목표	분류 기준이나 지시약을 이용하여 여러 가지 용액을 분류할 수 있다.

[1-3] 오른쪽의 여러 가지 용액을 분류하려고 합니다. 물음에 답하시오.

1 위 네 가지 용액을 다음의 분류 기준에 따라 모두 분류하여 쓰시오.

> **도움** '용액에 색깔이 있는가?'의 분류 기준에 '그렇다.'로 분류할 수 있는 것은 색깔이 있는 용액입니다.

2 위 용액 중 두 용액의 점적병에 붙어 있던 이름표가 아래와 같이 떨어졌습니다. 이에 대한 설명으로 다음 (   ) 안에 들어갈 알맞은 말에 각각 ○표 하시오.

떨어진 이름표

석회수
묽은 염산

> 두 용액 모두 색깔이 ㉠ (있고, 없고), ㉡ (투명, 불투명)하여 겉으로 보이는 성질만으로는 구분하기 어렵다.

> **도움** 두 용액의 모습을 포함하여, 석회수와 묽은 염산이 가진 다른 성질 또한 함께 떠올려 봅니다.

3 지시약을 이용하면 위 **2**번과 같은 어려운 점을 해결할 수 있습니다. 지시약으로 위 **2**의 두 용액을 구분하는 방법을 쓰시오.

> **도움** 지시약에는 여러 가지 종류가 있습니다. 산성과 염기성의 성질에 따라 각 지시약에서 어떤 변화가 나타나는지 생각해 봅니다.

5. 산과 염기

● 정답과 풀이 20쪽

평가 주제	산성 용액과 염기성 용액, 용액을 이용하는 예 알아보기
평가 목표	산성 용액과 염기성 용액의 성질과 용액을 이용하는 예를 알 수 있다.

[1-3] 어떤 용액에 대리암 조각을 넣었더니 오른쪽과 같이 기포가 발생하면서 대리암이 녹았습니다. 물음에 답하시오.

1 위와 같이 대리암 조각을 변하게 한 용액의 성질은 산성인지 염기성인지 쓰시오.

( )

> 도움 대리암을 녹이는 성질이 있는 용액은 무엇인지 생각해 봅니다.

2 위 1번 답의 성질을 띤 용액에 여러 가지 물질을 넣었을 때에 대한 설명으로 옳은 것을 보기 에서 골라 기호를 쓰시오.

> 보기 ●
> ㉠ 두부를 넣으면 두부가 녹아서 흐물흐물해진다.
> ㉡ 달걀 껍데기를 넣으면 기포가 발생하면서 껍데기가 녹는다.
> ㉢ 삶은 달걀 흰자를 넣으면 시간이 지나면서 삶은 달걀 흰자가 녹는다.

( )

> 도움 산성 용액은 탄산 칼슘을 녹이고, 염기성 용액은 단백질을 녹이는 성질이 있습니다.

3 다음은 우리 생활에서 다양한 용액을 이용하는 예입니다. 위 1번 답의 용액과 성질이 같은 용액을 골라 기호를 쓰고, 고른 용액이 다음의 예와 같이 이용되는 까닭을 쓰시오.

> • ㉠ 표백제로 욕실을 청소한다.
> • 속이 쓰릴 때 ㉡ 제산제를 먹는다.
> • 생선을 손질한 도마를 ㉢ 식초로 닦아 낸다.

(1) 성질이 같은 용액: ( )

(2) 고른 용액이 이용되는 까닭: _____

_____

_____

> 도움 산성 용액에 염기성 용액을 넣을수록 산성이 약해지고, 염기성 용액에 산성 용액을 넣을수록 염기성이 약해집니다.

5 단원

다른 그림을 찾아보세요.

● 정답 20쪽

다른 곳이 15군데 있어요.

동아출판 초등 무료 스마트러닝

무료 스마트러닝

동아출판 초등 **무료 스마트러닝**으로
초등 전 과목·전 영역을 쉽고 재미있게!

bookdonga.com/element/lec

백점수학 1-1 동영상 학습
응용력을 높여주는 문제 풀이 강의

과목별·영역별 특화 강의

전 과목 개념 강의

국어 독해 지문 분석 강의

구구단 송

그림으로 이해하는 비주얼씽킹 강의

과학 실험 동영상 강의

과목별 문제 풀이 강의

서비스 제공 교재   동아전과 | 백점 시리즈 | 큐브수학 | 빠작 초등 국어 | 초능력 | 초고필 | 하이탑 초등 과학

강의가 더해진, **교과서 맞춤 학습**

백점

과학 5·2

동아출판

평가북

- 묻고 답하기
- 단원 평가
- 수행 평가

평가북 구성과 특징

1 **단원별 개념 정리**가 있습니다.
- **묻고 답하기**: 단원의 핵심 내용을 묻고 답하기로 빠르게 정리할 수 있습니다.

2 **단원별 다양한 평가**가 있습니다.
- **단원 평가, 수행 평가**: 다양한 유형의 문제를 풀어봄으로써 수시로 실시되는 학교 시험을 완벽하게 대비할 수 있습니다.

백점

BOOK 2 평가북

● 차례

2. 생물과 환경 ———————— 2
3. 날씨와 우리 생활 ———————— 14
4. 물체의 운동 ———————— 26
5. 산과 염기 ———————— 38

과학 5·2

✏ 빈칸에 알맞은 답을 쓰세요.

1 어떤 장소에서 서로 영향을 주고받는 생물과 생물 주변의 환경 전체를 무엇이라고 합니까?

2 양분을 얻는 방법에 따라 생태계의 생물 요소를 어떻게 분류할 수 있습니까?

3 생산자, 소비자, 분해자 중 스스로 양분을 만들지 못하고 다른 생물을 먹이로 하여 양분을 얻는 생물은 어느 것입니까?

4 생태계에서 생물들의 먹고 먹히는 관계가 사슬처럼 연결되어 있는 것을 무엇이라고 합니까?

5 생태계에서 여러 개의 먹이 사슬이 복잡하게 얽혀 그물처럼 연결되어 있는 것을 무엇이라고 합니까?

6 어떤 지역에 사는 생물의 종류와 수 또는 양이 균형을 이루며 안정된 상태를 유지하는 것을 무엇이라고 합니까?

7 물을 준 무씨와 물을 주지 않은 무씨 중 일주일 후 싹이 튼 것은 어느 것입니까?

8 생물이 오랜 기간에 걸쳐 서식지의 환경에서 살아남기에 유리한 특징을 가지는 것을 무엇이라고 합니까?

9 사람들의 활동으로 자연환경이나 생활 환경이 더럽혀지거나 훼손되는 것을 무엇이라고 합니까?

10 공장 폐수, 가정의 생활 하수, 기름 유출 사고 등은 무엇이 오염되는 직접적인 원인입니까?

✏️ 빈칸에 알맞은 답을 쓰세요.

1 공기, 햇빛, 물은 생물 요소입니까, 비생물 요소입니까?

---

2 생산자, 소비자, 분해자 중 햇빛 등을 이용하여 살아가는 데 필요한 양분을 스스로 만드는 생물은 어느 것입니까?

---

3 생산자, 소비자, 분해자 중 죽은 생물이나 배출물을 분해하여 양분을 얻는 생물은 어느 것입니까?

---

4 생태계의 먹이 관계에서 소비자의 가장 마지막 단계의 생물을 무엇 이라고 합니까?

---

5 햇빛이 잘 드는 곳에 놓아둔 콩나물과 어둠상자로 덮어 놓은 콩나물 중 일주일 뒤 떡잎이 초록색이고 잘 자란 것은 어느 것입니까?

---

6 식물의 잎에 단풍이 들고, 동물이 털갈이를 하거나 겨울잠을 자는 것 은 어떤 비생물 요소가 생물에 미치는 영향 때문입니까?

---

7 식물이 양분을 만들 때 필요하고 동물이 눈으로 볼 수 있게 하며, 생 물의 번식 시기에도 영향을 주는 비생물 요소는 무엇입니까?

---

8 가늘고 길쭉한 대벌레의 몸, 고슴도치의 가시, 밤송이의 가시 등은 생 김새를 통한 적응과 생활 방식을 통한 적응 중 어떤 것에 해당합니까?

---

9 동물의 호흡 기관에 이상이 생기거나 병에 걸릴 수 있는 것은 어떤 환경 오염 때문입니까?

---

10 쓰레기 매립, 농약이나 비료의 지나친 사용 등이 원인이 되는 환경 오염은 무엇입니까?

1 ⊕ 9종 공통

생태계의 구성 요소 중 생물 요소인 것을 모두 고르시오. (   )

①
▲ 햇빛

②
▲ 애벌레

③
▲ 흙

④
▲ 버섯

⑤
▲ 토끼풀

2 ⊕ 9종 공통

생태계에 대한 설명으로 옳지 <u>않은</u> 것을 보기 에서 골라 기호를 쓰시오.

> **보기**
> ㉠ 생태계는 대부분 크기가 비슷하다.
> ㉡ 서로 영향을 주고받는 생물 요소와 비생물 요소 환경 전체를 말한다.
> ㉢ 사막 생태계, 숲 생태계, 바다 생태계 등 다양한 종류의 생태계가 있다.

(   )

3 ⊕ 9종 공통

다음 중 소비자가 <u>아닌</u> 것의 기호를 쓰시오.

㉠
▲ 고양이

㉡
▲ 배추흰나비

㉢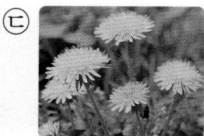
▲ 민들레

(   )

4 ⊕ 9종 공통

생산자가 양분을 얻는 방법을 옳게 말한 사람의 이름을 쓰시오.

> • 민지: 죽은 생물을 분해하여 양분을 얻어.
> • 영후: 생물의 배출물을 분해하여 양분을 얻어.
> • 수경: 다른 생물을 먹이로 하여 살아가는 데 필요한 양분을 얻어.
> • 유나: 햇빛 등을 이용하여 살아가는 데 필요한 양분을 스스로 만들어.

(   )

5 서술형 ⊕ 9종 공통

다음은 우리 주변에서 볼 수 있는 식물입니다. 식물이 모두 없어진다면 생태계에는 어떤 일이 일어날지 예상하여 쓰시오.

▲ 옥수수

▲ 은행나무

_____

_____

_____

6 ✚ 9종 공통

먹이 사슬의 연결이 옳게 된 것은 어느 것입니까?

( )

① 벼 → 매 → 메뚜기
② 참새 → 벼 → 개구리
③ 벼 → 메뚜기 → 참새 → 매
④ 매 → 개구리 → 메뚜기 → 벼
⑤ 뱀 → 개구리 → 메뚜기 → 벼

7 서술형 ✚ 9종 공통

생태계에서 먹이 사슬과 먹이 그물 중 여러 생물들이 함께 살아가기에 유리한 먹이 관계는 어느 것인지 쓰고, 그렇게 생각한 까닭을 쓰시오.

(1) 유리한 먹이 관계: ( )

(2) 까닭: _____

_____

8 ✚ 9종 공통

먹이 사슬에 대한 설명에는 '사슬', 먹이 그물에 대한 설명에는 '그물'이라고 쓰고, 먹이 사슬과 먹이 그물에 모두 해당하는 설명에는 '공통'이라고 쓰시오.

(1) 생물들이 먹고 먹히는 관계가 나타난다.

( )

(2) 먹이 관계가 한 방향으로만 연결된다.

( )

(3) 먹이 관계가 여러 방향으로 연결된다.

( )

9 ✚ 9종 공통

다음 ( ) 안에 들어갈 알맞은 말을 쓰시오.

> 생태계에서 생물들의 수는 생산자에서 1차 소비자, 1차 소비자에서 2차 소비자, 2차 소비자에서 최종 소비자와 같이 먹이 단계가 올라갈수록 ( ).

( )

10 서술형 ✚ 9종 공통

생태계에서 생산자를 먹이로 하는 1차 소비자의 수가 갑자기 늘어나면 생태계 구성 요소의 수나 양은 일시적으로 어떤 변화가 일어나는지 쓰시오.

(1) 생산자: _____

_____

(2) 2차 소비자: _____

_____

(3) 3차 소비자: _____

_____

11 ⊕ 9종 공통

생태계 평형이 깨지는 원인 중 자연적인 요인이 <u>아닌</u> 것은 어느 것입니까? (　　　　)

①
▲ 댐 건설

②
▲지진

③
▲ 가뭄

④
▲ 산불

[12-13] 자른 페트병 네 개의 입구 부분을 거꾸로 하여 탈지면을 깔고 비슷한 굵기와 길이의 콩나물을 각각 같은 양으로 담은 뒤, 다음과 같이 햇빛과 물의 조건을 다르게 하였습니다. 물음에 답하시오.

ㄱ　　　ㄴ　　　ㄷ　　　ㄹ

12 동아, 금성, 김영사, 미래엔, 아이스크림, 천재교과서, 천재교육

위 콩나물을 일주일 이상 관찰한 결과와 관계있는 페트병을 모두 골라 각각 기호를 쓰시오.

(1) 줄기가 시들었다.   (　　　　)

(2) 떡잎이 노란색이다.   (　　　　)

(3) 떡잎과 떡잎 아래 몸통이 초록색으로 변했고, 떡잎 아래 몸통이 길고 굵어졌다. (　　　　)

13 ⊕ 9종 공통

다음은 앞 실험을 통해 알 수 있는 사실입니다. (　　　) 안에 들어갈 알맞은 비생물 요소를 두 가지 쓰시오.

> 식물이 자라는 데 (　　　　)이/가 영향을 준다.

(　　　　　　　　　　　)

14 ⊕ 9종 공통

생물에 다음과 같은 영향을 주는 비생물 요소는 무엇인지 쓰시오.

> • 식물의 잎에 단풍이 든다.
> • 개나 고양이가 털갈이를 한다.

(　　　　　　　　　　　)

15 서술형 ⊕ 9종 공통

생물은 생김새나 생활 방식 등을 통하여 환경에 적응합니다. 적응이란 무엇인지 쓰시오.

_____

_____

16 ➕ 9종 공통

생물의 생김새를 통한 적응의 예로 옳은 것의 기호를 쓰시오.

▲ 다람쥐의 겨울잠

▲ 대벌레의 몸

▲ 철새의 이동

(   )

17 ➕ 9종 공통

오른쪽과 같은 선인장의 굵은 줄기와 뾰족한 가시는 어떤 환경에 적응된 모습입니까?
(   )

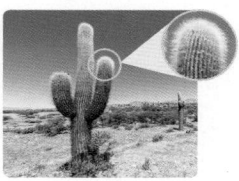
▲ 선인장

① 건조한 환경
② 나무가 많은 환경
③ 화산이 폭발하는 환경
④ 비가 자주 내리는 환경
⑤ 눈과 얼음이 많은 환경

18 ➕ 9종 공통

다음 중 환경 오염의 원인이 <u>아닌</u> 것의 기호를 쓰시오.

▲ 자동차의 배기가스

▲ 천연 비료의 사용

▲ 공장 폐수의 배출

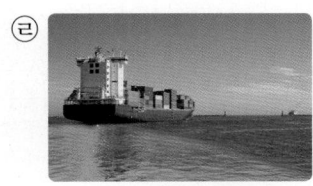
▲ 유조선의 기름 유출

(   )

19 ➕ 9종 공통

수질 오염이 생물에 미치는 영향으로 옳은 것을 두 가지 고르시오. (   )

① 생물의 서식지가 깨끗해진다.
② 물이 더러워지고 악취가 난다.
③ 지구의 평균 온도가 높아진다.
④ 물고기는 산소가 부족하여 죽기도 한다.
⑤ 황사로 동물의 호흡 기관에 이상이 생긴다.

20 동아, 금성, 미래엔, 비상, 천재교육

공기를 오염시키는 원인과 공기 오염이 생물에 미치는 영향을 옳게 연결한 것은 어느 것입니까? (   )

① 쓰레기 배출: 동물이 병에 걸린다.
② 농약의 지나친 사용: 식물이 잘 자라지 못한다.
③ 비료의 지나친 사용: 미세 먼지가 많이 발생한다.
④ 자동차의 배기가스: 동물의 호흡 기관에 이상이 생긴다.
⑤ 샴푸의 지나친 사용: 생물의 성장에 피해를 주기도 한다.

1 동아, 김영사, 미래엔, 천재교과서

다음 연못과 숲 생태계의 구성 요소를 생물 요소와 비생물 요소로 모두 나누어 각각 기호를 쓰시오.

| ㉠ 온도 | ㉡ 공기 | ㉢ 여우 |
| ㉣ 세균 | ㉤ 햇빛 | ㉥ 소금쟁이 |

(1) 생물 요소: (   )

(2) 비생물 요소: (   )

2 서술형 ⊕ 9종 공통

지구에는 다양한 종류와 규모의 생태계가 있습니다. 생태계란 무엇인지 다음 주어진 말을 모두 사용하여 쓰시오.

| 장소, 생물, 생물 주변의 환경 |

_____

_____

3 ⊕ 9종 공통

다음은 양분을 얻는 방법에 따라 생물을 분류한 것입니다. 잘못 분류한 것을 골라 이름을 쓰시오.

생산자	▲ 배추	▲ 곰팡이	▲ 코스모스
소비자	▲ 거미	▲ 참새	
분해자	▲ 세균		

(   )

4 ⊕ 9종 공통

생물이 양분을 얻는 방법에 대한 설명으로 옳은 것에 ○표, 옳지 <u>않은</u> 것에 ×표 하시오.

(1) 장미는 다른 식물을 분해하여 양분을 얻는다.

(   )

(2) 배추흰나비 애벌레는 배춧잎을 먹으면서 양분을 얻는다. (   )

(3) 세균은 햇빛, 공기, 물 등을 이용하여 스스로 양분을 만든다. (   )

(4) 개구리는 파리, 모기, 지렁이 등을 먹이로 하여 양분을 얻는다. (   )

5 ⊕ 9종 공통

다음 진혜의 말을 보고, 생산자, 소비자, 분해자 중 무엇이 없어졌을 때 생태계에서 일어날 수 있는 일을 예상한 것인지 쓰시오.

진혜

> 죽은 생물과 생물의 배출물이 분해되지 않아서 우리 주변이 죽은 생물과 생물의 배출물로 가득 차게 될 거야.

(   )

6 ⊕ 9종 공통

다음 (   ) 안에 들어갈 알맞은 말끼리 옳게 짝 지은 것은 어느 것입니까? (   )

(㉠)인 식물이 없다면 식물을 먹는 (㉡)는 먹이가 없어서 죽게 되고, 그다음 단계의 (㉡)도 먹이가 없어서 죽게 되어 결국 생태계의 모든 생물이 멸종될 것이다.

	㉠	㉡		㉠	㉡
①	생산자	분해자	②	생산자	소비자
③	분해자	소비자	④	분해자	생산자
⑤	소비자	분해자			

7 ⊕ 9종 공통

다음 먹이 사슬의 [   ] 안에 들어가기에 알맞은 생물의 기호를 쓰시오.

▲ 벼   ?   ▲ 개구리
㉠ ▲ 참새   ㉡ ▲ 여우   ㉢ ▲ 메뚜기

(   )

8 ⊕ 9종 공통

먹이 그물에 대한 설명으로 옳지 <u>않은</u> 것을 보기 에서 골라 기호를 쓰시오.

보기
㉠ 먹이 그물은 여러 개의 먹이 사슬이 얽혀 있다.
㉡ 먹이 그물은 먹이 관계가 여러 방향으로 연결된다.
㉢ 먹이 그물보다 먹이 사슬이 여러 생물들이 함께 살아가기에 유리하다.

(   )

9 서술형 ⊕ 9종 공통

먹이 사슬과 먹이 그물의 공통점과 차이점을 쓰시오.

(1) 공통점: _____

(2) 차이점: _____

_____

10 ⊕ 9종 공통

다음에서 설명하는 <u>이것</u>은 무엇인지 쓰시오.

• <u>이것</u>은 어떤 지역에 살고 있는 생물의 종류와 수 또는 양이 균형을 이루며 안정된 상태를 유지하는 것이다.
• 특정 생물의 수나 양이 갑자기 늘어나거나 줄어들면 <u>이것</u>이 깨지기도 한다.

(   )

11 동아, 금성, 김영사, 미래엔, 아이스크림, 천재교과서, 천재교육

다음 이야기를 읽고, 국립 공원에 나타난 변화에 대한 설명으로 옳지 <u>않은</u> 것을 골라 기호를 쓰시오.

> 사람들이 늑대를 사냥하면서 국립 공원의 늑대가 모두 사라졌다. 늑대가 사라진 뒤, 사슴의 수는 빠르게 늘어났다. 사슴은 강가에 머물며 풀과 나무 등을 닥치는 대로 먹었다. 그 결과 풀과 나무가 제대로 자라지 못하였고, 나무로 집을 짓고 먹이로 먹는 비버가 거의 사라지게 되었다. 국립 공원에서 늑대를 다시 풀어놓은 뒤 ㉠사슴의 수는 조금씩 줄어들었고, 사슴은 늑대를 피하려고 강가에서 멀리 떨어진 곳으로 이동했다. 오랜 시간에 걸쳐 ㉡국립 공원의 생태계는 점점 평형을 되찾아갔다. 그 결과 ㉢사슴의 수는 계속 늘어났고, ㉣강가의 풀과 나무 등도 다시 자라게 되었고, ㉤비버의 수도 늘어났다.

( )

12 동아, 금성, 김영사, 미래엔, 아이스크림, 천재교과서, 천재교육

다음과 같이 햇빛과 물 조건만 다르게 하여 콩나물을 길렀습니다. 일주일이 지난 뒤 가장 잘 자랐을 것으로 예상되는 콩나물의 기호를 쓰시오.

> ㉠ 어둠상자를 씌우고 물을 자주 준 콩나물
> ㉡ 어둠상자를 씌우고 물을 주지 않은 콩나물
> ㉢ 햇빛이 잘 드는 곳에 두고 물을 자주 준 콩나물
> ㉣ 햇빛이 잘 드는 곳에 두고 물을 주지 않은 콩나물

( )

13 김영사, 미래엔, 비상, 아이스크림, 천재교육

다음 ( ) 안에 공통으로 들어갈 알맞은 비생물 요소를 쓰시오.

> • ( )은/는 동물이 물체를 보는 데 필요하다.
> • ( )은/는 식물이 양분을 만드는 데 필요하다.

( )

14 김영사, 미래엔, 비상, 아이스크림, 천재교육

온도가 생물의 생활에 영향을 주는 예로 옳지 <u>않은</u> 것은 어느 것입니까? ( )

① 낙엽이 진다.
② 고양이가 털갈이를 한다.
③ 식물의 잎에 단풍이 든다.
④ 생물이 숨을 쉬는 데 필요하다.
⑤ 철새가 새끼를 기르기에 알맞은 장소를 찾아 먼 거리를 이동한다.

15 서술형 ➕ 9종 공통

오른쪽과 같이 몸을 오므리는 특징이 있는 공벌레는 어떻게 환경에 적응하였는지 쓰시오.

_____

_____

16 ⊕ 9종 공통

적응에 대해 <u>잘못</u> 말한 사람의 이름을 쓰시오.

- 규리: 생물은 생활 방식을 통해서만 환경에 적응해.
- 현진: 밤송이는 밤을 싸고 있는 가시가 적으로부터 밤을 보호하도록 적응했지.
- 선우: 적응은 생물이 오랜 기간에 걸쳐 서식지의 환경에서 살아남기에 유리한 특징을 가지는 거야.

(   )

17 ⊕ 9종 공통

다음은 오른쪽의 대벌레가 환경에 어떻게 적응했는지에 대한 설명입니다. (　) 안에 들어갈 알맞은 말을 쓰시오.

대벌레는 (　　　　)을/를 통해 나뭇가지가 많은 환경에서 몸을 숨기기 유리하게 적응했다.

(   )

18 서술형 ⊕ 9종 공통

우리 주변에서는 다양한 종류의 환경 오염이 발생하고 있습니다. 환경 오염이란 무엇인지 쓰시오.

_____

_____

19 ⊕ 9종 공통

다음은 환경 오염의 직접적인 원인입니다. 관계있는 것끼리 선으로 이으시오.

(1) 폐수 배출 •　　　•　㉠ 대기 오염

(2) 공장의 매연 •　　　•　㉡ 수질 오염

(3) 쓰레기 매립 •　　　•　㉢ 토양 오염

20 ⊕ 9종 공통

환경 오염이 생물에 미치는 영향으로 옳지 <u>않은</u> 것은 어느 것입니까? (   )

① 강물이 오염되어 많은 물고기가 죽는다.
② 자동차의 배기가스로 식물이 잘 자란다.
③ 황사와 미세 먼지로 사람들이 병에 걸린다.
④ 유조선의 기름이 유출되어 생물의 서식지가 파괴된다.
⑤ 쓰레기 매립으로 악취가 나는 등 생활 환경이 나빠진다.

2 단원

평가 주제	생태계의 구성 요소와 먹이 관계 알아보기
평가 목표	생태계의 구성 요소를 분류할 수 있고, 생태계를 구성하는 생물들의 먹이 관계를 알 수 있다.

[1-2] 다음 생태계 만화를 보고, 물음에 답하시오.

1 위에서 생물 요소와 비생물 요소를 모두 찾아 쓰시오.

⑴ 생물 요소: (   )

⑵ 비생물 요소: (   )

2 위 1번에서 찾은 생물 요소를 양분을 얻는 방법에 따라 분류하여 쓰시오.

_____

_____

3 오른쪽 벼, 토끼, 매의 먹이 사슬 이외에 찾을 수 있는 먹이 사슬을 두 가지 이상 그림 위에 표시하여, 먹이 그물을 완성하시오.

평가 주제	생물의 적응, 환경 오염이 생물에 미치는 영향 알아보기
평가 목표	다양한 환경에 적응한 생물의 특징을 알고, 환경 오염이 생물에 미치는 영향을 이해할 수 있다.

[1-2] 다음은 다양한 여우의 생김새입니다. 물음에 답하시오.

▲ 티베트 모래 여우   ▲ 북극여우   ▲ 사막여우

1 다음 서식지의 환경에서 살아남기에 알맞은 여우를 위에서 각각 골라 이름을 쓰시오.

(1)   (2)   (3)

(   )   (   )   (   )

2 위 **1**번 답과 같이 생각한 까닭을 생물의 적응과 관련지어 쓰시오.

_____

_____

_____

3 오른쪽은 대기 오염과 관련된 뉴스 내용입니다. 대기 오염이 우리 생활에 미치는 영향을 두 가지 쓰시오.

오늘은 미세 먼지 농도가 '나쁨' 단계입니다. 외출할 때 마스크를 쓰시기 바랍니다.

미세 먼지 농도 '나쁨' 단계

_____

_____

_____

✏ 빈칸에 알맞은 답을 쓰세요.

1 공기 중에 수증기가 포함된 정도를 무엇이라고 합니까?

2 밤이 되어 기온이 낮아지면 공기 중의 수증기가 응결하여 나뭇가지나 풀잎 등에 물방울로 맺히는 것을 무엇이라고 합니까?

3 공기 중의 수증기가 응결하여 작은 물방울이나 얼음 알갱이로 변해 높은 하늘에 떠 있는 것을 무엇이라고 합니까?

4 이슬, 안개, 구름은 공통적으로 수증기가 어떻게 되어 나타나는 현상 입니까?

5 같은 부피일 때 차가운 공기와 따뜻한 공기 중에서 더 무거운 것은 어느 것입니까?

6 바닷가에서 맑은 날 낮에 고기압이 되는 곳은 육지 위와 바다 위 중 에서 어디입니까?

7 바닷가에서 맑은 날 밤에 바람이 부는 방향은 어떻습니까?

8 춥고 건조한 지역에 오랫동안 머물러 있던 공기 덩어리의 성질은 어 떻습니까?

9 차갑고 건조한 성질의 공기 덩어리와 따뜻하고 습한 공기 덩어리 중 우리나라의 여름철 날씨에 영향을 미치는 공기 덩어리는 어느 것입 니까?

10 사람들이 다양한 날씨에 적절하게 대처하여 생활할 수 있도록 기상 청에서 제공하는 지수를 무엇이라고 합니까?

✏️ 빈칸에 알맞은 답을 쓰세요.

1 빨래가 잘 마르지 않는 날은 습도가 높은 날입니까, 습도가 낮은 날입니까?

2 지표면 근처의 공기가 차가워져 공기 중의 수증기가 응결하여 작은 물방울로 지표면 가까이에 떠 있는 것을 무엇이라고 합니까?

3 구름 속 작은 물방울이 합쳐지고 커지면서 무거워져 떨어지거나, 크고 무거워진 얼음 알갱이가 녹아서 떨어지는 것을 무엇이라고 합니까?

4 공기의 무게 때문에 생기는 힘을 무엇이라고 합니까?

5 이웃한 어느 두 지역 사이에 기압 차가 생기면 공기가 고기압에서 저기압으로 이동하는 것을 무엇이라고 합니까?

6 바닷가에서 맑은 날 낮에 육지와 바다 중 빠르게 데워져 온도가 더 높아지는 곳은 어디입니까?

7 바닷가에서 맑은 날 밤에 육지에서 바다로 부는 바람을 두 글자로 무엇이라고 합니까?

8 봄과 가을에 우리나라에 영향을 미치는 공기 덩어리의 성질은 어떻습니까?

9 대륙에서 이동해 오는 공기 덩어리와 바다에서 이동해 오는 공기 덩어리 중 더 습한 성질을 가지는 것은 어느 것입니까?

10 계절별 날씨에 따라 달라지는 우리의 생활 모습에는 어떤 것이 있습니까?

1 ⊕ 9종 공통

오른쪽 건습구 습도계에 대한 설명으로 옳은 것에 모두 ○표 하시오.

(1) 알코올 온도계 두 개를 사용한다.
( )

(2) ㉠은 습구 온도계이고, ㉡은 건구 온도계이다.
( )

(3) 건습구 습도계로 공기 중에 수증기가 포함된 정도를 측정할 수 있다. ( )

2 ⊕ 9종 공통

습도가 낮을 때 나타날 수 있는 현상으로 옳지 <u>않은</u> 것은 어느 것입니까? ( )

① 빨래가 잘 마른다.
② 피부가 건조해진다.
③ 감기에 걸리기 쉽다.
④ 산불이 발생하기 쉽다.
⑤ 음식물이 부패하기 쉽다.

3 서술형 ⊕ 9종 공통

오른쪽과 같이 집기병에 물과 조각 얼음을 넣고 집기병 표면을 마른 수건으로 닦은 뒤, 시간이 지남에 따라 집기병 표면에서 나타나는 변화를 쓰고, 그러한 변화가 나타나는 까닭을 쓰시오.

(1) 집기병 표면에서 나타나는 변화: _____

_____

(2) 까닭: _____

_____

4 ⊕ 9종 공통

앞 **3**번 집기병의 표면에서 나타나는 변화와 비슷한 자연 현상을 골라 쓰시오.

비 　　　　　이슬 　　　　　고드름

( )

5 ⊕ 9종 공통

다음은 안개에 대한 설명입니다. ( ) 안에 들어갈 알맞은 말을 각각 쓰시오.

밤에 지표면 근처의 공기가 차가워져 공기 중 (㉠) 이/가 (㉡)해 작은 물방울로 떠 있는 것이다.

㉠ ( ), ㉡ ( )

6 동아, 김영사, 비상, 아이스크림, 지학사, 천재교과서

구름에 대한 설명으로 옳은 것을 [보기]에서 골라 기호를 쓰시오.

보기 ●
- ㉠ 공기 중 수증기가 응결해 물체 표면에 물방울로 맺히는 것이다.
- ㉡ 공기가 지표면에서 하늘 높이 올라가면서 온도가 높아져 생기는 것이다.
- ㉢ 공기 중의 수증기가 응결하여 작은 물방울이나 얼음 알갱이로 변해 높은 하늘에 떠 있는 것이다.

( )

7 ➕ 9종 공통

이슬, 안개, 구름의 공통점을 옳게 말한 사람의 이름을 쓰시오.

- 주이: 수증기가 응결해 나타나는 현상이야.
- 규호: 작은 물방울이 공중에 떠 있는 현상이야.
- 슬기: 지표면의 공기가 뜨거워지면서 나타나는 현상이야.

( )

8 [서술형] ➕ 9종 공통

오른쪽과 같이 눈이 내리는 과정을 쓰시오.

_____

_____

_____

9 ➕ 9종 공통

다음과 같이 플라스틱 통에 머리말리개로 각각 차가운 공기와 따뜻한 공기를 약 20초 동안 넣은 뒤, 뚜껑을 닫고 무게를 측정하였습니다. 차가운 공기를 넣은 플라스틱 통과 따뜻한 공기를 넣은 플라스틱 통의 무게를 비교하여 ○ 안에 >, =, <를 써넣으시오.

(단, 플라스틱 통의 조건은 같습니다.)

차가운 공기

따뜻한 공기

| 차가운 공기를 넣은 플라스틱 통 | ○ | 따뜻한 공기를 넣은 플라스틱 통 |

10 ➕ 9종 공통

기압에 대한 설명으로 옳은 것을 두 가지 고르시오.
( )

① 차가운 공기는 따뜻한 공기보다 기압이 낮다.
② 상대적으로 공기가 무거운 것을 저기압이라고 한다.
③ 상대적으로 공기가 가벼운 것을 고기압이라고 한다.
④ 공기의 무게로 생기는 누르는 힘을 기압이라고 한다.
⑤ 일정한 부피에서 공기의 양이 많을수록 기압이 높다.

11 서술형 🟢 9종 공통

다음은 일정한 부피에서 공기의 양에 따른 무게를 비교하여 나타낸 것입니다. 일정한 부피에서 ㉠ 공기가 ㉡ 공기보다 무거운 까닭을 공기의 온도와 관련지어 쓰시오.

_____

_____

13 🟢 9종 공통

앞 그래프를 보고, 하루 중 육지의 온도가 바다의 온도보다 높은 때는 언제인지 쓰시오.

(   )시 무렵부터 (   )시 무렵까지

14 서술형 🟢 9종 공통

어느 두 지점 사이에 기압 차가 생기면 공기는 어떻게 이동하는지 기압과 관련지어 쓰시오.

_____

_____

[12-13] 다음은 육지와 바다의 하루 동안 온도 변화를 나타낸 것입니다. 물음에 답하시오.

12 🟢 9종 공통

위 그래프를 보고 알 수 있는 사실을 옳게 말한 사람의 이름을 쓰시오.

- 혜리: 바다가 육지보다 온도 변화가 더 커.
- 준영: 낮에는 바다가 육지보다 빠르게 데워져.
- 호민: 밤에는 육지의 온도가 바다의 온도보다 낮아.

(   )

15 🟢 9종 공통

다음은 바닷가에서 낮과 밤에 부는 바람의 방향을 화살표로 나타낸 것입니다. 육풍을 나타낸 것에는 '육'이라고 쓰고, 해풍을 나타낸 것에는 '해'라고 쓰시오.

(1) 낮   (2) 밤

(   )   (   )

[16-17] 다음은 우리나라의 계절별 날씨에 영향을 미치는 공기 덩어리를 나타낸 것입니다. 물음에 답하시오.

16 ➕ 9종 공통

위 ㉠~㉢ 중 차갑고 건조한 공기 덩어리의 기호를 쓰시오.

( )

17 서술형 ➕ 9종 공통

위 ㉠~㉢ 중 우리나라의 봄, 가을 날씨에 영향을 미치는 공기 덩어리의 기호를 쓰고, 공기 덩어리의 성질을 날씨의 특징과 관련지어 쓰시오.

_____

_____

18 ➕ 9종 공통

공기 덩어리의 성질에 대한 설명입니다. ( ) 안의 알맞은 말에 각각 ○표 하시오.

- 대륙에서 우리나라로 이동해 오는 공기 덩어리는 ㉠ (건조, 습)하고, 바다에서 이동해 오는 공기 덩어리는 ㉡ (건조, 습)한 성질이 있다.
- 북쪽에서 이동해 오는 공기 덩어리는 ㉢ (따뜻하고, 차갑고), 남쪽에서 이동해 오는 공기 덩어리는 ㉣ (따뜻하다, 차갑다).

19 ➕ 9종 공통

우리가 다양한 날씨에 대처하도록 다음과 같은 날씨 지수를 제공하는 곳은 어디인지 쓰시오.

> 감기 가능 지수, 피부 질환 지수, 식중독 지수

( )

20 ➕ 9종 공통

감기 가능 지수가 다음과 같은 날씨에 적합한 계획을 세운 사람의 이름을 쓰시오.

오늘의 지수

낮음	보통	높음	매우 높음

- 선균: 외출 후 손과 발을 씻지 않을 거야.
- 지윤: 머리를 감은 뒤 말리지 않고 나갈 거야.
- 호정: 외출할 때 목도리를 착용해 체온을 유지할 거야.

( )

1 ✚ 9종 공통

다음 보기 는 여러 날 동안 측정한 건습구 습도계의 온도입니다. 습도표를 이용해 습도를 구한 후, 습도가 가장 높은 날의 기호를 쓰시오.

보기
ㄱ 건구 온도: 17.0℃, 습구 온도: 15.0℃
ㄴ 건구 온도: 22.0℃, 습구 온도: 19.0℃
ㄷ 건구 온도: 20.0℃, 습구 온도: 16.0℃

(단위: %)

건구 온도 (℃)	건구 온도와 습구 온도의 차(℃)										
	0	1	2	3	4	5	6	7	8	9	10
15	100	90	80	71	61	53	44	36	27	20	13
16	100	90	81	71	63	54	46	38	30	23	15
17	100	90	81	72	64	55	47	40	32	25	18
18	100	91	82	73	65	57	49	41	34	27	20
19	100	91	82	74	65	58	50	43	36	29	22
20	100	91	83	74	66	59	51	44	37	31	24
21	100	91	83	75	67	60	53	46	39	32	26
22	100	92	83	76	68	61	54	47	40	34	28

(   )

2 ✚ 9종 공통

우리 생활에서 습도가 낮을 때 습도를 높이는 방법을 옳게 말한 두 사람의 이름을 쓰시오.

- 석민: 제습제를 사용해.
- 진운: 가습기를 켜 놓아.
- 윤수: 실내에 빨래를 널어.
- 희영: 실내에 마른 숯을 놓아둬.

(   )

3 ✚ 9종 공통

이슬에 대한 설명으로 옳은 것을 두 가지 고르시오.
(   )

① 물이 증발해서 나타나는 현상이다.
② 공기 중 수증기가 응결해서 나타나는 현상이다.
③ 작은 물방울이 지표면 가까이에 떠 있는 것이다.
④ 공기 중 수증기가 물체 표면에 작은 물방울로 맺히는 것이다.
⑤ 공기 중 수증기가 작은 얼음 알갱이로 변해 하늘 높이 떠 있는 것이다.

[4-5] 다음 실험 과정을 보고, 물음에 답하시오.

㉮ 집기병에 따뜻한 물을 가득 넣어 집기병 안을 데운 뒤에 물을 버린다.
㉯ 불을 붙인 향을 집기병에 넣었다가 뺀다.
㉰ 조각 얼음이 담긴 페트리 접시를 집기병 위에 올려놓는다.

4 ✚ 9종 공통

위 집기병 안에서 나타나는 변화로 옳은 것은 어느 것입니까? (   )

① 집기병 안이 검게 변한다.
② 집기병 안이 뿌옇게 흐려진다.
③ 집기병 안에 물이 절반 정도 생긴다.
④ 집기병 안에 검은색 알갱이가 생긴다.
⑤ 집기병 안쪽 벽면에 얼음 알갱이가 생긴다.

5 ✚ 9종 공통

위 **4**번 답과 같은 변화가 나타나는 까닭으로 (   ) 안에 들어갈 알맞은 말을 쓰시오.

집기병 안의 따뜻한 (㉠)이/가 얼음 때문에 차가워져 (㉡)하기 때문이다.

㉠ (   ), ㉡ (   )

6 ➕ 9종 공통

다음은 구름이 어떻게 만들어지는지 설명한 것입니다. ( ) 안의 알맞은 말에 각각 ○표 하시오.

> 공기가 지표면에서 하늘로 올라가면서 부피가 점점 커지고 온도는 점점 ㉠ (높아, 낮아)진다. 이때 공기 중 수증기가 ㉡ (증발, 응결)해 물방울이 되거나 얼음 알갱이 상태로 변해 하늘에 떠 있는 것을 구름이라고 한다.

7 ➕ 9종 공통

다음에서 설명하는 것은 무엇입니까? ( )

> 구름 속 작은 물방울이 합쳐지면서 무거워져 떨어지거나, 크기가 커진 얼음 알갱이가 무거워져 떨어지면서 녹은 것이다.

① 눈 ② 비 ③ 이슬
④ 안개 ⑤ 황사

8 ➕ 9종 공통

구름 속 얼음 알갱이의 크기가 커지면서 무거워져 떨어질 때 녹지 않은 채로 떨어지면 무엇이 되는지 쓰시오.

( )

9 서술형 ➕ 9종 공통

다음과 같이 플라스틱 통에 머리말리개로 각각 차가운 공기와 따뜻한 공기를 약 20초 동안 넣은 뒤 뚜껑을 닫고 무게를 측정하였습니다. 차가운 공기의 무게가 약 278.0 g일 때, 따뜻한 공기의 무게로 알맞은 것을 보기 에서 골라 기호를 쓰고, 그 까닭을 쓰시오.

▲ 차가운 공기 넣기　　　▲ 따뜻한 공기 넣기

> 보기
>
> 277.3 g, 278.0 g, 290.0 g

(1) 따뜻한 공기의 무게로 알맞은 것

( )

(2) 까닭: _____

_____

10 ➕ 9종 공통

다음은 같은 부피일 때 공기의 양에 따른 무게를 비교한 것입니다. ㉠과 같이 상대적으로 공기가 무거워 힘이 더 큰 것을 무엇이라고 하는지 쓰시오.

( )

[11-12] 바람이 부는 방향을 알아보기 위해 오른쪽과 같이 실험 장치를 꾸몄습니다. 물음에 답하시오.

11 ➕ 9종 공통

위 실험에서 다르게 해야 할 조건은 어느 것입니까? (   )

① 전등의 종류
② 온도계의 종류
③ 온도계를 꽂는 깊이
④ 그릇에 담는 물질의 양
⑤ 그릇에 담는 물질의 종류

12 ➕ 9종 공통

다음 표는 위 물과 모래의 온도 변화를 측정한 결과입니다. 실험 결과로 보아, 물과 모래 중 더 빨리 데워지는 것은 무엇인지 쓰시오.

구분	물	모래
가열하기 전의 온도(℃)	14	14
가열한 후의 온도(℃)	17	24

(   )

13 ➕ 9종 공통

다음은 바람이 부는 까닭을 설명한 것입니다. (   ) 안에 들어갈 알맞은 말을 쓰시오.

> 어느 두 지점 사이에 (   ) 차가 생기기 때문에 공기가 이동하는 바람이 분다.

(   )

[14-15] 데우지 않은 찜질팩과 따뜻하게 데운 찜질팩을 넣은 수조 가운데에 불을 붙인 향을 넣었습니다. 물음에 답하시오.

14 ➕ 7종 공통

위 실험에 대한 설명으로 옳은 것을 보기 에서 골라 기호를 쓰시오.

> 보기
>
> ㉠ 데운 찜질팩이 데우지 않은 찜질팩보다 온도가 높다.
> ㉡ 데우지 않은 찜질팩 쪽이 저기압, 데운 찜질팩 쪽이 고기압이다.
> ㉢ 향 연기의 이동 방향은 투명한 수조 속 공기의 움직임과 반대 방향이다.

(   )

15 서술형 ➕ 9종 공통

위 수조 속에서 향 연기가 움직이는 까닭을 주어진 낱말을 모두 사용하여 쓰시오.

> 데우지 않은 찜질팩 위의 공기, 저기압,
> 데운 찜질팩 위의 공기, 고기압

_____

_____

_____

16 ➕ 9종 공통

바닷가에서 부는 바람에 대한 설명으로 옳지 <u>않은</u> 것은 어느 것입니까? (   )

① 낮에 부는 바람은 해풍이다.
② 밤에는 바다에서 육지로 바람이 분다.
③ 육지와 바다의 기압 차가 바람을 불게 한다.
④ 맑은 날 낮과 밤에 부는 바람의 방향이 다르다.
⑤ 육지와 바다의 상대적인 온도에 따라 바람의 방향이 달라진다.

17 ➕ 9종 공통

춥고 건조한 날씨가 나타나는 지역에 따뜻하고 습한 공기 덩어리가 이동해 왔습니다. 이 지역의 온도와 습도는 어떻게 변하는지 보기 에서 골라 기호를 쓰시오.

> **보기**
> ㉠ 습해진다.   ㉡ 따뜻해진다.
> ㉢ 더 추워진다.   ㉣ 더 건조해진다.
> ㉤ 변하지 않는다.

(1) 온도: (   ), (2) 습도: (   )

18 서술형 ➕ 9종 공통

공기 덩어리가 춥고 건조한 대륙 위에 오랫동안 머물러 있으면 공기 덩어리의 성질이 어떻게 변하는지 쓰시오.

_____

_____

19 ➕ 9종 공통

다음은 우리나라의 계절별 날씨에 영향을 미치는 공기 덩어리입니다. ㉠~㉢ 공기 덩어리에 대한 설명으로 옳은 것을 두 가지 고르시오. (   )

① ㉠은 차갑고 습하다.
② ㉡은 따뜻하고 건조하다.
③ ㉠과 ㉡은 습하고, ㉢은 건조하다.
④ ㉠은 우리나라의 겨울철 날씨에 영향을 미친다.
⑤ ㉢의 영향을 받으면 춥고 건조한 날씨가 나타난다.

20 ➕ 9종 공통

황사나 미세 먼지가 많은 날의 생활 모습으로 가장 알맞은 것에 ○표 하시오.

(1) 야외 활동을 주로 한다.   (   )
(2) 외출할 때 마스크를 착용한다.   (   )
(3) 외출 후 손과 발을 씻지 않는다.   (   )

평가 주제	이슬, 안개, 구름의 생성 과정 알기
평가 목표	이슬, 안개, 구름의 생성 과정을 이해하고 공통점과 차이점을 알 수 있다.

[1-3] 다음은 날씨와 관련된 여러 가지 모습입니다. 물음에 답하시오.

▲ 이슬

▲ 안개

▲ 구름

1 다음은 자동차 사고 관련 신문 기사입니다. (   ) 안에 들어갈 알맞은 자연 현상을 위에서 골라 쓰시오.

> 지난 ○일, ◇◇ 다리 위에서 자동차 106대가 추돌한 사고의 가장 큰 원인은 짙은 (   ) 때문인 것으로 추정된다. 이날 가시거리는 10 m 정도에 불과하여 운전자들이 앞쪽의 상황을 보지 못해 사고가 발생한 것으로 보인다.

(   )

2 위 1번의 자연 현상은 어떻게 발생하는지 쓰시오.

_____

_____

3 오른쪽과 같이 이른 아침에 볼 수 있는 거미줄에 맺힌 물방울에 대한 설명으로 옳은 것에 ○표, 옳지 <u>않은</u> 것에 ×표 하고, 위 자연 현상 중 어떤 것과 관련이 있는지 골라 쓰시오.

▲ 거미줄에 맺힌 물방울

⑴ 높은 하늘에서 응결하여 생성된 것이다. (   )
⑵ 공기 중의 수증기가 응결하여 나타나는 현상이다. (   )
⑶ 냉동실에 넣어 둔 물이 어는 것과 같은 현상이다. (   )
⑷ 거미줄에 맺힌 물방울과 관련된 자연 현상: (   )

평가 주제	기압과 바람의 관계, 계절별 날씨에 영향을 미치는 공기 덩어리의 성질 알아보기
평가 목표	공기의 온도와 무게, 그리고 기압의 관계를 통해 바람의 방향을 이해할 수 있고, 계절별 날씨의 특징을 공기 덩어리와 관련지어 알 수 있다.

[1-3] 다음은 이웃한 두 지점의 공기의 온도를 나타낸 것입니다. 물음에 답하시오.

1 위와 같이 이웃한 두 지점의 공기의 온도가 다를 때, (1) 공기가 움직이는 방향을 위 그림에 화살표로 나타내고, (2) 어떤 공기의 무게가 더 무거운지 오른쪽 ○ 안에 >, =, <로 비교하시오.

따뜻한 공기 ○ 차가운 공기

2 위 1번 (1), (2)의 답과 같이 생각한 까닭을 다음 낱말을 모두 포함하여 쓰시오.

> 따뜻한 공기,   차가운 공기,   공기의 무게,   고기압,   저기압,   이동

_____

_____

_____

3 위와 같이 공기 덩어리가 넓은 지역에 오랫동안 머물게 되면 그 지역의 온도나 습도와 비슷한 성질을 가지게 됩니다. 우리나라의 계절별 날씨에 영향을 미치는 공기 덩어리 중 다음과 같은 특징이 있는 것은 어느 위치에서 이동해 오는지 오른쪽 그림에 각각 위치에 알맞게 그리고, 기호를 써서 구분하시오.

㉮ 공기 덩어리가 차갑고 건조하다.
㉯ 공기 덩어리가 따뜻하고 습하다.

✏️ 빈칸에 알맞은 답을 쓰세요.

1 시간이 지남에 따라 물체의 위치가 변할 때 물체가 무엇을 한다고 합니까?

2 물체의 운동은 무엇과 무엇으로 나타냅니까?

3 같은 거리를 이동한 물체의 빠르기는 무엇으로 비교할 수 있습니까?

4 같은 시간 동안 이동한 물체의 빠르기는 무엇으로 비교할 수 있습니까?

5 3시간 동안 240 km를 이동한 자동차와 300 km를 이동한 기차 중에서 더 빠른 것은 어느 것입니까?

6 속력이란, 일정한 시간 동안 물체의 무엇을 나타냅니까?

7 속력의 단위에는 어떤 것이 있습니까?

8 속력이 40 km/h인 배와 속력이 18 km/h인 자전거 중 더 빠른 것은 어느 것입니까?

9 자동차의 속력을 줄여 주어 사고를 예방하는 안전장치로 도로에 설치된 것은 무엇입니까?

10 횡단보도를 건널 때 지켜야 할 교통안전 수칙은 무엇입니까?

✎ 빈칸에 알맞은 답을 쓰세요.

1 운동하지 않은 물체는 시간이 지나도 변하지 않지만, 운동한 물체는 시간이 지남에 따라 변하는 것은 무엇입니까?

2 이륙하는 비행기와 움직이는 자동길 중에서 빠르기가 변하는 운동을 하는 것은 어느 것입니까?

3 같은 거리를 이동하는 데 짧은 시간이 걸린 물체와 긴 시간이 걸린 물체 중 더 빠른 것은 어느 것입니까?

4 50 m 달리기에서 걸린 시간이 9초 34인 지훈이와 걸린 시간이 9초 12인 호정이 중에서 결승선에 더 먼저 도착한 사람은 누구입니까?

5 같은 시간 동안 짧은 거리를 이동한 물체와 긴 거리를 이동한 물체 중 더 빠른 것은 어느 것입니까?

6 이동 거리와 이동하는 데 걸린 시간이 모두 다른 물체의 빠르기는 무엇으로 나타내면 편리하게 비교할 수 있습니까?

7 속력은 물체가 이동한 거리를 무엇으로 나누어 구합니까?

8 속력의 단위 중 'h'는 무엇을 나타냅니까?

9 자동차에 설치된 안전장치 중 긴급 상황에서 탑승자의 몸을 고정해 주는 것은 무엇입니까?

10 버스를 기다릴 때 지켜야 할 교통안전 수칙은 무엇입니까?

1 ⊕ 9종 공통

다음 물체의 운동에 대한 내용으로 ( ) 안에 공통으로 들어갈 알맞은 말을 쓰시오.

> 시간이 지남에 따라 신호등은 (   )이/가 변하지 않지만, 자동차는 (   )이/가 변한다. 이처럼 시간이 지남에 따라 물체의 (   )이/가 변할 때 물체가 운동한다고 한다.

(   )

2 동아, 아이스크림, 천재교과서, 천재교육

물체의 운동을 가장 옳게 나타낸 것을 보기 에서 골라 기호를 쓰시오.

> ── 보기 ●──
> ㉠ 원준이는 30분 동안 운동장을 걸었다.
> ㉡ 서연이는 북쪽으로 100 m를 이동했다.
> ㉢ 버스는 1시간 동안 110 km를 이동했다.

(   )

3 서술형 동아, 아이스크림, 천재교과서, 천재교육

다음 그림을 보고, 자전거의 운동을 나타내시오.

─────────────────────────────
─────────────────────────────

4 ⊕ 9종 공통

물수리가 먹이를 잡을 때의 모습으로 ( ) 안의 알맞은 말에 각각 ○표 하시오.

> 물수리는 공중을 ㉠ (천천히, 빠르게) 날며 먹이를 찾다가 먹이를 보면 ㉡ (천천히, 빠르게) 날아든다.

[5-6] 다음 여러 가지 물체를 보고, 물음에 답하시오.

5 ⊕ 9종 공통

위 여러 가지 물체의 빠르기를 비교한 것으로 옳지 <u>않은</u> 것을 보기 에서 골라 기호를 쓰시오.

> ── 보기 ●──
> ㉠ 펭귄은 로켓보다 빠르다.
> ㉡ 로켓은 자동길보다 빠르다.
> ㉢ 케이블카는 비행기보다 느리다.

(   )

6 동아, 금성, 미래엔, 아이스크림, 지학사, 천재교과서, 천재교육

앞 물체 중 빠르기가 일정한 운동을 하는 것을 옳게 고른 것은 어느 것입니까? (   )

① 펭귄, 비행기
② 자동길, 로켓
③ 치타, 케이블카
④ 케이블카, 자동길
⑤ 펭귄, 치타, 로켓, 비행기

7 서술형 ➕ 9종 공통

놀이공원에서 볼 수 있는 오른쪽과 같은 대관람차의 운동에는 어떤 특징이 있는지 빠르기와 관련지어 쓰시오.

_____

_____

[8-9] 다음 표는 출발 신호에 따라 모둠별로 50 m 달리기를 하여, 각 모둠에서 결승선에 가장 먼저 도착한 사람이 걸린 시간을 기록한 것입니다. 물음에 답하시오.

모둠	이름	걸린 시간	모둠	이름	걸린 시간
1	현승	8초 55	4	우현	9초 54
2	연희	9초 34	5	성은	9초 12
3	솔비	8초 43	6	민혜	8초 77

8 동아, 미래엔, 비상, 아이스크림, 지학사, 천재교육

위 친구들 중 가장 빠르게 달린 사람과 가장 느리게 달린 사람을 찾아 이름을 각각 쓰시오.

(1) 가장 빠르게 달린 사람: (   )

(2) 가장 느리게 달린 사람: (   )

9 서술형 ➕ 9종 공통

앞 **8**번과 관련지어 가장 빠르게 달린 사람을 어떻게 알 수 있는지 쓰시오.

_____

_____

10 동아, 미래엔, 비상, 아이스크림, 지학사, 천재교육

다음 운동 경기에서 빠르기를 비교하는 방법으로 옳은 것은 어느 것입니까? (   )

마라톤

수영

① 이동할 때 느끼는 감각으로 비교한다.
② 운동 선수의 무게를 측정해 비교한다.
③ 걸린 시간에 관계없이 이동 거리를 측정해 비교한다.
④ 이동 거리에 관계없이 걸린 시간을 측정해 비교한다.
⑤ 같은 거리를 이동하는 데 걸린 시간을 측정해 비교한다.

4 단원

11 동아, 미래엔, 비상, 아이스크림, 지학사, 천재교육

다음 표는 4초 동안 종이 자동차가 이동한 거리를 측정한 결과입니다. 누가 만든 종이 자동차가 가장 빠른지 쓰시오.

구분	이동 거리
강민호가 만든 종이 자동차	120 cm
지서현이 만든 종이 자동차	80 cm
김주안이 만든 종이 자동차	60 cm

(   )

[12-13] 다음은 3시간 동안 여러 교통수단이 이동한 거리를 그래프로 나타낸 것입니다. 물음에 답하시오.

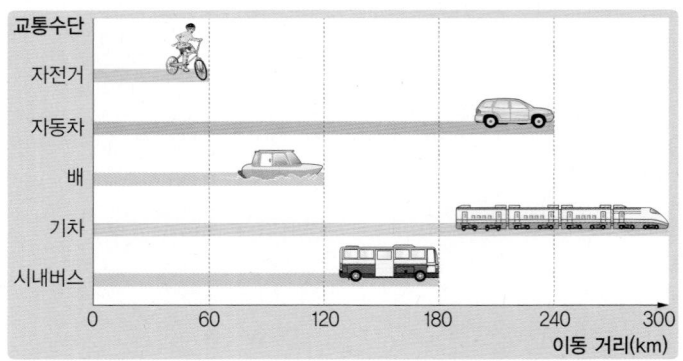

12 ➕ 9종 공통

위의 여러 교통수단 중 가장 빠른 것은 무엇인지 쓰시오.

(   )

13 ➕ 9종 공통

위 여러 교통수단 중 3시간 동안 200 km를 이동하는 고속버스보다 느린 교통수단을 모두 쓰시오.

(   )

14 ➕ 9종 공통

다음 ( ) 안에 들어갈 알맞은 말을 보기 에서 골라 쓰시오.

> 이동 거리와 걸린 시간이 모두 다른 물체의 빠르기는 ( )(으)로 나타내어 비교한다.

┌ 보기 ●
│ 부피,   무게,   속력

(   )

15 ➕ 9종 공통

속력에 대한 설명으로 옳은 것에 ○표, 옳지 않은 것에 ×표 하시오.

(1) 속력의 단위는 km/h 한 가지이다. ( )

(2) 1초, 1분, 1시간 등 일정한 시간 동안 물체가 이동한 거리를 말한다. ( )

(3) 속력은 물체가 이동하는 데 걸린 시간을 이동 거리로 나누어 구한다. ( )

(4) 교통수단, 날씨, 운동 경기 등 다양한 곳에서 속력을 이용해 물체의 빠르기를 나타낸다. ( )

16 ➕ 9종 공통

'속력이 크다.'는 것이 무슨 뜻인지 옳게 말한 사람의 이름을 쓰시오.

- 라영: 속력이 작은 물체가 속력이 큰 물체보다 빠르다는 뜻이야.
- 호준: 속력이 크다는 것은 일정한 시간 동안 더 긴 거리를 이동한다는 뜻이야.
- 용재: 속력이 크다는 것은 일정한 거리를 이동하는 데 더 긴 시간이 걸린다는 뜻이야.

(   )

17 서술형 ➕ 9종 공통

다음의 속력을 읽고, 이 속력은 어떤 의미인지 쓰시오.

$$60 \text{ km/h}$$

(1) 속력 읽기: (   )

(2) 속력의 의미: _____

_____

18 동아, 김영사, 비상, 아이스크림, 지학사, 천재교과서

도로에 설치된 안전장치 중 자동차의 속력을 줄여서 사고를 예방하는 것을 보기 에서 골라 기호를 쓰시오.

보기
ㄱ 에어백　　　　ㄴ 안전띠
ㄷ 주차 표지판　　ㄹ 과속 방지 턱

(   )

19 ➕ 9종 공통

다음 그림을 보고, 학교 주변에서 안전하게 행동한 사람을 찾아 기호를 쓰시오.

(   )

20 ➕ 9종 공통

도로 주변에서 어린이 교통안전을 위해 어른들이 지켜야 할 교통안전 수칙으로 옳지 않은 것을 보기 에서 골라 기호를 쓰시오.

보기
ㄱ 학교 주변에서 안전운전을 한다.
ㄴ 어린이가 통행하는 장소에서는 어린이가 길을 건널 때까지 기다린다.
ㄷ 어린이 보호 구역에서 자동차를 운전할 때는 속력을 50 km/h 이상으로 한다.

(   )

[1-2] 다음은 1초 간격으로 거리의 모습을 나타낸 것입니다. 물음에 답하시오.

1 동아, 아이스크림, 천재교과서, 천재교육

위에서 1초 동안 운동한 물체를 모두 고르시오.

(   )

① 나무   ② 자동차   ③ 자전거
④ 할머니   ⑤ 횡단보도

2 서술형 ➕ 9종 공통

위에서 운동한 물체와 운동하지 않은 물체의 다른 점을 쓰시오.

_____

_____

3 ➕ 9종 공통

다음 (   ) 안에 들어갈 알맞은 말끼리 옳게 짝 지어진 것은 어느 것입니까? (   )

> 물체의 운동은 물체가 이동하는 데 (㉠   )와/과 (㉡   )(으)로 나타낸다.

	㉠	㉡
①	걸린 시간	모양 변화
②	걸린 시간	이동 거리
③	걸린 시간	무게 변화
④	이용한 도구	이동 거리
⑤	이용한 도구	무게 변화

4 ➕ 9종 공통

로켓과 달팽이의 운동은 어떻게 다른지 비교한 것입니다. (   ) 안의 알맞은 말에 각각 ○표 하시오.

로켓   달팽이

> 로켓은 달팽이보다 ㉠(천천히, 빠르게) 운동하고, 달팽이는 로켓보다 ㉡(천천히, 빠르게) 운동한다.

5 ➕ 9종 공통

오른쪽 롤러코스터의 운동에 대해 옳게 말한 사람의 이름을 쓰시오.

> • 일우: 일정한 빠르기로 운동해.
> • 수진: 내리막길에서 점점 느려지고, 오르막길에서 점점 빨라져.
> • 주홍: 내리막길에서 점점 빨라지고, 오르막길에서 점점 느려져.

(   )

6 동아, 금성, 미래엔, 아이스크림, 지학사, 천재교과서, 천재교육

빠르기가 변하는 운동을 하는 것의 기호를 쓰시오.

자동계단 ㉠

비행기 ㉡

(   )

7 ➕ 9종 공통

수영 경기에서 가장 빠른 선수를 정하는 방법입니다. (   ) 안의 알맞은 말에 각각 ○표 하시오.

모든 선수가 ㉠(다른, 같은) 출발선에서 출발 신호에 따라 ㉡(동시에, 차례로) 출발했을 때 결승선까지 이동하는 데 걸린 시간이 가장 ㉢(긴, 짧은) 선수가 가장 빠르다.

8 ➕ 9종 공통

다음 표는 50 m 달리기에 출전한 사람들의 기록을 나타낸 것입니다. 표를 보고 알 수 있는 사실을 두 가지 고르시오. (   )

이름	걸린 시간	이름	걸린 시간
노영	10초 95	민지	11초 12
리아	9초 34	정아	10초 89
호석	10초 30	희수	11초 55

① 희수가 가장 빠르다.
② 노영이가 가장 느리다.
③ 민지는 정아보다 느리다.
④ 호석이가 두 번째로 빠르다.
⑤ 희수는 리아보다 빠르고, 노영이보다 느리다.

9 동아, 미래엔, 비상, 아이스크림, 지학사, 천재교육

같은 거리를 이동한 물체의 빠르기를 비교하는 방법으로 옳은 것을 보기 에서 골라 기호를 쓰시오.

보기
㉠ 물체의 무게로 비교한다.
㉡ 물체의 부피로 비교한다.
㉢ 물체가 이동하는 데 걸린 시간으로 비교한다.

(   )

4
단원

10 동아, 미래엔, 비상, 아이스크림, 지학사, 천재교육

같은 거리를 이동하여 빠르기를 비교하는 운동 경기를 모두 고르시오. (   )

①

▲ 조정

②

▲ 양궁

③

▲ 마라톤

④

▲ 태권도

⑤
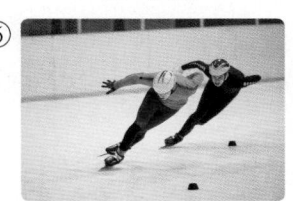
▲ 스피드 스케이팅

11 ⊕ 9종 공통

다음 세 가지 달리기 종목 기록 표를 보고 알 수 있는 사실을 옳게 말한 사람의 이름을 쓰시오.

(경기 시간: 10초)

종목	한 발로 뛰기	양발 이어 걷기	2인 3각 걷기
이동 거리	25 m	6 m	15 m

- 영후: 가장 빨랐던 종목은 2인 3각 걷기야.
- 수진: 가장 느렸던 종목은 양발 이어 걷기야.
- 경민: 세 가지 달리기 종목의 빠르기는 모두 같았어.

(   )

12 서술형 ⊕ 9종 공통

동시에 같은 곳에서 출발한 자동차와 고속 열차가 2시간 뒤 서로 다른 거리를 이동했습니다. 자동차와 고속 열차의 빠르기는 어떻게 비교해야 하는지 쓰시오.

출발점
고속 열차
자동차

_____

_____

13 ⊕ 9종 공통

다음은 같은 시각에 달리기를 시작해서 같은 시각에 달리기를 멈췄을 때 세 사람이 달린 거리입니다. 빠르게 달린 사람부터 순서대로 쓰시오.

- 은우가 달린 거리: 2.5 km
- 진수가 달린 거리: 2.8 km
- 현희가 달린 거리: 2.2 km

(   ) → (   ) → (   )

14 서술형 ⊕ 9종 공통

이동 거리와 걸린 시간이 모두 다른 물체의 빠르기는 속력으로 나타내어 비교합니다. 속력이란 무엇인지 쓰시오.

_____

_____

15 ⊕ 9종 공통

4시간 동안 360 km를 이동한 물체와 속력이 같은 물체는 어느 것입니까? (   )

① 1시간 동안 80 km를 이동한 물체
② 1시간 동안 90 km를 이동한 물체
③ 2시간 동안 120 km를 이동한 물체
④ 2시간 동안 220 km를 이동한 물체
⑤ 3시간 동안 360 km를 이동한 물체

16 ⊕ 9종 공통

다음에서 속력이 가장 빠른 물체는 어느 것입니까?
( )

① 배
② 자전거
③ 시내버스
④ 헬리콥터
⑤ 고속 열차

17 ⊕ 9종 공통

자동차의 속력이 클 때 생길 수 있는 위험을 잘못 말한 사람의 이름을 쓰시오.

- 정진: 충돌할 때 큰 충격이 가해져 피해가 커.
- 수영: 제동 장치를 밟으면 자동차가 바로 멈춰.
- 하늘: 운전자가 위험 상황에 바로 대처하기 어려워.
- 재서: 보행자가 접근하는 자동차를 쉽게 피할 수 없어 충돌 위험이 커져.

( )

18 ⊕ 9종 공통

도로에 설치된 안전장치끼리 옳게 짝 지은 것은 어느 것입니까? ( )

① 에어백, 신호등
② 신호등, 안전띠
③ 교통 표지판, 안전띠
④ 과속 방지 턱, 에어백
⑤ 어린이 보호 구역 표지판, 과속 방지 턱

19 동아, 미래엔, 비상, 아이스크림, 지학사, 천재교과서, 천재교육

도로 주변에서 어린이가 지켜야 할 교통안전 수칙으로 옳지 않은 것은 어느 것입니까? ( )

① 횡단보도를 건널 때 좌우를 살핀다.
② 길을 건너기 전에 자동차가 멈췄는지 확인한다.
③ 도로 주변에서는 공을 공 주머니에 넣고 다닌다.
④ 버스가 정류장에 도착할 때까지 인도에서 기다린다.
⑤ 신호등의 초록불이 켜지면 스마트 기기를 보면서 횡단보도를 건넌다.

20 서술형 ⊕ 9종 공통

교통경찰은 교통 안전사고가 일어나지 않도록 어떤 노력을 하는지 쓰시오.

_____

_____

평가 주제	빠르기가 변하는 운동과 빠르기가 일정한 운동, 같은 시간 동안 이동한 물체의 빠르기 비교하기
평가 목표	물체의 운동을 빠르기에 따라 구분할 수 있고, 같은 시간 동안 이동한 물체의 빠르기를 비교할 수 있다.

1 다음은 운동하는 물체의 빠르기에 대한 예시 문장입니다. 예시와 같이 (1), (2)의 빈칸에 들어갈 알맞은 말을 각각 써넣어 문장을 완성하시오.

롤러코스터	는	빠르기가 변하는 운동을 한다.	왜냐하면	롤러코스터는 오르막길에서 점점 느려지고 내리막길에서는 점점 빨라지기 때문이다.
(1) 움직이는 자동길	은	빠르기가 ( ) 운동을 한다.	왜냐하면	＿＿＿＿＿＿＿＿＿＿ ＿＿＿＿＿＿＿＿＿＿ ＿＿＿＿＿ 때문이다.
(2) 이륙하는 비행기	는	빠르기가 ( ) 운동을 한다.	왜냐하면	＿＿＿＿＿＿＿＿＿＿ ＿＿＿＿＿＿＿＿＿＿ ＿＿＿＿＿ 때문이다.

2 다음은 10초 동안 바람으로 움직이는 종이 자동차 경주를 한 기록입니다. 가장 빠른 종이 자동차를 만든 사람의 이름을 쓰시오.

민서가 만든 종이 자동차의 이동 거리: 53 cm

석호가 만든 종이 자동차의 이동 거리: 7 cm

기준이가 만든 종이 자동차의 이동 거리: 30 cm

출발선

( )

평가 주제	속력을 구하고 나타내는 방법, 교통안전 수칙 알아보기
평가 목표	속력을 구하여 물체의 빠르기를 서로 비교할 수 있고, 교통안전을 지키는 방법을 알 수 있다.

[1-2] 다음은 태풍에 대한 뉴스 속보입니다. 물음에 답하시오.

이번 ○호 태풍 ◇◇는 현재 남해 해상에서 시속 구십칠 킬로미터의 속력으로 빠르게 올라오고 있습니다. 주의하시기 바랍니다.

1 위 뉴스 속보에서 알 수 있는 태풍의 속력을 숫자와 단위를 포함하여 쓰시오.

(   )

2 다음은 3시간 동안 여러 가지 교통수단이 이동한 거리를 나타낸 것입니다. 위 태풍의 속력과 비교하여 빈칸에 들어갈 알맞은 교통수단을 모두 쓰시오.

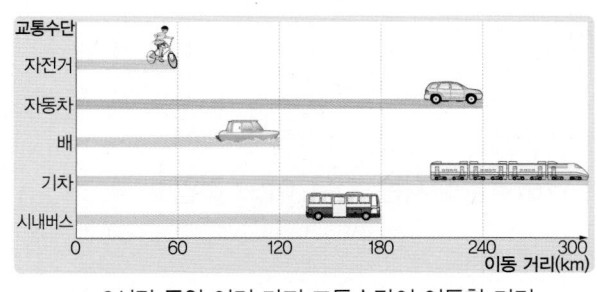

▲ 3시간 동안 여러 가지 교통수단이 이동한 거리

(1) 태풍보다 빠른 것	(2) 태풍보다 느린 것

3 다음 각 장소에서 우리가 지킬 수 있는 교통안전 수칙을 한 가지씩 쓰시오.

(1) 횡단보도	(2) 버스 정류장	(3) 도로 주변

✏️ 빈칸에 알맞은 답을 쓰세요.

1 묽은 염산은 투명한 용액입니까, 불투명한 용액입니까?

2 사이다는 냄새가 나는 용액입니까, 냄새가 나지 않는 용액입니까?

3 오른쪽 빨랫비누 물과 묽은 수산화 나트륨 용액을 '용액이 투명한가?'의 분류 기준으로 분류할 때 '그렇다.'로 분류할 수 있는 것은 무엇입니까?

4 어떤 용액에 넣었을 때 그 용액의 성질에 따라 색깔 변화가 나타나는 물질을 무엇이라고 합니까?

5 산성 용액과 염기성 용액 중 붉은색 리트머스 종이를 푸른색으로 변하게 하는 용액은 어느 것입니까?

6 달걀 껍데기와 삶은 달걀 흰자 중에서 묽은 염산에 넣었을 때 기포가 발생하면서 녹는 것은 어느 것입니까?

7 달걀 껍데기와 삶은 달걀 흰자 중에서 묽은 수산화 나트륨 용액에 넣었을 때 시간이 지나면서 녹아서 흐물흐물해지는 것은 어느 것입니까?

8 산성 용액과 염기성 용액 중에서 삶은 달걀 흰자와 두부를 녹이는 것은 무엇입니까?

9 산성과 염기성 중에서, 염기성 용액에 산성 용액을 계속 넣을수록 용액의 어떤 성질이 약해집니까?

10 생선을 손질한 도마를 닦아 내는 식초는 산성 용액입니까, 염기성 용액입니까?

1 오른쪽과 같은 식초는 색깔이 있는 용액입니까, 색깔이 없는 용액입니까?

2 유리 세정제는 용액을 흔들었을 때 거품이 3초 이상 유지되는 용액입니까, 유지되지 않는 용액입니까?

3 오른쪽 레몬즙과 석회수를 '용액의 색깔이 있는가?'의 분류 기준으로 분류할 때 '그렇다.'로 분류할 수 있는 것은 무엇입니까?

4 산성 용액과 염기성 용액 중 푸른색 리트머스 종이를 붉은색으로 변하게 하는 것은 어느 것입니까?

5 산성 용액과 염기성 용액 중 페놀프탈레인 용액을 붉은색으로 변하게 하는 것은 어느 것입니까?

6 대리암 조각과 두부 중에서 묽은 염산에 넣었을 때 아무런 변화가 없는 것은 어느 것입니까?

7 대리암 조각과 두부 중에서 묽은 수산화 나트륨 용액에 넣었을 때 아무런 변화가 없는 것은 어느 것입니까?

8 산성 용액과 염기성 용액 중 삶은 달걀 흰자와 두부를 녹이는 것은 어느 것입니까?

9 산성과 염기성 중에서 산성 용액에 염기성 용액을 계속 넣을수록 용액의 어떤 성질이 약해집니까?

10 속이 쓰릴 때 먹는 제산제는 산성 용액입니까, 염기성 용액입니까?

1 ⊕ 9종 공통

다음 용액을 관찰한 결과를 보고, 관찰한 용액으로 알맞은 것을 보기 에서 골라 기호를 쓰시오.

- 냄새: 냄새가 난다.
- 투명한 정도: 투명하다.
- 색깔: 연한 노란색이다.
- 거품: 거품이 유지되지 않는다.

보기
㉠ 식초	㉡ 레몬즙
㉢ 사이다	㉣ 석회수

(   )

2 ⊕ 9종 공통

용액을 관찰한 결과로 알맞은 것끼리 선으로 이으시오.

(1) 석회수 •   • ㉠ 불투명함.

(2) 유리 세정제 •   • ㉡ 투명하고 연한 푸른색임.

(3) 빨랫비누 물 •   • ㉢ 흔들었을 때 거품이 유지되지 않음.

3 ⊕ 9종 공통

여러 가지 용액을 투명한 정도에 따라 다음과 같이 분류하였습니다. <u>잘못</u> 분류한 용액을 한 가지 골라 이름을 쓰시오.

투명함.	불투명함.
사이다, 식초, 석회수, 묽은 염산, 묽은 수산화 나트륨 용액	빨랫비누 물, 유리 세정제, 레몬즙

(   )

4 ⊕ 9종 공통

여러 가지 용액을 다음과 같이 분류한 기준으로 알맞은 것에 ◯표 하시오.

유리 세정제, 빨랫비누 물	식초, 레몬즙, 사이다, 묽은 염산, 묽은 수산화 나트륨 용액

(1) 투명한 것과 불투명한 것   (   )

(2) 흔들었을 때 거품이 3초 이상 유지되는 것과 유지되지 않는 것   (   )

5 서술형 ⊕ 9종 공통

색깔, 냄새, 투명한 정도 등과 같은 겉보기 성질만으로 구분되지 않는 용액은 지시약을 이용하면 효과적으로 분류할 수 있습니다. 지시약이란 무엇인지 쓰시오.

_____

_____

6 ➕ 9종 공통

푸른색 리트머스 종이에 떨어뜨렸을 때 리트머스 종이를 붉은색으로 변하게 하는 용액으로 알맞은 것을 두 가지 고르시오. ( )

① 석회수
② 레몬즙
③ 묽은 염산
④ 유리 세정제
⑤ 묽은 수산화 나트륨 용액

7 ➕ 9종 공통

붉은색 리트머스 종이를 푸른색으로 변하게 하는 용액에 페놀프탈레인 용액을 떨어뜨렸을 때 나타나는 변화로 옳은 것을 보기 에서 골라 기호를 쓰시오.

보기

㉠ 페놀프탈레인 용액의 색깔이 변하지 않는다.
㉡ 페놀프탈레인 용액의 색깔이 붉은색으로 변한다.
㉢ 페놀프탈레인 용액의 색깔이 푸른색으로 변한다.

( )

8 ➕ 9종 공통

붉은 양배추 지시약을 만드는 과정의 순서대로 기호를 쓰시오.

(가) 붉은 양배추를 가위로 잘게 잘라 비커에 담는다.
(나) 붉은 양배추를 우려낸 용액을 충분히 식혀 거른다.
(다) 비커에 붉은 양배추가 잠길 정도로 뜨거운 물을 붓는다.

( ) → ( ) → ( )

9 ➕ 9종 공통

여러 가지 용액에 붉은 양배추 지시약을 떨어뜨렸을 때의 결과로 옳은 것을 두 가지 고르시오. ( )

① 식초: 푸른색 계열의 색깔로 변한다.
② 레몬즙: 노란색 계열의 색깔로 변한다.
③ 묽은 염산: 붉은색 계열의 색깔로 변한다.
④ 유리 세정제: 푸른색이나 노란색 계열의 색깔로 변한다.
⑤ 묽은 수산화 나트륨 용액: 붉은색 계열의 색깔로 변한다.

10 서술형 ➕ 9종 공통

붉은 양배추 지시약을 이용하여 여러 가지 용액을 구분할 수 있는 까닭은 무엇인지 쓰시오.

_____

_____

5
단원

11 ⊕ 9종 공통

다음 보기 의 용액을 산성 용액과 염기성 용액으로 모두 분류하여 각각 기호를 쓰시오.

> 보기
> ㉠ 식초　　　　　㉡ 레몬즙
> ㉢ 석회수　　　　　㉣ 사이다
> ㉤ 빨랫비누 물　　　㉥ 유리 세정제

(1) 산성 용액: (　　　　　　　　　)

(2) 염기성 용액: (　　　　　　　　　)

12 ⊕ 9종 공통

묽은 염산과 묽은 수산화 나트륨 용액에 대리암 조각을 넣었을 때에 대한 설명으로 옳은 것은 어느 것입니까? (　　　)

	묽은 염산	묽은 수산화 나트륨 용액
①	아무런 변화가 없음.	대리암이 녹음.
②	대리암이 녹음.	용액이 뿌옇게 흐려짐.
③	아무런 변화가 없음.	아무런 변화가 없음.
④	용액이 뿌옇게 흐려짐.	대리암이 녹음.
⑤	대리암 표면에 기포가 생김.	아무런 변화가 없음.

13 ⊕ 9종 공통

용액 ㈎와 용액 ㈏가 담긴 비커에 각각 삶은 달걀 흰자를 넣었을 때의 결과를 보고, 각 용액이 산성 용액과 염기성 용액 중 어느 것에 해당하는지 쓰시오.

> • 용액 ㈎에 넣은 삶은 달걀 흰자는 시간이 지나면서 녹아 흐물흐물해졌다.
> • 용액 ㈏에 넣은 삶은 달걀 흰자는 아무런 변화가 없었다.

(1) 용액 ㈎: (　　　　　　　　)

(2) 용액 ㈏: (　　　　　　　　)

14 ⊕ 9종 공통

다음 (　　) 안에 들어갈 용액으로 알맞은 것을 두 가지 고르시오. (　　　　)

> 달걀 껍데기를 (　　　　)이/가 담긴 비커에 넣으면 아무런 변화가 없다.

① 레몬즙　　　　　② 사이다

③ 묽은 염산　　　　④ 유리 세정제

⑤ 빨랫비누 물

[15-16] 다음 실험을 보고, 물음에 답하시오.

> ㈎ 삼각 플라스크에 묽은 염산 20 mL를 넣고, 붉은 양배추 지시약을 열 방울 떨어뜨린다.
> ㈏ ㈎의 삼각 플라스크에 묽은 수산화 나트륨 용액을 5 mL씩 여섯 번 넣으면서 지시약의 색깔 변화를 관찰한다.

15 ⊕ 9종 공통

위 실험 결과, 붉은 양배추 지시약의 색깔 변화 과정을 보기 에서 골라 순서대로 기호를 쓰시오.

> 보기
> ㉠　　　　　㉡　　　　　㉢

(　　　　　) → (　　　　　) → (　　　　　)

16 ➕ 9종 공통

앞 실험에서 지시약의 색깔 변화를 통해 알 수 있는 사실은 무엇입니까? (   )

① 산성 용액에 염기성 용액을 넣을수록 산성이 점점 강해진다.
② 산성 용액에 염기성 용액을 넣을수록 산성이 점점 약해진다.
③ 염기성 용액에 산성 용액을 넣을수록 염기성이 점점 강해진다.
④ 염기성 용액에 산성 용액을 넣을수록 염기성이 점점 약해진다.
⑤ 산성 용액에 염기성 용액을 넣을수록 지시약의 세기가 강해진다.

[17-18] 다음은 구연산과 제빵 소다의 성질을 알아보는 실험입니다. 물음에 답하시오.

⑺ 구연산과 제빵 소다를 각각 물에 녹인 용액을 각각 푸른색 리트머스 종이와 붉은색 리트머스 종이에 묻혀 색깔 변화를 관찰한다.
⑻ 구연산과 제빵 소다를 각각 물에 녹인 용액을 담은 비커에 각각 페놀프탈레인 용액을 떨어뜨려 색깔 변화를 관찰한다.

17 ➕ 9종 공통

위 실험 결과를 정리한 것으로 옳지 <u>않은</u> 것을 두 가지 골라 기호를 쓰시오.

구분	리트머스 종이의 색깔 변화		페놀프탈레인 용액의 색깔 변화
	푸른색 리트머스 종이	붉은색 리트머스 종이	
구연산	㉠ 붉은색으로 변함.	㉡ 변화가 없음.	㉢ 붉은색으로 변함.
제빵 소다	㉣ 변화가 없음.	㉤ 푸른색으로 변함.	㉥ 변화가 없음.

(   )

18 서술형 ➕ 9종 공통

앞 실험 결과로 알 수 있는 구연산과 제빵 소다의 성질을 쓰시오.

_____

_____

19 ➕ 9종 공통

우리 생활에서 산성 용액을 이용하는 경우에 '산성', 염기성 용액을 이용하는 경우에 '염기성'을 쓰시오.

(1)
▲ 변기용 세제로 변기 청소하기
(   )

(2)
▲ 속이 쓰릴 때 제산제 먹기
(   )

(3)
▲ 생선을 손질한 도마를 식초로 닦아 내기
(   )

5 단원

20 서술형 ➕ 9종 공통

염산이 누출된 사고 현장에 소석회를 뿌리는 까닭을 쓰시오.

_____

_____

[1-4] 다음 점적병에 담긴 여러 가지 용액을 보고, 물음에 답하시오.

식초 레몬즙 유리 세정제 사이다 빨랫비누 물 석회수 묽은 염산 묽은 수산화 나트륨 용액

1 ⊕ 9종 공통

위 빨랫비누 물을 관찰한 내용으로 옳은 것에 ○표, 옳지 않은 것에 ×표 하시오.

(1) 투명하다. ( )
(2) 하얀색이다. ( )
(3) 냄새가 난다. ( )
(4) 흔들었을 때 거품이 3초 이상 유지된다. ( )

2 ⊕ 9종 공통

위 용액 중 식초, 유리 세정제, 석회수의 공통점으로 옳은 것을 보기 에서 골라 기호를 쓰시오.

> **보기**
> ㉠ 투명하다.
> ㉡ 색깔이 있다.
> ㉢ 냄새가 나지 않는다.
> ㉣ 흔들었을 때 거품이 유지되지 않는다.

( )

3 ⊕ 9종 공통

위 용액을 두 무리로 분류하는 기준으로 알맞지 않은 것을 보기 에서 골라 기호를 쓰시오.

> **보기**
> ㉠ 용액이 투명한가?
> ㉡ 용액의 색깔이 예쁜가?
> ㉢ 용액에서 냄새가 나는가?
> ㉣ 용액을 흔들었을 때 거품이 3초 이상 유지되는가?

( )

4 ⊕ 9종 공통

용액을 다음과 같이 두 무리로 분류했을 때의 분류 기준으로 알맞은 것을 앞 **3**번 보기 에서 골라 기호를 쓰시오.

> 식초, 레몬즙, 유리 세정제, 사이다, 빨랫비누 물, 묽은 염산

> 석회수, 묽은 수산화 나트륨 용액

( )

5 ⊕ 9종 공통

지시약에 대해 **잘못** 말한 사람의 이름을 쓰시오.

> • 창환: 지시약에는 리트머스 종이, 페놀프탈레인 용액 등이 있어.
> • 규리: 지시약은 어떤 용액에 넣었을 때에 그 용액의 투명한 정도에 따라 냄새가 변하는 물질이야.

( )

6 ➕ 9종 공통

붉은색 리트머스 종이를 푸른색으로 변하게 하는 용액끼리 옳게 짝 지은 것은 어느 것입니까? (   )

① 식초, 레몬즙, 사이다
② 유리 세정제, 식초, 묽은 염산
③ 묽은 염산, 석회수, 빨랫비누 물
④ 묽은 수산화 나트륨 용액, 사이다, 레몬즙
⑤ 석회수, 빨랫비누 물, 묽은 수산화 나트륨 용액

7 서술형 ➕ 9종 공통

유리 세정제를 푸른색 리트머스 종이와 붉은색 리트머스 종이에 각각 한두 방울씩 떨어뜨렸을 때 리트머스 종이의 색깔 변화를 쓰시오.

(1) 푸른색 리트머스 종이: _____

_____

(2) 붉은색 리트머스 종이: _____

_____

8 ➕ 9종 공통

페놀프탈레인 용액을 붉은색으로 변하게 하는 용액을 리트머스 종이에 떨어뜨렸을 때 리트머스 종이의 색깔 변화로 옳은 것은 어느 것입니까? (   )

	붉은색 리트머스 종이	푸른색 리트머스 종이
①	변화가 없음.	붉은색으로 변함.
②	푸른색으로 변함.	변화가 없음.
③	푸른색으로 변함.	노란색으로 변함.
④	노란색으로 변함.	붉은색으로 변함.
⑤	변화가 없음.	변화가 없음.

9 ➕ 9종 공통

다음 중 붉은 양배추 지시약을 붉은색 계열의 색깔로 변하게 하는 것은 어느 것입니까? (   )

① 사이다   ② 석회수
③ 유리 세정제   ④ 빨랫비누 물
⑤ 묽은 수산화 나트륨 용액

10 ➕ 9종 공통

여러 가지 용액에 붉은 양배추 지시약을 떨어뜨렸을 때 용액의 색깔이 다르게 나타나는 까닭으로 옳은 것에 ○표 하시오.

(1) 용액의 끈끈한 정도가 다르기 때문이다. (   )

(2) 용액과 붉은 양배추 지시약이 서로 섞여 무게가 달라지기 때문이다. (   )

(3) 용액이 가진 성질에 따라 붉은 양배추 지시약에 들어 있는 물질이 서로 다른 색깔을 나타내기 때문이다.
(   )

5 단원

11 + 9종 공통

다음 ( ) 안에 들어갈 알맞은 내용을 보기 에서 골라 기호를 쓰시오.

산성 용액에서는 ( ).

보기
㉠ 푸른색 리트머스 종이의 변화가 없다.
㉡ 붉은색 리트머스 종이가 푸른색으로 변한다.
㉢ 붉은 양배추 지시약이 붉은색 계열의 색깔로 변한다.
㉣ 붉은 양배추 지시약이 푸른색이나 노란색 계열의 색깔로 변한다.

( )

12 + 9종 공통

묽은 수산화 나트륨 용액에 달걀 껍데기를 넣었을 때 나타나는 변화로 옳은 것은 어느 것입니까? ( )

① 아무런 변화가 없다.
② 달걀 껍데기가 점점 두꺼워진다.
③ 달걀 껍데기 표면에서 기포가 발생한다.
④ 껍데기가 녹아서 사라지고 막만 남는다.
⑤ 달걀 껍데기가 녹으면서 용액이 붉은색으로 변한다.

13 서술형 + 9종 공통

산성 용액과 염기성 용액에 삶은 달걀 흰자를 넣었을 때 나타나는 변화를 각각 쓰시오.

(1) 산성 용액: _____

_____

(2) 염기성 용액: _____

_____

14 + 9종 공통

묽은 염산에 넣었을 때 기포가 발생하는 것을 보기에서 두 가지 골라 기호를 쓰시오.

보기
㉠ 두부   ㉡ 달걀 껍데기
㉢ 대리암 조각   ㉣ 삶은 달걀 흰자

( )

15 + 9종 공통

다음은 어떤 용액이 담긴 비커에 두부를 넣었을 때 볼 수 있는 변화입니다. 어떤 용액으로 알맞은 것은 무엇입니까? ( )

시간이 지남에 따라 두부가 녹아 흐물흐물해지고, 용액이 뿌옇게 흐려졌다.

① 식초   ② 사이다
③ 레몬즙   ④ 묽은 염산
⑤ 묽은 수산화 나트륨 용액

16 ➕ 9종 공통

대리암으로 만들어진 석탑에 유리 보호 장치를 하는 까닭을 보기 에서 골라 기호를 쓰시오.

┌─ 보기 ●
│ ㉠ 더 아름답게 보이기 위해서이다.
│ ㉡ 산성 물질이 닿으면 녹을 수 있기 때문이다.
│ ㉢ 염기성을 띤 빗물에 훼손될 수 있기 때문이다.
└

(   )

[17-18] 다음 실험 과정을 보고, 물음에 답하시오.

┌
│ ㈎ 삼각 플라스크에 묽은 수산화 나트륨 용액 20 mL
│   를 넣고, 붉은 양배추 지시약을 열 방울 떨어뜨
│   린다.
│ ㈏ ㈎의 삼각 플라스크에 묽은 염산을 5 mL씩 여섯
│   번 넣으면서 지시약의 색깔 변화를 관찰한다.
└

17 ➕ 9종 공통

위 실험 결과, 삼각 플라스크 속 용액의 색깔 변화로 옳은 것을 보기 에서 골라 기호를 쓰시오.

┌─ 보기 ●
│ ㉠ 노란색 → 푸른색 → 붉은색
│ ㉡ 붉은색 → 분홍색 → 보라색 → 노란색
│ ㉢ 분홍색 → 붉은색 → 보라색 → 푸른색
└

(   )

18 서술형 ➕ 9종 공통

앞 실험 결과, 삼각 플라스크 속 용액의 색깔 변화 과정을 통해 알 수 있는 사실을 다음 단어를 모두 사용하여 쓰시오.

┌
│   산성 용액,   염기성 용액
└

_____

_____

19 ➕ 9종 공통

다음과 같이 물에 녹인 제빵 소다를 리트머스 종이에 묻혔을 때의 결과를 보고, 물에 녹인 제빵 소다가 산성 용액인지, 염기성 용액인지 쓰시오.

물에 녹인 제빵 소다   리트머스 종이

▲ 붉은색 리트머스 종이가 푸른색으로 변했다.

▲ 푸른색 리트머스 종이가 변하지 않았다.

(   )

20 ➕ 9종 공통

우리 생활에서 염기성 용액을 이용하는 예가 <u>아닌</u> 것을 두 가지 골라 기호를 쓰시오.

┌
│ ㉠ 욕실 청소에 쓰는 표백제
│ ㉡ 속이 쓰릴 때 먹는 제산제
│ ㉢ 생선을 손질한 도마를 닦는 식초
│ ㉣ 변기를 청소할 때 사용하는 변기용 세제
│ ㉤ 하수구가 막혔을 때 사용하는 하수구 세정제
└

(   )

5
단원

평가 주제	산성 용액과 염기성 용액의 성질, 산성 용액과 염기성 용액을 이용하는 예 알아보기
평가 목표	산성 용액과 염기성 용액의 성질, 우리 생활에서 산성 용액과 염기성 용액을 이용하는 예를 알 수 있다.

[1-2] 오른쪽은 산성 용액에 달걀 껍데기를 넣었을 때 볼 수 있는 모습입니다. 물음에 답하시오.

1 위에서 볼 수 있는 변화로 다음 (   ) 안에 들어갈 알맞은 말에 ◯표 하시오.

> 산성 용액에 달걀 껍데기를 넣으면 (불꽃, 기포)이/가 발생하면서 껍데기가 녹는다.

2 산성 용액에 넣었을 때 위와 같은 변화를 볼 수 있는 물질로 알맞은 것을 오른쪽 보기 에서 두 가지 골라 기호를 쓰시오.

보기
ㄱ 두부   ㄴ 조개껍데기
ㄷ 대리암 조각   ㄹ 삶은 달걀 흰자

(   )

3 산성을 띠는 얼룩과 때를 제거하고, 머리카락으로 막힌 하수구를 청소하는 데 쓰는 하수구 세정제를 유리 막대를 이용하여 리트머스 종이에 각각 묻힌 뒤, 색깔 변화를 관찰했습니다. 옳은 것에 각각 ◯표 하시오.

유리 막대
하수구 세정제

⑴ 푸른색 리트머스 종이는 (변화가 없다, 붉은색으로 변한다).
⑵ 붉은색 리트머스 종이는 (변화가 없다, 푸른색으로 변한다).

4 우리 생활에서 위 **3**번 하수구 세정제와 같은 성질의 용액을 이용하는 예를 한 가지 쓰시오.

_____

_____

초고필로 중학교 성적이 바뀐다!

초등 고학년을 위한 중학교 필수 영역 초고필

국어

비문학 독해 1·2 / 문학 독해 1·2 / 국어 어휘 / 국어 문법

  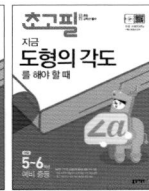

수학

유리수의 사칙연산 / 방정식 / 도형의 각도

한국사

한국사 1권 / 한국사 2권

초등학교   학년   반   번   이름

평가북

백점

과학 5·2

친절한 해설북

- 한눈에 보이는 **정확한 답**
- 한번에 이해되는 **자세한 풀이**

동아출판

친절한 해설북 구성과 특징

1 해설로 개념 다시보기
- 문제와 관련된 해설을 다시 한번 확인하면서 학습 내용에 대해 깊이 있게 이해할 수 있습니다.

2 서술형 채점 TIP
- 서술형 문제 풀이에는 채점 기준과 채점 TIP을 구체적으로 제시하고 있습니다.

차례

	개념북	평가북
1. 재미있는 나의 탐구	01	
2. 생물과 환경	02	21
3. 날씨와 우리 생활	07	24
4. 물체의 운동	12	27
5. 산과 염기	16	30

백점 과학 빠른 정답

QR코드를 찍으면 **정답과 해설**을 쉽고 빠르게 확인할 수 있습니다.

모바일
빠른 정답

1. 재미있는 나의 탐구

◎ 재미있는 과학 탐구

8쪽~9쪽 **문제 학습**

1 (1) ○ **2** ㉡ **3** (1) ○ (2) ○ **4** 하준 **5** ㉡
6 ⑩ 앞쪽에 클립을 끼워 약간 무겁게 합니다. 앞쪽을 더 무거운 고리로 바꿔 봅니다. **7** ㉢ **8** ①
9 ㉠, ㉡, ㉢, ㉣, ㉤ **10** (1) ✕ (2) ○ (3) ○ **11** ⑩ 다른 모둠의 발표를 주의 깊게 듣고 궁금한 점, 더 알고 싶은 점 등을 질문합니다. **12** ㉠ 탐구 계획하기 ㉡ 탐구 실행하기

1 대화와 관련하여 탐구 문제로 가장 알맞은 것은 '선풍기 바람의 세기'와 관련된 것입니다.

2 탐구 문제는 스스로 탐구할 수 있는 문제여야 하고, 탐구 준비물을 쉽게 구할 수 있어야 합니다. 간단한 검색을 통해 정답을 알 수 있거나 너무 어려워서 해결할 수 없는 탐구 문제는 정하지 않습니다.

3 탐구에 필요한 준비물 또한 탐구 계획을 세울 때 빠짐없이 생각해야 합니다.

4 탐구 계획에 따라 탐구를 실행하면서 얻는 결과를 표나 그래프 등의 탐구 결과물로 만들어 봅니다.

5 탐구를 실행하는 동안 문제점이 생겼을 경우, 문제가 생긴 원인을 찾고 그것을 해결할 수 있는 과학적인 방법을 생각하여 계속 보완해 나가야 합니다.

6 앞의 고리가 위로 들리는 문제점이므로, 앞부분의 무게를 약간 무겁게 하는 보완 방법이 필요합니다.

채점 tip 알맞은 보완 방법 한 가지를 쓰면 정답으로 합니다.

7 탐구 결과를 발표할 때 동영상이나 사진 등 컴퓨터를 활용하거나 전시회, 역할놀이 등 다양한 방법으로 듣는 사람을 쉽게 이해시킬 수 있습니다.

8 탐구 결과 발표 자료를 만들 때 가장 먼저 탐구를 하여 만든 것, 발생한 문제점과 보완 방법 등 탐구한 내용을 떠올린 후, 탐구한 내용을 쉽게 전달할 수 있는 발표 방법과 발표 자료의 종류를 정합니다.

9 탐구 결과 발표 자료에는 탐구 문제, 탐구 장소, 역할 나누기, 탐구로 알게된 것, 더 알아보고 싶은 것뿐만 아니라 준비물, 탐구 시간, 탐구 순서, 탐구 결과 등이 들어가야 합니다.

10 탐구 결과를 발표할 때는 천천히, 바르게, 분명한 말투로 말합니다.

11 다른 모둠의 탐구 결과 발표를 들을 때에는 발표 내용을 주의 깊게 듣도록 하고 발표자를 바라보면서 바른 자세로 들으며, 비웃거나 소란스럽게 하지 않습니다. 또 잘한 점과 보완해야 할 점 등을 생각해 보고 궁금한 점이나 더 알고 싶은 점을 질문합니다.

채점 tip 다른 모둠의 발표를 들을 때 주의해야 할 점을 한 가지 옳게 쓰면 정답으로 합니다.

12 궁금한 점을 생각한 후에 탐구 문제를 정하고, 탐구 계획을 세웁니다. 세운 탐구 계획에 따라 탐구를 실행하며, 발표 자료를 만들어 탐구 결과를 발표하는 순서로 탐구를 진행합니다. 이후에 새로운 탐구 문제를 정하여 계속 새로운 탐구를 할 수도 있습니다.

◎ 신나는 과학 탐구

12쪽 **문제 학습**

1 ㉡ **2** ⑩ 고무 동력 수레의 고무줄을 많이 감을수록 고무 동력 수레가 더 멀리 이동할 것입니다.
3 ③ **4** (1) ○ (2) ○ **5** 자료 변환 **6** 재롬

1 궁금한 점이 고무 동력 수레의 이동 거리와 관련이 있으므로, 이를 해결할 수 있는 탐구 문제를 설정해야 합니다.

2 가설은 탐구 문제를 정하고 탐구 결과를 미리 예상해 보는 것을 말합니다.

채점 tip 고무 동력 수레를 더 멀리 이동시킬 수 있는 방법과 관련지은 가설을 한 가지 옳게 쓰면 정답으로 합니다.

3 변인 통제를 하지 않으면 어떤 조건이 실험 결과에 영향을 주었는지 확인하기 어렵습니다.

4 탐구 문제를 해결하기 위한 실험을 할 때에는 다르게 할 조건과 같게 해야 할 조건 등 변인 통제에 유의하면서 계획한 실험 과정에 따라 실험을 해야 합니다.

5 자료 변환의 형태에는 표, 막대그래프, 꺾은선 그래프, 원그래프 등이 있습니다. 자료 변환을 하면 자료의 특징과 실험 결과의 특징을 쉽게 이해할 수 있습니다.

6 실험 결과가 가설과 다르다면 가설을 수정하여 탐구를 다시 시작합니다.

2. 생물과 환경

1 생태계, 생태계를 이루는 요소

16쪽~17쪽 문제 학습

1 생물 **2** 사막 **3** 비생물 **4** 생산자 **5** 양분 **6** 생태계 **7** ㉡, ㉢ **8** (1) ㉡ (2) ㉡ (3) ㉠ (4) ㉠ **9** (1) ㉣, ㉤, ㉧, ㉨ (2) ㉠, ㉡, ㉢, ㉥ **10** ㉢ **11** (1) ㉡ (2) ㉢ (3) ㉠ **12** (1) ○ **13** 소영 **14 예** 생태계를 구성하는 생물 요소는 양분을 얻는 방법에 따라 생산자, 소비자, 분해자로 분류할 수 있습니다.

6 지구에는 규모가 작은 생태계와 규모가 큰 생태계 등 다양한 생태계가 있습니다.

7 물은 비생물 요소, 개구리는 생물 요소입니다. 생태계는 생물 요소와 비생물 요소를 모두 포함합니다.

8 생태계를 구성하는 요소인 흙과 온도는 비생물 요소, 붕어와 소는 생물 요소입니다.

9 생물 요소는 생태계를 이루는 요소 중 동물이나 식물 등과 같이 살아 있는 것입니다. 비생물 요소는 물, 흙, 돌, 공기, 햇빛 등과 같이 살아 있지 않은 것입니다.

10 소금쟁이와 같이 다른 생물을 먹이로 하여 양분을 얻는 생물을 소비자라고 합니다.

11 배추와 같이 햇빛을 이용하여 스스로 양분을 만드는 생물을 생산자, 곰팡이와 같이 죽은 생물이나 배출물을 분해하여 양분을 얻는 생물을 분해자, 배추흰나비와 같이 다른 생물을 먹이로 하여 양분을 얻는 생물을 소비자라고 합니다.

12 곰팡이와 세균은 분해자입니다.

13 사과나무와 같은 식물은 햇빛을 이용하여 스스로 양분을 만드는 생산자로 분류할 수 있습니다.

14 생태계를 구성하는 생물 요소는 양분을 얻어야만 살아갈 수 있으며, 양분을 얻는 방법이 서로 다릅니다.

채점 기준	상	양분을 얻는 방법에 따라 생산자, 소비자, 분해자로 생물 요소를 분류할 수 있다는 내용을 모두 포함하여 쓴 경우
	중	양분을 얻는 방법, 생산자, 소비자, 분해자 중에서 2개 이하의 요소만 포함하여 쓴 경우
	하	생산자, 소비자, 분해자 중에서 1개만 포함하여 쓴 경우

2 생물 요소의 먹이 관계, 생태계 평형

20쪽~21쪽 문제 학습

1 생물 **2** 먹이 사슬 **3** 먹이 그물 **4** 1차 **5** 생태계 평형 **6** 먹이 사슬 **7** 벼, 메뚜기, 개구리 **8** 먹이 그물 **9** 태민 **10** ㉢ **11 예** 먹이 사슬은 생물들의 먹고 먹히는 관계가 한 방향으로만 연결되었지만, 먹이 그물은 여러 방향으로 연결되었습니다. **12** 최종 **13** 하린

6 토끼는 토끼풀을 먹고, 늑대는 토끼를 먹는 것과 같이 생물들의 먹고 먹히는 관계가 사슬처럼 연결되어 있는 것을 먹이 사슬이라고 합니다.

7 메뚜기는 벼를 먹고, 개구리는 메뚜기를 먹습니다.

8 생태계에서 먹고 먹히는 먹이 관계가 사슬처럼 연결되어 있는 것을 먹이 사슬이라고 하고, 여러 개의 먹이 사슬이 얽혀 그물처럼 연결되어 있는 것을 먹이 그물이라고 합니다.

9 생태계에서 여러 개의 먹이 사슬이 복잡하게 얽혀 그물처럼 연결되어 있는 것을 먹이 그물이라고 합니다.

10 먹이 사슬은 한 방향으로만 연결되고 먹이 그물은 여러 방향으로 연결되지만, 생물들의 먹고 먹히는 관계가 나타난다는 공통점이 있습니다.

11 먹이 그물은 여러 개의 먹이 사슬이 복잡하게 얽혀 그물처럼 연결되어 있는 것이므로 먹이 사슬보다 여러 방향으로 연결되어 있습니다.

채점 tip 먹이 사슬은 한 방향으로 연결되었고, 먹이 그물은 여러 방향으로 연결되었다는 내용을 포함하여 옳게 쓰면 정답으로 합니다.

12 생산자를 먹이로 하는 생물을 1차 소비자, 1차 소비자를 먹이로 하는 생물을 2차 소비자, 마지막 단계의 소비자를 최종 소비자라고 합니다.

13 생태계 평형이 깨지면 원래대로 회복하는 데 오랜 시간이 걸리고 많은 노력이 필요합니다. 심한 경우에는 원래 상태로 돌아가지 못하기도 합니다.

개념 다시 보기

생태계 평형이 깨지는 까닭
- 특정 생물의 수나 양이 갑자기 늘거나 줄어드는 경우
- 산불, 홍수, 가뭄, 지진 등 자연 재해가 일어나는 경우
- 댐, 도로, 건물 등의 건설로 자연이 파괴되는 경우

③ 비생물 요소가 생물에 미치는 영향

24쪽~25쪽 문제 학습

1 햇빛 **2** 물 **3** 온도 **4** 흙 **5** 공기 **6** (1) ㉠ (2) ㉢ **7** 햇빛 **8** 성윤 **9** ㉠ 햇빛(물) ㉡ 물(햇빛) **10** ㉠ **11** 물 **12** 햇빛 **13** 온도 **14** ⑩ 식물은 흙에서 자라는 데 필요한 물과 양분을 얻으므로, 흙이 없으면 민들레가 잘 자라지 못할 것입니다.

6 햇빛이 잘 드는 곳에 놓아두고 물을 준 콩나물은 떡잎과 떡잎 아래 몸통이 초록색으로 변하고 길고 굵게 자라며, 초록색 본잎이 생깁니다. 어둠상자로 덮어 놓은 콩나물은 떡잎이 노란색이고 떡잎 아래 몸통이 길게 자라며, 노란색 본잎이 나옵니다.

7 햇빛이 잘 드는 곳에 놓아두고 물을 준 콩나물의 떡잎과 떡잎 아래 몸통이 초록색으로 변한 것에 비교하여 어둠상자로 덮어 놓고 물을 준 콩나물은 떡잎이 노란색이므로, 햇빛에 의해 떡잎이 노란색에서 초록색으로 변했다는 것을 알 수 있습니다.

8 어둠상자로 덮어 놓고 물을 주지 않은 콩나물은 떡잎의 색은 그대로이지만 시들었습니다.

9 햇빛이 잘 드는 곳에 놓아두고 물을 준 콩나물이 가장 잘 자란 것을 통해 콩나물과 같은 식물이 자라는 데 햇빛과 물이 영향을 준다는 것을 알 수 있습니다.

10 씨가 싹 트는 데에는 적당한 온도와 충분한 물이 필요합니다. 따라서 교실에 두고 물을 준 무씨에서만 싹이 틉니다.

11 물은 생물이 생명을 유지하는 데 꼭 필요한 비생물 요소로, 사람의 몸을 구성하는 성분 중에서 가장 많은 양을 차지합니다.

12 햇빛은 성장과 생활에도 필요한 비생물 요소입니다.

13 가을에 나뭇잎의 색깔이 변하는 것은 비생물 요소인 온도가 낮아질 때 나타나는 현상입니다.

14 흙은 식물이 살아가는 터전이기도 합니다.

채점기준	상	식물이 살아가는 터전이다 또는 식물은 흙에서 자라는 데 필요한 물과 양분을 얻는다는 내용을 이유로 들어 흙이 없으면 민들레가 잘 자라지 못할 것이라는 내용으로 모두 옳게 쓴 경우
	중	흙이 없으면 민들레가 잘 자라지 못한다고 썼지만 그렇게 생각한 까닭을 부족하게 쓴 경우
	하	흙이 없으면 민들레가 잘 자라지 못한다고만 쓴 경우

④ 생물의 적응, 환경 오염이 생물에 미치는 영향

28쪽~29쪽 문제 학습

1 ⑩ 빛, 온도, 물 **2** 적응 **3** 사람 **4** 대기(공기) **5** 생태 통로 **6** 생김새를 통한 적응 **7** ⑩ 나뭇가지가 많은 환경에서 몸을 보호하기에 유리하도록 생김새가 적응하였습니다. **8** 공벌레 **9** 환경 오염 **10** 대기 오염 **11** (1) ㉠ (2) ㉡ **12** ㉠ **13** ㉠, ㉡, ㉢ **14** (1) ○

6 사막에 사는 여우와 북극에 사는 여우는 생김새를 통해 각 서식지에서 살아남기에 유리한 모습으로 적응되었습니다.

7 대벌레는 가늘고 긴 생김새를 통해 나뭇가지가 많은 환경에서 눈에 띄지 않아 새 등의 천적에게 몸을 숨기기 유리하도록 생김새가 적응했습니다.

> **채점 tip** 생김새를 통해 몸을 숨기기 유리하도록 적응하였다는 내용으로 옳게 쓰면 정답으로 합니다.

8 공벌레는 몸을 공처럼 둥글게 오므리는 행동을 통해 적의 공격으로부터 몸을 보호하기에 유리하게 적응하였습니다.

9 환경이 오염되면 그곳에 사는 생물의 종류와 수가 줄어들고, 심지어 생물이 멸종되기도 합니다.

10 황사나 미세 먼지로 대기(공기)가 오염되면 동물의 호흡 기관에 이상이 생기거나 병에 걸릴 수 있습니다.

11 생활 속에서 쓰레기를 많이 발생시키거나 농약이나 비료를 지나치게 많이 사용하면 토양(흙)이 오염되고, 공장에서 흘려 보내는 폐수나 가정의 생활 하수 등은 수질(물)을 오염시키는 원인이 됩니다. 이밖에도 대기 오염(공기 오염)은 자동차의 배기가스, 공장의 매연 등이 원인이 됩니다.

12 환경 오염은 사람들의 활동으로 자연환경이나 생활 환경이 더럽혀지거나 훼손되는 것으로, 환경이 오염되면 그 지역의 생태계 평형이 깨질 수도 있습니다.

13 음식물 쓰레기 남기기, 일회용품 많이 사용하기, 샴푸 많이 사용하기 등 우리의 생활로 인해 환경이 오염되면 생태계의 여러 생물에게 해로운 영향을 줍니다.

14 생태계 보전을 위해 냉장고 문은 자주 열었다 닫지 않으며 가까운 거리는 걷거나 자전거로 이동합니다.

❶ 생물 ❷ 생태계 ❸ 양분 ❹ 먹이 그물
❺ 평형 ❻ 온도 ❼ 적응 ❽ 환경 오염

1 탐희 **2** ⓒ, ⓔ, ⓗ **3** ㉠ 공기 ㉡ 물 **4** ④
5 세균, ⓔ 세균은 죽은 생물이나 배출물을 분해하여 양분을 얻습니다. **6** ⓒ **7** ④ **8** ⓔ 먹이 사슬은 생물들의 먹이 관계가 한 줄(한 방향)로만 연결되지만, 먹이 그물은 여러 개의 먹이 사슬이 복잡하게 얽혀 그물처럼 여러 방향으로 연결됩니다. **9** 생태계 평형 **10** ⓒ **11** 햇빛 **12** ⑤ **13** ⓒ **14** 토양(흙) 오염, ⓔ 생물이 살 곳을 잃고, 지하수가 오염되어 동물에게 질병을 일으킬 수 있습니다. **15** ㉠, ㉡, ⓒ

1 생태계는 어떤 장소에서 서로 영향을 주고받는 생물과 생물 주변의 환경 전체를 말합니다. 생물은 동물과 식물처럼 살아 있는 것이고, 주변의 환경이란 공기, 햇빛, 물처럼 살아 있지 않은 비생물 요소를 의미합니다.

2 ㉠ 물, ㉡ 흙, ⓜ 온도는 살아 있지 않은 것이므로 비생물 요소입니다.

3 비생물 요소인 공기는 생물 요소가 호흡을 할 수 있게 해 줍니다. 비생물 요소인 물이 없으면 연못이나 바다에서 사는 생물 요소는 물론 물을 마시며 살아가는 생물 요소 전체가 살 수 없을 것입니다.

4 생태계를 구성하는 생물 요소는 양분을 얻는 방법에 따라 생산자, 소비자, 분해자로 분류할 수 있습니다.

5 수련, 튤립, 은행나무는 스스로 양분을 만드는 생물인 생산자입니다. 세균은 분해자입니다.

채점기준	상	양분을 얻는 방법이 다른 생물로 세균을 쓰고, 죽은 생물이나 배출물을 분해하여 양분을 얻는다는 내용으로 모두 옳게 쓴 경우
	중	양분을 얻는 방법이 다른 생물로 세균을 썼지만 세균이 양분을 얻는 방법을 부족하게 쓴 경우
	하	양분을 얻는 방법이 다른 생물로 세균만 옳게 쓴 경우

6 ㉠ 곰팡이와 세균은 분해자에 속합니다. ㉡ 소비자는 생태계의 생물 요소에 해당합니다. ⓒ 생산자인 식물을 먹는 소비자를 1차 소비자라고 합니다.

7 벼, 메뚜기, 개구리, 매의 먹이 사슬 순서는 메뚜기는 벼를 먹고, 개구리는 메뚜기를 먹으며, 매가 개구리를 먹는 순서로 연결되어야 합니다.

8 여러 개의 먹이 사슬이 복잡하게 얽혀 먹이 그물을 형성합니다.

채점기준	상	먹이 사슬은 한 줄(한 방향)로 연결되지만 먹이 그물은 여러 개의 먹이 사슬이 복잡하게 얽혀 그물처럼 여러 방향으로 연결된다고 모두 옳게 쓴 경우
	중	먹이 사슬과 먹이 그물의 차이점을 예로 들어 썼지만 조금 부족하게 쓴 경우
	하	먹이 그물은 여러 개의 먹이 사슬이 복잡하게 얽혀 그물처럼 연결되어 있는 것이라고만 쓴 경우

9 특정 생물의 수나 양이 갑자기 늘어나거나 줄어들면 생태계 평형이 깨지기도 합니다. ⑤의 내용은 생태계 평형에 대한 것입니다.

10 어둠상자로 덮어 햇빛을 가린 콩나물은 떡잎이 노란색이지만, 물을 주었기 때문에 떡잎 아래 몸통이 길게 자랐습니다.

11 햇빛은 식물이 양분을 만들고 동물이 물체를 보는 데 필요한 비생물 요소이며, 동물의 번식 시기에도 영향을 줍니다.

12 얼음과 눈은 주로 하얀색이기 때문에 얼음과 눈이 많은 서식지에서는 털 색깔이 하얀색인 동물이 눈에 잘 띄지 않으므로 적의 공격으로부터 몸을 보호하기에 유리합니다.

13 고슴도치의 가시는 적의 공격으로부터 몸을 보호하기에 유리하게 적응한 것입니다. 밤송이의 가시도 밤을 먹는 동물에게서 밤을 보호하기 위해 적응한 것입니다.

14 식물에 오염 물질이 점점 쌓여 식물을 먹는 다른 생물들에게 나쁜 영향을 미칠 수도 있습니다.

채점기준	상	토양(흙) 오염이라고 쓰고, 토양(흙) 오염이 생물에게 미칠 수 있는 영향 한 가지를 모두 옳게 쓴 경우
	중	토양(흙) 오염이라는 용어 없이 토양(흙) 오염이 생물에게 미칠 수 있는 영향만 옳게 쓴 경우
	하	발생할 수 있는 환경 오염으로 토양(흙) 오염만 옳게 쓴 경우

15 ⓔ 생태계 보전이 필요한 곳은 자연 생태계 보전 지역이나 국립 공원으로 지정하여 보호해야 합니다.

35쪽~37쪽 **단원 평가 ❷회**

1 ㉡ **2** (1) 소금쟁이, 수련, 붕어, 연꽃, 개구리, 부들 (2) 온도, 물 **3** 규진 **4** ㉠ 구절초 ㉡ 토끼 ㉢ 곰팡이 **5** ⑩ 죽은 생물과 생물의 배출물이 분해되지 않아 지독한 냄새가 날 것입니다. **6** 개구리 **7** ① **8** ⑩ 벼 → 다람쥐 → 뱀 → 매 **9** ⑤ **10** ⑩ 콩나물 떡잎의 색이 노란색이고, 콩나물이 시들었습니다. **11** (1) 공기 (2) 흙 **12** ⑤ **13** 주완 **14** (1) ㉢ (2) ⑩ 오염된 공기 때문에 동물의 호흡 기관에 이상이 생기거나 병에 걸릴 수 있습니다. **15** ①

1 생태계는 어떤 장소에서 서로 영향을 주고받는 생물과 생물 주변의 환경 전체를 말합니다. 따라서 동물과 식물처럼 살아 있는 생물뿐만 아니라 공기, 물, 온도, 햇빛, 돌 등과 같은 비생물 요소도 포함합니다.

2 생물 요소는 동물과 식물처럼 살아 있는 것이고, 비생물 요소는 온도, 물, 햇빛 등과 같이 살아 있지 않은 것입니다.

3 생물 요소인 식물에게는 햇빛, 물과 같은 비생물 요소가 꼭 필요합니다. 비생물 요소인 흙이 없으면 산이나 들의 민들레와 소나무가 살기 힘듭니다.

4 구절초는 햇빛을 받아 스스로 양분을 만드는 생산자이고, 토끼는 다른 생물을 먹이로 하여 양분을 얻는 소비자이며, 곰팡이는 죽은 생물이나 배출물을 분해하여 양분을 얻는 분해자입니다.

5 생태계에서 분해자가 모두 사라진다면 떨어진 낙엽 등이 썩지 않고 계속 쌓일 것입니다.

채점 기준	상	죽은 생물과 생물의 배출물이 분해되지 않았을 때 일어날 수 있는 일 등과 연관지어 분해자가 사라졌을 때 일어날 수 있는 일을 옳게 쓴 경우
	중	생태계 평형이 깨진다는 내용으로 쓴 경우
	하	버섯을 먹을 수 없을 것이라는 등의 단순한 내용으로 쓴 경우

6 벼는 생산자, 메뚜기는 벼를 먹는 1차 소비자, 개구리는 메뚜기를 먹는 2차 소비자, 뱀은 최종 소비자입니다.

7 화살표의 방향으로 볼 때 옥수수는 토끼가 먹기도 하고, 나방 애벌레가 먹기도 하는 것을 알 수 있습니다.

8 벼 → 토끼, 벼 → 나방 애벌레 → 참새 → 매, 벼 → 메뚜기 → 다람쥐 → 뱀 등 벼에서 시작하는 다양한 먹이 사슬을 찾을 수 있습니다.

9 산불, 홍수, 가뭄, 지진, 태풍 등과 같은 자연적인 요인뿐만 아니라 댐, 도로, 건물을 건설하는 등의 인위적인 요인 때문에 생태계 평형이 깨지기도 합니다.

10 어둠상자로 덮어 햇빛을 가리고 물을 주지 않은 콩나물은 떡잎 색이 노란색이고, 떡잎 아래 몸통이 매우 가늘어졌으며 시들은 것을 볼 수 있습니다.

채점 tip 떡잎의 색이 노란색이고 콩나물이 시들었다는 내용으로 쓰면 정답으로 합니다.

개념 다시 보기

햇빛과 물이 콩나물의 자람에 미치는 영향 알아보기

햇빛이 잘 드는 곳		어둠상자로 덮어 놓은 것	
물을 준 것	물을 주지 않은 것	물을 준 것	물을 주지 않은 것

➡ 햇빛이 잘 드는 곳에서 물을 준 콩나물이 가장 잘 자랐습니다.

11 공기가 없으면 생물이 숨을 쉴 수 없고, 흙이 없으면 식물이 살아가기 힘들 것입니다.

12 ① 생물이 사는 곳은 서식지라고 합니다. ③ 생물 간의 먹고 먹히는 관계는 먹이 사슬이나 먹이 그물로 나타낼 수 있습니다. ④ 어떤 장소에서 생물이 다른 생물을 비롯한 생물을 둘러싼 환경과 상호 작용하는 것을 생태계라고 합니다.

13 쓰레기나 생활 하수, 공장 폐수, 농약이나 비료의 지나친 사용, 공장의 매연 등으로 환경이 오염됩니다.

14 대기(공기)가 오염되면 깨끗하고 선명한 하늘을 보기 어려워지며, 이산화 탄소 등이 많이 배출되어 지구의 평균 온도가 높아지고 동식물의 서식지가 파괴되기도 합니다.

채점 기준	상	(1)에 ㉢을 쓰고, (2)에 대기 오염이 생물에게 미치는 영향을 모두 옳게 쓴 경우
	중	(2)만 옳게 쓴 경우
	하	(1)만 옳게 쓴 경우

15 생태 하천이나 국립 공원 등을 지정하여 자연 환경이 훼손되는 것을 방지할 수 있습니다.

BOOK ❶ 개념북

2 단원

38쪽 수행 평가 ❶회

1 ㉠ 예 햇빛을 받아 스스로 양분을 만듭니다.
㉡ 예 다른 생물을 먹이로 하여 양분을 얻습니다.
㉢ 예 죽은 생물이나 배출물을 분해하여 양분을 얻습니다. ㉣ 나무, 풀 ㉤ 매, 노루, 호랑이, 거미, 토끼, 다람쥐, 개구리, 잠자리, 뱀 ㉥ 세균, 곰팡이
2 먹이 사슬, 예 풀 → 토끼 → 뱀 → 매

1 생태계의 생물 요소는 양분을 얻는 방법에 따라 생산자, 소비자, 분해자의 세 무리로 분류할 수 있습니다.

채점 기준	상	㉠~㉥을 모두 옳게 쓴 경우
	중	㉠~㉥ 중 4가지 이상을 옳게 쓴 경우
	하	㉠~㉥ 중 3가지 이하로 옳게 쓴 경우

2 생물들의 먹고 먹히는 관계가 사슬처럼 연결되어 있는 것을 먹이 사슬이라고 하며, 생물 요소의 먹고 먹히는 관계는 먹히는 쪽에서 먹는 쪽으로 화살표를 그어 표현할 수 있습니다.
[그 외 다양한 답]
• 잠자리 → 거미 → 개구리 → 뱀
• 다람쥐 → 뱀 → 매
• 풀 → 노루 → 호랑이

39쪽 수행 평가 ❷회

1 (1) ㉡ (2) 예 물이 더러워지고 좋지 않은 냄새가 나며, 물고기가 오염된 물을 먹고 죽거나 모습이 이상해지기도 합니다.
2 ㉠ (나) ㉡ (가) ㉢ (다)
3 (1) (나) (2) 예 자전거에서는 배기가스가 나오지 않으므로, 공기가 오염되는 것을 줄일 수 있습니다.

1 공장에서 나온 폐수를 강이나 바다로 흘려 보내면 물을 오염시키므로, 폐수를 정화하는 시설을 만들어 그곳에서 처리해야 합니다.

채점 기준	상	(1)에 ㉡을 고르고, (2)에 수질 오염이 생물에게 미치는 영향을 모두 옳게 쓴 경우
	중	(1)에 ㉡을 옳게 골랐지만 (2)를 부족하게 쓴 경우
	하	(1)에 ㉡만 옳게 고른 경우

개념 다시 보기

환경 오염의 직접적인 원인

토양 오염	생활 쓰레기, 농약이나 비료의 지나친 사용 등이 원인임.
수질 오염	공장 폐수, 생활 하수, 기름 유출 사고 등이 원인임.
대기 오염	자동차의 배기가스, 공장의 매연 등이 원인임.

2 하수 처리 시설을 만드는 것은 수질 오염을 줄이기 위한 방법, 가까운 거리는 자전거를 타는 것은 대기 오염을 줄이기 위한 방법, 쓰레기를 분리하여 배출하는 것은 토양 오염을 줄이기 위한 방법입니다.

3 (가) 하수 처리 시설을 만들면 오염된 물을 정화할 수 있습니다. (다) 쓰레기를 분리하여 배출하면 플라스틱, 유리, 종이 등을 재활용할 수 있어 쓰레기 양도 줄이고 자원도 아낄 수 있습니다.

채점 기준	상	(1)에서 고른 생태계 보전 방법과 연관지어 (2)에 (1)에서 고른 방법이 생태계 보전에 도움이 되는 점을 모두 옳게 쓴 경우
	중	(1)에서 고른 생태계 보전 방법과 연관지어 (2)에 (1)에서 고른 방법이 생태계 보전에 도움이 되는 점을 부족하게 쓴 경우
	하	(1)과 (2) 중에서 한 가지만 쓴 경우

40쪽 쉬어가기

3. 날씨와 우리 생활

① 습도가 우리 생활에 미치는 영향

44쪽~45쪽 문제 학습

1 수증기 　2 %(퍼센트) 　3 높 　4 낮 　5 예 높일
6 습도 　7 ㉡ 　8 76 　9 습도표 　10 ㉡
11 (1) 예 빨래가 잘 마르지 않습니다. (2) 예 제습기
나 제습제를 사용합니다. 　12 (2) ○ (3) ○ 　13
(1) ㉡ (2) ㉠, ㉢

6 공기 중에 수증기가 포함된 정도를 습도라고 하며,
숫자에 단위인 %(퍼센트)를 붙여서 나타냅니다.

7 알코올 온도계의 액체샘을
헝겊으로 감싼 뒤에 헝겊
의 아랫부분이 물에 잠기
도록 한 온도계가 습구 온
도계입니다.

8 제시된 표를 습도표라고 하며, 이를 이용해서 습도
를 구합니다. 세로줄의 건구 온도 23 ℃와 가로줄의
건구 온도와 습구 온도의 차인 3 ℃(23 ℃ − 20 ℃
= 3 ℃)가 만나는 지점인 76 %가 현재 습도입니다.

9 습도표는 세로줄에서 건구 온도를 찾고, 가로줄에
서 건구 온도와 습구 온도의 차를 찾아 현재 습도를
구할 때 사용합니다.

10 습도가 높을 때는 곰팡이가 잘 피고 빨래가 잘 마르
지 않습니다.

11 습도가 높을 때는 습기를 없앨 수 있는 제습기나 제
습제를 사용하거나 바람이 잘 통하게 합니다.

채점 기준	상	(1)에 세균이 쉽게 번식하고 음식물이 부패하기 쉽다. 빨래가 잘 마르지 않는다. 곰팡이가 잘 핀다. 등과 같이 습도가 높을 때 나타날 수 있는 현상 한 가지를 쓰고, (2)에 제습기나 제습제를 사용한다. 바람이 잘 통하게 한다는 등 습도를 낮출 수 있는 방법을 모두 옳게 쓴 경우
	중	(1)을 옳게 썼지만 (2)는 조금 부족하게 쓴 경우
	하	(1), (2) 중 한 가지만 옳게 쓴 경우

12 (1) 낮은 습도는 피부를 건조하게 합니다. (4) 습도가
높을 때 과자나 김이 빨리 눅눅해집니다.

13 우리는 일상 생활에서 다양한 방법으로 습도를 조
절할 수 있습니다. 가습기를 사용하거나 물을 끓이
는 것도 습도를 높이는 방법입니다.

② 이슬과 안개, 그리고 구름

48쪽~49쪽 문제 학습

1 응결 　2 낮 　3 수증기 　4 구름 　5 이슬
6 응결 　7 이슬 　8 ③ 　9 예 공기 중의 수증기
가 차가운 물체의 표면에 닿아 응결하여 나타나는
현상입니다. 　10 (2) ○ 　11 안개 　12 ㉠ 이슬
㉡ 안개 ㉢ 구름 　13 ㉠

6 집기병 주변에 있던 공기 중의 수증기가 얼음과 물로
인해 차가워진 집기병 표면에서 응결하여 물방울로
맺히기 때문에 집기병 표면이 뿌옇게 흐려지고 작은
물방울이 맺힙니다.

7 밤에 기온이 낮아지면 공기 중의 수증기가 차가워진
나뭇가지나 풀잎 등에 응결하여 물방울로 맺히는데
이것을 이슬이라고 합니다.

8 차가운 주스가 담긴 컵 주변에 있는 공기 중의 수증
기가 차가운 주스 컵 표면에 응결하여 물방울로 맺
히는 것은 자연에서 볼 수 있는 이슬이 만들어지는
현상과 비슷합니다.

9 응결이란 공기 중의 수증기가 물방울로 변하는 현
상을 말합니다.

채점 tip 공기 중의 수증기가 차가운 물체의 표면에 닿아서 응결
하여 나타나는 현상이라는 내용으로 쓰면 정답으로 합니다.

10 플라스틱 통 안에 있
던 따뜻한 수증기가
위에 올려놓은 반구의
얼음과 물 때문에 차
가워져 응결하여 작은
물방울이 되어 떠 있기

▲ 플라스틱 통 안의 모습

때문에 플라스틱 통 안이 뿌옇게 흐려집니다.

11 플라스틱 통 안의 수증기가 차가워져 응결하여 떠
있는 것은 자연에서 안개가 만들어지는 과정과 비
슷합니다.

12 이슬, 안개, 구름은 공통적으로 공기 중의 수증기가
응결하여 나타나는 현상이지만 만들어지는 위치가
서로 다릅니다.

13 물가에 핀 안개는 공기 중의 수증기가 응결하여 지
표면 근처에 떠 있는 것으로 이슬과 가장 관련이 적
습니다.

❸ 비와 눈이 내리는 과정

52쪽～53쪽 문제 학습

> **1** 구름 **2** 비 **3** 수증기 **4** 예 아래로 떨어집
> 니다 **5** 눈 **6** (2) × **7** 막아 **8** 소정 **9** 비
> **10** (1) ⓒ (2) ㉠ **11** ⓒ **12** 예 비는 구름 속 작
> 은 물방울이 합쳐지고 커지면서 무거워져 떨어지거
> 나, 크고 무거워진 얼음 알갱이가 녹아서 떨어지는
> 것입니다. **13** ⓒ

6 구름이 없어 하늘이 맑고 파란 것은 맑은 날의 모습
입니다.

7 빨대의 한쪽 끝을 화장지로 말아 고정한 뒤, 화장지
에 세제를 묻혀 비커에 돌려 가며 바릅니다.

8 비커의 뜨거운 물이 증발하
여 생긴 수증기가 얼음물이
담긴 투명 반구 아랫부분에
서 응결하여 물방울이 맺힙
니다. 이 물방울들이 합쳐
지고 커져서 떨어지는 모습을 볼 수 있습니다.

9 투명 반구에 맺힌 물방울이 합쳐지고 무거워져 떨
어지는 것처럼, 구름 속 작은 물방울이 합쳐지면서
무거워지면 비가 되어 내립니다.

10 물방울이 스펀지 구멍에 모여서 합쳐지면서, 커진
물방울이 아래로 떨어지는 모습을 볼 수 있습니다.

11 물방울이 합쳐져 크기가 커지고, 커진 물방울이 아
래로 떨어지는 모습을 볼 수 있습니다. 합쳐지기 전
물방울은 구름을 이루는 작은 물방울을 의미하고,
떨어지는 물방울은 비를 의미합니다.

12 구름은 공기 중의 수증기
가 높은 하늘에서 응결하
여 생성된 것으로, 작은 물
방울이나 얼음 알갱이로
이루어져 있습니다.

작은 물방울

큰 물방울

빗방울

> 채점 **tip** 구름 속 작은 물방울이
> 합쳐지고 커지면서 무거워서 떨어
> 지거나 얼음 알갱이가 녹아서 떨
> 어지는 것이라는 내용으로 옳게
> 쓰면 정답으로 합니다.

13 ⓒ 비가 내리다가 찬 공기를 통과하면서 얼어서 생
긴 것을 '언비'라고 하며, 이것은 눈과 다릅니다.

❹ 고기압과 저기압

56쪽～57쪽 문제 학습

> **1** 낮 **2** 높 **3** 기압 **4** 고 **5** 저 **6** ③
> **7** (1) ㈏ (2) ㈎ **8** 지우 **9** ⑤ **10** ㉠ **11** (1)
> < (2) 예 같은 부피에 공기의 양이 많을수록 공기는
> 무거워지고 기압이 높아지므로, ⓒ이 ㉠보다 기압이
> 더 높습니다. **12** ㉠ 고기압 ⓒ 저기압

6 같은 부피일 때 온도에 따른 공기의 무게를 비교하
는 실험입니다.

7 부피가 일정할 때 얼음물에 넣은 플라스틱 통의 무게
가 따뜻한 물에 넣은 플라스틱 통보다 더 무겁습니다.

8 공기에는 무게가 있으며, 같은 부피일 때 차가운 공
기가 따뜻한 공기보다 무겁습니다.

9 공기는 눈에 보이지 않지만 무게가 있으며, 공기의
무게 때문에 생기는 힘을 기압이라고 합니다.

> **개념 다시 보기**
>
> **공기의 무게를 알아보는 실험**
> • 감압 용기를 이용하여
> 공기를 빼낸 후와 공기
> 를 빼내기 전의 무게를
> 비교해 봅니다.
> • 감압 용기의 공기를 빼
> 내기 전과 비교하여 빼
> 낸 후의 무게가 줄어들
> 었습니다.
>
>
>
> 홈 / 감압 용기 / 펌프로 공기를 빼냄.
>
> | 구분 | 공기를 빼내기 전 | 공기를 빼낸 후 |
> |---|---|---|
> | 무게 | 220.0 g | 219.5 g |

10 일정한 부피에 공기의 양이 더 많을수록 공기는 무
거워지고, 기압은 높아집니다. 이를 고기압이라고
합니다.

11 기압은 공기의 무게 때문에 생기는 힘이므로 무거
운 쪽의 공기의 양이 더 많고, 기압도 더 높습니다.

채점 기준	상	(1)에 <를 표시하고, (2)에 ⓒ이 ㉠보다 기압이 더 높다는 내용으로 모두 옳게 쓴 경우
	중	(1)에 <를 표시하고, (2)에 ⓒ이 ㉠보다 기압이 더 높다는 내용을 조금 부족하게 쓴 경우
	하	(1)에 <만 옳게 표시한 경우

12 주위보다 상대적으로 온도가 낮고 기압이 높은 곳
을 고기압, 상대적으로 온도5가 높고 기압이 낮은
곳을 저기압이라고 합니다.

5 바람이 부는 방향, 우리나라의 계절별 날씨

1 바람 **2** 해 **3** 높 **4** 겨울 **5** 날씨 **6** ➡

7 바람 **8** 태희 **9** ⑤ **10** ㉠ 고기압 ㉡ 저기압 **11** ⑴ ㉡, ㉯ ⑵ ㉠, ㉮ **12** ㉢ **13** ⒠ 여름에는 남동쪽의 따뜻하고 습한 공기 덩어리의 영향을 받고, 겨울에는 북서쪽의 차갑고 건조한 공기 덩어리의 영향을 받기 때문입니다.

6 이웃한 어느 두 지점 사이에 서로 공기의 양이 다를 때, 상대적으로 공기의 양이 많은 ㉠에서 상대적으로 공기의 양이 적은 ㉡으로 공기가 이동합니다.

7 공기의 양이 많은 곳은 고기압, 공기의 양이 적은 곳은 저기압입니다. 이와 같이 기압의 차이 때문에 공기가 수평 방향으로 이동하는 것을 바람이라고 합니다.

8 기압이 높은 곳에서 기압이 낮은 곳으로 공기가 이동하면서 바람이 생깁니다.

9 향 연기가 데우지 않은 찜질팩이 있는 곳에서 따뜻하게 데운 찜질팩이 있는 곳으로 이동하는 모습은 자연 현상의 바람과 비슷합니다.

10 상대적으로 온도가 낮은 지역의 공기는 고기압이 되고 상대적으로 온도가 높은 지역의 공기는 저기압이 됩니다. 이웃한 두 지역 사이에 기압 차가 생기면 공기는 고기압에서 저기압으로 이동합니다.

11 바닷가에서 맑은 날 낮에는 바다에서 육지로 바람이 불고, 이를 해풍이라고 합니다. 밤에는 바람이 육지에서 바다로 불며 이를 육풍이라고 합니다.

12 우리나라는 봄과 가을철에 남서쪽의 따뜻하고 건조한 공기 덩어리의 영향을 받습니다.

13 대륙에서 이동해 오는 공기 덩어리는 건조하고, 바다에서 이동해 오는 공기 덩어리는 습기가 많은 성질이 있습니다. 또 북쪽에서 이동해 오는 공기 덩어리는 차갑고 남쪽에서 이동해 오는 공기 덩어리는 따뜻합니다.

채점기준		
	상	여름과 겨울 날씨에 영향을 미치는 두 공기 덩어리의 성질을 모두 옳게 쓴 경우
	중	두 공기 덩어리의 성질을 조금 부족하게 쓴 경우
	하	여름과 겨울 날씨에 영향을 미치는 두 공기 덩어리 중 한 개의 공기 덩어리의 성질만 옳게 쓴 경우

❶ 습도 ❷ 이슬 ❸ 구름 ❹ 응결 ❺ 고기압 ❻ 저기압 ❼ 바람 ❽ 여름 ❾ 겨울

1 72 **2** ⑤ **3** ㉠ **4** 이슬, ⒠ 차가운 물이 든 컵 표면의 물방울은 자연 현상인 이슬과 같이 공기 중의 수증기가 차가운 물체(컵)의 표면에 닿아 응결하여 생성된 것입니다. **5** 윤미 **6** ⑴ 안개 ⑵ 구름 **7** ㈐, ㈏, ㈎ **8** 눈 **9** ⒠ 같은 부피일 때, 차가운 공기는 따뜻한 공기보다 공기의 양이 많기 때문입니다. **10** ㉠ 물 ㉡ 모래 **11** ㉢ **12** ㉡ **13** ㉣ **14** ⒠ ㉣ 공기 덩어리는 남동쪽에서 이동해 오며 따뜻하고 습한 성질이 있습니다. **15** ㉠

1 세로줄의 건구 온도가 29 ℃일 때, 가로줄의 건구 온도와 습구 온도의 차인 4 ℃가 만나는 지점의 72 %가 현재 습도입니다.

2 습도가 높으면 빨래가 잘 마르지 않고 곰팡이가 피기 쉬우며, 음식이 부패하기 쉽습니다.

3 습도가 높을 때 옷장이나 신발장 속에 제습제를 넣어 두면 습도를 낮출 수 있습니다.

4 이슬은 공기 중의 수증기가 차가운 물체의 표면에 닿아 응결하여 나타나는 현상입니다.

채점기준		
	상	이슬을 고르고, 공기 중의 수증기가 차가운 물체의 표면에 응결하여 생긴 것이라는 내용을 모두 포함하여 옳게 쓴 경우
	중	이슬을 고르고, 공기 중의 수증기가 응결하여 생긴 것이라는 내용으로 이슬의 생성 위치를 포함하지 않고 쓴 경우
	하	이슬만 옳게 고른 경우

5 집기병 안에 있는 공기 중의 수증기가 얼음이 담긴 페트리 접시로 인해 차가워져 응결해 작은 물방울로 변하므로, 집기병 안이 뿌옇게 흐려집니다.

6 안개와 구름은 모두 공기 중의 수증기가 응결하여 나타나는 현상입니다. 안개는 지표면 근처, 구름은 높은 하늘에서 생성된다는 점이 다릅니다.

7 공기 중의 수증기가 높은 하늘에서 응결하여 물방울이 되고, 이렇게 만들어진 구름 속 작은 물방울은 합쳐지고 커지면서 무거워집니다. 무거워진 물방울이 아래로 떨어지는 것이 비입니다.

8 비와 눈이 내리는 과정은 비슷하지만 구름 속 얼음 알갱이가 녹아서 떨어지면 비, 녹지 않은 채로 떨어지면 눈이라는 차이점이 있습니다.

9 공기의 온도가 낮을 때 같은 부피에 있는 공기의 양이 많아지고, 공기의 온도가 높을 때 같은 부피에 있는 공기의 양이 적어집니다. 따라서 차가운 공기를 넣은 플라스틱 통보다 따뜻한 공기를 넣은 플라스틱 통의 무게가 더 가볍습니다.

채점 tip 같은 부피일 때 차가운 공기가 따뜻한 공기보다 공기의 양이 더 많기 때문이라는 내용으로 옳게 쓰면 정답으로 합니다.

10 모래는 물보다 온도 변화가 큽니다. 따라서 온도가 더 많이 변한 ㉡이 모래, ㉠이 물임을 알 수 있습니다.

11 데우지 않은 찜질팩 위의 공기가 따뜻하게 데운 찜질팩 위의 공기보다 온도가 낮기 때문에 기압이 높습니다. 따라서 데우지 않은 찜질팩 쪽에서 따뜻하게 데운 찜질팩 쪽으로 공기(향 연기)가 이동하게 됩니다.

12 낮에는 육지가 바다보다 온도가 높으므로 육지 위는 저기압, 바다 위는 고기압이 됩니다. 따라서 바람이 바다에서 육지로 붑니다. 밤에는 육지에서 바다로 바람이 붑니다.

13 우리나라의 여름철에는 따뜻하고 습한 성질의 ㉣ 공기 덩어리가 영향을 미칩니다. ㉠은 겨울, ㉡은 초여름, ㉢은 봄과 가을의 날씨에 영향을 미치는 공기 덩어리입니다.

14 남쪽에서 이동해 오는 공기 덩어리는 따뜻한 성질이 있고, 바다에서 이동해 오는 공기 덩어리는 습한 성질이 있습니다. 따라서 남동쪽에서 이동해 오는 ㉣ 공기 덩어리는 따뜻하고 습한 성질을 가집니다.

채점 기준	상	공기 덩어리가 이동해 오는 방향으로 남동쪽, 공기 덩어리의 성질로 따뜻하고 습하다는 내용을 모두 포함하여 옳게 쓴 경우
	중	공기 덩어리가 이동해 오는 방향은 제대로 쓰지 못했지만 공기 덩어리의 성질을 옳게 쓴 경우
	하	공기 덩어리가 이동해 오는 방향인 남동쪽만 옳게 쓴 경우

15 겨울에는 북서쪽 대륙에서 이동해 오는 공기 덩어리의 영향으로 춥고 건조한 날씨가 나타납니다.

67쪽～69쪽 단원 평가 ②회

1 ⑤ **2** 루민 **3** ㉢, 안개 **4** ② **5** (1) **예** 공기 중의 수증기가 응결하여 나타나는 현상입니다. (2) **예** 안개는 수증기가 응결하여 지표면 근처에 떠 있는 것이고, 구름은 수증기가 응결하여 높은 하늘에 떠 있는 것으로 생성된 위치가 다릅니다. **6** ㉡ **7** ③ **8** **예** 고기압은 주위보다 상대적으로 기압이 높은 곳이며, 저기압은 주위보다 상대적으로 기압이 낮은 곳입니다. **9** 공기 **10** ㉢ **11** ㉢ **12** ①, ④ **13** ㉠, ㉢ **14** ③ **15** 식중독 지수, **예** 식중독이 발생할 확률을 예측하여 알려 줍니다.

1 습도표의 세로줄에서 건구 온도인 23 ℃를 찾고, 가로줄에서 건구 온도와 습구 온도의 차인 3 ℃를 찾아 만나는 지점인 76이 현재 습도이며, 76에 습도의 단위인 %(퍼센트)를 붙여 나타냅니다.

2 습도를 낮추려면 제습기나 제습제를 사용하고, 바람이 잘 통하게 하며 실내에 마른 숯 등을 놓아 조절할 수 있습니다.

3 안개는 지표면 가까이에 있는 공기 중의 수증기가 응결하여 생성되는 자연 현상입니다.

4 공기 중의 수증기가 낮은 온도로 인해 응결되어 높은 하늘에 떠 있는 것을 구름이라고 합니다.

5 안개와 구름은 모두 수증기가 응결하여 나타나는 현상이지만 생성되는 위치가 다릅니다.

채점 기준	중	(2)만 옳게 쓴 경우
	하	(1)만 옳게 쓴 경우

6 구름 속 작은 얼음 알갱이가 커지면서 무거워져 떨어질 때 녹지 않은 채로 떨어지는 것을 눈이라고 합니다. 얼음 알갱이가 녹아서 떨어지는 것은 비입니다.

7 감압 용기의 공기를 빼내기 전과 비교하여 빼낸 후의 무게가 줄어듭니다.

8 공기의 무게 때문에 생기는 힘을 기압이라고 합니다. 고기압과 저기압은 정해져 있는 것이 아니라 시간과 장소, 상황에 따라 달라지는 상대적인 것입니다.

채점 tip 고기압은 주변보다 공기가 많고 상대적으로 온도가 낮으며 기압이 높은 곳, 저기압은 주변보다 공기가 적고 상대적으로 온도가 높으며 기압이 낮은 곳이라는 내용으로 모두 옳게 쓰면 정답으로 합니다.

9 공기의 움직임인 바람에 대하여 알아보는 실험이므로, 눈에 보이지 않는 공기의 움직임을 관찰하기 위해서 향 연기를 넣습니다.

10 얼음물 위의 공기는 온도가 낮아 공기의 양이 많아 무겁고, 따뜻한 물 위의 공기는 온도가 높아 공기의 양이 적어 가볍습니다. 따라서 얼음물 위는 고기압이고 따뜻한 물 위는 저기압이므로, 향 연기는 얼음물 쪽에서 따뜻한 물 쪽으로 움직입니다.

11 바닷가에서 맑은 날 밤에는 육풍이 붑니다. 바람은 어느 두 지점 사이에 기압의 차이가 있을 때 고기압에서 저기압으로 공기가 이동하는 것입니다.

12 낮에는 육지가 바다보다 온도가 높아 육지 위는 저기압, 바다 위는 고기압이 되기 때문에 바다에서 육지로 바람이 붑니다. 밤에는 바다가 육지보다 온도가 높아 바다 위는 저기압, 육지 위는 고기압이 되기 때문에 육지에서 바다로 바람이 붑니다.

13 바다에서 이동해 오는 ⓒ과 ② 공기 덩어리는 습한 성질을 가집니다.

14 우리나라의 날씨는 여름에는 덥고 습하며, 겨울에는 춥고 건조한 특징이 있습니다.

15 기상청에서는 다양한 날씨에 사람들이 적절하게 대처하여 생활할 수 있도록 날씨 지수를 제공합니다.

채점 tip 식중독 지수, 감기 가능 지수, 피부 질환 지수 등 날씨 지수 한 가지를 쓰고, 이 날씨 지수에 대한 알맞은 설명을 모두 옳게 쓰면 정답으로 합니다.

70쪽 수행 평가 ❶회

1 ㉠ 9.0 ℃ ㉡ 36 %
2 교실

---

1 습도표에서 건구 온도에 해당하는 23 ℃를 세로줄에서 찾아 표시하고, 건구 온도와 습구 온도의 차인 9에 표시합니다. 이 두 가지가 만나는 지점인 36 %이 현재 습도입니다.

2 교실의 건구 온도가 24 ℃이고 건구 온도와 습구 온도의 차가 3 ℃이므로, 77 %가 교실의 습도입니다. 과학실의 건구 온도가 21 ℃이고 건구 온도와 습구 온도의 차가 6 ℃이므로, 53 %가 과학실의 습도입니다. 따라서 교실의 습도가 더 높습니다.

71쪽 수행 평가 ❷회

1 ㉠ ○ ② ○
2 예 낮에는 육지가 바다보다 온도가 높으므로 육지 위는 저기압, 바다 위는 고기압이 됩니다. 밤에는 바다가 육지보다 온도가 높으므로 바다 위는 저기압, 육지 위는 고기압이 됩니다.
3 ㉠ 육지 ㉡ 바다

---

1 바닷가에서 맑은 날 낮에는 바다 위보다 육지 위의 온도가 더 높으므로 육지 위가 저기압, 바다 위가 고기압이 되어 바다에서 육지로 바람이 붑니다.

2 낮에는 육지가 바다보다 빠르게 데워지고 밤에는 육지가 바다보다 빠르게 식습니다.

채점 tip 낮과 밤에 육지와 바다의 온도와 기압의 차이를 모두 옳게 쓰면 정답으로 합니다.

3 육지(모래)는 바다(물)보다 온도 변화가 큽니다.

72쪽 쉬어가기

4. 물체의 운동

❶ 물체의 운동

| 76쪽~77쪽 | 문제 학습 |

1 운동 **2** 위치 **3** 이동 거리 **4** 일정한 **5** 변하는 **6** ㉡ **7** (1) ㉠, ㉢ (2) ㉢, ㉣ **8** ㉡, ㉢ **9** 유주 **10** (3) ○ **11** ㉠ 10 ㉡ 12 **12** 배드민턴 공 **13** (3) ✓ **14** ⑩ 롤러코스터는 빨라지기도 하고 느려지기도 하며 빠르기가 변하는 운동을 하지만, 자동계단은 빠르기가 일정한 운동을 합니다.

6 시간이 지남에 따라 물체의 위치가 변할 때, 물체가 운동한다고 합니다.

7 운동한 물체는 1초 동안 위치가 변했고, 운동하지 않은 물체는 시간이 지나도 위치가 변하지 않았습니다.

8 운동하지 않는 물체는 시간이 지나도 위치가 변하지 않고 제자리에 있습니다.

9 물체의 운동은 물체가 이동하는 데 걸린 시간과 이동 거리로 나타냅니다.

10 자전거 뒷바퀴의 뒤쪽 끝부분을 기준으로 이동 거리를 측정해 봅니다. 자전거의 운동을 자전거가 이동하는 데 걸린 시간과 이동 거리로 나타내면, 자전거가 1초 동안 2 m를 이동했다고 나타낼 수 있습니다.

11 자동차의 뒤쪽 끝부분을 기준으로 이동 거리를 측정해 봅니다. 자동차는 10초 동안 12 m를 이동했습니다.

12 배드민턴 채로 배드민턴 공을 치면 처음에는 빠르게 날아가다가 점점 느려지면서 바닥으로 떨어집니다. 자동길은 빠르기가 일정한 운동을 합니다.

13 회전목마는 일정한 빠르기로 빙글빙글 회전하는 운동을 하는 놀이 기구입니다.

14 롤러코스터는 오르막길에서는 빠르기가 점점 느려지고 내리막길에서는 빠르기가 점점 빨라지는 운동을 합니다.

> **채점 tip** 롤러코스터는 빠르기가 변하는 운동을 하고, 자동계단은 빠르기가 일정한 운동을 한다는 내용으로 모두 옳게 쓰면 정답으로 합니다.

❷ 물체의 빠르기 비교

| 80쪽~81쪽 | 문제 학습 |

1 걸린 시간 **2** ⑩ 빠릅니다 **3** 이동한 거리 **4** ⑩ 빠릅니다 **5** ⑩ 수영, 봅슬레이 **6** 감은호 **7** ㉣ **8** 현석, 미소, 희태, 원정 **9** ㉢ **10** ④ **11** ㉡ **12** (1) 기차 (2) 자전거 **13** 자전거, 배, 시내버스 **14** 지수, ⑩ 같은 시간 동안 지수가 민주보다 더 긴 거리를 달렸기 때문입니다.

6 같은 거리 100 m를 달리는 데 걸린 시간이 짧은 사람이 달리는 데 걸린 시간이 긴 사람보다 빠릅니다. 감은호 → 홍유란 → 방소연 순서로 빠릅니다.

7 같은 거리를 이동한 물체의 빠르기는 물체가 같은 거리를 이동하는 데 걸린 시간으로 비교합니다. 걸린 시간이 짧은 물체일수록 빠릅니다.

8 수영 경기에 출전한 선수들이 모두 같은 거리 100 m를 이동했으므로, 결승선에 도착하는 데 걸린 시간이 가장 짧은 현석이가 가장 빠릅니다.

9 스피드 스케이팅은 같은 거리를 이동하여 결승선에 먼저 도착한 선수가 이기는 경기로, 같은 거리를 이동하는 데 걸리는 시간을 측정하여 빠르기를 겨루는 운동 경기입니다.

10 같은 경주 시간 동안 종이 자동차가 이동한 거리를 확인하여 종이 자동차의 빠르기를 비교할 수 있습니다.

11 같은 시간 동안 가장 짧은 거리를 이동한 ㉡ 종이 자동차의 빠르기가 가장 느립니다. 종이 자동차는 ㉠ → ㉢ → ㉡ 순서로 빠릅니다.

12 3시간 동안 가장 긴 거리를 이동한 기차가 가장 빠르고, 가장 짧은 거리를 이동한 자전거가 가장 느립니다.

13 3시간 동안 60 km를 이동한 자전거, 120 km를 이동한 배, 180 km를 이동한 시내버스가 240 km를 이동한 자동차보다 느립니다. 자동차보다 빠른 교통수단은 기차뿐입니다.

14 30분 동안 5.5 km를 달린 지수가 4.8 km를 달린 민주보다 더 빠릅니다.

> **채점 tip** 지수가 민주보다 같은 시간 동안 더 긴 거리를 달렸기 때문에 지수가 더 빠르다는 내용으로 쓰면 정답으로 합니다.

③ 물체의 속력, 속력과 안전

84쪽~85쪽 문제 학습

1 속력 **2** 이동한 거리 **3** 초(걸린 시간) **4** 예
안전띠 **5** 예 속력 제한 표지판 **6** ㄹ **7** ②,
④ **8** 5 m/s **9** ㄴ **10** 국화도 **11** 에어백
12 과속 방지 턱, 예 자동차의 속력을 줄여서 사고
를 예방합니다. **13** (1) ○ **14** ㄷ

6 물체의 속력은 물체가 이동한 거리를 이동하는 데
걸린 시간으로 나누어 구할 수 있습니다.

7 ①의 속력은 30 m/s, ②의 속력은 18 m/s, ③의 속
력은 20 m/s, ④의 속력은 18 m/s, ⑤의 속력은 50
m/s입니다.

8 종민이의 속력은 30 m÷6 s=5 m/s입니다. 1초 동
안 5 m를 달렸다는 의미입니다.

9 ㉠ 종민이의 속력은 5 m/s이고, 현우의 속력은 7
m/s입니다. ㉢ 현우가 종민이보다 속력이 빠르기 때
문에 1초 동안 현우가 이동한 거리가 더 깁니다.

10 바람의 속력(풍속)이 국화도는 13 m/s, 가거도는 9
m/s, 신시도는 12 m/s이므로 국화도에서 바람이
가장 빠르게 불 것입니다.

11 자동차가 충돌할 때 에어백은 압축된 공기 주머니
를 빠르게 팽창시켜 외부의 충격으로부터 자동차에
탄 사람을 보호합니다.

12 과속 방지 턱은 자동차의 속력을 줄이기 위해 도로
에 설치한 것으로 주택가나 학교 앞의 어린이 보호
구역 등에서 주로 볼 수 있습니다.

> **채점 tip** 과속 방지 턱이라고 쓰고, 자동차의 속력을 줄여서 사고
> 를 예방한다는 내용으로 모두 옳게 쓰면 정답으로 합니다.

> **개념 다시 보기**
>
> **속력이 큰 물체가 위험한 이유**
> • 속력이 클수록 제동 거리가 길어
> 집니다.
> • 충돌할 때의 충격이 더 커집니다.
> • 보행자가 쉽게 피할 수 없습니다.
>

13 운전자나 보행자가 교통 법규를 잘 지키는지 단속
하는 것은 교통경찰이 하는 일입니다.

14 횡단보도에서 초록색 신호등이 켜졌다고 곧바로 급
하게 뛰어가지 않고, 자동차가 멈췄는지 확인하고
조금 뒤에 건너도록 합니다.

86쪽~87쪽 교과서 통합 핵심 개념

❶ 이동 거리 **❷** 변하는 **❸** 빠릅 **❹** 빠릅
❺ 시간 **❻** 안전띠

88쪽~90쪽 단원 평가 ❶회

1 ㉠, ㉡, ㉣ **2** ㉠ **3** 예린 **4** (1) ㉡, ㉢ (2) ㉠,
㉣ **5** 예 로켓은 달팽이보다 빠르게 운동하는 물체
이고, 달팽이는 로켓보다 느리게 운동합니다. **6**
박정화 **7** 예 50 m를 달리는 데 걸린 시간이 짧은
친구가 달리는 데 걸린 시간이 긴 친구보다 더 빠르
기 때문에, 시간이 가장 짧게 걸린 박정화가 달리기
가 가장 빠른 친구입니다. **8** ㉢ **9** 기차, 자동차,
오토바이, 지하철 **10** ③ **11** 예 1초 동안 물체
가 몇 m를 이동했는지를 나타냅니다. **12** 1 m/s
13 ① **14** ㉡ **15** 지율

1 ㉠ 달리기하는 남자아이, ㉡ 유모차 미는 사람, ㉣
달리기하는 여자아이는 1초 동안 운동하였기 때문
에 위치가 변했습니다.

2 1초 동안 ㉠은 약 4 m를 운동하였고, ㉡은 약 1 m,
㉣은 약 2 m를 운동하였으므로 ㉠이 가장 빠릅니다.

> **개념 다시 보기**
>
> **같은 시간 동안 이동한 물체의 빠르기 비교**
> • 물체가 같은 시간 동안 이동한 거리로 비교합니다.
> • 같은 시간 동안 긴 거리를 이동한 물체가 짧은 거리를 이동
> 한 물체보다 더 빠릅니다.

3 ㉤ 손을 씻는 남자아이는 1초 동안 위치가 변하지
않았으므로 운동하지 않은 것입니다. ㉢의 책을 읽
는 사람도 1초 동안 위치가 변하지 않았으므로 운동
하지 않았습니다.

4 배드민턴 채로 배드민턴 공을 치면 처음에는 빠르
게 날아가다가 점점 느려지면서 바닥으로 떨어지
고, 이륙하는 비행기는 활주로에서 천천히 움직이
다가 점점 빠르게 달리면서 하늘로 날아갑니다.

5 우리 주변에는 빠르게 운동하는 물체도 있고, 느리
게 운동하는 물체도 있습니다.

> **채점 tip** 로켓은 달팽이보다 빠르게 운동하고, 달팽이는 로켓보다
> 느리게 운동한다는 내용으로 주어진 말을 모두 포함하여 쓰면 정
> 답으로 합니다.

BOOK ❶ 개념북

④ 단원

6 같은 거리를 달리는 데 걸린 시간이 짧은 친구가 걸린 시간이 긴 친구보다 더 빠른 것입니다. 박정화 → 한정수 → 강소형 → 최미리의 순서로 빠릅니다.

7 같은 거리를 이동한 물체의 빠르기는 물체가 같은 거리를 이동하는 데 걸린 시간으로 비교합니다.

> **채점 tip** 같은 거리를 이동한 물체의 빠르기는 이동하는 데 걸린 시간으로 비교하기 때문에 걸린 시간이 가장 짧은 친구가 가장 빠르기 때문이라는 내용으로 쓰면 정답으로 합니다.

8 같은 시간인 10초 동안 이동한 거리가 가장 긴 한 발로 뛰기가 호영이가 가장 빠르게 달린 종목입니다.

9 같은 시간인 3시간 동안 이동 거리가 가장 긴 기차가 가장 빠르고, 이동 거리가 가장 짧은 지하철이 가장 느립니다.

10 버스는 3시간 동안 오토바이가 이동한 거리인 180 km보다 긴 거리를 이동했을 것이고, 자동차가 이동한 거리인 220 km보다 짧은 거리를 이동했을 것입니다.

11 m/s는 1초(s) 동안 물체가 이동한 거리(m)를 나타냅니다.

> **채점 tip** 1초 동안 물체가 몇 m를 이동했는지 나타낸다는 내용으로 알맞게 쓰면 정답으로 합니다.

> **개념 다시 보기**
>
> **물체의 속력을 나타내는 방법**
> • 물체의 속력을 나타낼 때는 m/s, km/h 등의 단위를 씁니다.
> • 예를 들어 5 m/s는 '오 미터 매 초' 또는 '초속 오 미터'라고 읽고, 5 km/h는 '오 킬로미터 매 시' 또는 '시속 오 킬로미터'라고 읽습니다.

12 60초 동안 60 m를 이동하였으므로, 자동길의 속력은 60 m ÷ 60 s = 1 m/s입니다.

13 개의 속력이 가장 빠르고, 고양이, 사슴, 스컹크, 펭귄의 순서로 빠릅니다. 펭귄의 속력이 가장 느립니다.

14 자동차에 설치된 에어백은 충돌 사고에서 탑승자의 몸에 가해지는 충격을 줄여 주는 역할을 하는 안전 장치입니다.

15 도로 옆에서 인라인스케이트를 타면 위험한 상황이 발생할 수 있으므로, 넓고 안전한 공간에서 보호 장비를 착용하고 타도록 합니다. 버스에서 내리자마자 바로 길을 건너면 버스 뒤에 따라오던 차가 멈춘 버스를 피해 빠른 속도로 달려나올 수 있으므로 주의해야 합니다.

> **91쪽~93쪽** **단원 평가 ② 회**
>
> **1** 운동 **2** ② **3** (1) **예** 나무 (2) **예** 시간이 지나도 나무의 위치가 변하지 않았기 때문입니다. **4** ㉠ 축구공, 배드민턴 공 ㉡ 자동길, 케이블카, 스키장 승강기 **5** ㉡ **6** ③ **7** ⑤ **8** ④ **9** **예** 같은 시간 동안 이동한 거리가 더 긴 물체가 이동한 거리가 짧은 물체보다 빠릅니다. 이동 거리를 이동하는 데 걸린 시간으로 나누어 속력을 구해서 비교합니다. **10** 기차 **11** ④ **12** 25 km/h **13** (1) ㉣ (2) ㉡ **14** **예** 어린이 보호 구역 표지판은 자동차의 속력을 제한해 어린이들의 교통 안전사고를 예방합니다. **15** ②

1 시간이 지남에 따라 물체의 위치가 변할 때 물체가 운동한다고 합니다.

2 자전거는 10초 동안 20 m를 이동했고, 자동차는 10초 동안 80 m를 이동했으므로 자동차가 가장 먼 거리를 이동했습니다.

3 나무 이외에 건물, 표지판, 신호등 등과 같이 위치가 변하지 않은 물체를 운동하지 않은 물체로 써도 됩니다.

채점 기준	중	(2)만 옳게 쓴 경우
	하	(1)만 옳게 쓴 경우

4 우리 주변에는 빠르기가 일정한 운동을 하는 물체도 있고, 빠르기가 변하는 운동을 하는 물체도 있습니다.

5 같은 거리를 이동한 물체의 빠르기는 같은 거리를 이동하는 데 걸린 시간을 비교하여 알 수 있습니다. 같은 거리를 이동하는 데 걸린 시간이 짧은 사람이 같은 거리를 이동하는 데 걸린 시간이 긴 사람보다 빠릅니다.

6 같은 거리를 이동하는 데 걸린 시간이 짧은 사람이 걸린 시간이 긴 사람보다 빠르므로, ㉣ 선수가 가장 빨리 결승선에 들어왔고 ㉠, ㉢, ㉡ 선수의 순서대로 결승선에 들어왔습니다.

7 3시간 동안 자전거는 60 km, 자동차는 240 km, 배는 120 km, 기차는 300 km, 시내버스는 180 km를 이동했습니다. 따라서 기차가 가장 빠르고, 자전거가 가장 느립니다.

8 30초의 같은 시간 동안 긴 거리를 이동한 동물이 짧은 거리를 이동한 동물보다 더 빠릅니다. 따라서 치타가 가장 빠르고, 표범, 호랑이, 타조, 사자 순서로 빠릅니다.

9 이동 거리가 다른 물체의 빠르기는 같은 시간 동안 물체가 이동한 거리로 비교하거나, 속력을 구해서 비교할 수 있습니다.

채점 tip 같은 시간 동안 이동한 거리를 비교하거나, 이동 거리를 이동하는 데 걸린 시간으로 나누어 속력을 구해서 비교한다는 내용으로 알맞게 쓰면 정답으로 합니다.

10 장난감 배의 속력은 10 cm ÷ 4 s = 2.5 cm/s, 장난감 기차의 속력은 6 m ÷ 3 s = 2 m/s, 장난감 버스의 속력은 2 m ÷ 2 s = 1 m/s, 장난감 자동차의 속력은 9 cm ÷ 3 s = 3 cm/s로 구할 수 있습니다. 따라서 장난감 기차의 속력 2 m/s를 '초속 이 미터' 또는 '이 미터 매 시'라고 읽습니다.

11 고속 열차가 3시간 동안 750 km를 이동하므로, 속력은 750 km ÷ 3 h = 250 km/h로 나타낼 수 있습니다.

12 오후 3시부터 오후 9시까지 6시간 동안 태풍이 이동한 거리는 150 km입니다. 따라서 태풍의 속력은 150 km ÷ 6 h = 25 km/h입니다.

13 ㉠ 강아지의 속력은 12 m ÷ 2 s = 6 m/s, ㉡ 자전거의 속력은 15 m ÷ 5 s = 3 m/s, ㉢ 장난감 자동차의 속력은 100 m ÷ 25 s = 4 m/s, ㉣ 인라인스케이트 선수의 속력은 96 m ÷ 12 s = 8 m/s입니다. 따라서 ㉣ 인라인스케이트 선수의 속력이 가장 빠르고 ㉡ 자전거의 속력이 가장 느립니다. 빠른 순서는 ㉣ → ㉠ → ㉢ → ㉡입니다.

14 어린이 보호 구역은 어린이들의 안전한 통학 공간을 확보하여 교통 안전사고를 예방하기 위한 목적으로 유치원, 학교 등 어린이 시설 주변 도로 중 일정 구간을 지정한 곳입니다.

채점 tip 어린이들의 교통 안전사고를 예방하는 역할을 한다는 내용으로 옳게 쓰면 정답으로 합니다.

개념 다시 보기

도로에 설치된 안전장치
• 과속 방지 턱은 자동차의 속력을 줄여서 사고를 예방합니다.
• 속력 제한 표지판은 자동차의 속력을 제한하여 너무 큰 속력으로 달리지 않게 합니다.

15 ① 횡단보도가 아닌 곳에서 무단 횡단하지 않습니다. ③ 횡단보도를 건널 때는 게임기나 스마트 기기를 보지 않습니다. ④ 버스가 정류장에 도착할 때까지 인도에서 기다립니다.

94쪽 수행 평가 ❶ 회

1 (1) 예 1초 동안 15 m를 이동했습니다. (2) 예 1초 동안 45 m를 이동했습니다. (3) 예 1초 동안 20 m를 이동했습니다.
2 (1) 이동한 거리 (2) 걸린 시간, 속력
3 ㉮ 15 m/s ㉯ 45 m/s ㉰ 20 m/s

1 물체의 운동은 물체가 이동하는 데 걸린 시간과 이동 거리로 나타냅니다.

채점 기준	상	(1)~(3) 모두 옳게 쓴 경우
	중	(1)~(3) 중 두 가지를 옳게 쓴 경우
	하	(1)~(3) 중 한 가지만 옳게 쓴 경우

2 같은 시간 동안 이동한 물체의 빠르기는 이동한 거리로 비교합니다. 이동한 거리와 걸린 시간이 모두 다른 물체의 빠르기는 물체의 이동 거리를 걸린 시간으로 나누어 구한 속력으로 나타내어 비교합니다.

3 트럭은 1초 동안 15 m를 이동했으므로 속력은 15 m ÷ 1 s = 15 m/s, 경찰차는 1초 동안 45 m를 이동했으므로 속력은 45 m ÷ 1 s = 45 m/s, 자동차는 1초 동안 20 m를 이동했으므로 속력은 20 m ÷ 1 s = 20 m/s로 나타낼 수 있습니다.

95쪽 수행 평가 ❷ 회

1 (타격 후의) 야구공, 사자, (단거리) 육상 선수
2 예 같은 시간 동안 이동한 물체의 빠르기는 이동한 거리로 비교합니다. 10초 동안 타격 후의 야구공이 가장 긴 거리를 이동했기 때문에 가장 빠르고, 단거리 육상 선수가 가장 짧은 거리를 이동했기 때문에 가장 느립니다.
3 (1) 80 km/h (2) 과속하지 않음.

1 같은 시간 동안 이동한 물체의 빠르기는 물체가 같은 시간 동안 이동한 거리로 비교합니다.

2 10초 동안 단거리 육상 선수는 110 m, 사자는 220 m, 타격 후의 야구공은 330 m를 이동했습니다.

> 채점 tip 같은 시간 동안 이동한 물체의 빠르기는 이동한 거리로 비교하기 때문이라는 내용을 포함하여 타격 후의 야구공이 가장 긴 거리를 이동했고, 단거리 육상 선수가 가장 짧은 거리를 이동했음을 옳게 쓰면 정답으로 합니다.

3 자동차가 시작 구간을 통과했을 때 시각이 10시 30분, 끝 구간을 통과했을 때 시각이 11시 30분이므로 총 80 km 구간을 통과하는 동안 걸린 시간이 1시간(h)임을 알 수 있습니다. 따라서 속력은 80 km ÷ 1 h = 80 km/h로 구할 수 있습니다. 또한 이 구간의 제한 속력이 100 km/h이므로 과속하지 않았습니다.

> **개념 다시 보기**
>
> **제한 속력**
> 제한 속력이란 자동차 등에 정해 있는 최고 또는 최저 속도를 말합니다. 따라서 제한 속력이 100 km/h인 구간에서는 100 km/h 이상 속력을 내면 과속입니다.

96쪽 쉬어가기

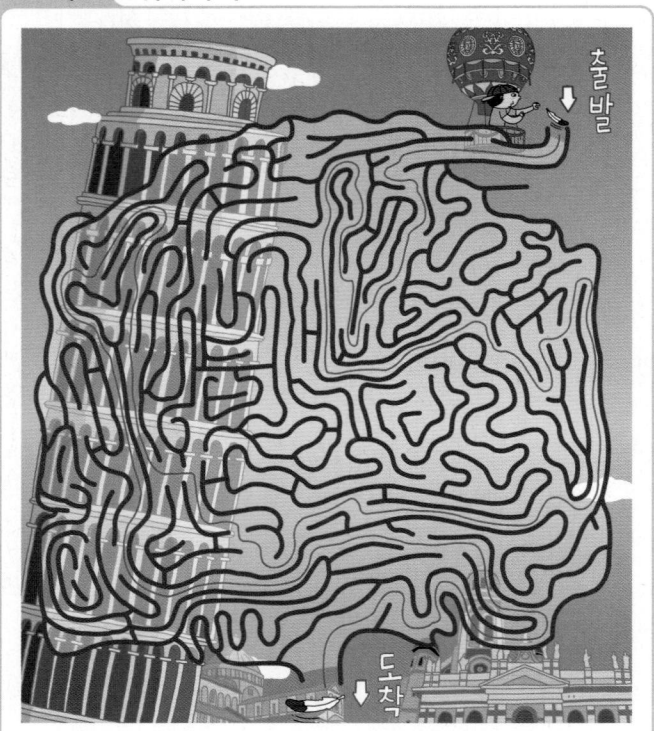

5. 산과 염기

① 용액의 분류

100쪽~101쪽 문제 학습

1 지시약 2 예 페놀프탈레인 용액 3 산성 4 염기성 5 산성 6 ㉠ 7 유리 세정제 8 레몬즙, 식초, 빨랫비누 물, 유리 세정제 9 ① 10 예 석회수, 묽은 염산, 묽은 수산화 나트륨 용액 모두 색깔이 없고 투명하므로 겉으로 보이는 성질로만은 쉽게 구분할 수 없습니다. 11 ㉠, ㉢ 12 ② 13 석회수 14 ②

6 각 용액을 관찰한 결과를 바탕으로 분류 기준을 정하고, 정한 기준에 따라 용액을 분류합니다.

7 유리 세정제는 연한 푸른색이며, 용액을 흔들었을 때 발생한 거품이 3초 이상 유지됩니다.

8 사이다, 석회수, 묽은 염산, 묽은 수산화 나트륨 용액은 색깔이 없는 용액입니다.

9 식초, 사이다, 묽은 염산은 투명하고, 레몬즙, 빨랫비누 물은 투명하지 않습니다.

10 색깔이 없고 투명한 용액은 겉으로 보이는 성질이 비슷하므로 쉽게 구분할 수 없습니다.

> 채점 tip 세 용액 모두 무색이고 투명하므로, 겉으로 관찰한 결과만을 바탕으로 분류하기 어렵다는 내용을 쓰면 정답으로 합니다.

11 리트머스 종이는 지시약입니다. 지시약을 이용하면 산성 용액과 염기성 용액을 분류할 수 있습니다.

> **개념 다시 보기**
>
> **지시약**
> • 지시약은 어떤 용액에 넣었을 때 그 용액의 성질에 따라 색깔 변화가 나타나는 물질입니다.
> • 지시약의 종류: 리트머스 종이, 페놀프탈레인 용액, BTB 용액 등

12 푸른색 리트머스 종이를 붉은색으로 변하게 하는 것은 묽은 염산과 같은 산성 용액입니다.

13 붉은색 리트머스 종이를 산성 용액인 식초, 사이다, 묽은 염산에 넣었을 때에는 색깔이 변하지 않지만, 염기성 용액인 석회수에 넣었을 때에는 푸른색으로 변합니다.

14 레몬즙, 묽은 염산과 같은 산성 용액에 페놀프탈레인 용액을 떨어뜨리면 색깔이 변하지 않습니다.

② 천연 지시약으로 용액 분류하기, 산성·염기성 용액의 성질

104쪽~105쪽 문제 학습

1 예 포도, 검은콩 2 산성 3 같습니다 4 산성
5 염기성 6 ㉢ 7 묽은 염산 8 예 푸른색 리트
머스 종이가 붉은색으로 변합니다. 9 ㉠ 묽은 염산
㉡ 묽은 수산화 나트륨 용액 10 산성 11 ㉢
12 ③, ④ 13 삶은 달걀 흰자 14 은수

6 붉은 양배추 지시약의 색깔 변화에 따라 산성 용액과 염기성 용액으로 분류할 수 있습니다. 산성 용액에서는 붉은색 계열, 염기성 용액에서는 푸른색이나 노란색 계열로 변합니다.

7 식초, 사이다, 묽은 염산은 붉은 양배추 지시약을 떨어뜨렸을 때 붉은색 계열의 색깔로 변하고, 석회수, 묽은 수산화 나트륨 용액은 붉은 양배추 지시약을 떨어뜨렸을 때 푸른색이나 노란색 계열의 색깔로 변합니다.

8 붉은 양배추 지시약은 산성 용액에서 붉은색 계열의 색깔로 변합니다. 따라서 산성 용액에 푸른색 리트머스 종이를 넣었을 때 붉은색으로 변합니다.

채점 tip 푸른색 리트머스 종이가 붉은색으로 변한다고 쓰면 정답으로 합니다.

9 묽은 염산은 산성 용액, 묽은 수산화 나트륨 용액은 염기성 용액입니다. 산성 용액과 염기성 용액은 서로 성질이 다릅니다.

10 달걀 껍데기를 넣었을 때 기포가 발생하고 껍데기가 녹았으므로, 산성 용액임을 알 수 있습니다.

11 산성 용액에 넣었을 때 기포가 발생하면서 녹는 것은 대리암 조각입니다.

12 묽은 수산화 나트륨 용액에 두부를 넣으면 시간이 지남에 따라 두부가 녹아서 흐물흐물해지며 용액이 뿌옇게 흐려집니다.

13 달걀 껍데기와 삶은 달걀 흰자 중 염기성 용액에 넣었을 때 녹는 물질은 삶은 달걀 흰자입니다.

14 대리암의 성분은 탄산 칼슘으로, 산성 용액에 녹는 성질이 있습니다. 따라서 산성이 강해진 빗물이나 산성 물질인 새의 배설물이 석탑에 닿으면 대리암으로 만들어진 석탑을 빠르게 훼손시킬 수 있으므로 유리 보호 장치를 한 것입니다.

③ 산성·염기성 용액을 섞을 때의 변화, 산성·염기성 용액의 이용

108쪽~109쪽 문제 학습

1 염기성 2 염기성 3 산성 4 염기성 5 산
성 6 붉은 양배추 지시약 7 ㉠ 8 (2) ○ 9 예
묽은 염산(산성 용액)에 묽은 수산화 나트륨 용액(염기성 용액)을 계속 넣을수록 용액의 산성이 점차 약해지다가 결국 염기성 용액으로 변하기 때문입니다.
10 산성 11 ㉢ 12 (2) ○ 13 염기성 14 ㉠
염기성 ㉡ 산성

6 묽은 수산화 나트륨 용액에 떨어뜨린 붉은 양배추 지시약의 색깔 변화를 통해 산성 용액과 염기성 용액을 섞었을 때의 변화를 확인할 수 있습니다.

7 붉은 양배추 지시약을 넣은 묽은 수산화 나트륨 용액에 묽은 염산을 계속 넣을수록 염기성이 약해지다가 어느 순간부터는 산성이 점점 강해져 지시약이 푸른색 계열에서 점차 붉은색 계열로 변합니다.

8 염기성 용액(묽은 수산화 나트륨 용액)에 산성 용액(묽은 염산)을 섞으면 용액 속의 염기성을 띠는 물질과 산성을 띠는 물질이 섞이면서 용액의 성질이 변합니다.

9 산성 용액에 염기성 용액을 넣을수록 용액의 산성이 약해지다가 어느 순간부터는 염기성이 점점 강해집니다.

채점 tip 산성 용액에 염기성 용액을 넣을수록 산성이 점점 약해지기 때문이라는 내용을 포함하여 옳게 쓰면 정답으로 합니다.

10 염산은 강한 산성 용액이므로 염기성을 띤 소석회를 뿌려 염산의 성질을 약하게 할 수 있습니다.

11 산성 용액의 성질을 약하게 하기 위해서는 염기성 용액인 빨랫비누 물을 넣어야 합니다. 식초와 묽은 염산은 산성 용액입니다.

12 생선을 손질한 도마를 산성 용액인 식초로 닦아 내어 생선 비린내를 제거할 수 있는 것을 통해 생선 비린내의 성질이 염기성 물질임을 알 수 있습니다.

13 변기의 때를 청소하는 변기용 세제가 산성 용액이므로 변기 때의 성질은 염기성일 것입니다.

14 제산제는 속쓰림을 느낄 때에 위액의 산성을 약하게 하여 속쓰림을 줄이는 약입니다.

110쪽~111쪽 교과서 통합 핵심 개념

❶ 지시약 ❷ 붉은 ❸ 노란 ❹ 붉은 ❺ 산
❻ 염기 ❼ 산 ❽ 염기 ❾ 염기

112쪽~114쪽 단원 평가 ❶회

1 ㉡, ㉢ 2 ⑤ 3 염기성 4 ㉡, ㉢ 5 ㉑ 여러 가지 용액에 붉은 양배추 지시약을 떨어뜨리면 용액의 성질에 따라 색깔이 다르게 나타나기 때문입니다. 6 ⑴ ㉡, ㉣ ⑵ ㉠, ㉢, ㉤ 7 ②, ④ 8 ㉑ 시간이 지남에 따라 두부가 녹아서 흐물흐물해지며 용액이 뿌옇게 흐려집니다. 9 산성 10 ③ 11 ㉢ 12 ⑴ ○ 13 ② 14 ② 15 ㉑ 푸른색 리트머스 종이에는 변화가 없습니다.

1 용액의 색깔, 지시약을 넣었을 때의 색깔 변화, 투명한 정도, 용액에서 나는 냄새, 용액이 들어 있는 병을 흔든 뒤에 거품이 유지되는 정도 등의 분류 기준에 따라 용액을 분류할 수 있습니다.

2 묽은 염산과 묽은 수산화 나트륨 용액은 겉으로 보이는 성질만으로는 구분하기 어렵기 때문에 지시약을 이용하여 구분할 수 있습니다. 묽은 염산을 묻힌 푸른색 리트머스 종이는 붉게 변하지만 묽은 수산화 나트륨 용액을 묻힌 푸른색 리트머스 종이는 변화가 없습니다.

3 페놀프탈레인 용액은 염기성 용액에서 붉은색으로 변합니다.

4 염기성 용액을 푸른색 리트머스 종이에 묻히면 종이의 색깔이 변하지 않고, 붉은색 리트머스 종이에 묻히면 종이의 색깔이 푸른색으로 변합니다.

5 붉은 양배추에 들어 있는 물질은 용액의 성질(산성, 염기성)에 따라 서로 다른 색깔을 나타냅니다.

채점 tip 용액의 성질에 따라 붉은 양배추에 들어 있는 물질이 서로 다른 색깔을 나타내기 때문이라는 내용을 포함하여 쓰면 정답으로 합니다.

6 붉은 양배추 지시약은 산성 용액에서는 붉은색 계열로 변하고, 염기성 용액에서는 노란색이나 푸른색 계열로 변합니다.

7 묽은 염산에 달걀 껍데기를 넣으면 기포가 발생하면서 껍데기가 녹습니다.

8 페놀프탈레인 용액의 색깔을 붉은색으로 변하게 하고, 붉은 양배추 지시약의 색깔을 푸른색 계열로 변하게 하는 용액은 염기성 용액입니다. 염기성 용액에 두부를 넣으면 시간이 지남에 따라 두부가 녹아서 흐물흐물해지며 용액이 뿌옇게 흐려집니다.

▲ 염기성 용액에 두부를 넣었을 때의 변화

채점 tip 두부가 녹아서 흐물흐물해지며 용액이 뿌옇게 흐려진다는 내용을 포함하여 변화를 알맞게 쓰면 정답으로 합니다.

9 새의 배설물과 같은 산성 물질에 의해 대리암으로 만들어진 석탑이 훼손되는 것을 막기 위하여 유리 보호 장치를 씌웁니다.

10 붉은 양배추 지시약을 넣은 묽은 염산에 묽은 수산화 나트륨 용액을 넣을수록 지시약의 색깔이 붉은색 계열에서 푸른색 계열로 변하고, 푸른색 계열에서 노란색 계열로 점차 색깔이 변합니다.

1회   5회   6회
▲ 산성 용액에 염기성 용액을 계속 넣었을 때의 색깔 변화

11 석회수(염기성 용액)에 식초(산성 용액)를 넣을수록 염기성이 점점 약해집니다.

12 산성 용액과 염기성 용액을 섞으면 용액 속의 산성을 띠는 물질과 염기성을 띠는 물질이 섞이면서 용액의 성질이 변합니다.

13 용액에 염기성 용액을 넣을수록 점점 성질이 약해지고, 용액에 떨어뜨린 페놀프탈레인 용액의 색깔이 변하지 않는 성질의 용액은 산성 용액입니다.

14 변기의 때는 염기성을 띠므로, 산성을 띠는 변기용 세제로 변기의 때를 청소할 수 있습니다.

15 위액의 산성을 약하게 하는 제산제는 염기성 용액입니다.

채점 tip 푸른색 리트머스 종이에는 변화가 없다는 내용으로 쓰면 정답으로 합니다.

1 ③, ⑤　**2** (1) 예 색깔이 있는가?　(2) 예 '색깔이 있는가?'의 분류 기준에 따라 '그렇다.'에 해당하는 용액은 레몬즙, 식초, 빨랫비누 물, 유리 세정제이고, '그렇지 않다.'에 해당하는 용액은 사이다, 석회수, 묽은 염산, 묽은 수산화 나트륨 용액으로 분류할 수 있습니다.　**3** ⑤　**4** ③, ④　**5** 지시약　**6** ②　**7** ㉠ 산성　㉡ 염기성　**8** 예 페놀프탈레인 용액의 색깔이 변하지 않습니다.　**9** 염기성 용액　**10** ㉡, ㉢　**11** (1) ○　**12** 예 약해집니다　**13** 예 푸른색 리트머스 종이에는 아무런 변화가 없습니다.　**14** 염기성　**15** ③, ④

1 '색깔이 있는가?', '용액을 흔들었을 때 거품이 3초 이상 유지되는가?'는 분류 기준으로 알맞습니다.

2 '흔들었을 때 거품이 3초 이상 유지되는가?'로 분류했을 때에는 '그렇다.'에 빨랫비누 물, 유리 세정제를 분류할 수 있고, '그렇지 않다.'는 사이다, 레몬즙, 식초, 석회수, 묽은 염산, 묽은 수산화 나트륨 용액을 분류할 수 있습니다.

채점 tip '색깔이 있는가?', '흔들었을 때 거품이 3초 이상 유지되는가?' 중 한 가지의 분류 기준으로 용액을 모두 옳게 분류하여 쓰면 정답으로 합니다.

3 묽은 수산화 나트륨 용액은 투명한 용액입니다.

4 어떤 용액인지 바로 알기 힘든 용액은 리트머스 종이나 페놀프탈레인 용액과 같은 지시약을 이용해서 구분할 수 있습니다.

개념 다시 보기

지시약으로 용액 분류하기

리트머스 종이	페놀프탈레인 용액
• 석회수: 붉은색 리트머스 종이 → 푸른색 • 묽은 염산: 푸른색 리트머스 종이 → 붉은색	• 석회수: 붉은색으로 변함. • 묽은 염산: 변화가 없음.

5 지시약의 종류에는 리트머스 종이, 페놀프탈레인 용액, BTB(브로모티몰 블루) 용액 등이 있습니다.

6 레몬즙은 푸른색 리트머스 종이를 붉은색으로 변하게 합니다.

7 붉은 양배추 지시약은 산성 용액에서는 붉은색 계열의 색깔로 변하고, 염기성 용액에서는 푸른색이나 노란색 계열의 색깔로 변합니다.

8 붉은 양배추 지시약은 산성 용액에 떨어뜨렸을 때 붉은색 계열의 색깔로 변하므로, 이 산성 용액에 페놀프탈레인 용액을 떨어뜨려도 색깔의 변화가 없을 것입니다.

채점 tip 페놀프탈레인 용액의 색깔이 변하지 않는다는 내용으로 쓰면 정답으로 합니다.

9 염기성 용액은 두부나 삶은 달걀 흰자를 녹입니다.

10 산성 용액에 대리암 조각이나 달걀 껍데기를 넣으면 기포가 발생하면서 녹는 것을 볼 수 있습니다.

11 묽은 염산에 붉은 양배추 지시약을 떨어뜨리면 지시약의 색깔은 붉은색 계열을 띠지만, 여기에 묽은 수산화 나트륨 용액을 넣을수록 점차 푸른색 계열로 변합니다.

12 산성 용액에 염기성 용액을 넣을수록 산성이 점점 약해지다가 어느 순간부터는 염기성이 점점 강해집니다.

13 물에 녹인 제빵 소다는 염기성 용액입니다. 따라서 푸른색 리트머스 종이에 묻혀도 아무런 변화가 없습니다. 반면 붉은색 리트머스 종이에 묻혔을 때에는 푸른색으로 변하는 것을 볼 수 있습니다.

채점 tip 물에 녹인 제빵 소다를 푸른색 리트머스 종이에 묻혔을 때 색깔이 변하지 않는다는 내용으로 쓰면 정답으로 합니다.

14 물에 녹인 제빵 소다를 푸른색 리트머스 종이에 묻혔을 때 아무런 변화가 없는 것을 통해 제빵 소다는 염기성 물질임을 알 수 있습니다.

15 생선을 손질한 도마를 닦아 낼 때 쓰는 식초와 변기를 청소할 때 사용하는 변기용 세제는 산성 용액입니다. 생선의 비린내와 변기의 때가 염기성 물질이기 때문에 산성 용액을 이용하면 염기성을 약하게 할 수 있습니다.

1 ㉠ 식초　㉡ 사이다, 석회수, 묽은 염산
2 ㉠ 없고　㉡ 투명
3 예 두 용액에 각각 페놀프탈레인 용액을 떨어뜨려서 구분할 수 있습니다. 페놀프탈레인 용액의 색깔이 변하지 않는 것은 묽은 염산이고, 붉은색으로 변하는 것은 석회수입니다.

1 식초는 연한 노란색으로 색깔이 있는 용액이고, 사이다, 석회수, 묽은 염산은 모두 색깔이 없는 용액입니다.

2 석회수와 묽은 염산은 모두 색깔이 없고 투명한 용액입니다. 색깔이 없고 투명한 용액은 쉽게 구분되지 않습니다.

3 석회수나 묽은 염산과 같이 색깔이 없고 투명한 용액은 지시약을 이용하면 쉽게 구분할 수 있습니다. 페놀프탈레인 용액을 넣었을 때 아무런 변화가 없는 것은 산성 용액인 묽은 염산이고, 지시약이 붉은색으로 변하는 것은 염기성 용액인 석회수입니다. 또한 붉은색 리트머스 종이에 묻혔을 때 아무런 변화가 없는 것은 산성 용액인 묽은 염산, 푸른색으로 변하는 것은 염기성 용액인 석회수입니다. 반대로 푸른색 리트머스 종이에 묻혔을 때 아무런 변화가 없는 것은 염기성 용액인 석회수, 붉은색으로 변하는 것은 산성 용액인 묽은 염산입니다. 마지막으로 BTB 용액을 넣었을 때 노란색으로 변하면 산성 용액인 묽은 염산이고, 파란색으로 변하면 염기성 용액인 석회수입니다.

채점 tip 예로 든 지시약(페놀프탈레인 용액, 리트머스 종이, BTB 용액 등)이 산성 용액과 염기성 용액에서 어떻게 변하는지를 포함하여 석회수와 묽은 염산을 구분하는 방법을 옳게 쓰면 정답으로 합니다.

119쪽 **수행 평가 ②회**

1 산성

2 ㉡

3 (1) ㉢ (2) **예** 산성 용액인 식초를 이용하여 생선을 손질한 도마를 닦아 내면 염기성 물질인 생선 비린내를 제거할 수 있기 때문입니다.

1 대리암 조각을 넣었을 때 기포가 발생하면서 대리암이 녹는 용액은 산성 용액입니다.

개념 다시 보기

대리암으로 만든 석탑에 유리 보호 장치를 한 까닭
대리암의 성분은 탄산 칼슘으로 산성 용액에 녹습니다. 따라서 환경 오염으로 산성이 강해진 빗물이나 산성 물질인 새의 배설물이 대리암으로 만든 석탑을 빠르게 훼손시킬 수 있으므로 유리 보호 장치를 한 것입니다.

2 산성 용액은 달걀 껍데기, 메추리알 껍데기, 탄산 칼슘 가루, 조개껍데기 등을 녹입니다.

3 대리암 조각을 녹이는 용액은 산성 용액입니다. 식초는 산성 용액이며, 염기성 물질인 생선 비린내를 약하게 할 수 있습니다.

▲ ㉠ 표백제: 염기성 용액   ▲ ㉡ 제산제: 염기성 용액

채점 기준		
상	(1)에 ㉢을 고르고, (2)에 산성 용액인 식초가 염기성 물질인 생선 비린내를 약하게 할 수 있기 때문이라는 내용으로 모두 옳게 쓴 경우	
중	(1)에 ㉢을 고르고, (2)에 식초(산성)나 생선 비린내(염기성)의 성질을 포함하지 않고 쓴 경우	
하	(1)에 ㉢만 옳게 고른 경우	

120쪽 **쉬어가기**

2. 생물과 환경

1 생태계   2 생산자, 소비자, 분해자   3 소비자
4 먹이 사슬   5 먹이 그물   6 생태계 평형   7 물
을 준 무씨   8 적응   9 환경 오염   10 물

1 비생물 요소   2 생산자   3 분해자   4 최종 소
비자   5 햇빛이 잘 드는 곳에 놓아둔 콩나물   6 온
도   7 햇빛   8 생김새를 통한 적응   9 대기(공기)
오염   10 토양(흙) 오염

1 ②, ④, ⑤   2 ㉠   3 ㉢   4 유나   5 예 식물
을 먹는 소비자는 먹이가 없어서 죽게 되고, 그다음
단계의 소비자도 먹이가 없어서 죽게 될 것입니다.
결국 생태계의 모든 생물이 멸종될 것입니다.   6
③   7 (1) 먹이 그물   (2) 예 어느 한 종류의 먹이가
부족해지더라도 다른 먹이를 먹고 살 수 있기 때문
입니다.   8 (1) 공통   (2) 사슬   (3) 그물   9 줄어듭
니다   10 (1) 예 수나 양이 줄어듭니다.   (2) 예 수
나 양이 늘어납니다.   (3) 예 수나 양이 늘어납니다.
11 ①   12 (1) ㉡, ㉣   (2) ㉢, ㉣   (3) ㉠   13 햇
빛, 물   14 온도   15 예 생물이 오랜 기간에 걸
쳐 서식지의 환경에서 살아남기에 유리한 특징을 가
지는 것입니다.   16 ㉡   17 ①   18 ㉡   19
②, ④   20 ④

1 애벌레, 버섯, 토끼풀은 살아 있는 것이므로 생물
요소이고, 햇빛과 흙은 살아 있지 않은 것이므로 비
생물 요소입니다.

2 지구에는 다양한 규모의 생태계가 있습니다. 화단,
연못 등과 같이 규모가 작은 생태계도 있고, 숲, 바
다 등과 같이 규모가 큰 생태계도 있습니다.

3 고양이와 배추흰나비는 스스로 양분을 만들지 못하
고 다른 생물을 먹이로 하여 살아가는 소비자입니
다. 민들레는 햇빛 등을 이용하여 살아가는 데 필요
한 양분을 스스로 만드는 생산자입니다.

4 생산자는 햇빛 등을 이용하여 살아가는 데 필요한
양분을 스스로 만듭니다.

5 생산자인 식물이 사라진다면 식물을 먹는 소비자는
죽게 되고, 식물을 먹는 소비자를 먹이로 하는 다음
단계의 소비자도 죽게 될 것입니다.

채점 tip 식물을 먹는 소비자와 그다음 단계의 소비자가 죽게 되
어 생태계의 모든 생물이 멸종될 것이라고 쓰면 정답으로 합니다.

6 메뚜기는 벼를 먹고, 참새는 메뚜기를 먹으며, 매는
참새를 먹습니다.

7 먹이 사슬에서는 먹을 수 있는 먹이가 하나밖에 없
어서, 그 먹이가 없어진다면 그 먹이를 먹는 생물도
없어지게 될 것이기 때문에 먹이 그물의 형태가 생
물이 함께 살아가기에 유리하다고 써도 됩니다.

채점 tip (1) 먹이 그물을 옳게 쓰고, (2) 먹이가 부족해지면 다른
먹이를 먹을 수 있기 때문이라는 내용을 쓰면 정답으로 합니다.

8 먹이 사슬과 먹이 그물 모두 생물들이 먹고 먹히는
관계가 나타나지만, 먹이 사슬은 한 방향으로만 연
결되고 먹이 그물은 여러 방향으로 연결됩니다.

9 생태계에서는 먹이 단계가 올라갈수록 생물의 수가
적어지는 피라미드 모양이 나타납니다.

10 늘어난 1차 소비자의 먹이가 되는 생산자의 수나 양
이 줄어듭니다. 2차 소비자의 수나 양은 먹이인 1차
소비자의 증가로 늘어나고, 2차 소비자가 증가하면
3차 소비자의 수나 양도 늘어납니다.

채점 tip 생산자의 수나 양이 줄어들고, 2차 소비자와 3차 소비자
는 늘어난다는 내용을 쓰면 정답으로 합니다.

11 생태계 평형이 깨지는 원인은 지진, 가뭄, 산불, 홍
수, 태풍과 같은 자연적인 요인뿐만 아니라 댐, 도
로, 건물 건설과 같은 인위적인 요인도 있습니다.

12 (1) 물을 주지 않은 ㉡ 페트병과 ㉣ 페트병 콩나물의
떡잎 아래 몸통이 시들었습니다. (2) 어둠상자로 햇
빛을 가린 ㉢ 페트병과 ㉣ 페트병 콩나물의 떡잎이
노란색입니다.

13 햇빛이 있고 물을 준 ㉠ 페트병의 콩나물이 가장 잘
자란 것으로 보아 식물이 자라는 데 햇빛과 물이 영
향을 준다는 것을 알 수 있습니다.

14 식물의 잎에 단풍이 들고, 추운 계절이 다가오면 개나 고양이가 털갈이를 하는 것은 비생물 요소인 온도의 영향 때문입니다.

15 생물은 적응을 통해 특정 서식지에서 자손을 번식할 수 있습니다.

채점 tip 서식지에서 살아남기에 유리한 특징을 가지는 것이라는 내용을 포함하여 쓰면 정답으로 합니다.

16 대벌레는 가늘고 길쭉한 생김새를 통해 나뭇가지가 많은 환경에서 몸을 숨기기 유리하게 적응하였습니다.

17 선인장의 굵은 줄기와 뾰족한 가시는 건조한 환경에서 사는 생물이 생김새를 통해 적응한 것입니다.

18 자동차의 배기가스, 공장 폐수의 배출, 유조선의 기름 유출은 환경 오염의 원인이 됩니다.

19 수질 오염으로 인해 생물의 서식지가 파괴되며, 물이 더러워지고 악취가 납니다. 또 그곳에 사는 물고기는 물속 산소가 부족하여 죽기도 합니다.

20 공기를 오염시키는 원인에는 자동차의 배기가스, 공장의 매연 등이 있으며, 자동차의 배기가스에 의해 공기가 오염되면 동물의 호흡 기관에 이상이 생기기도 합니다. 쓰레기 배출과 농약이나 비료의 지나친 사용은 흙을 오염시키는 원인이고 샴푸의 지나친 사용은 물을 오염시키는 원인입니다.

8쪽~11쪽 **단원 평가** 실전

1 (1) ㉢, ㉣, ㉥ (2) ㉠, ㉡, ㉤ **2** 예 어떤 장소에서 서로 영향을 주고받는 생물과 생물 주변의 환경 전체를 생태계라고 합니다. **3** 곰팡이 **4** (1) ✕ (2) ◯ (3) ✕ (4) ◯ **5** 분해자 **6** ② **7** ㉢ **8** ㉢ **9** (1) 예 생물들의 먹고 먹히는 관계가 나타납니다. (2) 예 먹이 사슬은 한 방향으로만 연결되지만, 먹이 그물은 여러 방향으로 연결됩니다. **10** 생태계 평형 **11** ㉢ **12** ㉢ **13** 햇빛 **14** ④ **15** 예 몸을 공처럼 오므리는 행동을 통해 적의 공격에서 몸을 보호하기 유리하게 적응했습니다. **16** 규리 **17** 예 가늘고 길쭉한 생김새 **18** 예 사람들의 활동으로 자연환경이나 생활 환경이 더럽혀지거나 훼손되는 것입니다. **19** (1) ㉡ (2) ㉠ (3) ㉢ **20** ②

1 생태계의 구성 요소 중 살아 있는 것을 생물 요소, 살아 있지 않은 것을 비생물 요소라고 합니다. 여우, 세균, 소금쟁이는 생물 요소이고, 온도, 공기, 햇빛은 비생물 요소입니다.

2 생태계란 어떤 장소에서 서로 영향을 주고받는 생물 요소와 살아 있지 않은 것인 비생물 요소를 모두 포함한 것입니다.

채점 tip 주어진 말을 모두 사용하여 생태계에 대해 알맞게 쓰면 정답으로 합니다.

3 곰팡이는 죽은 생물이나 배출물을 분해하여 양분을 얻는 분해자입니다.

4 (1) 장미는 햇빛 등을 이용하여 스스로 양분을 만듭니다. (3) 세균은 주로 죽은 생물이나 배출물을 분해하여 양분을 얻습니다.

5 곰팡이와 같은 분해자는 주로 죽은 생물이나 배출물을 분해하여 양분을 얻습니다. 따라서 분해자가 사라진다면 죽은 생물과 생물의 배출물이 분해되지 않아서 우리 주변이 죽은 생물과 생물의 배출물로 가득 차게 될 것입니다.

6 생산자인 식물이 없다면 식물을 먹는 소비자는 먹이가 없어서 죽게 되고, 그다음 단계의 소비자도 먹이가 없어서 죽게 될 것입니다. 결국 생태계의 모든 생물이 멸종될 것입니다.

7 메뚜기는 벼를 먹고 개구리는 메뚜기를 먹습니다. 일반적으로 여우는 벼를 먹지 않으며, 참새는 개구리의 먹이가 아닙니다.

8 먹이 그물은 생물들이 먹고 먹히는 관계가 여러 방향으로 연결되어서 다양한 먹이를 먹을 수 있기 때문에 여러 생물들이 함께 살아가기에 유리합니다.

9 먹이 사슬과 먹이 그물은 모두 생물들의 먹고 먹히는 관계가 나타난다는 공통점이 있습니다. 먹이 사슬은 한 방향으로 연결되지만, 먹이 그물은 여러 방향으로 연결된다는 차이점이 있습니다.

채점 tip 공통점과 차이점을 알맞게 쓰면 정답으로 합니다.

10 생태계 평형은 어떤 지역에 살고 있는 생물의 종류와 수가 안정된 상태입니다. 깨진 생태계 평형을 다시 회복하려면 오랜 시간과 노력이 필요합니다.

11 ㉢ 국립 공원의 생태계는 점점 평형을 되찾아갔고 그 결과 사슴의 수는 적절하게 유지되었습니다.

12 햇빛이 있고 물을 준 콩나물은 떡잎과 떡잎 아래 몸통이 초록색으로 변하고, 떡잎 아래 몸통이 길고 굵어집니다.

13 햇빛은 동물이 물체를 보고 식물이 양분을 만드는 데 필요합니다. 또 꽃이 피는 시기와 동물의 번식 시기에도 영향을 줍니다.

14 생물은 공기가 없으면 숨을 쉬지 못합니다.

15 공벌레는 몸을 공처럼 오므리는 행동을 통해 적의 공격에서 몸을 보호하기 유리합니다.

> 채점 tip 몸을 공처럼 오므리는 행동을 통해 적의 공격에서 몸을 보호하기 유리하게 적응했다고 쓰면 정답으로 합니다.

16 생물은 생활 방식뿐만 아니라 생김새 등을 통해서도 환경에 적응합니다.

17 대벌레는 가늘고 길쭉한 생김새를 통해 나뭇가지가 많은 환경에서 적으로부터 몸을 숨기기 유리합니다.

18 환경이 오염되면 그곳에 살고 있는 생물의 종류와 수가 줄어들거나 멸종되기도 합니다.

> 채점 tip 환경 오염에 대해 옳게 쓰면 정답으로 합니다.

19 폐수 배출은 수질 오염, 공장의 매연은 대기 오염, 쓰레기 매립은 토양 오염의 직접적인 원인입니다.

20 자동차의 배기가스는 생물의 성장에 피해를 주기 때문에 화단 앞에 주차를 할 때는 자동차의 배기구가 식물을 향하지 않도록 해야 합니다.

12쪽 **수행 평가 ①회**

1 (1) 풀, 메뚜기, 참새, 매, 곰팡이 (2) 예 햇빛, 온도, 공기, 흙

2 예 양분을 스스로 만드는 풀은 생산자, 다른 생물을 먹이로 하여 양분을 얻는 메뚜기, 참새, 매는 소비자, 죽은 생물이나 배출물을 분해하여 양분을 얻는 곰팡이는 분해자입니다.

3

---

1 생물 요소는 살아 있는 것, 비생물 요소는 살아 있지 않은 것입니다.

2 생물 요소는 양분을 얻는 방법에 따라 생산자, 소비자, 분해자로 분류할 수 있습니다.

채점 기준	상	생산자, 소비자, 분해자가 각각 양분을 얻는 방법을 포함하여 생산자에 풀, 소비자에 메뚜기, 참새, 매, 분해자에 곰팡이를 모두 옳게 분류하여 쓴 경우
	하	생산자, 소비자, 분해자가 각각 양분을 얻는 방법만 옳게 썼거나 생산자에 풀, 소비자에 메뚜기, 참새, 매, 분해자에 곰팡이로만 옳게 분류하여 쓴 경우

3 먹이 그물은 여러 개의 먹이 사슬이 복잡하게 얽혀 그물처럼 연결되어 있는 것입니다.

13쪽 **수행 평가 ②회**

1 (1) 사막여우 (2) 티베트 모래 여우 (3) 북극여우
2 예 생물이 오랜 기간에 걸쳐 서식지의 환경에서 살아남기에 유리하도록 생김새나 생활 방식이 적응하였기 때문입니다. 따라서 서식지의 환경과 털 색깔이 비슷하거나 서식지의 온도에 맞추어 몸의 크기 등이 달라져 여우의 모습이 다른 것입니다.
3 예 동물의 호흡 기관에 이상이 생기거나 병에 걸릴 수 있습니다. 깨끗하고 선명한 하늘을 보기 어려워집니다.

---

1 사막여우는 털색이 사막 환경과 비슷하고, 몸집이 작고 귀가 커서 열을 잘 배출합니다. 티베트 모래 여우는 회색과 황토색의 털이 마른풀과 회색 돌로 덮인 서식지 환경과 비슷합니다. 북극여우는 몸집이 크며 귀가 짧고 둥글어서 열을 덜 배출하므로 추운 북극에서 살아남기에 알맞습니다.

2 서식지 환경과 다른 색깔의 털을 가진 여우는 눈에 잘 띄기 때문에 천적에게 잡아먹힐 가능성이 높고, 먹잇감에게 접근하기도 어렵습니다.

> 채점 tip 생물이 오랜 기간에 걸쳐 서식지의 환경에서 살아남기에 유리하도록 적응하였기 때문이라는 내용을 포함하여, 그렇기 때문에 서식지의 환경과 털 색깔 등의 생김새가 비슷하다고 쓰면 정답으로 합니다.

3 이산화 탄소 등이 많이 배출되면 지구의 평균 온도가 높아져서 동식물의 서식지가 파괴되기도 합니다.

> 채점 tip 대기 오염이 우리 생활에 미치는 영향을 두 가지 모두 옳게 쓰면 정답으로 합니다.

3. 날씨와 우리 생활

14쪽 묻고 답하기 ①회

1 습도 2 이슬 3 구름 4 응결 5 차가운 공기 6 바다 위 7 예 육지에서 바다로 붑니다. 8 예 차갑고 건조합니다. 9 따뜻하고 습한 공기 덩어리 10 날씨 지수

15쪽 묻고 답하기 ②회

1 습도가 높은 날 2 안개 3 비 4 기압 5 바람 6 육지 7 육풍 8 예 따뜻하고 건조합니다. 9 바다에서 이동해 오는 공기 덩어리 10 예 옷차림, 사람들의 건강

16쪽~19쪽 단원 평가 기출

1 (1) ○ (3) ○ 2 ⑤ 3 (1) 예 집기병 표면에 작은 물방울이 맺힙니다. (2) 예 집기병 바깥에 있는 공기 중 수증기가 응결해 집기병 표면에서 물방울로 맺히기 때문입니다. 4 이슬 5 ㉠ 수증기 ㉡ 응결 6 ㉢ 7 주이 8 예 구름 속 얼음 알갱이의 크기가 커지면서 무거워져 떨어질 때 녹지 않은 채로 떨어지면 눈이 됩니다. 9 > 10 ④, ⑤ 11 예 ㉠ 공기가 ㉡ 공기보다 온도가 낮기 때문에 ㉠ 공기가 ㉡ 공기보다 일정한 부피에 공기의 양이 더 많습니다. 12 호민 13 9(10), 18(17) 14 예 고기압에서 저기압으로 이동합니다. 기압이 높은 곳에서 기압이 낮은 곳으로 이동합니다. 15 (1) 해 (2) 육 16 ㉠ 17 ㉢, 예 남서쪽 대륙에서 이동해 오는 따뜻하고 건조한 공기 덩어리의 영향을 받아 날씨가 따뜻하고 건조합니다. 18 ㉠ 건조 ㉡ 습 ㉢ 차갑고 ㉣ 따뜻하다 19 기상청 20 호정

1 건습구 습도계에서 ㉠은 건구 온도계이고, ㉡은 습구 온도계입니다.

2 습도가 높으면 쉽게 음식물이 부패합니다.

3 차가워진 집기병의 바깥에 있는 공기 중 수증기가 응결해 집기병 표면에서 물방울로 맺힙니다.

> **채점 tip** (1) 집기병 표면에 물방울이 맺힌다고 쓰고, (2) 수증기가 응결해 물방울로 맺히기 때문이라고 쓰면 정답으로 합니다.

4 물과 조각 얼음을 넣은 집기병 표면에 작은 물방울이 맺히는 것은 자연 현상에서 이슬이 만들어지는 현상과 비슷합니다.

5 안개는 밤에 지표면 근처의 공기가 차가워져 공기 중 수증기가 응결해 작은 물방울로 떠 있는 것입니다.

6 공기 중의 수증기가 응결해 작은 물방울이나 얼음 알갱이 상태로 변해 높은 하늘에 떠 있는 것을 구름이라고 합니다.

7 이슬은 밤에 차가워진 나뭇가지나 풀잎 표면 등에 수증기가 응결해 물방울로 맺히는 것이고, 안개는 밤에 지표면 근처의 차가워진 공기 중 수증기가 응결해 작은 물방울로 떠 있는 것이며, 구름은 수증기가 응결해 높은 하늘에 떠 있는 것입니다. 모두 수증기가 응결하여 나타나는 현상입니다.

8 눈은 구름 속 얼음 알갱이의 크기가 커지면서 무거워져 떨어질 때 녹지 않은 채로 떨어지는 것입니다.

> **채점 tip** 얼음 알갱이의 크기가 커지면서 무거워져 떨어질 때 녹지 않은 채로 떨어지면 눈이 된다고 쓰면 정답으로 합니다.

9 차가운 공기가 따뜻한 공기보다 더 무겁습니다.

10 차가운 공기는 따뜻한 공기보다 일정한 부피에 공기의 양이 더 많아 무겁고 기압이 더 높습니다. 상대적으로 공기가 무거운 것을 고기압이라고 하고, 공기가 가벼운 것을 저기압이라고 합니다.

11 차가운 공기는 따뜻한 공기보다 일정한 부피에 공기 알갱이가 더 많아 무겁고 기압이 더 높습니다.

> **채점 tip** ㉠ 공기가 ㉡ 공기보다 온도가 낮기 때문이라는 내용을 포함하여 옳게 쓰면 정답으로 합니다.

12 낮에는 육지가 바다보다 빠르게 데워지기 때문에 육지의 온도가 바다의 온도보다 높고, 밤에는 육지가 바다보다 빠르게 식기 때문에 육지의 온도가 바다의 온도보다 낮습니다.

13 9(10)시 무렵부터 18(17)시 무렵까지 육지의 온도가 바다의 온도보다 높기 때문에 육지와 바다 위 공기의 온도는 육지와 바다 온도에 영향을 받아 점차 변할 것입니다.

14 두 지점 사이에 기압 차가 생기면 공기는 고기압에서 저기압으로 이동합니다.

> **채점 tip** 고기압에서 저기압으로 이동한다고 쓰면 정답으로 합니다.

15 낮에 바다에서 육지로 부는 바람을 해풍이라고 하고, 밤에 육지에서 바다로 부는 바람을 육풍이라고 합니다.

16 ㉠은 북서쪽 대륙에서 이동해 오는 공기 덩어리로 차갑고 건조합니다.

17 남쪽에서 이동해 오는 공기 덩어리는 따뜻하고, 대륙에서 이동해 오는 공기 덩어리는 건조한 특징이 있습니다.

> **채점 tip** ㉢을 쓰고, 남서쪽 대륙에서 이동해 오는 따뜻하고 건조한 공기 덩어리의 영향을 받아 날씨가 따뜻하고 건조하다고 쓰면 정답으로 합니다.

18 그렇기 때문에 여름은 남동쪽 바다에서 이동해 오는 공기 덩어리의 영향을 받아 덥고 습합니다. 겨울은 북서쪽 대륙에서 이동해 오는 공기 덩어리의 영향을 받아 춥고 건조합니다.

19 기상청에서는 감기 가능 지수, 피부 질환 지수, 식중독 지수, 불쾌지수 등 여러 가지 날씨 지수를 제공합니다.

20 감기 가능 지수가 높은 경우 외출 후 손과 발을 씻고, 머리를 감은 뒤 충분히 말리고 나가는 것이 감기 예방에 좋습니다.

20쪽~23쪽 **단원 평가** 실전

1 ㉠ **2** 진원, 윤수 **3** ②, ④ **4** ② **5** ㉠ 수증기 ㉡ 응결 **6** ㉠ 낮아 ㉡ 응결 **7** ② **8** 눈
9 (1) 277.3 g (2) **예** 같은 부피일 때 따뜻한 공기가 차가운 공기보다 가볍기 때문입니다. **10** 고기압
11 ⑤ **12** 모래 **13** 기압 **14** ㉠ **15** **예** 데운 찜질팩 위의 공기는 온도가 높아 저기압이 되고 데우지 않은 찜질팩 위의 공기는 온도가 낮아 고기압이 되므로, 공기가 데우지 않은 찜질팩 쪽에서 데운 찜질팩 쪽으로 이동하기 때문입니다. **16** ②
17 (1) ㉡ (2) ㉠ **18** **예** 춥고 건조한 성질을 따라 공기 덩어리도 차갑고 건조해집니다. **19** ②, ④
20 (2) ○

---

1 건구 온도와 건구 온도와 습구 온도의 차가 만나는 지점이 현재 습도를 나타내므로, ㉠의 습도는 81 %, ㉡의 습도는 76 %, ㉢의 습도는 66 %입니다.

2 습도가 낮을 때 가습기를 사용하거나 빨래를 널면 습도를 높일 수 있습니다. 실내에 마른 숯을 놓아두면 습도를 낮출 수 있으며, 습도가 높을 때 제습제를 사용합니다.

3 이슬은 밤에 차가워진 나뭇가지나 풀잎 표면 등에 수증기가 응결해 작은 물방울로 맺히는 것입니다.

4 조각 얼음이 담긴 페트리 접시 근처부터 뿌옇게 흐려집니다.

5 집기병 안의 따뜻한 수증기가 페트리 접시의 얼음 때문에 차가워져 응결하기 때문에 집기병 안이 뿌옇게 흐려집니다.

6 공기가 지표면에서 하늘로 올라갈 때 부피는 점점 커지고 온도는 점점 낮아집니다.

7 구름 속 작은 물방울이 합쳐지면서 무거워져 떨어지거나, 크기가 커진 얼음 알갱이가 무거워져 떨어질 때 기온이 높은 지역을 지나면 녹아서 비가 됩니다.

8 구름 속 얼음 알갱이의 크기가 커지면서 무거워져 떨어질 때 녹지 않은 채로 떨어지면 눈이 됩니다.

9 따뜻한 공기는 차가운 공기보다 더 가벼우므로, 따뜻한 공기의 무게로 알맞은 것은 277.3 g입니다.

> **채점 tip** (1) 따뜻한 공기의 무게를 알맞게 골라 쓰고, (2) 따뜻한 공기가 차가운 공기보다 더 가볍기 때문이라고 쓰면 정답으로 합니다.

10 공기의 무게 때문에 생기는 힘을 기압이라고 하고, 공기가 무거운 것을 고기압이라고 합니다.

11 바람이 부는 방향을 알아보기 위해 모래와 물의 온도 변화를 측정하는 실험이므로 그릇에 담는 물질의 종류 외의 조건은 모두 같게 해야 합니다.

12 모래는 물보다 빨리 데워지고 빨리 식어 온도 변화가 큽니다.

13 두 지점 사이에 기압 차가 생길 때 고기압에서 저기압으로 공기가 이동하는 것이 바람입니다.

14 ㉡ 데우지 않은 찜질팩 위 공기는 온도가 낮아 고기압이 되고, 데운 찜질팩 위 공기는 온도가 높아 저기압이 됩니다. ㉢ 향 연기의 움직임은 수조 속 공기의 움직임을 나타냅니다.

15 온도와 기압은 서로 관련이 있습니다.

채점 tip 데운 찜질팩 위의 공기는 저기압이 되고, 데우지 않은 찜질팩 위의 공기는 고기압이 되기 때문에 데우지 않은 찜질팩 쪽에서 데운 찜질팩 쪽으로 향 연기가 움직인다고 쓰면 정답으로 합니다.

16 바닷가에서 밤에는 바다가 육지보다 온도가 높으므로 바다 위는 저기압, 육지 위는 고기압이 됩니다. 따라서 바람은 육지에서 바다로 붑니다.

개념 다시 보기

바닷가에서 부는 바람의 방향

해풍(바다에서 육지로 부는 바람) 육풍(육지에서 바다로 부는 바람)

낮 / 밤 / 바람의 방향 / 육지 / 바다

17 한 지역에 새로운 공기 덩어리가 이동해 오면 그 지역의 온도와 습도는 새롭게 이동해 온 공기 덩어리의 영향을 받습니다.

18 넓은 곳을 덮고 있는 공기 덩어리가 한 지역에 오랫동안 머물게 되면 공기 덩어리는 그 지역의 온도나 습도와 비슷한 성질을 갖게 됩니다. 따라서 공기 덩어리가 춥고 건조한 대륙 위에 오랫동안 머물러 있으면 공기 덩어리도 차갑고 건조해집니다.

채점 tip 공기 덩어리가 차갑고 건조해진다고 쓰면 정답으로 합니다.

19 ① ㉠은 차갑고 건조합니다. ③ ㉠과 ㉡은 건조하고, ㉢은 습합니다. ⑤ ㉢의 영향을 받으면 덥고 습한 날씨가 나타납니다.

20 황사나 미세 먼지가 많은 날에는 외출 등의 야외 활동을 자제하고, 외출할 때는 마스크를 착용합니다.

24쪽 **수행 평가 ❶회**

1 안개

2 예 안개는 지표면 근처의 공기가 차가워져 공기 중의 수증기가 응결해 작은 물방울로 지표면 가까이에 떠 있는 것입니다.

3 (1) ✕ (2) ○ (3) ✕ (4) 이슬

1 가시거리는 눈으로 볼 수 있는 거리를 의미하며, 이슬, 구름 등의 자연 현상과는 큰 관련이 없습니다.

---

2 안개는 공기 중에 수증기가 많고 기온 차가 큰 날씨에 잘 생깁니다. 지표면 가까이에 떠 있기 때문에 안개가 짙은 날에는 앞이 잘 보이지 않으므로 통행에 조심합니다.

채점 tip 안개는 지표면 근처의 공기가 차가워져 공기 중의 수증기가 응결해 작은 물방울로 지표면 가까이에 떠 있는 것이라고 옳게 쓰면 정답으로 합니다.

3 이른 아침 거미줄에 맺힌 물방울은 공기 중의 수증기가 응결하여 차가운 거미줄에 맺힌 것으로 이슬과 관련이 있습니다.

25쪽 **수행 평가 ❷회**

1 ⟵ , <

2 예 따뜻한 공기는 주변보다 공기의 양이 적어서 공기의 무게가 가볍기 때문에 저기압이 되고, 차가운 공기는 주변보다 공기의 양이 많아서 공기의 무게가 무거워 고기압이 됩니다. 따라서 공기는 고기압인 차가운 공기 쪽에서 저기압인 따뜻한 공기 쪽으로 이동합니다.

3

(가) / (나)

1 따뜻한 공기는 같은 부피에 있는 공기의 양이 적어서 가볍고, 차가운 공기는 같은 부피에 있는 공기의 양이 많아서 무겁습니다.

2 공기는 고기압 쪽에서 저기압 쪽으로 이동합니다.

채점 기준	상	제시된 단어 6개를 모두 이용하여 옳게 쓴 경우
	중	제시된 단어 4∼5개만 이용하여 옳게 쓴 경우
	하	제시된 단어 1∼3개만 이용하여 옳게 쓴 경우

3 차갑고 건조한 (가) 공기 덩어리는 북서쪽 대륙에서 이동해 오는 것으로 우리나라의 겨울철 날씨에 영향을 미칩니다. 따뜻하고 습한 (나) 공기 덩어리는 남동쪽 바다에서 이동해 오는 것으로 우리나라의 여름철 날씨에 영향을 미칩니다.

4. 물체의 운동

26쪽 묻고 답하기 ❶회

1 운동 **2** (물체가 이동하는 데) 걸린 시간과 이동 거리 **3** (물체가 이동하는 데) 걸린 시간 **4** 이동(이동한) 거리 **5** (300 km를 이동한) 기차 **6** 이동(이동한) 거리 **7** 예 km/h, m/s **8** (속력이 40 km/h인) 배 **9** 과속 방지 턱 **10** 예 신호등을 확인하고 좌우를 살피며 건넙니다.

27쪽 묻고 답하기 ❷회

1 위치 **2** (이륙하는) 비행기 **3** (이동하는 데) 짧은 시간이 걸린 물체 **4** 호정이 **5** 긴 거리를 이동한 물체 **6** 속력 **7** 걸린 시간 **8** 시간 **9** 안전띠 **10** 예 차도로 내려가지 않습니다.

28쪽~31쪽 단원 평가 기출

1 위치 **2** ㉢ **3** 예 자전거는 1초 동안 2 m를 이동했습니다. **4** ㉠ 천천히 ㉡ 빠르게 **5** ㉠ **6** ④ **7** 예 빠르기가 일정한 운동을 합니다. **8** (1) 솔비 (2) 우현 **9** 예 결승선까지 걸린 시간이 가장 짧은 사람이 가장 빠르게 달린 것입니다. **10** ⑤ **11** 강민호(가 만든 종이 자동차) **12** 기차 **13** 자전거, 배, 시내버스 **14** 속력 **15** (1) ✕ (2) ○ (3) ✕ (4) ○ **16** 호준 **17** (1) 육십 킬로미터 매 시(시속 육십 킬로미터) (2) 예 1시간 동안 60 km를 이동하는 빠르기를 의미합니다. **18** ㉣ **19** ㉠ **20** ㉢

1 시간이 지남에 따라 물체의 위치가 변할 때 물체가 운동한다고 합니다.

2 물체의 운동은 물체가 이동하는 데 걸린 시간과 이동 거리로 나타냅니다.

3 자전거 페달을 기준으로 봤을 때 1초 동안 2 m를 이동한 것을 알 수 있습니다.

> 채점 tip 자전거는 1초 동안 2 m를 이동했다고 쓰면 정답으로 합니다.

4 물수리는 공중을 천천히 날다가 먹이를 보면 빠르게 날아듭니다.

5 일반적으로 로켓은 펭귄보다 빠르게 운동합니다.

6 케이블카와 자동길은 빠르기가 일정한 운동을 하고, 펭귄, 치타, 로켓, 비행기는 일반적으로 빠르기가 변하는 운동을 합니다.

7 대관람차는 거대한 바퀴 모양의 둘레에 작은 공간을 여러 개 만들어 회전하는 놀이기구로, 높은 곳까지 올라가 주변 경관을 바라보기 위해 일정한 빠르기로 회전합니다.

> 채점 tip 일정한 빠르기로 운동한다고 쓰면 정답으로 합니다.

8 (1) 결승선까지 걸린 시간이 가장 짧은 솔비가 가장 빠르게 달렸습니다. (2) 결승선까지 걸린 시간이 가장 긴 우현이가 가장 느리게 달렸습니다.

9 같은 거리를 이동한 물체의 빠르기는 물체가 이동하는 데 걸린 시간으로 비교하며, 이때 같은 거리를 이동하는 데 짧은 시간이 걸린 물체가 긴 시간이 걸린 물체보다 더 빠릅니다.

> 채점 tip 결승선에 가장 먼저 도착한 사람이 가장 빠르다고 쓰거나 걸린 시간이 가장 짧은 사람이 가장 빠르다고 써도 정답으로 합니다.

10 마라톤과 수영은 같은 거리를 이동하는 데 걸린 시간을 측정해 빠르기를 비교합니다.

11 같은 시간 동안 긴 거리를 이동한 물체가 짧은 거리를 이동한 물체보다 빠르므로 강민호, 지서현, 김주안의 종이 자동차 순서로 빠릅니다.

12 3시간 동안 가장 긴 거리를 이동한 기차가 가장 빠릅니다.

13 3시간 동안 자전거는 60 km, 자동차는 240 km, 배는 120 km, 기차는 300 km, 시내버스는 180 km를 이동하므로, 고속버스보다 느린 교통수단은 자전거, 배, 시내버스입니다. 고속버스보다 빠른 교통수단은 기차와 자동차입니다.

14 이동 거리와 걸린 시간이 모두 다른 물체의 빠르기는 속력으로 나타내어 비교합니다.

15 (1) 속력의 단위는 km/h, m/s, m/h 등 다양합니다. (3) 속력은 물체가 이동한 거리를 이동하는 데 걸린 시간으로 나누어 구합니다.

16 속력이 클수록 물체는 빠릅니다. 속력이 크다는 것은 일정한 거리를 이동하는 데 더 짧은 시간이 걸린다는 뜻입니다.

17 (1) 60 km/h는 '육십 킬로미터 매 시' 또는 '시속 육십 킬로미터'라고 읽습니다. (2) 60 km/h는 1시간 동안 60 km를 이동하는 빠르기를 의미합니다.

채점 tip (1) 속력을 바르게 읽고, (2) 1시간 동안 60 km를 이동하는 빠르기를 의미한다고 쓰면 정답으로 합니다.

18 도로에 과속 방지 턱을 설치하면 자동차의 속력을 줄여서 사고를 예방할 수 있습니다. 에어백과 안전띠는 자동차에 설치된 안전장치입니다.

19 ㉠ 횡단보도를 건널 때에는 신호등을 확인하고 좌우를 살피며 건넙니다. ㉡ 버스를 기다릴 때는 차도에 내려오지 않고 버스가 정류장에 도착할 때까지 인도에서 기다립니다. ㉢ 도로 주변에서는 공놀이를 하지 않아야 하며, 공을 공 주머니에 넣고 다닙니다.

20 학교 주변이나 어린이 보호 구역에서 자동차를 운전할 때는 속력을 30 km/h 이하로 합니다.

---

1 ②, ③, ④   **2** 예 운동한 물체는 1초 동안 위치가 변했고, 운동하지 않은 물체는 1초 동안 위치가 변하지 않았습니다.   **3** ②   **4** ㉠ 빠르게 ㉡ 천천히   **5** 주홍   **6** ㉡   **7** ㉠ 같은 ㉡ 동시에 ㉢ 짧은   **8** ③, ④   **9** ㉢   **10** ①, ③, ⑤   **11** 수진   **12** 예 자동차와 고속 열차가 2시간 동안 이동한 거리를 비교합니다.   **13** 진수, 은우, 현희   **14** 예 일정한 시간 동안 물체가 이동한 거리를 말합니다.   **15** ②   **16** ④   **17** 수영   **18** ⑤   **19** ⑤   **20** 예 자동차 운전자나 보행자가 교통 법규를 잘 지키는지 단속합니다.

1 나무와 횡단보도는 시간이 지남에 따라 위치가 변하지 않았으므로 운동하지 않았습니다.

2 시간이 지남에 따라 물체의 위치가 변할 때 물체가 운동한다고 합니다.

채점 tip 시간이 지남에 따라 운동한 물체는 위치가 변했고, 운동하지 않은 물체는 위치가 변하지 않았다고 쓰면 정답으로 합니다.

3 물체의 운동은 물체가 이동하는 데 걸린 시간과 이동 거리로 나타냅니다.

4 일반적으로 로켓은 빠르게 운동하고, 달팽이는 천천히 운동합니다.

5 롤러코스터의 빠르기는 내리막길에서 점점 빨라지고, 오르막길에서 점점 느려집니다.

6 자동계단은 빠르기가 일정한 운동을 하고, 비행기는 빠르기가 변하는 운동을 합니다.

7 수영 경기에서 모든 선수가 같은 출발선에서 출발 신호에 따라 동시에 출발했을 때 결승선까지 이동하는 데 걸린 시간이 가장 짧은 선수가 가장 빠릅니다.

8 50 m를 이동하는 데 짧은 시간이 걸린 사람이 긴 시간이 걸린 사람보다 빠르므로 리아, 호석, 정아, 노영, 민지, 희수 순서로 빠릅니다.

9 같은 거리를 이동한 물체의 빠르기는 물체가 이동하는 데 걸린 시간으로 비교합니다.

10 같은 거리를 이동하여 빠르기를 비교하는 운동 경기에는 조정, 마라톤, 스피드 스케이팅, 자동차 경주 등이 있습니다.

11 같은 시간 동안 긴 거리를 이동한 물체가 짧은 거리를 이동한 물체보다 빠르므로, 25 m를 이동한 한 발로 뛰기, 15 m를 이동한 2인 3각 걷기, 6 m를 이동한 양발 이어 걷기 순서로 빠릅니다.

12 같은 시간 동안 이동한 물체의 빠르기는 물체가 이동한 거리로 비교할 수 있습니다.

채점 tip 자동차와 고속 열차가 2시간 동안 이동한 거리를 비교한다고 쓰면 정답으로 합니다.

13 같은 시간 동안 긴 거리를 이동한 물체가 짧은 거리를 이동한 물체보다 더 빠르므로 2.8 km를 이동한 진수, 2.5 km를 이동한 은우, 2.2 km를 이동한 현희의 순서로 빠릅니다.

14 속력이란 1초, 1분, 1시간 등과 같은 일정한 시간 동안 물체가 이동한 거리를 말합니다.

채점 tip 일정한 시간 동안 물체가 이동한 거리라고 쓰면 정답으로 합니다.

15 4시간 동안 360 km를 이동한 물체(360 km ÷ 4 h = 90 km/h)와 1시간 동안 90 km를 이동한 물체(90 km ÷ 1 h = 90 km/h)의 속력은 서로 같습니다.

16 ① 배의 속력은 160 km ÷ 4 h = 40 km/h, ② 자전거의 속력은 18 km/h, ③ 시내버스의 속력은 60 km/h, ④ 헬리콥터의 속력은 250 km/h, ⑤ 고속 열차의 속력은 280 km ÷ 2 h = 140 km/h입니다.

17 자동차의 속력이 크면 제동 장치를 밟더라도 바로 멈출 수 없어 자동차 운전자나 보행자가 위험을 피하기 힘듭니다.

18 도로에 설치된 안전장치에는 어린이 보호 구역 표지판, 과속 방지 턱, 횡단보도, 신호등, 교통 표지판 등이 있습니다.

19 신호등의 초록불이 켜지면 스마트 기기를 보지 않고 잠시 기다린 다음 자동차가 멈췄는지 확인한 후 횡단보도를 건넙니다.

20 교통경찰, 녹색 학부모 등은 교통 안전사고가 일어나지 않도록 노력하는 분들입니다.

> **채점 tip** 교통 안전사고가 일어나지 않도록 교통경찰이 노력하는 내용을 알맞게 쓰면 정답으로 합니다.

36쪽　　**수행 평가 ❶회**

1 (1) 일정한, **예** 자동길은 일정한 빠르기로 움직이므로 탑승자가 장치 위에서 걷거나 서서 이동할 수 있기
(2) 변하는, **예** 비행기는 활주로에서 천천히 움직이다가 점점 빠르게 달려 하늘로 날아가기
2 민서

1 움직이는 자동길은 빠르기가 일정한 운동을 하는 물체이고, 이륙하는 비행기는 빠르기가 변하는 운동을 하는 물체입니다. 우리 주변에는 빠르기가 일정한 운동을 하는 물체도 있고, 빠르기가 변하는 운동을 하는 물체도 있습니다.

> **채점 tip** 움직이는 자동길은 빠르기가 일정한 운동을 하는 물체, 이륙하는 비행기는 빠르기가 변하는 운동이라고 쓰고, 그렇게 생각한 까닭을 옳게 쓰면 정답으로 합니다.

개념 다시 보기

운동하는 물체의 빠르기

▲ 빠르기가 일정한 운동을 하는 대관람차　　▲ 빠르기가 변하는 운동을 하는 범퍼카

2 같은 시간(10초) 동안 이동한 물체의 빠르기는 같은 시간 동안 긴 거리를 이동한 물체가 짧은 거리를 이동한 물체보다 더 빠르므로, 이동한 거리가 가장 긴 민서가 가장 빠른 종이 자동차를 만든 사람입니다. 민서 → 기준 → 석호 순서로 빠른 종이 자동차를 만들었습니다.

37쪽　　**수행 평가 ❷회**

1 97 km/h
2 (1) 기차　(2) 자전거, 자동차, 배, 시내버스
3 (1) **예** 횡단보도를 건널 때에는 신호등을 확인하고 좌우를 살피며 건넙니다.
(2) **예** 버스를 기다릴 때에는 차도로 내려가지 않습니다.
(3) **예** 도로 주변에서는 공놀이를 하거나 장난치지 않고, 주변을 잘 살피며 갑니다.

1 '시속 구십칠 킬로미터'는 '97 km/h'로 나타낼 수 있으며, '구십칠 킬로미터 매 시'라고 읽을 수도 있습니다.

2 자전거의 속력은 60 km ÷ 3 h = 20 km/h, 자동차의 속력은 240 km ÷ 3 h = 80 km/h, 배의 속력은 120 km ÷ 3 h = 40 km/h, 기차의 속력은 300 km ÷ 3 h = 100 km/h, 시내버스의 속력은 180 km ÷ 3 h = 60 km/h입니다. 따라서 속력이 97 km/h인 태풍과 비교했을 때 기차의 속력만 태풍보다 빠르고, 자전거, 자동차, 배, 시내버스의 속력은 태풍보다 느립니다.

3 교통 안전사고가 발생하지 않도록 교통안전 수칙을 잘 지켜야 합니다.

> **채점 tip** 예시 답안 외에도 횡단보도, 버스 정류장, 도로 주변에서 지킬 수 있는 교통안전 수칙을 각각 한 가지씩 옳게 쓰면 정답으로 합니다.

5. 산과 염기

38쪽 **묻고 답하기 ❶회**

1 투명한 용액입니다.　**2** 냄새가 나는 용액입니다.
3 묽은 수산화 나트륨 용액　**4** 지시약　**5** 염기성
용액　**6** 달걀 껍데기　**7** 삶은 달걀 흰자　**8** 염기성
용액　**9** 염기성　**10** 산성 용액입니다.

39쪽 **묻고 답하기 ❷회**

1 색깔이 있는 용액입니다.　**2** (거품이 3초 이상) 유
지되는 용액입니다.　**3** 레몬즙　**4** 산성 용액　**5** 염
기성 용액　**6** 두부　**7** 대리암 조각　**8** 염기성 용액
9 산성　**10** 염기성 용액입니다.

40쪽~43쪽 **단원 평가** 기출

1 ㉠　**2** (1) ㉢ (2) ㉡ (3) ㉠　**3** 유리 세정제　**4** ②
○　**5** 예 어떤 용액에 넣었을 때 그 용액의 성질에
따라 색깔 변화가 나타나는 물질입니다.　**6** ②, ③
7 ㉡　**8** ㉮, ㉲, ㉯　**9** ③, ④　**10** 예 용액의 성
질에 따라 붉은 양배추 지시약이 서로 다른 색깔을
나타내기 때문입니다.　**11** (1) ㉠, ㉡, ㉲ (2) ㉢,
㉱, ㉶　**12** ⑤　**13** (1) 염기성 용액　(2) 산성 용
액　**14** ④, ⑤　**15** ㉢, ㉠, ㉡　**16** ②　**17** ㉢,
㉶　**18** 예 구연산은 산성 물질이고, 제빵 소다는
염기성 물질입니다.　**19** (1) 산성 (2) 염기성 (3) 산
성　**20** 예 산성 용액인 염산에 염기성을 띤 소석회
를 뿌리면 염산의 강한 산성 성질이 점점 약해지기
때문입니다.

1 식초는 냄새가 나고 투명하며, 연한 노란색이고 흔
들었을 때 거품이 3초 이상 유지되지 않습니다. ㉡
레몬즙은 불투명합니다. ㉢ 사이다는 무색입니다.
㉲ 석회수는 무색이고 냄새가 나지 않습니다.

2 (1) 석회수는 흔들었을 때 거품이 3초 이상 유지되지
않고 투명하며, 무색입니다. (2) 유리 세정제는 연한
푸른색이고 투명하며 흔들었을 때 거품이 유지됩니
다. (3) 빨랫비누 물은 불투명하고 하얀색이며, 흔들
었을 때 거품이 유지됩니다.

3 유리 세정제는 투명한 용액입니다

4 (1) 빨랫비누 물과 레몬즙은 불투명하고 유리 세정
제, 식초, 사이다, 묽은 염산, 묽은 수산화 나트륨
용액은 투명합니다.

5 지시약의 종류에는 리트머스 종이, 페놀프탈레인
용액, BTB(브로모티몰 블루) 용액 등이 있습니다.

　채점 tip 지시약은 어떤 용액에 넣었을 때 그 용액의 성질에 따라
색깔 변화가 나타나는 물질이라고 쓰면 정답으로 합니다.

6 푸른색 리트머스 종이에 석회수, 유리 세정제, 묽은
수산화 나트륨 용액을 떨어뜨려도 리트머스 종이에
는 변화가 없습니다. 푸른색 리트머스 종이를 붉은
색으로 변하게 하는 용액은 산성 용액입니다.

7 붉은색 리트머스 종이를 푸른색으로 변화시키는 용
액은 염기성 용액으로, 페놀프탈레인 용액을 붉은
색으로 변하게 합니다.

8 붉은 양배추 지시약은 '붉은 양배추를 잘게 잘라 비
커에 담기 → 붉은 양배추가 잠길 정도로 뜨거운 물
붓기 → 붉은 양배추를 우려낸 용액을 충분히 식혀
거르기'의 순서로 만듭니다.

9 식초, 레몬즙, 묽은 염산에 붉은 양배추 지시약을
떨어뜨리면 붉은색 계열로 변하고, 유리 세정제와
묽은 수산화 나트륨 용액에서는 푸른색이나 노란색
계열로 변합니다.

10 용액의 성질에 따라 붉은 양배추에 들어 있는 물질
이 서로 다른 색깔을 나타내기 때문에 지시약의 색
깔이 다르게 변합니다.

　채점 tip 용액의 성질에 따라 붉은 양배추 지시약이 서로 다른 색
깔을 나타내기 때문이라고 쓰면 정답으로 합니다.

11 식초, 레몬즙, 사이다는 산성 용액이고, 석회수, 빨
랫비누 물, 유리 세정제는 염기성 용액입니다.

12 묽은 염산에 대리암 조각을 넣으면 대리암 표면에 기포가 발생하면서 녹습니다. 묽은 수산화 나트륨 용액에 대리암 조각을 넣으면 아무런 변화가 없습니다.

13 (1) 염기성 용액에 삶은 달걀 흰자를 넣으면 삶은 달걀 흰자가 녹아 흐물흐물해지고, 용액이 뿌옇게 흐려집니다. (2) 산성 용액에 삶은 달걀 흰자를 넣으면 아무런 변화가 없습니다.

14 염기성 용액에 달걀 껍데기를 넣으면 아무런 변화가 없지만, 산성 용액에 달걀 껍데기를 넣으면 달걀 껍데기 표면에 기포가 생기면서 껍데기가 녹습니다. 레몬즙, 사이다, 묽은 염산은 산성 용액이고, 유리 세정제와 빨랫비누 물은 염기성 용액입니다.

15 삼각 플라스크 속 용액의 색깔이 붉은색에서 보라색을 거쳐 점차 푸른색 계열로 변합니다.

16 실험에서 붉은 양배추 지시약이 붉은색에서 푸른색 계열의 색깔로 점점 변하는 것으로 보아, 산성 용액에 염기성 용액을 넣을수록 산성이 점점 약해진다는 것을 알 수 있습니다.

17 구연산을 물에 녹인 용액에서 페놀프탈레인 용액은 변화가 없고, 제빵 소다를 물에 녹인 용액에서 페놀프탈레인 용액은 붉은색으로 변합니다.

18 구연산은 푸른색 리트머스 종이를 붉은색으로 변화시키므로 산성 물질입니다. 제빵 소다는 붉은색 리트머스 종이를 푸른색으로 변화시키고 페놀프탈레인 용액을 붉은색으로 변화시키므로 염기성 물질입니다.

> **채점 tip** 구연산은 산성, 제빵 소다는 염기성 물질이라고 모두 옳게 쓰면 정답으로 합니다.

개념 다시 보기

구연산과 제빵 소다를 이용하는 예
- 구연산은 산성 물질로 그릇에 남은 염기성 세제 성분을 없앨 수 있습니다.
- 제빵 소다는 염기성 물질로 악취의 주성분인 산성을 약화해 냄새를 제거합니다.

19 (1) 변기용 세제로 변기를 청소할 때, (3) 생선을 손질한 도마를 식초로 닦아 낼 때는 산성 용액을 이용하는 경우입니다. (2) 속이 쓰릴 때 제산제를 먹는 것은 염기성 용액을 이용하는 경우입니다.

20 산성 용액인 염산에 염기성을 띤 소석회를 뿌리면 염산의 강한 산성 성질이 점점 약해집니다.

> **채점 tip** 산성을 띤 염산에 염기성을 띤 소석회를 뿌리면 산성의 성질이 점점 약해지기 때문이라고 쓰면 정답으로 합니다.

44쪽~47쪽 단원 평가 실전

1 (1) × (2) ◯ (3) ◯ (4) ◯ **2** ㉠ **3** ㉡ **4** ㉢
5 규리 **6** ⑤ **7** (1) 예 변화가 없습니다. (2) 예 푸른색으로 변합니다. **8** ② **9** ① **10** (3) ◯ **11** ㉢ **12** ① **13** (1) 예 아무런 변화가 없습니다. (2) 예 삶은 달걀 흰자가 녹아 흐물흐물해지며 용액이 뿌옇게 흐려집니다. **14** ㉡, ㉢ **15** ⑤ **16** ㉡ **17** ㉠ **18** 예 염기성 용액에 산성 용액을 넣을수록 염기성이 점점 약해집니다. **19** 염기성 용액 **20** ㉢, ㉣

1 빨랫비누 물은 불투명합니다.

2 식초와 유리 세정제는 색깔이 있고 냄새가 나지만, 석회수는 무색이고 냄새가 나지 않습니다. 식초와 석회수는 흔들었을 때 거품이 유지되지 않지만 유리 세정제는 흔들었을 때 거품이 유지됩니다.

3 '예쁘다.'는 사람에 따라 기준이 다르므로 '용액의 색깔이 예쁜가?'는 분류 기준으로 알맞지 않습니다.

4 식초, 레몬즙, 유리 세정제, 사이다, 빨랫비누 물, 묽은 염산은 냄새가 나지만 석회수와 묽은 수산화 나트륨 용액은 냄새가 나지 않습니다.

5 지시약은 어떤 용액에 넣었을 때에 그 용액의 성질에 따라 색깔 변화가 나타나는 물질입니다.

6 석회수, 빨랫비누 물, 묽은 수산화 나트륨 용액과 같은 염기성 용액은 붉은색 리트머스 종이를 푸른색으로 변하게 합니다. 식초, 레몬즙, 사이다, 묽은 염산과 같은 산성 용액은 붉은색 리트머스 종이를 변하게 하지 않습니다.

7 유리 세정제와 같은 염기성 용액을 푸른색 리트머스 종이에 떨어뜨렸을 때는 변화가 없지만 붉은색 리트머스 종이에 떨어뜨렸을 때는 리트머스 종이가 푸른색으로 변합니다.

> **채점 tip** (1) 푸른색 리트머스 종이는 변화가 없고, (2) 붉은색 리트머스 종이는 푸른색으로 변한다고 쓰면 정답으로 합니다.

8 페놀프탈레인 용액을 붉은색으로 변하게 하는 용액은 염기성 용액으로, 붉은색 리트머스 종이를 푸른색으로 변하게 하며 푸른색 리트머스 종이는 변하게 하지 않습니다. 푸른색 리트머스 종이를 붉은색으로 변하게 하는 것은 산성 용액입니다.

BOOK ② 평가북

5 단원

9 붉은 양배추 지시약을 붉은색 계열의 색깔로 변하게 하는 것은 사이다와 같은 산성 용액입니다. 석회수, 유리 세정제, 빨랫비누 물, 묽은 수산화 나트륨 용액에서 붉은 양배추 지시약은 푸른색이나 노란색 계열의 색깔로 변합니다.

10 여러 가지 용액에 붉은 양배추 지시약을 떨어뜨렸을 때 용액의 색깔이 다르게 나타나는 까닭은 용액의 성질에 따라 붉은 양배추 지시약에 들어 있는 물질이 서로 다른 색깔을 나타내기 때문입니다.

11 산성 용액에서는 붉은 양배추 지시약이 붉은색 계열의 색깔로 변합니다.

12 묽은 수산화 나트륨 용액에 넣은 달걀 껍데기에는 아무런 변화가 없습니다.

13 삶은 달걀 흰자를 산성 용액에 넣으면 아무런 변화가 없고, 염기성 용액에 넣으면 삶은 달걀 흰자가 녹아 흐물흐물해지며 용액이 뿌옇게 흐려집니다.

> **채점 tip** (1)과 (2)를 모두 옳게 쓰면 정답으로 합니다.

14 묽은 염산에 넣은 달걀 껍데기와 대리암 조각은 표면에 기포가 발생하면서 녹습니다. 반면, 묽은 염산에 넣은 두부와 삶은 달걀 흰자는 변화가 없습니다.

15 두부를 산성 용액에 넣으면 아무런 변화가 없지만, 염기성 용액에 넣으면 녹아서 흐물흐물해지며 용액이 뿌옇게 흐려집니다.

16 산성 물질이 대리암으로 만들어진 석탑에 닿으면 녹아서 훼손될 수 있기 때문에 유리 보호 장치를 하기도 합니다.

17 삼각 플라스크 속 용액의 색깔은 노란색에서 푸른색을 거쳐 붉은색으로 변합니다.

18 염기성 용액에 산성 용액을 넣을수록 염기성이 점점 약해지고 어느 순간부터는 산성 용액으로 바뀝니다.

> **채점 tip** '산성 용액', '염기성 용액' 두 단어를 모두 포함하여 염기성 용액에 산성 용액을 넣을수록 염기성이 점점 약해진다고 쓰면 정답으로 합니다.

19 용액에 넣었을 때 붉은색 리트머스 종이를 푸른색으로 변하게 하고, 푸른색 리트머스 종이는 변하지 않는 용액은 염기성 용액입니다.

20 식초와 변기용 세제는 산성 용액이고, 제산제와 표백제, 하수구 세정제는 염기성 용액입니다.

48쪽 수행 평가

1 기포
2 ㉡, ㉢
3 (1) 변화가 없다 (2) 푸른색으로 변한다
4 ⓐ 속이 쓰릴 때 제산제를 먹습니다. 표백제나 비누로 욕실을 청소합니다.

1 산성 용액에 달걀 껍데기를 넣으면 기포가 발생하면서 껍데기가 녹습니다.

2 산성 용액은 달걀 껍데기, 조개껍데기, 대리암 조각, 메추리알 껍데기, 탄산 칼슘 가루 등을 녹이는 성질이 있습니다.

3 하수구 세정제가 산성을 띠는 얼룩과 때를 제거하는 데 쓰인다고 했으므로, 하수구 세정제는 염기성 용액인 것을 알 수 있습니다. 염기성 용액에 푸른색 리트머스 종이를 넣으면 변화가 없지만, 붉은색 리트머스 종이를 넣었을 때에는 푸른색으로 변합니다.

4 하수구 세정제와 같이 염기성 용액을 이용하는 예를 찾아봅니다. 산성이 강한 위액으로 인해 속이 쓰릴 때 염기성 용액인 제산제를 먹으면 속쓰림이 줄어듭니다.

> **채점 tip** 우리 생활에서 염기성 용액을 이용하는 예를 한 가지 옳게 쓰면 정답으로 합니다.

백점 과학을 끝까지 공부한 넌 정말 대단해. 이미 넌 최고야!

차례

국어	2쪽
수학	34쪽
사회	58쪽
과학	66쪽

5·2

국어

1. 마음을 나누며 대화해요

연습! 서술형 평가

1 ~ 1-1

지윤: 명준아, 안녕?

명준: 지윤아, 안녕? 너를 찾고 있었는데 마침 잘됐다.

지윤: 나를 찾고 있었어? 왜?

명준: 너에게 할 말이 있어. 내 이야기 좀 들어 줄래? 어제 말이야…….

지윤: (말을 하는데 중간에 끊고) 나 지금 바쁜데, 내가 꼭 들어야 하니?

명준: (실망하는 목소리로) 뭐라고? 아직 내용을 듣지도 않았잖아.

지윤: 네 이야기보다는 내 일이 훨씬 중요해.

1 이 대화에서 지윤이는 어떻게 말했는지 알맞은 것을 두 가지 고르시오. (   )

① 너무 작은 목소리로 말했다.

② 자기가 하고 싶은 말만 했다.

③ 상대의 말에 대답을 하지 않았다.

④ 상대의 기분을 생각하지 않고 말했다.

⑤ 상대의 말을 잘 이해하지 못하고 말했다.

1-1

서술형
쌍둥이
문제

이 대화에서 지윤이가 말할 때 고쳐야 할 점은 무엇인지 쓰시오. [4점]

_____

_____

2 ~ 2-1

가 저녁 늦게 부모님께서 돌아오셨다.

"너무 늦어서 미안하구나. 잘 있었니?"

"예. 저희가 저녁도 차려 먹고 설거지도 했어요."

"설거지까지? 우리 현욱이 다 컸네."

나 "우리 아들이 집안일을 도와주려는 마음으로 설거지를 열심히 했구나. 그렇지만 금속으로 프라이팬 바닥을 긁으면 바닥이 벗겨져서 못 쓰게 된단다."

엄마의 말씀을 듣고 나니 부모님의 일을 도와드렸다는 생각에 뿌듯해하던 나는 금세 부끄러워졌다.

"죄송해요, 엄마. 집안일을 도와드리려다가 오히려 프라이팬만 망가뜨렸어요."

엄마는 웃으시며 나를 꼭 안아 주셨다.

"미안해하지 않아도 돼. 집안일을 도와주려고 한 현욱이 마음이 엄마는 정말 고마워."

2 현욱이와 엄마는 어떻게 대화했습니까? (   )

① 서로 자기가 하고 싶은 말만 했다.

② 서로 배려하고 공감하며 대화했다.

③ 상대의 마음을 배려하지 않고 대화했다.

④ 상대와 처지를 바꾸어 생각하지 않고 말했다.

⑤ 자신의 입장을 이해해 주지 못하는 상대에게 서운한 마음을 나타냈다.

2-1

서술형
쌍둥이
문제

현욱이와 엄마의 대화에서 알 수 있는 공감하며 대화하는 방법을 한 가지 쓰시오. [4점]

_____

_____

3~3-1

3 **가**와 **나**처럼 누리 소통망에서 대화를 할 때 지켜야 할 점으로 알맞지 <u>않은</u> 것은 무엇입니까? (   )

① 상대의 말에 공감하며 말한다.
② 이상한 말이나 줄임 말을 쓰지 않는다.
③ 말하고 싶은 내용을 정확하게 전달한다.
④ 상대가 대화하고 싶은지 확인하지 않는다.
⑤ 얼굴이 보이지 않으므로 더욱 예의 바르게 말한다.

3-1
서술형
쌍둥이
문제

가와 **나**의 대화에서 친구들이 고쳐야 할 점은 무엇인지 쓰시오. [4점]

_____

_____

4~4-1

보라, 내 열일곱 살 때야. 너덜너덜 짚신 신고 덜컹덜컹 소달구지 탔지. 가난한 조선 사람들은 자동차도 잘 몰랐어. 그런데 / "사람이 괴물 타고 하늘을 난대!"

스미스란 미국 사람이 비행기를 타고 온다네? 온 마을이 들썩들썩. 내 마음도 들썩들썩.

구름처럼 몰려온 저 사람들 좀 봐. 구름을 뚫고 쇳덩이 괴물이 혼자만 날아올라. 이 산 위로 쑥, 저 하늘로 쌩 솟구치고 돌아 나와 못 가는 곳이 없네.

"사람들아, 이 날개를 봐. 정말 자유로워."

저 비행기란 놈이 그러네. 나는 땅에 딱 붙어 서서 두 발만 동동 굴렀어.

바로 그날 밤, 잠을 못 잤지. 바로 그날 밤, 꿈이 생겼지.

㉠'여자라고 못 하겠어? 조선 사람이라고 왜 못 하겠어? 얼른얼른 커서 꼭 비행사가 될 거야.'

4 '내'가 비행기를 처음 보았을 때 든 기분이나 생각으로 알맞지 <u>않은</u> 것은 무엇입니까? (   )

① 신기하고 놀라웠다.
② 얼른 커서 비행사가 되고 싶었다.
③ 하늘을 날고 싶다는 생각을 했다.
④ 발을 동동 구를 정도로 신이 났다.
⑤ 솟아오른 비행기가 괴물 같아 무서웠다.

4-1
서술형
쌍둥이
문제

'내'가 한 ㉠의 생각에 공감하며 답하는 말을 쓰시오. [6점]

_____

_____

국어 실전! 서술형 평가

1~2

가 명준: 지난번 질서 지키기 그림 대회에서 내가 그린 그림이 뽑히지 않아서 무척 서운했어.

지윤: (시큰둥하게) 그게 그렇게 중요한 일이니?

명준: (화내는 목소리로) 뭐? 네가 내 기분을 어떻게 아니? 너는 친구의 기분은 조금도 생각하지 않니? 어떻게 그렇게 말을 해?

지윤: 왜 그래? 내 생각에는 별것 아닌 것 같아.

나 명준: 지난번 질서 지키기 그림 대회에서 내가 그린 그림이 뽑히지 않아서 무척 서운했어.

지윤: [　　　　　　㉠　　　　　　]

명준: 맞아. 나는 그림 그리기를 좋아하니까 그게 더 아쉬웠어. 지윤이 네가 내 마음을 알아주는구나.

지윤: 누구나 좋아하는 것은 열심히 하잖아? 나도 그런걸. 그런데 아깝게 뽑히지 못하면 아쉬울 거야.

1 대화 **가**에서 지윤이가 명준이와 대화할 때 잘못한 점은 무엇인지 쓰시오. [5점]

_____

_____

2 대화 **나**는 대화 **가**를 공감하는 대화로 바꾸어 쓴 것입니다. 지윤이가 명준이의 말에 대답했을 내용으로 ㉠에 들어갈 알맞은 말을 쓰시오. [7점]

_____

_____

단계별 유형

3 현욱이가 겪은 일을 읽고 물음에 답하시오. [10점]

가 나는 동생과 함께 저녁밥을 먹고 설거지도 했다. 그릇을 다 씻고 나서 프라이팬도 닦기로 했다.

'프라이팬이 잘 닦이지 않네?'

나는 고민하다가 철 수세미를 쓰기로 했다. 부모님께서 냄비 같은 것을 철 수세미로 박박 문질러 닦으시는 것을 본 적이 있기 때문이다.

나 "뭐라고? 철 수세미로 문질렀다는 말이니?"

"예. 수세미로는 잘 닦이지 않아서 철 수세미를 썼어요."

엄마는 한숨을 한 번 쉬시고는 다시 웃음을 띠고 말씀하셨다.

"㉠우리 아들이 집안일을 도와주려는 마음으로 설거지를 열심히 했구나. 그렇지만 금속으로 프라이팬 바닥을 긁으면 바닥이 벗겨져서 못 쓰게 된단다."

엄마의 말씀을 듣고 나니 부모님의 일을 도와드렸다는 생각에 뿌듯해하던 나는 금세 부끄러워졌다.

"[　　　　　　㉡　　　　　　]"

단계 1 설거지를 할 때 현욱이는 어떤 마음이 들었는지 쓰시오.

(　　　　　　　　　　　　)

단계 2 ㉠에서 엄마는 현욱이에게 어떻게 말하셨는지 쓰시오.

_____

_____

단계 3 ㉡에서 현욱이는 엄마에게 어떤 말을 했을지 쓰시오.

_____

_____

4 다음 그림처럼 누리 소통망을 사용해 대화하면 좋은 점을 한 가지 쓰시오. [5점]

_____

_____

국어

1단원

나는 윈난성의 장군 당계요를 찾아갔어.
배 타고 기차 타고 걷고 또 걸어갔어야.
앞만 바라보며 드넓은 중국 땅을 가로질러 갔어야.
당계요 장군은 많이 놀랐지.
"여자가 어떻게 여기 왔나?"
"세상을 돌고 돌아 왔어요."
"여자가 왜 여기 왔나?"
"하늘을 날고 싶어서요."
"여자가 왜 비행사가 되려 하나?"
"내 나라를 빼앗아 간 일본과 싸우려고요!"
㉠"…… 좋다!"
당 장군은 비행 학교에다 편지를 썼어. 여자가 자기 나라를 되찾으려고 왔으니 꼭 들여보내라고 썼어.
드디어 비행 학교 학생이 되었어. 남학생들과 똑같이 훈련했지. 빙글빙글 어지러움을 견디는 훈련, 비행기를 조종하고 고치는 기술까지 배웠어. 너무 힘들고 위험했어야. 학생들이 많이 떠났지만 나는 하루하루가 행복했어. 내 꿈을 따라서 산다는 게 꿈만 같았거든.

6 이 글에서 '나'는 꿈을 이루려고 어떤 노력을 했는지 쓰시오. [5점]

_____

_____

_____

5 다음 누리 소통망 대화에서 친구들의 말에 공감하며 대화하는 내용을 이어서 쓰시오. [5점]

요즘 우리 반 청소가 너무 안된다는 생각이 들어. 교실 바닥이 지저분할 때가 많지 않니?

나도 그렇게 생각해. 좋은 방법이 없을까?

7 ㉠을 공감하는 말로 바꾸어 쓰시오. [7점]

_____

_____

1 ~ 1-1

　줄다리기는 줄을 당길 때보다 줄다리기를 준비하는 과정에 더 많은 뜻이 있습니다. 영산 줄다리기는 어른들보다 아이들이 먼저 겨룹니다. 작은 줄을 만들어 어른들이 하는 것처럼 아이들이 경기를 벌이지요. 아이들 줄다리기가 끝나고 어느 편이 이겼다는 소리가 돌면 그제야 장정들이 나섭니다. 장정들은 집집을 돌면서 짚을 모아 마을 사람들과 함께 줄을 만들지요. 음력 정월은 농한기라서 마을 사람이 모두 모여 줄을 만드는 일에만 매달릴 수 있어요.

　줄다리기하는 모습을 실제로 본 적 있나요? 줄다리기에 쓰이는 줄은 엄청나게 굵답니다. 옛날에는 어른이 줄 위에 걸터앉으면 발이 땅에 닿지 않을 정도였다고 해요. 요즈음 영산 줄다리기에 쓰는 줄은 예전에 비하여 훨씬 가늘고 짧아졌는데도 굵기가 1.5미터, 길이가 40미터가 넘습니다. 또 암줄, 수줄로 나누어져 있지요.

1 이 글을 읽고 영산 줄다리기에 대해 알 수 있는 내용으로 알맞지 **않은** 것은 어느 것입니까? (　　　)

① 어른보다 아이들이 먼저 겨룬다.
② 줄다리기에 쓰이는 줄은 얇고 길다.
③ 장정들과 마을 사람들이 함께 줄을 만든다.
④ 줄다리기를 하는 때는 음력 정월 농한기이다.
⑤ 줄다리기에 쓰이는 줄은 암줄, 수줄로 나뉜다.

 1-1 서술형 쌍둥이 문제

자신의 지식이나 경험을 활용해 이 글을 읽고 떠올린 생각을 한 가지 쓰시오. [4점]

_____

_____

2 ~ 2-1

　조선 시대에는 서울 한강가에 얼음 창고를 만들었는데, 동빙고와 서빙고를 두었다. 동빙고는 왕실의 제사에 쓰일 얼음을 보관했고, 서빙고는 음식 저장용, 식용 또는 의료용으로 쓸 얼음을 공급했다. 조선 시대의 빙고는 정식 관청이었으며, 얼음의 공급 규정을 법으로 엄격히 규정할 만큼 얼음의 공급을 중요하게 여겼다.

　한겨울의 얼음을 보관했다가 쓰는 기술을 장빙이라고 했다. 우리나라는 여름과 겨울의 기온 차가 커서 옛날부터 장빙 기술이 크게 발달했다. 장빙 기술을 활용한 석빙고는 현재 일곱 개가 남아 있는데, 남한에는 경주, 안동, 영산, 창녕, 청도, 현풍에 각각 한 개가, 북한 해주에 한 개가 남아 있다.

2 이 글을 읽고 새롭게 안 점을 말한 것을 두 가지 고르시오. (　　　)

① 얼음을 어떤 방법으로 나누어 주었을까?
② 조선 시대에는 음식을 어떻게 보관했을까?
③ 석빙고를 그림으로 설명한 자료를 보고 싶다.
④ 조선 시대에는 빙고가 관청이었다는 사실이 신기하다.
⑤ '한겨울의 얼음을 보관했다가 쓰는 기술'이라는 부분에서 '장빙'의 뜻을 알 수 있었다.

 2-1 서술형 쌍둥이 문제

자신의 지식이나 경험을 활용해 이 글을 읽고 알고 싶은 점을 한 가지 쓰시오. [4점]

_____

_____

3~3-1

나는 국립생태원에 견학 갔던 일을 글로 쓰려고 해. 특별 전시관에서 본 진짜 개미집이 인상 깊었거든.

나는 경주에 다녀온 것을 글로 쓰고 싶어. 정말 놀랍고 뛰어난 유물이 많았어.

3 친구들이 자신이 체험한 일에 대한 감상이 드러나는 글을 쓰기 위해 생각할 점으로 알맞지 <u>않은</u> 것은 무엇입니까? (   )

① 인상 깊은 체험을 중심으로 쓴다.

② 체험하면서 본 것, 들은 것, 한 것 등을 자세히 쓴다.

③ 같은 체험을 한 친구의 감상을 물어보고 함께 자세하게 쓴다.

④ 체험한 일에 대한 생각이나 느낌이 생생하게 전달되도록 쓴다.

⑤ 체험한 일에 대한 감상은 당시의 생각이나 느낌이 잘 드러나도록 쓴다.

3-1
서술형
쌍둥이
문제
친구들처럼 자신이 체험한 일 중 글로 쓰고 싶은 것을 떠올려 그 까닭과 함께 쓰시오. [6점]

_____

_____

4~4-1

가 국립한글박물관을 찾았다. 국립한글박물관은 '한글'로만 기록한 한글 자료와 한글을 활용한 작품들을 전시해 놓은 곳이다. 국립한글박물관은 용산 국립중앙박물관 옆에 있다. 우리 가족은 집 근처에서 지하철을 타고 가서 '박물관 나들길'을 이용해 박물관까지 걸어갔다. 이정표를 따라 걷다 보니 큰 박물관 건물이 눈에 들어왔다.

나 의견을 쓴 사람	글에 대한 의견
민주	내 경험으로는 지하철역에서 국립한글박물관까지 걸어가는 길 주변 건물의 모습이 인상 깊었다. 글 가 에 이런 부분을 덧붙이면 글이 더 생생하게 느껴질 것이다.

4 글 가 를 읽고 평가할 때 살펴볼 내용으로 알맞지 <u>않은</u> 것은 어느 것입니까? (   )

① 글 내용이 정확한가?

② 어떤 일인지 이해하기 쉬운가?

③ 체험한 일을 자세히 풀어 썼는가?

④ 체험한 일을 생생하게 표현했는가?

⑤ 어렵고 전문적인 말을 잘 사용했는가?

4-1
서술형
쌍둥이
문제
나 의 민주처럼 글 가 에 대한 의견을 한 가지 쓰시오. [4점]

_____

_____

1~2

줄다리기, 모두 하나 되는 대동 놀이
풍년을 기원하는 줄다리기

우리 조상들은 왜 줄을 만들어 서로 당기는 놀이를 했을까요? 그것은 농사와 관련이 깊어요. 오랜 세월 동안 농사를 지어 온 우리 조상들의 가장 큰 소망은 풍년이었어요. 농사가 잘되려면 물이 가장 중요하고요. 그런데 우리 조상들은 용이 물을 다스리는 신이라고 생각했답니다. 그래서 용을 닮은 줄을 만들고 흥겹게 줄다리기를 해서 용을 기쁘게 하려고 했어요. 물의 신인 용을 즐겁고 기쁘게 해야 풍년이 들 테니까요.

또 조상들은 계절이 바뀌는 이유가 신들끼리 힘 겨루기를 하기 때문이라고 생각했답니다. 봄부터 가을까지는 착한 신들의 힘이 세지만 추운 겨울에는 악한 신들의 힘이 더 세진다고 여겼어요. 그래서 새해의 첫 달인 정월에 힘이 약해진 착한 신들을 도울 수 있는 놀이를 했답니다. 그것이 바로 여럿이 힘을 모아 겨루는 윷놀이나 줄다리기였던 거예요.

1 조상들이 용을 닮은 줄을 만들어 줄다리기를 한 까닭은 무엇인지 쓰시오. [5점]

_____

_____

2 윤지가 이 글을 읽으며 떠올린 다음 생각을 보고, 윤지가 떠올린 생각이 글을 읽는 데 어떤 도움이 되었을지 쓰시오. [5점]

> 윤지: 제목에 있는 '대동'이라는 낱말 뜻을 정확히 몰랐는데 글 내용을 보니 '여러 사람이 힘을 합치다'라는 뜻인 것 같아.

_____

_____

3~4

보물인 경주 석빙고는 1738년에 만들었으며, 입구에서부터 점점 깊어져 창고 안은 길이 14미터, 너비 6미터, 높이 5.4미터이다. 석빙고는 온도 변화가 적은 반지하 구조로 한쪽이 긴 흙무덤 모양이며, 바깥 공기가 들어오지 않도록 출입구의 동쪽은 담으로 막고 지붕에는 구멍을 뚫었다.

지붕은 이중 구조인데 바깥쪽은 열을 효과적으로 막아 주는 진흙으로, 안쪽은 열전달이 잘되는 화강암으로 만들었다. 천장은 반원형으로 기둥 다섯 개에 장대석이 걸쳐 있고, 장대석을 걸친 곳에는 밖으로 통하는 공기구멍이 세 개가 나 있다. 이 구멍은 아래쪽이 넓고 위쪽은 좁은 직사각형 기둥 모양인데, 이렇게 함으로써 바깥에서 바람이 불 때 빙실 안의 공기가 잘 빠져나온다. 즉, 열로 데워진 공기와 출입구에서 들어오는 바깥의 더운 공기가 지붕의 구멍으로 빠져나가기 때문에 빙실 아래의 찬 공기가 오랫동안 머물 수 있어 얼음이 적게 녹는 것이다.

3 경주 석빙고가 과학적이라고 말할 수 있는 까닭을 한 가지 쓰시오. [5점]

_____

_____

4 다음 과학 시간에 배운 내용을 활용하여 이 글의 내용에 대해 이해한 내용을 쓰시오. [7점]

> 기체: 주위보다 온도가 높은 기체가 위로 올라가고 온도가 낮은 기체가 아래로 내려오면서 열이 이동함.

_____

_____

단계별 유형

5 체험에 대한 글쓴이의 감상이 드러나는 글을 읽고 물음에 답하시오. [10점]

상설 전시실 바로 위에는 '한글 놀이터'와 '한글 배움터' 그리고 '특별 전시실'이 있었다. 아이들이 놀면서 한글을 배울 수 있는 '한글 놀이터', 한글에 익숙하지 않은 사람들을 위해 마련한 '한글 배움터'는 모두 체험과 놀이를 하면서 한글을 이해하도록 만들어졌다는 점이 흥미로웠다. '특별 전시실'에서는 국립한글박물관 개관 기념 특별전을 진행했는데, '세종 대왕, 한글문화 시대를 열다'라는 기획 아래 세종 대왕의 업적과 일대기, 세종 시대의 한글 문화, 세종 정신 따위를 주제로 한 전통적인 유물과 이를 현대적으로 해석한 현대 작가의 작품을 만날 수 있었다.

박물관을 관람하면서 책과 화면으로만 봤던 한글 유물을 직접 볼 수 있어서 신기하고 즐거웠다.

1단계 어디에 다녀와서 쓴 글입니까?

(   )

2단계 체험한 일에 대한 글쓴이의 감상은 무엇인지 쓰시오.

_____

_____

3단계 이 글을 읽고 알 수 있는, 체험한 일을 떠올리며 감상이 드러나는 글을 쓰는 방법을 한 가지 쓰시오.

_____

_____

6~7

처음 발끝이 닿은 장소는 2층 '한글이 걸어온 길' 상설 전시실이었다. 전시실 이름처럼 '한글이 걸어온 길'을 주제로 마련한 상설 전시실은 총 3부로 구성되었다. 1부 주제는 '새로 스물여덟 자를 만드니'로, 세종 25년 한글이 그 모습을 드러내던 때를 살펴볼 수 있었고, 2부 주제는 '쉽게 익혀서 편히 쓰니'이며, 마지막으로 3부 주제는 '세상에 널리 퍼져 나아가니'이다. 상설 전시실의 이름이 한글의 역사를 잘 말해 주는 것 같았다.

6 이 글을 읽고 지식이나 경험을 활용해 함께 글을 고치기 위한 평가표를 만들려고 합니다. 빈칸에 들어갈 내용을 한 가지씩 쓰시오. [7점]

		평가 기준
내용	(1)	• 체험한 일을 자세히 풀어 썼는가? •
조직	(2)	• 글 내용에 따라 문단을 구분했는가? •
표현	(3)	• 체험한 일을 생생하게 표현했는가? •

7 문제 6번에 답한 표의 내용을 바탕으로 이 글에 대한 의견을 한 가지 쓰시오. [5점]

_____

_____

1 ~ 1-1

오늘은 미세 먼지가 심하니 외부 활동을 자제해 주시길 바랍니다. 체육 수업은 교실에서 하겠습니다.

날이 갈수록 심해지는 미세 먼지에 어떻게 대처해야 할까요?

학교 곳곳에 공기 청정기를 설치합니다. 공기 청정기가 공기를 깨끗하게 해 줄 것입니다.

공기 청정기가 없는 곳은 어떻게 하나요? 그럼 공기 청정기가 설치된 곳에서만 지내야 하나요?

1 그림 ❸에서 남자아이가 잘못한 점은 무엇입니까?
(   )

① 발표할 차례를 지키지 않고 말했다.
② 토의 주제와 관련 없는 의견을 말했다.
③ 상대 의견의 장점을 받아들이지 않았다.
④ 상대의 의견을 무시하며 반말로 말했다.
⑤ 갑자기 큰 소리로 말해서 다른 친구들을 깜짝 놀라게 했다.

1-1 서술형 쌍둥이 문제
이 토의 장면에 나타난 문제는 무엇인지 쓰시오.
[4점]

_____

_____

2 ~ 2-1

의견을 모으지 않으면 갈등이 더 심해질 것 같습니다.

의견을 조정할 필요가 있습니다.

동의합니다. ㉠처음에 우리가 토의로 해결하려고 했던 문제는 무엇이었죠?

미세 먼지에 대처하는 방안을 마련하는 것입니다.

그렇군요. 토의로 해결하려는 문제를 정확히 파악해야 했습니다.

2 ㉠에서 사회자가 토의로 해결하려고 했던 문제를 다시 물어본 까닭은 무엇이겠습니까? (   )

① 토의로 해결할 문제를 바꾸기 위해서
② 토의 주제가 무엇인지 기억나지 않아서
③ 이전에 친구들이 한 토의에 참여하지 못해서
④ 친구들이 말한 의견을 다시 확인하기 위해서
⑤ 토의로 해결할 문제를 정확하게 파악하기 위해서

2-1 서술형 쌍둥이 문제
친구들은 이 장면 다음에 어떤 의견 조정 과정을 진행했을지 쓰시오. [6점]

_____

_____

3 ~ 3-1

3 그림 가와 그림 나는 무엇이 다릅니까? (   )

① 주장하는 의견이 다르다.

② 발표를 하는 장소가 다르다.

③ 의견을 말하는 사람이 다르다.

④ 그림 가는 근거를 자세히 제시했고, 그림 나는 간단히 제시했다.

⑤ 그림 가는 자료 없이 의견을 말했고, 그림 나는 신문 기사를 자료로 제시했다.

3-1 서술형 쌍둥이 문제

그림 가와 그림 나에서 재훈이의 발표 방법이 어떻게 다른지 쓰시오. [4점]

_____

_____

4 ~ 4-1

세계보건기구[WHO]는 아동 비만을 21세기 최대 건강 문제 가운데 하나로 꼽고 있다. 한국도 예외는 아니다. 교육부에 따르면 2017년을 기준으로 우리나라 초중고 비만 학생은 100명당 약 17.3명인데 해마다 꾸준히 증가하고 있다.

영국의 한 초등학교에서 실시한 건강 달리기 프로그램이 성공을 거두어 큰 관심을 끌고 있다. 이 학교는 날마다 적절한 시간을 정해 1.6킬로미터 거리를 달리게 하고 있다. 학생들을 관찰한 □□대학의 ○ 박사는 "이 학교의 학생들에게는 비만 문제가 보이지 않는다."라고 했다.

미국 일리노이주의 한 학교 역시 건강 달리기로 하루를 시작한다. 이 학교의 학생들은 건강은 물론 집중력도 향상되었고, 우울증과 불안감은 줄어들었다고 한다.

『○○신문』

4 이 글에 대한 설명으로 알맞지 <u>않은</u> 것은 어느 것입니까? (   )

① 신문 기사에서 찾은 자료이다.

② 건강 달리기의 효과를 알 수 있다.

③ 많은 내용을 글로만 설명해서 이해하기 어렵다.

④ 영국에서 실시한 건강 달리기 프로그램에 대해 알 수 있다.

⑤ 건강 달리기 프로그램을 통해 성인 비만을 줄이자는 내용의 자료이다.

4-1 서술형 쌍둥이 문제

이 자료를 쉽게 읽을 수 없다면 그 까닭은 무엇인지 쓰시오. [4점]

_____

_____

_____

3. 의견을 조정하며 토의해요 **11**

1~2

사회자: 날이 갈수록 심해지는 미세 먼지에 어떻게 대처해야 할까요?

① 마스크를 쓰고 생활합니다. 마스크가 몸에 해로운 미세 먼지를 막아 주기 때문입니다.

② 학교 곳곳에 공기 청정기를 설치합니다. 공기 청정기가 공기를 깨끗하게 해 줄 것입니다.

③ 공기 청정기가 없는 곳은 어떻게 하나요? 그럼 공기 청정기가 설치된 곳에서만 지내야 하나요?

④ 마스크를 쓰는 것은 안 불편한 줄 아십니까? 마스크를 쓰면 답답하고 숨을 쉬기 어렵습니다.

1 친구들이 토의에서 제시한 의견 두 가지는 무엇인지 쓰시오. [5점]

(1) _____

_____

(2) _____

_____

2 친구들이 토의를 하며 의견을 조정하지 않으면 어떤 일이 일어날지 쓰시오. [5점]

_____

_____

_____

3~4

① 맞아요. 그리고 의견을 실천하려면 무엇이 필요한지 따질 필요가 있겠군요. 자세한 자료를 찾아 각자 의견을 뒷받침해 봅시다.

② 만약 의견을 실천한다면 어떤 결과가 따를까요? 의견대로 실천했을 때 일어날 문제점을 예측해 봅시다.

③ 공기 청정기를 설치하는 데 비용이 많이 들 수 있습니다.

④ 미세 먼지 마스크는 일회용이라 쓰레기 문제가 일어날 수 있습니다.

⑤ ㉠다른 분들의 생각은 어떠한가요? 어떤 의견이 더 좋나요? 결정한 의견에서 자신이 해야 하는 역할은 무엇일까요?

⑥

3 친구들이 제시한 의견대로 실천했을 때 일어날 수 있는 문제는 무엇인지 각각 쓰시오. [5점]

공기 청정기 설치하기	(1)
마스크 쓰기	(2)

4 사회자가 ㉠과 같은 질문을 한 까닭은 무엇이겠는지 쓰시오. [7점]

_____

_____

_____

단계별 유형

7 자료를 찾아 정리한 다음 내용을 읽고 물음에 답하시오. [10점]

> [아동 건강 문제]
> • 세계보건기구: 아동 비만은 21세기 최대 건강 문제 가운데 하나
> • 교육부: ㉠ 우리나라 초중고 비만 학생은 100명 당 약 17명(2017년 기준)
>
> [건강 달리기의 효과]
> • 비만 문제를 해결할 수 있다.
> • 집중력이 향상되고, 우울증과 불안감이 줄어든다.
>
> [건강 달리기를 실천한 예]
> • 삼 년 동안 건강 달리기를 실시한 초등학교
> • 비만 학생이 해마다 열네 명, 아홉 명, 네 명으로 줄어들었다.

1단계 무엇에 대한 자료를 찾아 정리한 것입니까?

• ( )에 대한 자료를 찾아 정리한 것입니다.

2단계 이 자료를 좀 더 알기 쉽게 표현하려면 어떻게 해야 할지 쓰시오.

3단계 2단계의 답을 바탕으로 하여 ㉠을 알기 쉽게 표현하시오.

5~6

5 토의 주제는 무엇인지 쓰시오. [5점]

6 지윤이와 수호는 자신이 찾은 자료를 어떻게 읽는 것이 알맞을지 각각 쓰시오. [7점]

	지윤	수호
찾은 자료	신문 기사	책
읽는 방법	(1)	(2)

연습! 서술형 평가

1~1-1

㉠어제저녁에 방에서 컴퓨터를 하는데 졸음이 밀려온다. 안방으로 가서 가만히 누워 있는데 내 동생 용준이가 나를 툭툭 치며 장난을 걸어왔다. 나는 용준이가 또 덤빌까 봐 용준이 손을 잡고 안 놓아주었다. 그러다가 그만 내 눈에 쇳덩어리(용준이 머리)가 '쿵' 하고 부딪쳤다.

"아야!"

나는 너무 아파서 눈물을 글썽였다. 그랬더니 용준이가 혼날까 봐 따라 울려고 그랬다. 나는 결코 용준이를 아프게 한 적이 없는데도 말이다.

"야, 네가 왜 울어?"

그때였다. 아버지께서 눈을 크게 뜨시며

"진윤서, 너 왜 동생 울려?"

하고 큰소리를 내셨다. 나한테만 뭐라고 하시는 아버지를 이해할 수 없었다.

1 ㉠에서 잘못된 점은 무엇입니까? (　　　)

① 어디에서 있었던 일인지 쓰지 않았다.

② 하나의 주어에 여러 개의 서술어를 썼다.

③ 높임의 대상에 알맞은 서술어를 쓰지 않았다.

④ 일이 일어난 시간을 나타내는 말을 쓰지 않았다.

⑤ 시간을 나타내는 말에 어울리는 서술어를 쓰지 않았다.

1-1 서술형 쌍둥이 문제

㉠을 문장 성분의 호응을 생각해서 바르게 고쳐 쓰시오. [4점]

_____

_____

2~2-1

우리가 환경을 보호해야 하는 까닭은 환경 파괴의 피해가 결국 우리에게 ㉠돌아오는 것이라고 생각한다.

㉡할아버지는 얼른 밥을 다 먹고 또 일하러 나가셨다.

어제저녁 우리 가족은 함께 동네 공원으로 산책을 ㉢나간다.

나는 친구가 거짓말을 한 것이 결코 바른 ㉣행동이라고 생각한다.

나는 게임하는 것을 별로 ㉤좋아한다.

2 ㉠~㉤을 바르게 고쳐 쓰지 못한 것은 어느 것입니까?

(　　　)

① ㉠ – 돌아오기 때문이다

② ㉡ – 할아버지께서는 얼른 진지를 다 잡수시고

③ ㉢ – 나갔다

④ ㉣ – 행동이 아니라고 생각한다

⑤ ㉤ – 좋아했다

2-1 서술형 쌍둥이 문제

위의 다섯 문장이 어색한 까닭은 무엇인지 쓰시오.

[4점]

_____

_____

3~3-1

가족 여행

가족과 있었던 일

우정과 관련한 일

겪은 일 또는 생각

3 이와 같이 겪은 일이 드러나는 글을 쓰기 위해 글감을 떠올릴 때, 그 내용으로 알맞은 것은 무엇입니까?

( )

① 누구나 경험할 만한 것
② 주제가 잘 드러나지 않는 것
③ 내용을 자세히 풀어 쓸 수 있는 것
④ 장소나 등장인물의 변화가 너무 많은 것
⑤ 글을 읽는 사람이 흥미를 느끼기 힘든 것

3-1 서술형 쌍둥이 문제 글을 쓸 때 좋은 글감을 골라야 하는 까닭은 무엇인 지 쓰시오. [4점]

_____

_____

4~4-1

• 의견을 조정하는 방법으로 학급에서 활용할 매체를 정해 보세요.

문제 파악하기

• 무엇을 결정해야 하나요?
➡ 우리 학급에서 사용할 매체입니다.

• 무엇에 활용하려고 하나요?
➡ 우리가 쓴 글을 올리고 의견을 주고받을 것입니다.

의견 실천에 필요한 조건 따지기

• 어떤 매체가 있나요?
➡ ㉠

• 활용할 매체는 어떤 조건을 갖추어야 하나요?
➡ ㉡

4 ㉠에 들어갈 내용으로 알맞지 <u>않은</u> 것은 어느 것입니까? ( )

① 누리집
② 블로그
③ 텔레비전
④ 전자 우편
⑤ 누리 소통망

4-1 서술형 쌍둥이 문제 ㉡에 들어갈 활용할 매체의 조건을 한 가지 쓰시오. [6점]

_____

_____

실전! 서술형 평가

1~2

가 나는 용준이가 또 덤빌까 봐 용준이 손을 잡고 안 놓아주었다. 그러다가 그만 내 눈에 쇳덩어리(용준이 머리)가 '쿵' 하고 부딪쳤다. / "아야!"

나는 너무 아파서 눈물을 글썽였다. 그랬더니 용준이가 혼날까 봐 따라 울려고 그랬다. 나는 결코 용준이를 아프게 한 적이 없는데도 말이다.

"야, 네가 왜 울어?"

그때였다. 아버지께서 눈을 크게 뜨시며

"진윤서, 너 왜 동생 울려?"

하고 큰소리를 내셨다. 나한테만 뭐라고 하시는 아버지를 이해할 수 없었다. 나는 화가 나서 울며 내 방으로 들어가 침대에 누웠다.

나 한참 있다가 어머니께서 오셨다. 문을 열어 보라고 하시는데 ㉠어머니의 목소리가 별로 좋아 보였다. 난 혼이 날까 봐 살짝 문을 열었다.

"윤서야, 너 좋아하는 연속극 해."

"일기 쓸래요."

㉡그때 안방에서 아버지가 불렀다.

"윤서야, 이리 와 봐."

나는 입을 쭉 내밀고 절대 앉기 싫다는 표정으로 아버지 옆에 앉았다.

1 윤서는 이 글을 쓰기 위해 다음 단계에서 어떤 경험을 떠올렸을지 쓰시오. [5점]

> 내용 생성하기 – 쓸 내용을 떠올리는 단계

_____

_____

2 윤서는 고쳐쓰기 단계에서 ㉠과 ㉡을 어떻게 고쳐 써야 할지 쓰시오. [5점]

(1) ㉠: _____

(2) ㉡: _____

3 윤서가 친구들이 쓴 글을 읽다가 찾은 잘못된 문장입니다. 다음 단계에 맞게 문장을 고쳐 쓰시오. [7점]

| 가 | 나는 친구가 거짓말을 한 것이 결코 바른 행동이라고 생각한다. | 나 | 선생님 말씀은 전혀 들어 본 내용이었다. | 다 | 나는 책 읽기를 별로 좋아하는 편이다. |

문장이 잘못된 까닭	(1) ( ), ( ), ( )과/와 같은 낱말과 서술어가 어울리지 않기 때문입니다.
바르게 고쳐 쓴 문장	(2) 가 : _____ _____ (3) 나 : _____ _____ (4) 다 : _____ _____

4 다음 문장에서 잘못된 부분을 찾아 고쳐 쓰고, 그렇게 고친 까닭도 함께 쓰시오. [5점]

> 내가 이번 대회에 참가하면서 느낀 점은 어떤 일에 도전하고 그 목표를 성취하고자 노력하는 순간들도 소중하다는 것을 느꼈다.

(1) 잘못된 부분 고쳐 쓰기: _____

_____

(2) 고친 까닭: _____

_____

단계별 유형

5 겪은 일이 드러나게 글을 쓸 때 자신이 쓰고 싶은 글감을 떠올려 보고, 다음 단계에 따라 쓰시오. [10점]

단계 1 자신이 글로 쓰고 싶은 일이나 생각을 한 가지 쓰시오.

( )

단계 2 글을 어떻게 쓸지 생각하며 글 내용을 조직하여 다음 표에 알맞게 쓰시오.

처음	(1)
가운데	(2)
끝	(3)

단계 3 **단계 2** 의 내용으로 글을 쓸 때, 글머리에 들어갈 내용을 다음 방법을 사용하여 쓰시오.

방법	예
대화 글로 시작하기	"괜찮아." 드디어 유나가 입을 열었다.

6 다음 그림을 통해 알 수 있는, 매체를 활용해 글을 쓰거나 의견을 나눌 때 주의할 점을 두 가지 쓰시오. [7점]

(1) _____

_____

(2) _____

_____

7 매체를 활용해 글을 쓰고 의견을 나누는 방법은 직접 종이에 글을 쓰고 의견을 나누는 방법과 비교했을 때 어떤 차이가 있는지 한 가지 쓰시오. [5점]

_____

_____

5. 여러 가지 매체 자료

연습! 서술형 평가

1~1-1

| 어린이 신문 | 20○○년 ○○월 ○○일 |

걸어서 만나는 세계적인 생태 천국, 창녕 우포늪

여름철 우포늪은 온갖 생명의 움직임으로 분주하다. 개구리밥, 마름, 생이가래 같은 수생 식물이 세력을 넓히고, 새하얀 백로가 얕은 물가를 느긋하게 거닐며 먹이 활동을 한다. 가시연꽃이 보랏빛 꽃을 피워 여름의 절정을 알릴 날도 머지않았다.

1 이 매체 자료의 내용을 잘 이해하려면 어떻게 읽어야 합니까? (   )

① 사진과 글을 모두 살펴본다.

② 글만 자세하고 꼼꼼하게 읽는다.

③ 사진만 보고 글의 내용을 추측해 본다.

④ 제목만 읽고 글의 내용을 추측해 본다.

⑤ 장면과 어우러지는 음악이나 연출 기법의 의미를 생각하며 읽는다.

1-1 서술형 쌍둥이 문제

이 매체 자료를 만든 사람이 우포늪 사진을 글과 함께 제시한 까닭은 무엇일지 쓰시오. [4점]

_____

_____

2~2-1

인물이 처한 상황	표현 방법	사용한 음악이 주는 느낌
주인공(허준)이 밤새도록 환자를 치료한다.	주인공(허준)이 치료하는 장면을 연달아 보여 준다.	허준이 마을 사람들을 치료하는 장면에서 비장한 느낌을 준다.
돌쇠가 길을 안내하는 줄 알고 허준이 따라간다.	인물(허준)이 단호한 표정으로 걸어가는 모습을 가까이 보여 준다.	돌쇠가 길을 안내하는 줄 알고 허준이 따라가는 장면에서 힘들지만 한양에서 시험을 잘 보겠다는 허준의 의지를 드러낸다.

2 위의 두 장면에서 인물이 처한 상황을 표현하기 위해 장면에 따라 음악을 다르게 한 효과로 알맞은 것을 두 가지 고르시오. (   )

① 인물의 태도가 강조된다.

② 인물의 굳은 의지가 나타난다.

③ 인물의 생김새를 돋보이게 만든다.

④ 앞으로 등장할 인물의 수를 알려 준다.

⑤ 인물이 앞으로 어떤 말을 할지 알려 준다.

2-1 서술형 쌍둥이 문제

이 표에서 알 수 있는 영상 매체 자료의 특징을 한 가지 쓰시오. [4점]

_____

_____

3~3-1

〈김득신에 대한 영상 매체 자료의 내용〉

장면 1	김득신은 열 살에 처음 글을 배우기 시작했다. 김득신은 정삼품 부제학을 지낸 김치의 아들로 태어났다. 주변에서는 우둔한 김득신을 포기하라고 했다. 하지만 김득신의 아버지는 공부를 포기하지 않는 김득신을 대견스럽게 여겼다. 김득신은 스무 살에 처음으로 작문을 했다. 김득신의 아버지는 공부란 꼭 과거를 보기 위한 것만이 아니니 더욱 노력하라고 김득신을 격려했다.
장면 2	김득신은 같은 책을 반복해서 여러 번 읽으며 공부했으나 하인도 외우는 내용을 기억하지 못하는 한계를 드러냈다.
장면 3	김득신은 자신의 한계를 극복하기 위해 만 번 이상 읽은 책에 대한 기록을 남겼다. 김득신은 59세에 문과에 급제해 성균관에 입학했다. 김득신은 많은 책과 시를 읽었지만 자신만의 시어로 시를 썼다. 많은 사람이 김득신의 시를 높이 평가했다.

3 이 자료를 통해 김득신에 대해 알 수 있는 점으로 알맞지 <u>않은</u> 것은 무엇입니까? (   )

① 뛰어난 재능이나 두뇌를 갖지 못했다.
② 59세에 문과에 급제해 성균관에 입학했다.
③ 꾸준히 노력했지만 한계를 극복하지 못했다.
④ 김득신의 아버지는 포기하지 않는 아들을 대견하게 여겼다.
⑤ 자신만의 시어로 시를 써서 많은 사람에게 높은 평가를 받았다.

 3-1 서술형 쌍둥이 문제

이 영상 매체의 장면 1에 다음과 같은 음악을 사용했다면, 그 효과는 무엇일지 쓰시오. [6점]

> 잔잔하고 차분하며 아련한 느낌이 드는 음악

_____

_____

4~4-1

핑공 카페에 들어와 서영이가 올린 글을 읽은 아이들은 저마다 자기 의견을 달아 놓았다. 그중에는 서영이를 두둔하는 선플도 있었지만, 흑설 공주를 비방하는 악플과 함께 여전히 흑설 공주 편을 드는 아이들도 있었다.

사냥꾼: 도대체 누구 말이 진실인가?
빨간 풍선: 민서영이 흑설 공주에게 일방적으로 당한 것 같다. 지금이라도 민서영이 자기 입장을 밝혀 주어 속 시원하다.
은하수: 내가 보기에 흑설 공주가 너무 심하다. 본인이 사실이 아니라는데 왜 그런 거짓 글을 실었을까?

4 이 글에서 인물들이 이야기를 나누는 공간은 어디입니까? (   )

① 복도　　　　　② 도서관
③ 인터넷 카페　　④ 서영이의 집
⑤ 교실 뒤 편의 게시판

 4-1 서술형 쌍둥이 문제

이 글에 등장하는 인물과 비슷한 경험을 한 적이 있는지 떠올려 쓰시오. [4점]

_____

_____

실전! 서술형 평가

1~2

1 가와 나에서 민준이가 읽은 매체 자료는 정보를 어떻게 전달하는지 쓰시오. [5점]

매체	정보 전달 방법
가	(1)
나	(2)

2 다를 어떻게 읽어야 할지 생각하여 다음 친구의 말을 완성하시오. [7점]

> 인터넷 매체 자료를 읽을 때에는 인쇄 매체 자료와 영상 매체 자료를 읽는 방식을 모두 사용하면 좋을 것 같아.
>
> 예를 들면 _____

3~4

> [영상 「허준」의 장면]
>   유도지는 한양에 도착해 궁의 내의원들을 만난다. 유도지는 그들에게 거하게 대접을 하며 뇌물을 건넨다. 이를 본 내의원들의 입이 떡 벌어진다.

장면	표현 방법
유도지가 뇌물을 주는 장면	사건을 일으키는 인물을 카메라가 가까이 다가가 보여 준다.
뇌물을 받은 인물이 놀라는 장면	인물이 놀라는 모습에 맞추어 긴장감이 느껴지는 음악을 들려준다.

3 유도지가 뇌물을 주는 장면에서 유도지에게 카메라가 가까이 다가가 보여 주는 까닭은 무엇일지 쓰시오. [5점]

_____

4 뇌물을 받은 인물이 놀라는 모습에 맞추어 긴장감이 느껴지는 배경 음악을 사용한 까닭은 무엇일지 쓰시오. [5점]

_____

5~6

인물의 가치관

↑

김득신

↙ ↘

인물의 독특한 행동　　인물이 살았던 시대

5 위의 인물에 대해 탐구 계획을 세울 때 더 조사하면 좋을 내용은 무엇인지 쓰시오. [5점]

_____

_____

_____

6 위의 인물에 대해 다음 매체 자료를 이용해 조사하려고 합니다. 찾은 매체 자료를 어떤 방법으로 읽으면 좋을지 각각 쓰시오. [7점]

인쇄 매체 자료	(1)
영상 매체 자료	(2)

---

7 인터넷 매체의 특성을 생각하며 다음 글을 읽고 물음에 답하시오. [10점]

가 전학 온 서영이는 성격이 좋아 금세 친구들과 잘 어울렸다. 그런 서영이가 부러운 미라는 핑공 카페에 '흑설 공주'라는 계정으로 서영이와 관련한 거짓 글을 올린다.

나 민주는 떨리는 마음으로 서영이가 올린 글을 읽어 보았다. 흑설 공주에 대한 분노, 엄마 아빠에 대한 자부심과 사랑과 함께 흑설 공주의 글이 모두 사실이 아니라는 걸 당당하게 밝혀 놓은 글이었다.

다 아이들의 댓글은 꼬리에 꼬리를 물고 이어졌다. 민주는 숨을 죽인 채 카페에 올라온 글들을 읽고 또 읽었다. 그리고 다음 날 민주는 또다시 자기 눈을 의심하였다. 흑설 공주가 서영이를 공격하는 또 하나의 글이 올라와 있었기 때문이었다. 민주는 덜덜 떨리는 마음으로 흑설 공주가 올린 글을 읽기 시작하였다.

> 민서영, 내가 쓴 글이 사실이 아니라면 그걸 반박할 증거를 내놓아라. 그럴 용기가 없다면 내가 쓴 모든 글이 사실임을 인정해야 할 것이다.

단계 1 이 글에서 주요 갈등을 겪는 인물은 누구누구인지 쓰시오.

(　　　　　　　　　　　　)

단계 2 흑설 공주가 카페에 거짓 글을 올리자 어떤 일이 일어났는지 쓰시오.

_____

_____

단계 3 이 글의 제목은 '마녀사냥'입니다. 이 글의 내용을 생각하여 이런 제목을 붙인 까닭이 무엇일지 쓰시오.

_____

_____

국어

5단원

연습! 서술형 평가

1 ~ 1-1

1 그림 **가**에서 남자아이는 어떤 방법으로 자신의 의견을 말했습니까? (   )

① 근거를 들어 자신의 의견을 말했다.
② 다른 사물에 빗대어 의견을 표현했다.
③ 흉내 내는 말을 사용하여 느낌을 표현했다.
④ 상대를 무시하는 느낌을 주는 말을 사용했다.
⑤ 상대의 잘못을 지적하면서 자신이 옳다고 우겼다.

1-1 서술형 쌍둥이 문제
남자아이가 그림 **나**와 같이 대답했을 때 두 사람의 대화는 어떻게 이어질지 쓰시오. [4점]

_____

_____

2 ~ 2-1

직업의 선택은 유행이 아니라 자신의 적성이나 흥미, 특기를 고려해 이루어져야 한다. 정작 자신이 무엇을 원하는지보다 다른 많은 사람이 원하는 것에 이끌려 인생의 중요한 결정을 내린다면 결국 후회만 남을 것이다. 또 이것저것 유행에 휘둘리다 보면 자신의 능력을 집중적으로 개발하는 시간도 빼앗길 것이다.

이와 같은 현실과 관련해 직업 평론가 ○○○ 씨와 면담한 결과 그는 "자신이 원하는 일이 무엇인지 모르며 사회에 어떤 다양한 직업이 있는지 알아보려고 하지 않는 사실이 문제"라며 우려를 나타냈다. 직업은 미래에 자기 삶을 유지해 줄 수 있는 수단 가운데 하나이다. 직업으로 사람들은 소득을 얻기도 하고, 행복과 보람을 느끼기도 한다. 그러므로 유행보다는 자신의 흥미와 적성, 특기를 알고, 이것을 바탕으로 하여 직업을 고르려고 노력해야 한다.

2 글쓴이는 무엇을 바탕으로 직업을 고르려고 노력해야 한다고 했는지 모두 고르시오. (   )

① 흥미   ② 적성
③ 유행   ④ 월급
⑤ 특기

2-1 서술형 쌍둥이 문제
글쓴이의 주장은 무엇인지 쓰시오. [6점]

_____

_____

3~3-1

반대편: 학급 임원 제도는 반드시 필요하다고 할 수 없습니다. 저희는 다음과 같은 까닭으로 "학급 임원은 반드시 필요하다."라는 주제에 반대합니다.

첫째, 학급 임원을 뽑는 기준이 올바르다고 보기 어렵습니다. 한 매체에서 설문 조사를 한 결과에 따르면 70퍼센트 정도의 학생들이 "후보들의 능력보다 친분을 우선으로 투표한 적이 있다."라고 응답했습니다. 이 조사는 정말 우리가 우리를 대표할 수 있는 사람을 학급 임원으로 뽑았는지에 대한 의문을 가지게 합니다. 특히 1학기에는 서로 잘 알지도 못한 채로 학급 임원 선거가 이루어지는 경우도 있습니다. 이와 같은 학급 임원 선출은 인기투표와 다르지 않습니다.

둘째, 학생들 간 동등한 관계에 부정적인 영향을 끼칩니다. 우리는 모두 평등한 관계여야 합니다. 하지만 학급 행사를 하는 과정에서 학생들과 학급 임원 사이에 의견 차이가 생겨 친구들끼리 사이가 멀어지는 경우가 생깁니다. 실제로 학급 임원을 한 경험이 있는 학생을 면담한 결과, "학급 임원을 하면서 사이가 멀어진 친구들이 있다."라고 하면서, "선생님께서 부탁하신 일과 친구들과의 관계 사이에서 고민스러운 일이 많았다."라고 말했습니다.

3 반대편이 주장을 뒷받침하려고 제시한 근거 두 가지를 고르시오. (   )

① 학급 임원은 필요하지 않다.
② 학교 내에서 선거를 경험할 수 있다.
③ 실제로 학생 대표가 학교생활에 많은 역할을 한다.
④ 학급 임원을 뽑는 기준이 올바르다고 보기 어렵다.
⑤ 학생들 간 동등한 관계에 부정적인 영향을 끼친다.

3-1 서술형 쌍둥이 문제
반대편이 각각의 근거에 대한 구체적인 자료로 제시한 것은 무엇무엇인지 쓰시오. [4점]

_____

_____

_____

4~4-1

시장에 간 우리 고모
물건 사고 아주머니가 돌려주는
거스름돈,
꼭 세어 보아요

은행에 간 고모
현금 지급기가
'달깍' 내미는 돈
세어 보지도 않고
지갑에 얼른 넣는 거 있죠?

고모도 참

4 이 시의 주제로 알맞은 것은 무엇입니까? (   )

① 가족 간의 사랑
② 안전한 은행의 소중함
③ 돈을 꼭 세어야 하는 까닭
④ 전통 시장이 사라져 가는 실태
⑤ 사람보다 기계를 더 믿는 세상

4-1 서술형 쌍둥이 문제
이 시와 비슷한 경험을 떠올려 쓰시오. [6점]

_____

_____

국어 실전! 서술형 평가

단계별 유형

1 다음 자료를 읽고 물음에 답하시오. [10점]

> **가** 실제로 자신의 꿈이 '연예인'으로 바뀌었다고 하는 한 학생을 면담한 결과, "요즘에는 연예인이 대세이다."라면서도 "사실은 한 해에도 여러 번 바뀌는 희망 직업 때문에 고민이 많다. 무엇을 준비해야 할지 모르겠다."라고 털어놓았다.
>
> **나** 직업 평론가 ○○○ 씨와 면담한 결과 그는 "자신이 원하는 일이 무엇인지 모르며 사회에 어떤 다양한 직업이 있는지 알아보려고 하지 않는 사실이 문제"라며 우려를 나타냈다.

단계 1 **가** 와 **나** 에서는 누구를 면담했는지 쓰시오.

가	(1)
나	(2)

단계 2 **가** 와 **나** 에서 면담의 주요 내용은 무엇인지 쓰시오.

가	(1)
나	(2)

단계 3 **가** 와 **나** 가운데에서 더 믿을 만한 근거 자료는 무엇인지 그렇게 생각한 까닭과 함께 쓰시오.

_____

_____

_____

2~3

> 사회자: 이번에는 상대편이 펼친 주장에서 잘못된 점이나 궁금한 점을 지적하고 이에 답하는 반론하기 시간입니다. 먼저 반대편이 반론과 질문을 하고 이에 대해 찬성편이 답변하도록 하겠습니다. 시간은 2분입니다. 시작해 주십시오.
>
> 반대편: 찬성편에서는 학급을 위해 봉사하고, 학생 대표가 되어 우리의 뜻을 학교에 전하는 역할을 할 학급 임원이 필요하다고 했습니다. 하지만 학급을 위해 봉사하는 것은 몇 명의 학생이 아니라 전체 학생이 다 할 수 있는 일입니다. 또 요즘은 기술이 발달해서 여러 사람이 동시에 회의에 참여할 수 있습니다. 굳이 학생 대표 한두 명만 회의에 참여하도록 할 필요가 없습니다. 따라서 찬성편의 근거는 학급 임원이 반드시 필요하다는 주장을 뒷받침하는 근거라고 보기 어렵습니다. 오히려 모든 학생이 학급 임원을 경험할 수 있도록 돌아가며 하는 게 좋지 않을까요?

2 반대편이 반론을 펼치기 전에 찬성편의 주장을 다시 한번 말한 까닭을 쓰시오. [5점]

_____

_____

_____

3 반대편이 찬성편에게 한 반론의 내용 두 가지를 쓰시오. [7점]

_____

_____

_____

4~5

사회자: 이제 토론의 마지막 단계인 주장 다지기입니다. 먼저 찬성편이 발언해 주시기 바랍니다.

찬성편: 학급 임원은 반드시 필요합니다. 공정한 선거로 학생 대표를 뽑고, 그 대표를 도와 학교생활이 잘 이루어지도록 하는 경험을 해 보는 것은 큰 의미가 있습니다. 학급 임원을 뽑는 기준에 문제가 있다면 그 문제를 해결하면 됩니다. 반대편의 대안처럼 할 경우 원하지 않는 학생이 학생 대표를 맡게 되는 또 다른 문제가 발생할 수 있습니다. 공정한 경쟁과 올바른 선택을 거쳐 학급 임원을 뽑는다면 문제를 원만히 해결할 수 있을 것이라고 생각합니다.

4 찬성편이 자신의 주장을 다지려고 덧붙인 설명이나 대안은 무엇인지 쓰시오. [5점]

_____

_____

_____

5 토론에서 주장을 다지는 방법을 두 가지 이상 쓰시오. [7점]

_____

_____

_____

6~7

가 시장에 간 우리 고모
물건 사고 아주머니가 돌려주는
거스름돈,
꼭 세어 보아요

은행에 간 고모
현금 지급기가
'달깍' 내미는 돈
세어 보지도 않고
지갑에 얼른 넣는 거 있죠?

고모도 참

나 세정: 이 시는 사람보다 기계를 더 믿는 현실을 비판적으로 바라보는 것 같아.

민준: '시장'과 '은행'을 대비하려고 한 연씩 구성한 점이 시의 주제를 더 잘 드러내.

현아: 나는 외삼촌께서 용돈을 주시면 돈을 세어 보지 않고 그냥 지갑에 넣어.

6 **가**를 읽고 난 뒤, **나**의 '현아'처럼 독서 토론을 하면 어떤 문제가 생길지 쓰시오. [5점]

_____

_____

_____

7 독서 토론을 할 때 자신의 의견을 어떻게 말해야 할지 쓰시오. [5점]

_____

_____

_____

1 ~ 1-1

귀가 어두워 무슨 말을 해도 제대로 알아듣지 못하는 만화 주인공 '사오정'을 아시나요? 만화 주인공 사오정과 비슷한 사람이 우리 주변에 많이 생겨나고 있습니다. 사오정이 ㉠뜬금없는 말로 우리에게 재미와 웃음을 주지만 요즘에 사오정들은 귀 건강을 위협받는 아주 위험한 상황에 놓여 있습니다.

1 ㉠'뜬금없는'과 바꾸어 쓸 수 있는 말 두 가지를 고르시오. (   )

① 엉뚱한
② 정확한
③ 황당한
④ 부끄러운
⑤ 자연스러운

1-1 서술형 쌍둥이 문제 자신이 찾은 낱말의 뜻을 짐작하는 방법 한 가지를 쓰시오. [4점]

_____

_____

2 ~ 2-1

"아니, 아니! 여기서 말고!"
켈러 선생님의 호통에 우리는 바로 연필을 놓았다.
"숙제란 말이다, 숙제! 세 쪽 가득 채워 오도록. 기한은 내일까지!"
나는 ㉠마른침을 꿀꺽 삼켰다.
집으로 돌아오는 내내, 나는 줄곧 숙제 생각만 했다.
진짜 잘 써야 하는데!
어느덧 언덕길로 접어들어 집이 점점 가까워질 무렵, 옆집에 사는 슐로스 할아버지가 현관 계단에 앉아 있는 모습이 보였다. 슐로스 할아버지는 아내를 먼저 하늘 나라로 보내고, 자식들도 다 커서 떠나 혼자 살고 있었다.
슐로스 할아버지가 나를 보더니, 옆에 앉으라는 듯 계단 옆자리를 탁탁 두드렸다.

2 ㉠'마른침'의 뜻을 바르게 짐작한 것은 무엇입니까? (   )

① 마른 사람의 침
② 졸릴 때 흘리는 침
③ 화가 났을 때 뱉는 침
④ 긴장했을 때 삼키는 침
⑤ 배고플 때 입에 고이는 침

2-1 서술형 쌍둥이 문제 ㉠'마른침'의 뜻을 짐작해 쓰고, 그렇게 짐작한 까닭을 쓰시오. [6점]

_____

_____

_____

3~3-1

사람들은 많은 물건을 한꺼번에 나르려고 바구니를 이용한다. 그렇다면 동물들은 한꺼번에 먹이를 나르려고 무엇을 이용할까?

다람쥐는 볼주머니를 이용한다. 볼주머니는 입안 좌우에 있는 큰 주머니를 말한다. 다람쥐는 먹이를 입에 넣은 다음 볼에 차곡차곡 담는데 밤처럼 너무 큰 먹이는 이빨로 잘라서 넣기도 한다. 다람쥐의 경우 도토리 같은 열매 열 개 이상을 볼주머니에 잠시 저장할 수 있다.

원숭이도 볼주머니가 있다. 원숭이의 볼주머니에는 사과 한 개 정도가 들어갈 수 있는 공간이 있다. 원숭이는 먹이를 발견하면 대충 씹어 그곳에 잠시 저장한다. 그런 다음 다른 원숭이에게 먹이를 빼앗기지 않으려고 안전한 장소로 이동한 뒤 조금씩 꺼내어 먹는다.

3 이 글에서 여러 번 반복되어 나타나는 중심 낱말은 무엇입니까? (　　　)

① 사과
② 바구니
③ 도토리
④ 볼주머니
⑤ 안전한 장소

3-1 서술형 쌍둥이문제 중심 낱말을 활용해 이 글을 요약할 때, 다음 그림틀의 빈칸에 알맞은 말을 써넣으시오. [6점]

(1)			
다람쥐	도토리 같은 열매 열 개 이상을 볼주머니에 잠시 저장해 먹이를 나른다.	원숭이	(2)

4~4-1

나는 종이 가운데 으뜸인 한국 종이, 한지야! 옛날 중국에서 최고로 친 고려지도, 일본에서 최고로 친 조선종이도 모두 나야. 그런데 내가 어떻게 만들어지는지 아니?

제일 먼저 닥나무를 베어다 푹푹 찐 뒤, 나무껍질을 훌러덩훌러덩 벗겨서 물에 불려. 그러고는 다시 거칠거칠한 겉껍질을 닥칼로 긁어내고 보들보들 하얀 속껍질만 모아.

이렇게 모은 속껍질은 삶아서 더 보드랍게, 더 하얗게 만들어야 해. 먼저 닥솥에 물을 붓고 속껍질을 담가. 그리고 콩대를 태워 만든 잿물을 붓고 보글보글 부글부글 삶아. 푹 삶은 다음에는 건져 내서 찰찰찰 흐르는 맑은 물에 깨끗이 씻어.

4 이 글은 무엇에 대해 설명하고 있습니까? (　　　)

① 한지의 종류
② 한지의 쓰임새
③ 한지를 만드는 과정
④ 고려지도를 볼 수 있는 곳
⑤ 일본의 종이가 우수한 까닭

4-1 서술형 쌍둥이문제 한지를 만드는 첫 번째 과정을 정리해 쓰시오. [4점]

_____

_____

_____

국어 실전! 서술형 평가

1~2

고려 청자

고려청자는 대한민국의 얼굴이라고 할 만한 대표 문화재입니다.

우리나라 리듬 체조계에 새 얼굴이 등장했습니다.

1 그림 **가**와 그림 **나**에 쓰인 '얼굴'의 뜻을 각각 짐작해 쓰시오. [5점]

가	(1)
나	(2)

3~4

가 "퍼트리샤, 음, 그러니까 일단 슐로스 할아버지의 아내를 주제로 삼은 점은 적절했단다. 하지만 이 글에서 진실한 감정을 드러내는 낱말이 어디에 있지?"

켈러 선생님은 나를 똑바로 보며 말을 이었다.

"글을 읽는 사람이 글쓴이의 '진짜' 감정을 느낄 수 있어야 해. 물론 평범한 방식으로는 절대 안 되지. 독자들이 전혀 예상하지 못한 방식으로, 깜짝 놀라도록. 한마디로 독창적이어야 한다는 말이야!"

나 "퍼트리샤, 너는 자신이 겪은 일을 써 왔으면 좋겠다. 솔직히 말해서, 네 글은 여전히 감정이 잘 드러나지 않고 있으니까."

하지만 아무리 ㉠쥐어짜도, 켈러 선생님을 감동시킬 만한 주제가 하나도 떠오르지 않았다.

3 켈러 선생님이 글쓰기에서 강조한 것은 무엇인지 쓰시오. [5점]

_____

_____

_____

2 그림 **나**에 쓰인 '얼굴'과 같은 뜻을 가진 '얼굴'을 사용해서 문장을 만들어 쓰시오. [7점]

_____

_____

_____

4 이 글에 쓰인 ㉠의 뜻을 짐작하고 그렇게 생각한 까닭과 함께 쓰시오. [5점]

_____

_____

_____

5~6

가 먼저, 줄기 마디마다 잎을 한 장씩 피우되 서로 어긋나게 피우는 방법이 있습니다. 이것을 '어긋나기'라 합니다. 국수나무처럼 평행하게 어긋나기만 하는 식물이 있는가 하면, 해바라기처럼 소용돌이 모양으로 돌려나면서 어긋나는 식물도 있습니다.

이와는 달리 줄기 한 마디에 잎 두 장이 마주 보는 '마주나기'도 있습니다. 단풍나무나 화살나무는 잎 두 장이 사이좋게 마주 보고 있습니다. 그리고 마주난 잎들이 마디마다 서로 어긋나지 않고 평행합니다.

그런가 하면 한 마디에 잎이 석 장 이상 돌려나는 잎차례가 있습니다. 이런 잎차례를 '돌려나기'라고 합니다. 갈퀴꼭두서니는 마디마다 잎이 여섯 장에서 여덟 장씩 돌려나기로 핍니다.

끝으로, 소나무처럼 잎이 한곳에서 모여나는 '모여나기'가 있습니다.

나

5 글을 읽고 중요한 정보를 간추리는 것을 무엇이라고 하는지 쓰시오. [5점]

6 글 **가** 를 **나** 와 같이 간추리면 어떤 점이 좋은지 쓰시오. [7점]

7 다음 글을 읽고 물음에 답하시오. [10점]

여기 보이는 게 전부 나로 만든 물건이야. 나를 새끼줄처럼 배배 꼬아 종이 노끈으로 만들어 엮으면 신발부터 붓통, 베개, 방석, 망태기가 되지. 옻칠하고 기름 먹이면 물 안 새는 표주박, 항아리, 요강도 되고말고. 저기 보이는 찻상, 구절판, 그릇은 물론이고, 팔랑팔랑 시원한 부채도 돼. 저 위에 걸려 있는 탈도 모두 나로 만든 거라고.

나는 흥겨운 놀이에도 빠지지 않아. 방패연, 가오리연이 되어 하늘을 훨훨 날 수도 있고, 제기가 되어 이리 펄쩍 저리 펄쩍 뛰기도 해. 풍물패 고깔 위에 알록달록 핀 예쁜 꽃도 바로 나야. 나는야 못하는 게 없는 재주꾼, 한지돌이!

나는 지금도 너희 곁에 있어.

내가 어디에 있는지 알아맞혀 볼래?

1단계 이 글은 무엇에 대해 설명하고 있는지 쓰시오.

(   )

2단계 이 글은 설명하려는 내용을 어떤 방법으로 소개하고 있는지 쓰시오.

3단계 이 글의 내용을 요약해 쓰시오.

연습! 서술형 평가

1 ~ 1-1

⊙주문하신 사과주스 나오셨습니다.

1 ⊙에서 "나오셨습니다"를 자연스럽게 고친 것은 무엇입니까? (   )

① 나옵니다
② 나왔습니다
③ 나오십니다
④ 나올 것입니다
⑤ 나오셨었습니다

1-1
서술형
쌍둥이
문제

⊙과 같은 표현이 문제가 되는 까닭을 쓰시오. [6점]

_____

_____

2 ~ 2-1

① 우리 모둠은 '우리말이 있는데도 영어를 사용하는 예'를 조사하기로 했어. 영어를 무분별하게 사용하는 예로 무엇이 있을까?

여진

② 영어를 새긴 옷이 너무 많아.

방송에서 영어를 가장 많이 사용하는 것 같아.

③ 이 가운데에서 어떤 것을 조사해 볼까?

옷에 새긴 영어는 조사 대상으로 알맞지 않은 것 같아. 만약 옷이 수입된 것이라면 옷에 영어가 있는 것은 당연할지도 몰라.

④ 그럼 방송을 조사해 보면 어떨까? 방송은 아이들에게 영향을 많이 주잖아.

조사한 결과를 방송사에 알려 주고 영어 사용을 자제해 달라고 요청할 수도 있어.

⑤ 그럼 방송에서 영어를 얼마나 사용하는지 조사해 보자.

⑥ 그래.

2 여진이네 모둠의 조사 주제는 무엇입니까? (   )

① 줄임 말을 사용하는 상황
② 기분을 상하게 하는 비속어
③ 높임말을 잘못 사용하는 실태
④ 우리말이 있는데도 영어를 사용하는 예
⑤ 다른 나라의 문화만 좋다고 생각하는 상황

2-1
서술형
쌍둥이
문제

여진이네 모둠은 어떻게 조사 대상을 정했는지 쓰시오. [4점]

_____

_____

3~3-1

3 발표를 들을 때 주의할 점으로 알맞지 <u>않은</u> 것은 무엇입니까? (　　　)

① 자료는 정확한 것인지 판단한다.
② 발표자가 잘못한 점을 바로 지적한다.
③ 자료에 대한 설명이 바른지 판단한다.
④ 발표 내용이 주제와 관련 있는지 판단한다.
⑤ 발표자가 알려 주는 내용에 집중하며 듣는다.

3-1
서술형
쌍둥이
문제

발표를 들을 때 주의할 점을 두 가지 이상 쓰시오.
[6점]

_____

_____

4~4-1

4 이 만화에 나타난 아이들의 표정과 몸짓으로 알맞은 것을 모두 고르시오. (　　　　　)

① 평온한 표정이다.
② 입은 말하는 모양이다.
③ 뒷머리를 만지고 있다.
④ 둘이 서로를 바라보고 있다.
⑤ 눈썹 사이를 찡그리고 있다.

4-1
서술형
쌍둥이
문제

이 만화에서는 일상적인 대화를 하는 아이들의 표정과 몸짓을 어떻게 표현했는지 두 가지 이상 쓰시오.
[4점]

_____

_____

실전! 서술형 평가

1~2

가

나

1 이 그림에는 어떤 현상이 나타나 있는지 쓰시오. [5점]

_____

_____

_____

2 문제 1번에서 답한 현상이 많아지면 어떤 문제가 생길지 쓰시오. [5점]

_____

_____

단계별 유형

3 모둠별로 발표할 원고를 구성한 다음 내용을 보고 물음에 답하시오. [10점]

• 전달하려는 내용 구성하기	
㉠	방송 프로그램 가운데에서 영어를 지나치게 많이 사용하는 동영상 보여 주기(출처: 샛별방송사 「다 같이 요리」 프로그램)
㉡	샛별방송사에서 방송한 「다 같이 요리」 프로그램을 짧게 보여 드리겠습니다. 이 동영상에서 "김○○ 셰프 출연"이라는 자막이 보입니다. '셰프'는 요리사를 뜻하는 영어입니다. 또 프로그램에 나오는 출연자가 '메인 디시'라는 영어를 지나치게 사용하는데 그것을 편집하지 않고 그대로 방송했습니다.
• 끝맺는 말 구성하기	
끝맺는 말	지금까지 영어를 지나치게 많이 사용하는 실태를 발표했습니다. 아름다운 우리말을 보존할 수 있도록 우리말을 바르게 사용하는 습관을 기릅시다.

단계 1 ㉠, ㉡에 들어갈 알맞은 내용을 쓰시오.

㉠: (   )

㉡: (   )

단계 2 ㉠을 제시할 때 무엇을 밝혀 주어야 하는지 쓰시오.

(   )

단계 3 이 발표 원고의 내용으로 보아, 끝맺는 말에 들어가야 할 내용은 무엇인지 쓰시오.

_____

_____

4~5

4 가~다의 그림에서 여진이가 잘못한 점을 각각 쓰시오. [7점]

가	(1)
나	(2)
다	(3)

5 발표할 때 주의할 점을 두 가지 이상 쓰시오. [5점]

6~7

6 장면 ③을 보고 알 수 있는 편의점 주인의 마음을 쓰시오. [5점]

7 장면 ④에서는 줄임 말을 사용했다는 것을 느낀 남자아이의 표정과 몸짓을 어떻게 표현했는지 쓰시오. [7점]

이상과 이하

1 어떤 범위에 속한 자연수를 모두 나타낸 것입니다. □ 안에 알맞은 자연수를 써넣으세요.

| 76 | 77 | 78 | 79 | 80 |

□ 이상 □ 이하인 수

tip ■ 이상인 수는 ■와 같거나 큰 수이고, ▲ 이하인 수는 ▲와 같거나 작은 수입니다.

1-1 서술형 쌍둥이 문제

세희네 모둠 학생들의 수학 점수입니다. 수학 점수가 76점 이상 80점 이하인 학생은 모두 몇 명인지 해결 과정을 쓰고, 답을 구하세요. [4점]

세희네 모둠 학생들의 수학 점수

이름	세희	지석	우영	준기	승아	민재
점수(점)	90	74	78	82	80	94

( )

초과와 미만

2 수직선에 나타내세요.

47 초과 51 미만인 수

 46 47 48 49 50 51 52 53

tip ■ 초과인 수는 ■보다 큰 수이고, ▲ 미만인 수는 ▲보다 작은 수입니다.

2-1 서술형 쌍둥이 문제

47 초과 51 미만인 자연수를 모두 더하면 얼마인지 해결 과정을 쓰고, 답을 구하세요. [6점]

( )

수의 범위 활용

3 33을 포함하지 않는 수의 범위를 찾아 기호를 쓰세요.

| ㉠ 33 이상인 수 | ㉡ 34 이하인 수 |
| ㉢ 32 초과인 수 | ㉣ 33 미만인 수 |

( )

tip ■ 이상인 수와 ■ 이하인 수에는 ■가 포함되고, ▲ 초과인 수와 ▲ 미만인 수에는 ▲가 포함되지 않습니다.

3-1 서술형 쌍둥이 문제

㉠과 ㉡에 모두 포함되는 자연수는 무엇인지 해결 과정을 쓰고, 답을 구하세요. [6점]

| ㉠ 32 이상 34 미만인 수 |
| ㉡ 32 초과 34 이하인 수 |

( )

올림

4 수를 올림하여 백의 자리까지 나타낸 수에 ○표 하세요.

> 4518

(4000 , 4500 , 4600 , 5000)

tip 올림은 구하려는 자리의 아래 수를 올려서 나타내는 방법입니다.

4-1 서술형 쌍둥이 문제

사과 4518상자를 트럭에 모두 실으려고 합니다. 트럭 한 대에 100상자씩 실을 수 있을 때 트럭은 최소 몇 대 필요한지 해결 과정을 쓰고, 답을 구하세요.

[4점]

_____

_____

_____

(   )

수학

1단원

버림

5 수를 버림하여 주어진 자리까지 나타내세요.

> 2169

십의 자리	백의 자리	천의 자리

tip 버림은 구하려는 자리의 아래 수를 버려서 나타내는 방법입니다.

5-1 서술형 쌍둥이 문제

2169를 버림하여 천의 자리까지 나타낸 수와 버림하여 십의 자리까지 나타낸 수의 차는 얼마인지 해결 과정을 쓰고, 답을 구하세요. [4점]

_____

_____

_____

(   )

반올림

6 다음 수를 반올림하여 십의 자리까지 나타내면 1760입니다. □ 안에 들어갈 수 있는 수를 모두 고르세요.

(   )

> 176□

① 0   ② 3   ③ 5
④ 6   ⑤ 9

tip 반올림은 구하려는 자리 바로 아래 자리의 숫자가 0, 1, 2, 3, 4이면 버리고 5, 6, 7, 8, 9이면 올리는 방법입니다.

6-1 서술형 쌍둥이 문제

반올림하여 십의 자리까지 나타낸 수가 1760이 되는 자연수 중에서 가장 큰 수와 가장 작은 수를 각각 구하려고 합니다. 해결 과정을 쓰고, 답을 구하세요.

[6점]

_____

_____

_____

가장 큰 수 (   )
가장 작은 수 (   )

실전! 서술형 평가

1 24 초과인 자연수 중에서 가장 작은 수를 구하려고 합니다. 해결 과정을 쓰고, 답을 구하세요. [5점]

_____

_____

_____

(   )

2 수의 범위를 잘못 설명한 친구를 찾아 바르게 고치세요. [5점]

 74는 74 미만인 수에 포함되지 않아.

 59 이상 60 이하인 자연수는 59뿐이야.

미진   성우

잘못 설명한 친구 _____

바르게 고치기 _____

_____

 단계별 유형

3 승호네 반 태권도 선수들의 몸무게와 체급별 몸무게를 나타낸 표입니다. 물음에 답하세요. [7점]

승호네 반 태권도 선수들의 몸무게

이름	승호	성우	아라	찬희	혜빈	윤호
몸무게(kg)	47.1	45.3	50	51.5	44.2	52.8

체급별 몸무게(초등학생용)

체급	몸무게(kg)
웰터급	44 초과 47 이하
라이트 미들급	47 초과 50 이하
미들급	50 초과 53 이하

단계 1 미들급에 속한 학생은 몇 명인지 해결 과정을 쓰고, 답을 구하세요.

_____

_____

_____

(   )

단계 2 아라가 웰터급에 출전하려면 몸무게를 최소 몇 kg 줄여야 하는지 해결 과정을 쓰고, 답을 구하세요.

_____

_____

_____

(   )

4 상자 한 개를 포장하는 데 끈이 1 m 필요합니다. 끈 983 cm로는 상자를 몇 개까지 포장할 수 있는지 해결 과정을 쓰고, 답을 구하세요. [7점]

_____

_____

_____

_____

(   )

5 수 카드 4장을 한 번씩만 사용하여 만든 가장 작은 네 자리 수를 반올림하여 백의 자리까지 나타내려고 합니다. 해결 과정을 쓰고, 답을 구하세요. [7점]

$$\boxed{4}\ \boxed{0}\ \boxed{9}\ \boxed{1}$$

_____

_____

_____

(   )

6 선아가 처음에 생각한 자연수는 무엇인지 해결 과정을 쓰고, 답을 구하세요. [10점]

네가 생각한 자연수에 9를 곱한 수를 올림하여 십의 자리까지 나타내면 얼마야?

70이야.

재현   선아

_____

_____

_____

(   )

7 수직선에 나타낸 수의 범위에 속하는 자연수는 7개입니다. ㉠에 알맞은 자연수를 반올림하여 십의 자리까지 나타낸 수는 얼마인지 해결 과정을 쓰고, 답을 구하세요. [10점]

17   ㉠

_____

_____

_____

_____

(   )

(대분수) × (자연수)

1 □ 안에 알맞은 수를 써넣으세요.

$$1\frac{3}{4} \times 3 = (\boxed{} \times 3) + (\frac{\boxed{}}{4} \times 3)$$

$$= 3 + \frac{\boxed{}}{4} = 3 + \boxed{} = \boxed{}$$

tip (대분수)×(자연수)는 대분수의 자연수 부분과 분수 부분에 각각 자연수를 곱합니다.

1-1 정삼각형의 둘레는 몇 cm인지 해결 과정을 쓰고, 답을 구하세요. [4점]

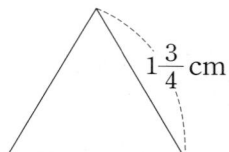

$1\frac{3}{4}$ cm

_____

_____

(   )

(자연수) × (진분수)

2 $36 \times \frac{4}{9}$ 를 계산한 값은 어느 것인가요? (   )

① $\frac{1}{81}$ 　② 16 　③ $36\frac{4}{9}$

④ 44 　⑤ 81

tip (자연수)×(진분수)는 분모는 그대로 두고 자연수를 진분수의 분자에 곱합니다.

2-1 소라는 가지고 있던 초콜릿 36개 중에서 $\frac{4}{9}$ 만큼을 먹었습니다. 소라가 먹은 초콜릿은 몇 개인지 해결 과정을 쓰고, 답을 구하세요. [4점]

_____

_____

(   )

(단위분수) × (단위분수)

3 두 수의 곱을 구하세요.

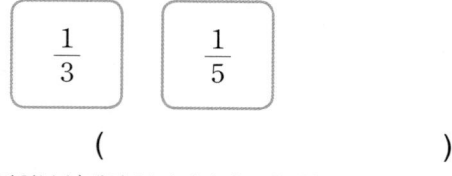

$\frac{1}{3}$ 　$\frac{1}{5}$

(   )

tip (단위분수)×(단위분수)에서 분자끼리의 곱은 항상 1이므로 분자는 그대로 두고 분모끼리 곱합니다.

3-1 한 변의 길이가 1 m인 정사각형 모양의 종이를 오른쪽 그림과 같이 가로는 똑같이 셋으로, 세로는 똑같이 다섯으로 나누었습니다. 나누어진 한 칸의 넓이는 몇 m²인지 해결 과정을 쓰고, 답을 구하세요. [6점]

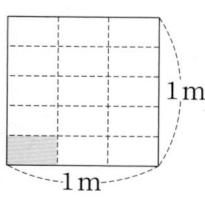

1 m

1 m

_____

_____

(   )

(진분수)×(진분수)

4 보기 와 같은 방법으로 계산하세요.

> 보기
>
> $$\frac{6}{7} \times \frac{9}{10} = \frac{6 \times \overset{3}{9}}{7 \times \underset{5}{10}} = \frac{27}{35}$$

$$\frac{3}{8} \times \frac{6}{11}$$

tip (진분수)×(진분수)는 분자는 분자끼리, 분모는 분모끼리 곱합니다.

4-1 서술형 쌍둥이 문제 주어진 식은 잘못 계산한 것입니다. 계산이 잘못된 이유를 쓰고, 바르게 계산하세요. [4점]

> $$\frac{3}{8} \times \frac{6}{11} = \frac{\overset{1}{3} \times \overset{2}{6}}{8 \times 11} = \frac{2}{88}$$

이유 _____

바른 계산 _____

수학
2단원

세 분수의 곱셈

5 빈 곳에 알맞은 수를 써넣으세요.

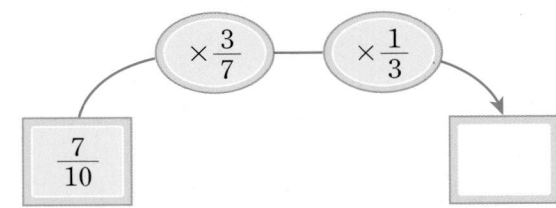

tip 세 분수의 곱셈은 앞에서부터 두 분수씩 차례로 계산하거나 세 분수를 한꺼번에 계산합니다.

5-1 서술형 쌍둥이 문제 주현이네 반 전체 학생 수의 $\frac{7}{10}$은 남학생입니다. 남학생 중에서 $\frac{3}{7}$은 운동을 좋아하고 그중에서 $\frac{1}{3}$은 축구를 좋아합니다. 축구를 좋아하는 남학생은 주현이네 반 전체 학생의 몇 분의 몇인지 해결 과정을 쓰고, 답을 구하세요. [6점]

_____

(   )

(대분수)×(대분수)

6 계산 결과를 비교하여 ○ 안에 >, =, <를 알맞게 써넣으세요.

$$1\frac{1}{2} \times 1\frac{2}{3} \bigcirc 1\frac{7}{8} \times 1\frac{1}{15}$$

tip (대분수)×(대분수)는 대분수를 가분수로 나타낸 다음 분자는 분자끼리, 분모는 분모끼리 곱합니다.

6-1 서술형 쌍둥이 문제 두 직사각형 중에서 넓이가 더 넓은 것은 어느 것인지 해결 과정을 쓰고, 답을 구하세요. [6점]

_____

(   )

1 계산 결과가 다른 하나를 찾아 기호를 쓰려고 합니다. 해결 과정을 쓰고, 답을 구하세요. [5점]

$$ㄱ \ \frac{3}{5} \times 2 \qquad ㄴ \ \frac{2}{15} \times 9 \qquad ㄷ \ \frac{3}{10} \times 6$$

_____

_____

_____

_____

(   )

2 다음 중 가장 큰 수와 가장 작은 수의 곱은 얼마인지 해결 과정을 쓰고, 답을 구하세요. [5점]

$$3\frac{1}{8} \qquad 4 \qquad 3\frac{3}{8} \qquad 6$$

_____

_____

_____

(   )

3 성우는 밀가루 $\frac{5}{9}$ kg의 $\frac{3}{4}$을, 소미는 밀가루 $\frac{7}{10}$ kg의 $\frac{5}{6}$를 사용하여 과자를 만들었습니다. 성우와 소미 중에서 밀가루를 더 많이 사용한 친구는 누구인지 해결 과정을 쓰고, 답을 구하세요. [5점]

_____

_____

_____

_____

(   )

4 계산 결과가 큰 것부터 순서대로 기호를 쓰려고 합니다. 해결 과정을 쓰고, 답을 구하세요. [5점]

$$ㄱ \ \frac{1}{3} \times \frac{1}{11} \qquad ㄴ \ \frac{1}{5} \times \frac{1}{5}$$
$$ㄷ \ \frac{1}{6} \times \frac{1}{7} \qquad ㄹ \ \frac{1}{9} \times \frac{1}{2}$$

_____

_____

_____

_____

(   )

5 수 카드를 한 번씩만 사용하여 만들 수 있는 가장 큰 대분수와 가장 작은 대분수의 곱을 구하려고 합니다. 물음에 답하세요. [7점]

$$5 \quad 1 \quad 4$$

단계**1** 수 카드를 한 번씩만 사용하여 가장 큰 대분수를 만드세요.

( )

단계**2** 수 카드를 한 번씩만 사용하여 가장 작은 대분수를 만드세요.

( )

단계**3** 수 카드를 한 번씩만 사용하여 만든 가장 큰 대분수와 가장 작은 대분수의 곱을 구하세요.

( )

6 □ 안에 들어갈 수 있는 모든 자연수의 합은 얼마인지 해결 과정을 쓰고, 답을 구하세요. [7점]

$$4\frac{2}{3} \times 1\frac{1}{7} > \square\frac{2}{3}$$

( )

7 어떤 수에 $\frac{4}{9}$를 곱해야 할 것을 잘못하여 뺐더니 $1\frac{43}{45}$이 되었습니다. 바르게 계산하면 얼마인지 해결 과정을 쓰고, 답을 구하세요. [10점]

( )

8 하은이는 색종이 100장을 가지고 있었습니다. 이 중에서 $\frac{2}{5}$로는 종이배를 접었고, 남은 색종이의 $\frac{5}{12}$로는 종이학을 접었습니다. 종이배와 종이학을 접고 남은 색종이는 몇 장인지 해결 과정을 쓰고, 답을 구하세요. [10점]

( )

연습! 서술형 평가

도형의 합동

1 나머지 셋과 서로 합동이 아닌 도형을 찾아 쓰세요.

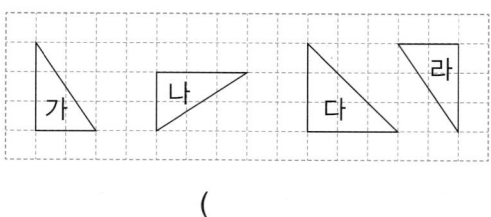

(   )

tip 모양과 크기가 같아서 포개었을 때 완전히 겹치는 두 도형을 서로 합동이라고 합니다.

1-1 서술형 쌍둥이 문제   두 도형은 서로 합동이 아닙니다. 그 이유를 쓰세요.
[4점]

_____

_____

합동인 도형의 성질

2 두 삼각형은 서로 합동입니다. 각 ㅁㄹㅂ은 몇 도인가요?

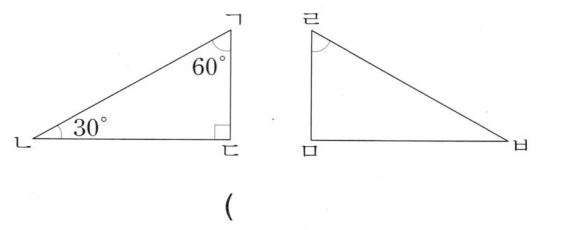

(   )

tip 서로 합동인 도형에서 각각의 대응각의 크기는 서로 같습니다.

2-1 서술형 쌍둥이 문제   오른쪽 그림에서 삼각형 ㄱㄴㄷ과 삼각형 ㅁㄴㄹ은 서로 합동입니다. 각 ㅁㄹㄴ은 몇 도인지 해결 과정을 쓰고, 답을 구하세요. [4점]

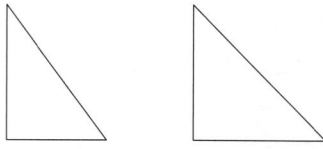

_____

_____

(   )

합동인 도형의 성질

3 두 삼각형은 서로 합동입니다. 삼각형 ㄱㄴㄷ의 둘레는 몇 cm인가요?

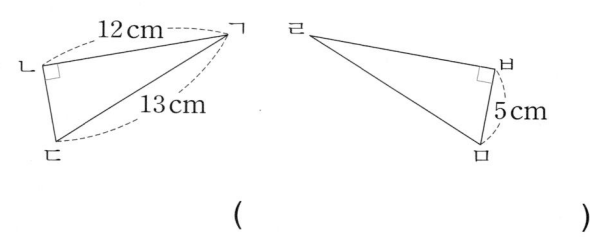

(   )

tip 서로 합동인 도형에서 각각의 대응변의 길이는 서로 같습니다.

3-1 서술형 쌍둥이 문제   두 삼각형은 서로 합동입니다. 삼각형 ㄹㅁㅂ의 넓이는 몇 cm²인지 해결 과정을 쓰고, 답을 구하세요. [4점]

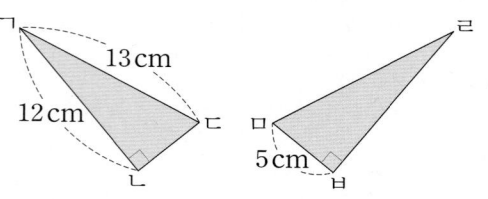

_____

_____

(   )

선대칭도형과 그 성질

4 직선 ㄱㄴ을 대칭축으로 하는 선대칭도형입니다. □ 안에 알맞은 수를 써넣으세요.

tip 선대칭도형에서 각각의 대응변의 길이는 서로 같습니다.

4-1 서술형 쌍둥이 문제

선분 ㅁㅂ을 대칭축으로 하는 선대칭도형입니다. 도형의 둘레는 몇 cm인지 해결 과정을 쓰고, 답을 구하세요. [4점]

(   )

점대칭도형과 그 성질

5 점대칭도형을 모두 찾아 ○표 하세요.

(   ) (   ) (   ) (   )

tip 한 도형을 어떤 점을 중심으로 180° 돌렸을 때 처음 도형과 완전히 겹치는 도형을 점대칭도형이라고 합니다.

5-1 서술형 쌍둥이 문제

점대칭도형은 모두 몇 개인지 해결 과정을 쓰고, 답을 구하세요. [6점]

정삼각형	마름모
정오각형	정육각형

(   )

점대칭도형 그리기

6 점 ㅇ을 대칭의 중심으로 하는 점대칭도형을 완성하세요.

tip 각 점에서 대칭의 중심을 지나는 직선을 긋고 각 점에서 대칭의 중심까지의 길이와 같도록 대응점을 찍은 다음 각 대응점을 이어 점대칭도형을 완성합니다.

6-1 서술형 쌍둥이 문제

왼쪽은 점 ㅇ을 대칭의 중심으로 하는 점대칭도형을 잘못 완성한 것입니다. 잘못된 곳을 찾아 오른쪽에 바르게 완성하고, 잘못된 이유를 쓰세요. [6점]

잘못 완성한 것   바르게 완성하기

1 두 도형은 서로 합동이 아닙니다. 그 이유를 쓰세요.
[5점]

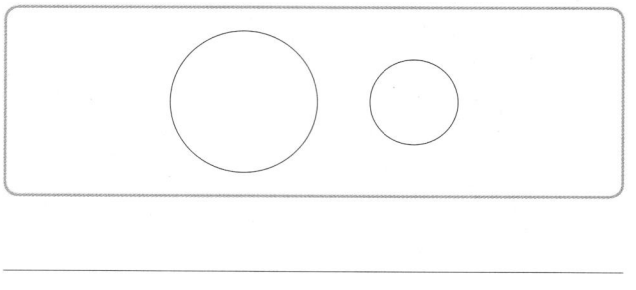

_____

_____

_____

3 점대칭도형에 대해 잘못 설명한 것을 찾아 기호를 쓰고, 바르게 고치세요. [5점]

> ㉠ 대응변의 길이는 서로 같다.
> ㉡ 대응각의 크기는 서로 같다.
> ㉢ 대칭의 중심의 수는 도형에 따라 다르다.
> ㉣ 대칭의 중심은 대응점끼리 이은 선분을 둘로 똑같이 나눈다.

잘못 설명한 것

바르게 고치기

_____

2 직선 ㅈㅊ을 대칭축으로 하는 선대칭도형에서 대칭축에 의해 둘로 똑같이 나누어지는 선분을 모두 찾으려고 합니다. 해결 과정을 쓰고, 답을 구하세요. [5점]

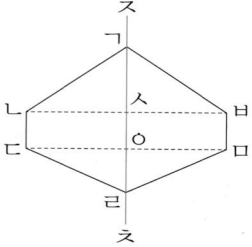

_____

_____

_____

(   )

4 두 직사각형은 서로 합동입니다. 직사각형 ㄱㄴㄷㄹ의 넓이는 몇 cm^2인지 해결 과정을 쓰고, 답을 구하세요.
[7점]

_____

_____

_____

(   )

5 대칭축의 수가 많은 도형부터 순서대로 기호를 쓰려고 합니다. 해결 과정을 쓰고, 답을 구하세요. [7점]

(   )

6 점 ㅇ을 대칭의 중심으로 하는 점대칭도형입니다. 두 대각선의 길이의 합이 24 cm일 때 선분 ㄴㅇ은 몇 cm 인지 해결 과정을 쓰고, 답을 구하세요. [7점]

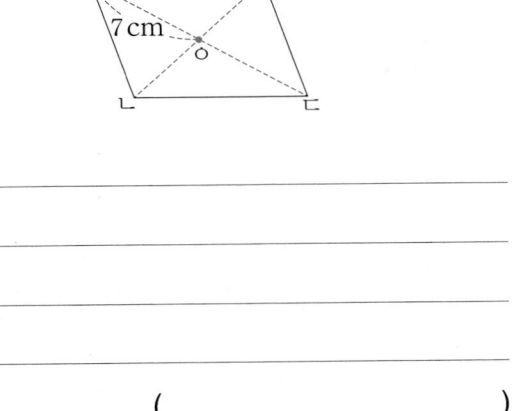

(   )

7 삼각형 ㄱㄴㄷ은 직선 ㅁㅂ을 대칭축으로 하는 선대칭 도형입니다. 각 ㄷㄱㄹ은 몇 도인지 해결 과정을 쓰고, 답을 구하세요. [10점]

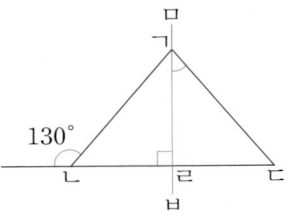

(   )

단계별 유형

8 직사각형 모양의 종이를 다음과 같이 대각선 ㄱㄷ을 따라 접었습니다. 직사각형 ㄱㄴㄷㄹ의 넓이를 구하려고 합니다. 물음에 답하세요. [10점]

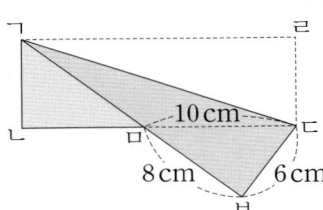

단계 1 삼각형 ㄷㅂㅁ과 합동인 삼각형을 구하세요.

(   )

단계 2 변 ㄱㄴ과 변 ㄴㄷ은 각각 몇 cm인가요?

변 ㄱㄴ (   )

변 ㄴㄷ (   )

단계 3 직사각형 ㄱㄴㄷㄹ의 넓이는 몇 cm²인가요?

(   )

(1보다 작은 소수)×(자연수)

1 0.3×4를 알맞게 색칠하고, 그 값을 구하세요.

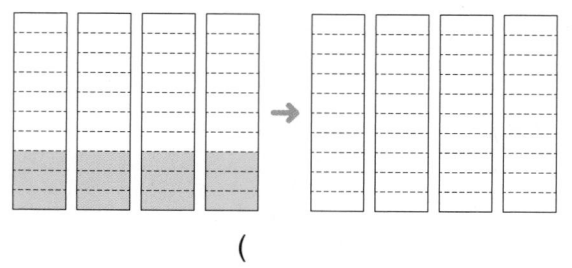

(   )

tip 0.■는 0.1이 ■개이므로 0.■×●는 0.1이 ■개씩 ●묶음입니다.

1-1 서술형 쌍둥이 문제 물의 양은 모두 몇 L인지 해결 과정을 쓰고, 답을 구하세요. [4점]

_____

_____

(   )

(1보다 큰 소수)×(자연수)

2 [보기]와 같이 분수의 곱셈으로 계산하세요.

[보기]

$$2.8 \times 3 = \frac{28}{10} \times 3 = \frac{28 \times 3}{10} = \frac{84}{10} = 8.4$$

1.7×5

tip 소수를 분수로 나타낸 후 분수와 자연수의 곱셈에서 분모는 그대로 두고 분자와 자연수를 곱합니다.

2-1 서술형 쌍둥이 문제 다음의 계산이 잘못된 이유를 쓰고, 바르게 계산하세요. [4점]

$$1.7 \times 5 = \frac{17}{10} \times 5 = \frac{17}{10 \times 5} = \frac{17}{50}$$
$$= \frac{17 \times 2}{50 \times 2} = \frac{34}{100} = 0.34$$

이유

_____

바른 계산

_____

_____

(자연수)×(1보다 작은 소수)

3 8×0.51을 자연수의 곱셈으로 계산하려고 합니다. □ 안에 알맞은 수를 써넣으세요.

8 × 0.51 = [   ]

tip 곱해지는 수가 같고 곱하는 수가 $\frac{1}{100}$배가 되면 계산 결과도 $\frac{1}{100}$배가 됩니다.

3-1 서술형 쌍둥이 문제 □ 안에 들어갈 수 있는 가장 작은 자연수는 얼마인지 해결 과정을 쓰고, 답을 구하세요. [6점]

 $8 \times 0.51 < \square$

_____

_____

(   )

(자연수)×(1보다 큰 소수)

4 두 수의 곱을 빈 곳에 써넣으세요.

38	1.5

tip (자연수)×(소수)는 자연수의 곱셈과 같은 방법으로 계산을 한 후 곱하는 수의 소수점 위치에 맞추어 곱의 결과에 소수점을 찍습니다.

4-1 서술형 쌍둥이 문제

한 시간에 38 km씩 일정한 빠르기로 달리는 자전거가 있습니다. 이 자전거로 목적지까지 쉬지 않고 가는 데 1시간 30분이 걸렸다면 달린 거리는 몇 km인지 해결 과정을 쓰고, 답을 구하세요. [6점]

(   )

(소수)×(소수)

5 계산 결과를 비교하여 ○ 안에 >, =, <를 알맞게 써넣으세요.

$$0.8 \times 0.3 \bigcirc 0.5 \times 0.5$$

tip (소수)×(소수)는 자연수의 곱셈과 같은 방법으로 계산을 한 후 곱하는 두 소수의 소수점 아래 자리 수를 더한 것만큼 소수점을 왼쪽으로 옮겨 표시합니다.

5-1 서술형 쌍둥이 문제

평행사변형 가와 정사각형 나 중에서 어느 것의 넓이가 더 넓은지 해결 과정을 쓰고, 답을 구하세요. [6점]

(   )

곱의 소수점 위치

6 계산 결과를 찾아 이으세요.

4.276×10	•	•	427.6
4276×0.1	•	•	42.76
42.76×100	•	•	4276

tip 소수에 10, 100을 곱하면 그 곱은 곱하는 수의 0의 수만큼 소수점을 오른쪽으로 옮긴 것과 같고, 자연수에 0.1을 곱하면 그 곱은 소수점을 왼쪽으로 한 자리 옮긴 것과 같습니다.

6-1 서술형 쌍둥이 문제

계산이 틀린 것을 찾아 기호를 쓰려고 합니다. 해결 과정을 쓰고, 답을 구하세요. [4점]

ㄱ $4.276 \times 10 = 42.76$
ㄴ $42.76 \times 100 = 4276$
ㄷ $4276 \times 0.1 = 4.276$

(   )

실전! 서술형 평가

1 계산 결과를 잘못 말한 친구를 찾아 이름을 쓰고, 잘못 말한 부분을 바르게 고치세요. [5점]

0.19×5
0.2와 5의 곱으로 어림할 수 있으니까 결과는 1 정도가 돼.

성진

0.71×3
71과 3의 곱은 약 200이니까 0.71과 3의 곱은 20 정도가 돼.

한나

잘못 말한 친구 _____

바르게 고치기 _____

_____

2 7×6=42입니다. 곱셈을 한 결과 처음 수 7보다 큰 수인 42가 나왔습니다. 그런데 7×0.6=4.2입니다. 곱셈을 한 결과 처음 수 7보다 작은 수인 4.2가 나왔습니다. 그 이유를 쓰세요. [5점]

_____

_____

_____

3 소윤이가 5000원으로 딸기를 사려고 합니다. 사려는 딸기의 가격표가 찢어져 있을 때 소윤이가 가진 돈으로 딸기를 살 수 있을지 알맞은 말에 ○표 하고, 그 이유를 쓰세요. [7점]

소윤이는 딸기를 살 수 (있습니다 , 없습니다).

_____

_____

_____

4 173×42는 7266입니다. 1.73×4.2의 값을 어림하여 결괏값에 소수점을 찍고, 그 이유를 쓰세요. [7점]

$$1.73 \times 4.2 = 7\ 2\ 6\ 6$$

_____

_____

_____

5 결괏값의 소수점 아래 자리 수가 나머지 셋과 다른 하나를 찾아 기호를 쓰려고 합니다. 해결 과정을 쓰고, 답을 구하세요. [7점]

> ㉠ 5.24×1.3 ㉡ 52.4×1.3
> ㉢ 0.524×13 ㉣ 52.4×0.13

(   )

7 □ 안에 들어갈 수 있는 자연수는 모두 몇 개인지 해결 과정을 쓰고, 답을 구하세요. [10점]

> 51×0.6<□<47×0.7

(   )

단계별 유형

6 공원 놀이터의 가로와 세로를 각각 1.5배씩 늘여 새로운 놀이터를 만들려고 합니다. 물음에 답하세요. [7점]

6.2 m

5.8 m

1 단계 새로운 놀이터는 가로가 몇 m인가요?

(   )

2 단계 새로운 놀이터는 세로가 몇 m인가요?

(   )

3 단계 새로운 놀이터는 넓이가 몇 m²인가요?

(   )

8 어떤 수에 6.3을 곱해야 할 것을 잘못하여 더했더니 15.4가 되었습니다. 바르게 계산하면 얼마인지 해결 과정을 쓰고, 답을 구하세요. [10점]

(   )

직육면체

1 오른쪽 그림을 보고 □ 안에 알맞은 수나 말을 써넣으세요.

직사각형 개로 둘러싸인 도형을 [   ] 라고 합니다.

tip 네모 모양 상자에서 선분으로 둘러싸인 부분이 몇 개인지 생각합니다.

1-1 서술형 쌍둥이 문제 오른쪽 도형은 직육면체가 아닙니다. 그 이유를 쓰세요. [4점]

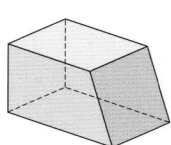

_____

_____

직육면체와 정육면체

2 빈칸에 알맞은 수나 말을 써넣으세요.

	직육면체	정육면체
면의 수(개)	6	
모서리의 수(개)		12
꼭짓점의 수(개)		8
면의 모양		정사각형

tip 직육면체와 정육면체에서 면, 모서리, 꼭짓점의 수는 각각 같고 면의 모양은 서로 다릅니다.

2-1 서술형 쌍둥이 문제 직육면체와 정육면체의 같은 점과 다른 점을 한 가지씩 쓰세요. [6점]

　　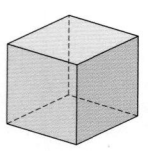

　　　직육면체　　　　　정육면체

같은 점 _____

_____

다른 점 _____

_____

직육면체의 성질

3 직육면체에서 서로 평행한 면끼리 색칠한 것입니다. 잘못 색칠한 것을 찾아 기호를 쓰세요.

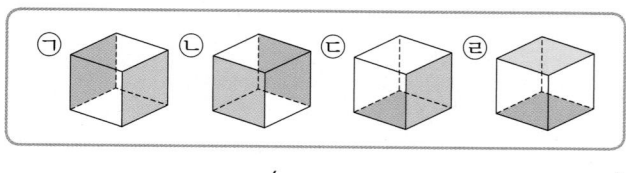

(   )

tip 직육면체에서 서로 마주 보는 면은 평행하므로 색칠한 두 면이 서로 마주 보지 않는 것을 찾습니다.

3-1 서술형 쌍둥이 문제 오른쪽 직육면체에서 서로 평행한 면은 모두 몇 쌍인지 해결 과정을 쓰고, 답을 구하세요. [4점]

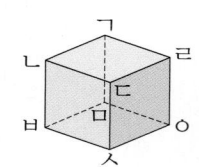

_____

_____

(   )

직육면체의 겨냥도

4 그림에서 빠진 부분을 그려 넣어 직육면체의 겨냥도를 완성하세요.

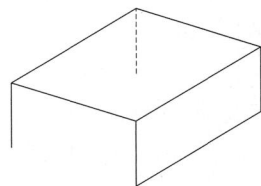

tip 직육면체의 겨냥도는 보이는 모서리는 실선으로, 보이지 않는 모서리는 점선으로, 마주 보는 모서리는 서로 평행하게 그립니다.

4-1 직육면체의 겨냥도를 잘못 그린 것입니다. 그 이유를 쓰세요. [4점]

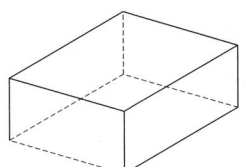

수학

5단원

정육면체의 전개도

5 전개도를 접어서 정육면체를 만들었을 때 색칠한 면과 수직인 면을 모두 찾아 색칠하세요.

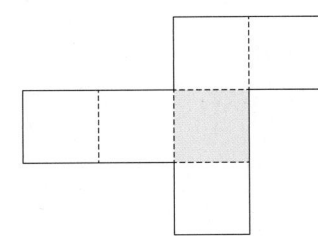

tip 전개도를 접었을 때 색칠한 면과 수직으로 만나는 면을 모두 찾아 색칠합니다.

5-1 전개도를 접어서 정육면체를 만들었을 때 면 ⑩과의 관계가 나머지 면과 다른 한 면을 찾으려고 합니다. 해결 과정을 쓰고, 답을 구하세요. [4점]

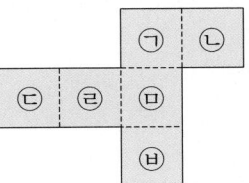

( )

직육면체의 전개도

6 직육면체의 전개도를 접었을 때 서로 만나는 것끼리 짝 지어진 것을 모두 고르세요. ( )

① 점 ㄹ과 점 ㅇ   ② 점 ㅁ과 점 ㅅ
③ 점 ㅊ과 점 ㄱ   ④ 선분 ㄱㄴ과 선분 ㄷㄹ
⑤ 선분 ㅋㅌ과 선분 ㅎㅍ

tip 전개도를 접었을 때 어느 점과 어느 점, 어느 선분과 어느 선분이 만나는지 알아봅니다.

6-1 직육면체의 전개도를 접었을 때 선분 ㄹㅁ과 만나는 선분을 찾으려고 합니다. 해결 과정을 쓰고, 답을 구하세요. [6점]

( )

1 그림을 보고 잘못 말한 친구의 이름을 쓰고, 바르게 고치세요. [5점]

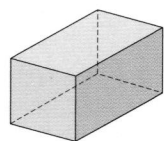

- 성재: 직사각형 6개로 둘러싸여 있어.
- 슬기: 면과 면이 만나는 선분을 모서리라고 해.
- 민혁: 모서리와 모서리가 만나는 점을 면이라고 해.

잘못 말한 친구

바르게 고치기

2 모든 모서리 길이의 합이 144 cm인 정육면체의 한 모서리의 길이는 몇 cm인지 해결 과정을 쓰고, 답을 구하세요. [5점]

( )

3 다음은 직육면체의 전개도를 잘못 그린 것입니다. 그 이유를 쓰세요. [5점]

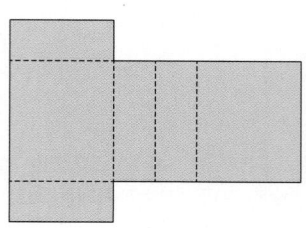

4 직육면체에서 보이지 않는 모서리 길이의 합은 몇 cm인지 해결 과정을 쓰고, 답을 구하세요. [7점]

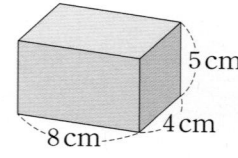

5 cm
8 cm
4 cm

( )

5 직육면체의 전개도에서 선분 ㄱㅈ은 몇 cm인지 해결 과정을 쓰고, 답을 구하세요. [7점]

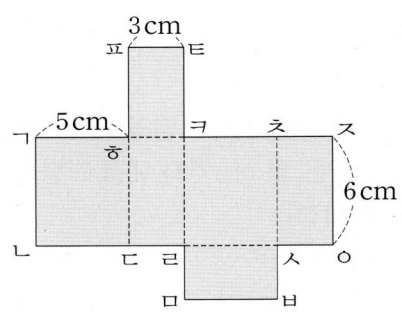

_____

_____

_____

_____

(   )

6 직육면체에서 면 ㄷㅅㅇㄹ과 평행한 면의 모서리 길이의 합은 몇 cm인지 해결 과정을 쓰고, 답을 구하세요. [7점]

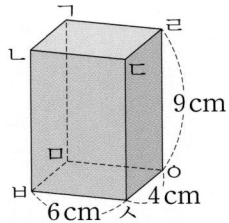

_____

_____

_____

(   )

7 주사위의 마주 보는 면에 있는 눈의 수를 합하면 7일 때 정육면체의 전개도에서 면 ㉠, 면 ㉡, 면 ㉢에 알맞은 눈의 수를 합하면 얼마인지 알아보려고 합니다. 물음에 답하세요. [10점]

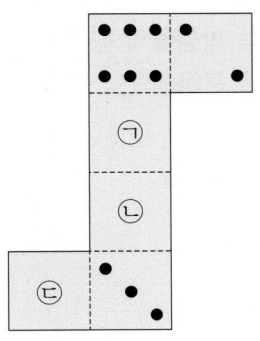

단계 1 면 ㉠에 알맞은 눈의 수를 구하세요.

(   )

단계 2 면 ㉡에 알맞은 눈의 수를 구하세요.

(   )

단계 3 면 ㉢에 알맞은 눈의 수를 구하세요.

(   )

단계 4 면 ㉠, 면 ㉡, 면 ㉢에 알맞은 눈의 수를 합하면 얼마인지 해결 과정을 쓰고, 답을 구하세요.

_____

_____

_____

_____

(   )

수학

5단원

평균 구하기

1 소민이네 모둠 학생들의 몸무게를 나타낸 표입니다. 몸무게의 평균을 구하세요.

소민이네 모둠 학생들의 몸무게

이름	소민	기영	원규	예서
몸무게(kg)	41	45	43	39

(41+ ☐ + ☐ + ☐) ÷ ☐ = ☐ (kg)

tip 각 자료의 값을 모두 더하여 자료의 수로 나누면 평균을 구할 수 있습니다.

평균 구하기

2 수현이네 학교 5학년 학급별 학생 수를 나타낸 표입니다. 알맞은 말에 ○표 하세요.

수현이네 학교 5학년 학급별 학생 수

반	1반	2반	3반	4반
학생 수(명)	25	29	31	27

2반의 학생 수는 (많은 , 적은) 편입니다.

tip 평균을 기준으로 자료의 값이 평균보다 높거나 낮은지 알아봅니다.

평균 이용하기

3 네 수의 평균이 27일 때, ☐ 안에 알맞은 수를 써넣으세요.

24	31	☐	25

tip 모르는 자료의 값은 평균과 자료의 수를 곱한 값, 즉 전체 자료의 값의 합에서 알고 있는 자료의 값을 빼어 구합니다.

1-1 서술형 쌍둥이 문제 재형이네 모둠 학생 4명의 키는 다음과 같습니다. 키의 평균은 몇 cm인지 해결 과정을 쓰고, 답을 구하세요. [4점]

138 cm	151 cm	145 cm	146 cm

_____

_____

(   )

2-1 서술형 쌍둥이 문제 민호네 모둠의 제기차기 기록을 나타낸 표입니다. 기록이 평균보다 제기차기를 더 많이 한 학생은 모두 몇 명인지 해결 과정을 쓰고, 답을 구하세요. [4점]

민호네 모둠의 제기차기 기록

이름	민호	아리	우현	재석
기록(개)	25	29	31	27

_____

_____

(   )

3-1 서술형 쌍둥이 문제 민재의 윗몸 말아 올리기 기록을 나타낸 표입니다. 기록의 평균이 27번일 때 3회에는 윗몸 말아 올리기를 몇 번 했는지 해결 과정을 쓰고, 답을 구하세요. [6점]

민재의 윗몸 말아 올리기 기록

회	1회	2회	3회	4회
기록(번)	24	31		25

_____

_____

(   )

평균 이용하기

4 두 모둠이 줄넘기를 하여 더 잘한 모둠을 정하려고 합니다. 어느 모둠이 줄넘기를 더 잘했다고 말할 수 있나요?

모둠 친구 수와 줄넘기 기록

모둠	A	B
모둠 친구 수(명)	4	5
줄넘기 기록의 합(번)	124	150

( )

tip 각 모둠의 평균을 구한 다음 두 모둠의 평균을 비교합니다.

4-1 서술형 쌍둥이 문제 두 모둠이 돌린 훌라후프 기록을 나타낸 표입니다. 어느 모둠의 훌라후프 기록의 평균이 몇 번 더 많은지 해결 과정을 쓰고, 답을 구하세요. [6점]

지우네 모둠의 훌라후프 기록

이름	지우	재준	민서	이현
기록(번)	29	34	25	36

윤희네 모둠의 훌라후프 기록

이름	윤희	유라	인우	민하	동호
기록(번)	33	30	28	25	34

_____

( ), ( )

일이 일어날 가능성을 말로 표현하기

5 일이 일어날 가능성을 찾아 이으세요.

내일 해가 동쪽에서 뜰 것입니다.	내 짝은 남자일 것입니다.
•	•

•	•	•
확실하다	불가능하다	반반이다

tip 주어진 일이 일어날 가능성이 높은지, 반반인지, 낮은지 생각하여 각각의 가능성을 '확실하다', '반반이다', '불가능하다'로 표현합니다.

5-1 서술형 쌍둥이 문제 서준이가 말한 일이 일어날 가능성은 '불가능하다'입니다. 서준이가 말한 상황에서 일이 일어날 가능성이 '확실하다'가 되도록 말을 바꾸세요. [4점]

내년 1월에는 날짜가 30일까지 있을 거야.
서준

_____

일이 일어날 가능성을 수로 표현하기

6 회전판에서 화살이 파란색에 멈출 가능성에 ↓로 나타내세요.

```
0          1/2          1
```

tip 일이 일어날 가능성이 '불가능하다'이면 0, '반반이다'이면 $\frac{1}{2}$, '확실하다'이면 1로 표현합니다.

6-1 서술형 쌍둥이 문제 주사위를 굴려서 나온 눈의 수가 짝수일 가능성을 수로 표현하려고 합니다. 해결 과정을 쓰고, 답을 구하세요. [4점]

_____

( )

1 병호는 윗옷 2벌을 가지고 있습니다. 병호가 윗옷을 1벌 골라 입을 때 파란색 윗옷을 입을 가능성을 보기 에서 찾아 기호를 쓰고, 그 이유를 설명하세요. [5점]

> **보기**
> ㉠ 확실하다   ㉡ 반반이다   ㉢ 불가능하다

기호
───────────────────

이유
───────────────────

───────────────────

2 어느 농구 팀이 경기를 4번 했을 때 얻은 점수를 나타낸 표입니다. 이 농구 팀이 다섯 경기 동안 얻은 점수의 평균이 네 경기 동안 얻은 점수의 평균보다 높으려면 다섯 번째 경기에서는 몇 점보다 높은 점수를 얻어야 하는지 해결 과정을 쓰고, 답을 구하세요. [5점]

경기별 얻은 점수

경기	첫 번째	두 번째	세 번째	네 번째
얻은 점수(점)	99	132	101	120

───────────────────

───────────────────

───────────────────

(   )

3 소진이와 준호 중 일이 일어날 가능성이 '반반이다'인 경우를 말한 친구는 누구인지 해결 과정을 쓰고, 답을 구하세요. [5점]

> • 소진: 12월에는 35일이 있을 거야.
> • 준호: 한 명의 아이가 태어날 때 그 아이는 여자 아이일 거야.

───────────────────

───────────────────

───────────────────

(   )

4 은수네 가족과 민하네 가족의 나이를 나타낸 표입니다. 누구네 가족의 나이의 평균이 더 많은지 해결 과정을 쓰고, 답을 구하세요. [7점]

가족의 나이

은수네 가족의 나이(살)	43	40	16	14	12
민하네 가족의 나이(살)	41	38	18	12	11

───────────────────

───────────────────

───────────────────

(   )

5 일이 일어날 가능성이 높은 순서대로 기호를 쓰려고 합니다. 해결 과정을 쓰고, 답을 구하세요. [7점]

> ㉠ 100원짜리 동전을 던졌을 때 그림 면이 나올 가능성
> ㉡ 계산기로 1 + 2 = 을 눌렀을 때 1이 나올 가능성
> ㉢ 노란색 공만 들어 있는 주머니에서 노란색 공을 꺼낼 가능성

_____

_____

_____

(   )

6 어느 서점에서 5일 동안 팔린 책의 수를 나타낸 표입니다. 하루에 팔린 책의 수의 평균이 330권일 때, 책이 가장 많이 팔린 요일은 언제인지 해결 과정을 쓰고, 답을 구하세요. [7점]

5일 동안 팔린 책의 수

요일	월	화	수	목	금
책의 수(권)	345	265		310	370

_____

_____

_____

(   )

7 독서 동아리 회원의 나이를 나타낸 표입니다. 새로운 회원 한 명이 더 들어와서 나이의 평균이 한 살 늘어났다면 새로운 회원의 나이는 몇 살인지 알아보려고 합니다. 물음에 답하세요. [10점]

독서 동아리 회원의 나이

이름	루희	주원	서진	지민	세준
나이(살)	13	11	16	12	13

단계 1 새로운 회원이 들어오기 전의 독서 동아리 회원의 나이의 평균은 몇 살인가요?

(   )

단계 2 새로운 회원의 나이는 몇 살인가요?

(   )

8 혜리네 반이 넘은 단체 줄넘기 횟수입니다. 줄넘기 횟수의 평균이 20번 이상 되어야 예선을 통과할 수 있습니다. 혜리네 반이 예선을 통과하려면 마지막에 최소 몇 번을 넘어야 하는지 해결 과정을 쓰고, 답을 구하세요. [10점]

> 16, 23, 19, 25, 14, ☐

_____

_____

_____

_____

(   )

연습! 서술형 평가

고조선의 문화유산

1 다음에 해당하는 문화유산을 모두 고르시오.

(   )

- 고조선을 대표하는 문화유산입니다.
- 문화유산의 분포 지역으로 고조선의 문화 범위를 짐작할 수 있습니다.

① 움집   ② 비파형 동검
③ 미송리식 토기   ④ 탁자식 고인돌
⑤ 빗살무늬 토기

1-1 서술형 쌍둥이 문제

다음 문화유산이 가지는 공통적인 특징을 쓰시오.

[4점]

- 비파형 동검   • 탁자식 고인돌
- 미송리식 토기

_____

_____

_____

삼국의 전성기

2 고구려, 백제, 신라의 전성기를 이끈 왕에 대한 설명이 바르게 짝 지어진 것을 모두 골라 기호로 쓰시오.

㉠ 백제 근초고왕 – 대가야를 흡수했다.
㉡ 신라 진흥왕 – 고구려가 차지했던 한강 유역을 빼앗았다.
㉢ 고구려 장수왕 – 평양 지역으로 수도를 옮기고 남쪽으로 영역을 더욱 확장했다.

(   )

2-1 서술형 쌍둥이 문제

다음 밑줄 친 고구려의 '이 왕'이 전성기 때 한 일을 쓰시오. [6점]

<u>이 왕</u>은 아버지의 업적을 기념하려고 광개토 대왕릉비를 세웠습니다.

_____

_____

_____

고려의 건국

3 다음 (   ) 안에 공통으로 들어갈 사람의 이름을 쓰시오.

왕건은 (   )이/가 신하를 의심하고 죽이며 일부 호족들을 억압하자 (   )을/를 몰아내고 고려를 세웠습니다. 고려를 세운 왕건은 세금을 줄이고, 가난한 사람들이 굶주리지 않도록 힘썼습니다.

(   )

3-1 서술형 쌍둥이 문제

고려를 세운 왕건이 백성의 생활을 안정시키려고 실시했던 정책의 내용을 쓰시오. [6점]

_____

_____

_____

고려의 문화유산

4 고려 문화유산의 특징을 바르게 말한 사람을 모두 골라 이름을 쓰시오.

> • 나라: "금속 활자는 쉽게 마모되어 보관하기 어려웠어."
> • 서형: "고려청자에서 당시 귀족들의 화려한 문화를 엿볼 수 있어."
> • 종민: "팔만대장경판을 통해 고려의 뛰어난 목판 제조술, 인쇄술 등을 알 수 있어."

(   )

4-1
서술형
쌍둥이
문제

다음과 같은 특징을 가진 팔만대장경판을 통해 알 수 있는 고려 기술의 우수한 점을 쓰시오. [4점]

> 팔만대장경판은 목판에 불경을 새긴 것으로, 글자가 고르고 틀린 글자도 거의 없습니다.

_____

_____

_____

사회

1단원

조선 건국의 과정

5 고려 말부터 조선 건국까지의 과정에서 일어난 일에 대한 설명으로 잘못된 것은 어느 것입니까? (   )

① 고려 말 나라 안팎이 매우 혼란스러웠다.
② 조선은 한양에서 개경으로 도읍을 옮겼다.
③ 정몽주는 고려를 유지하면서 개혁하려고 했다.
④ 이성계는 위화도에서 군대를 되돌려 반대 세력을 몰아내고 권력을 잡았다.
⑤ 정도전은 고려를 대신해 이성계를 중심으로 한 새로운 왕조를 세우고자 했다.

5-1
서술형
쌍둥이
문제

오른쪽 지도에 나타난, 이성계가 반대 세력을 몰아내고 권력을 잡는 계기가 된 사건의 내용을 쓰시오. [6점]

_____

_____

_____

세종 대에 이루어진 발전

6 다음과 같은 특징을 가진, 세종 대에 만들어진 과학 기구가 <u>아닌</u> 것은 어느 것입니까? (   )

> • 백성들이 농사짓는 데 도움이 되었습니다.
> • 지역의 기후를 파악하고 일상생활에서 시간을 알거나 날씨를 대비하는 데 도움이 되었습니다.

① 자격루   ② 혼천의
③ 측우기   ④ 거북선
⑤ 앙부일구

6-1
서술형
쌍둥이
문제

세종 대에 만들어진 다음 물건들이 당시 백성들에게 주었던 도움을 두 가지 쓰시오. [4점]

> • 자격루   • 혼천의
> • 측우기   • 앙부일구

_____

_____

_____

사회 실전! 서술형 평가

1 다음은 고조선에 있었던 법입니다. 밑줄 친 부분을 통해 짐작할 수 있는 고조선 사회의 모습을 두 가지 쓰시오. [5점]

> • 사람을 죽인 사람은 사형에 처한다.
> • 남에게 상해를 입힌 사람은 곡식으로 갚는다.
> • 남의 물건을 훔친 사람은 데려다 노비로 삼으며, 죄를 면하려면 50만 전을 내야 한다.

_____

_____

2 다음과 같이 발해의 문화유산과 고구려의 문화유산이 닮은 까닭을 쓰시오. [7점]

▲ 고구려 수막새의 연꽃무늬

▲ 발해 수막새의 연꽃무늬

▲ 고구려의 치미

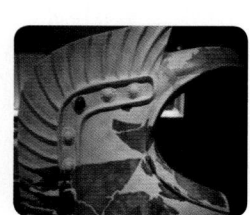
▲ 발해의 치미

_____

_____

3 다음은 고려의 후삼국 통일 과정입니다. 밑줄 친 부분에 들어갈, 후백제의 힘이 약해지게 된 배경을 쓰시오. [7점]

> 신라 말 나라가 혼란스러운 가운데, 견훤은 후백제를, 궁예는 후고구려를 세웠습니다.

> 고려는 후백제와의 전투에서 크게 승리했고, 이후 후백제는 _____

> 신라가 고려에 항복한 이후 고려는 후백제를 물리치고 후삼국을 통일했습니다.

_____

_____

4 다음은 거란의 1차 침입 당시 서희와 소손녕이 나눈 대화입니다. 이와 같은 담판을 통해 고려와 거란이 얻은 것은 무엇인지 각각 쓰시오. [7점]

> • 소손녕: 우리와 국경을 접하고 있는데도 왜 바다를 건너 송과 교류하는가?
> • 서희: 우리 땅인 압록강 안팎을 여진이 훔쳐 살면서 길을 막고 있으니, 거란으로 가는 것은 바다를 건너는 것보다 더 어렵다. 만약 여진을 쫓아내고 우리의 옛 영토를 돌려줘 성을 쌓고 도로를 통하게 해 준다면, 어찌 교류를 잘하지 않겠는가?

(1) 고려가 얻은 것: _____

_____

(2) 거란이 얻은 것: _____

_____

5 다음은 정몽주와 정도전이 고려 말의 어지러운 사회를 개혁하기 위한 방법에 대해 나눈 대화입니다. 밑줄 친 부분에 들어갈 정도전의 주장에 대한 적절한 근거를 쓰시오. [5점]

"고려를 유지하며 개혁해야 하오. 나라 안팎이 혼란스러운데 임금까지 바꾸면 문제를 해결하기 더욱 어렵소. 기존의 잘못된 규칙과 제도를 바꾸고 관리들을 잘 관리한다면 문제를 해결할 수 있소."

▲ 정몽주

"아니오. 새로운 나라를 세워야 하오.
_____
_____"

▲ 정도전

_____
_____

6 다음은 조선의 신분별 생활 모습입니다. 이를 통해 알 수 있는 조선의 신분 제도의 특징을 두 가지 쓰시오. [5점]

양반

관리가 되거나, 유교의 가르침이 담긴 책을 공부했습니다.

중인

궁궐에서 그림을 그리거나 통역을 담당하기도 했습니다.

상민

대부분 농사를 지으며 나라에 큰 공사나 일이 있을 때 불려 가기도 했습니다.

천민

양반의 집이나 관공서에서 허드렛일을 하거나 따로 살면서 주인 집에 신공을 바치기도 했습니다.

_____
_____

7 다음 가상의 신문 기사를 읽고, 물음에 답하시오. [10점]

(가)

○○신문　　　　1598년

일본군, 조선에서 철수 7년간의 전쟁이 끝나다.

이순신 대신 수군을 이끈 원균이 칠천량 해전에서 크게 패해 조선 수군이 거의 전멸한 상황에서 이순신이 명량 해협에서 일본군을 상대로 큰 승리를 거두었다. 이후 하늘도 감동한 것일까? 일본군이 조선에서 철수를 하게 되었다. 7년간의 긴 ㉠ 전쟁이 끝이 난 것이다.

(나)

○○신문　　　　1637년

인조, 청 태종에게 항복하다.

인조가 남한산성에서 나와 청 태종에게 무릎을 꿇으면서 ㉡ 전쟁이 끝났다. 남한산성으로 들어가 고립된 것이 잘못된 선택이었다. 더욱이 성 안에서 신하들은 청군과 끝까지 싸워야 한다는 의견과 싸움을 멈추고 화해하자는 의견으로 나뉘어 있었다. 이 분노를 어찌 다 표현할 수 있겠는가!

[단계 1] 위 (가), (나) 신문 기사에서 밑줄 친 ㉠, ㉡ '전쟁'의 이름을 각각 쓰시오.

㉠ (　　　　　　　　), ㉡ (　　　　　　　　)

[단계 2] 위 (가) 신문 기사와 같이 바다에서 이순신이 이끈 수군이 일본 수군을 막아 내고 있을 때 육지에서는 일본군에 대항해 어떻게 싸우고 있었는지 구체적인 사례를 두 가지 쓰시오.

_____
_____

[단계 3] 다음을 읽고, 위 (가) 신문 기사와 달리 (나) 신문 기사에서는 조선이 외세의 침입을 극복하지 못한 까닭을 쓰시오.

명이 후금을 물리치려고 조선에 군사를 요청했지만 광해군은 중립 외교를 펼치며 전쟁에 휘말리려 하지 않았습니다. 그러자 명이 베푼 은혜를 저버린 것이라고 비판한 세력이 광해군을 쫓아내고 인조를 왕으로 세웠습니다.

사회

1단원

영조와 정조의 개혁 정책

1 조선 후기의 정치 모습에 대한 설명으로 알맞지 <u>않은</u> 것은 어느 것입니까? (   )

> ① 임진왜란 즈음부터 조선의 지배층은 붕당을 이루어 정치를 했습니다. ② 처음부터 붕당을 이룬 정치는 나라 운영에 전혀 도움이 되지 않았습니다. 이에 영조는 탕평책을 펼쳐 ③ 정치를 안정시키고 ④ 왕권을 강화했습니다. ⑤ 탕평책은 정치를 안정시켰지만, 근본적인 해결책이 되지 못했습니다.

1-1
서술형
쌍둥이
문제

조선 후기에 영조와 정조가 펼쳤던 탕평책의 역할과 그 한계점을 간단히 쓰시오. [4점]

_____

_____

_____

_____

강화도 조약

2 강화도 조약에 대한 설명으로 알맞은 것을 두 가지 고르시오. (   )

① 조선이 청과 맺은 조약이었다.
② 조선에 불리한 불평등 조약이었다.
③ 일본은 강화도 조약을 계기로 개항했다.
④ 조선이 외국과 맺은 최초의 근대적 조약이었다.
⑤ 조선은 조약을 체결하는 장소에 군인들을 이끌고 나와 일본의 관리들을 위협했다.

2-1
서술형
쌍둥이
문제

다음 강화도 조약의 일부 내용을 보고 알 수 있는 강화도 조약의 성격을 쓰시오. [6점]

> 개항한 항구에서 일본인이 죄를 지어도 조선 정부가 심판할 수 없다.

_____

_____

독립 협회

3 독립 협회에 대하여 바르게 말한 사람을 모두 골라 이름을 쓰시오.

> • 주이: 만민 공동회를 개최했어.
> • 찬미: 을미사변이 일어나기 전에 설립되었어.
> • 철준: 조선이 강화도 조약을 체결하는데 큰 역할을 했어.
> • 민우: 자주독립 의식을 고취하고자 영은문이 있던 자리 부근에 독립문을 세웠어.

(   )

3-1
서술형
쌍둥이
문제

독립 협회에서 자주독립 의식을 고취하고자 한 일을 쓰시오. [6점]

_____

_____

_____

_____

대한민국 임시 정부

4 다음 ( ) 안에 들어갈 알맞은 도시의 이름을 쓰시오.

> 1919년 9월, 중국 ( )에서 세워진 대한민국 임시 정부는 비밀 연락망을 조직해 국내의 독립운동을 지휘했으며, 독립 자금을 모으고 다른 나라와의 외교 활동도 하며 독립운동을 펼쳤습니다.

( )

4-1 서술형 쌍둥이 문제
대한민국 임시 정부가 나라를 되찾으려고 노력한 일을 두 가지 쓰시오. [4점]

_____

_____

_____

_____

대한민국 정부 수립

5 다음 ㉠, ㉡에 들어갈 알맞은 숫자를 쓰시오.

> 남한에서는 1948년 (㉠)월 (㉡)일에 국회 의원을 뽑는 선거를 실시했습니다. 7월 17일에 헌법이 공포되었고, 제헌 국회 의원들은 이승만을 초대 대통령으로 선출했습니다. 광복 3주년을 맞는 날에 수립된 대한민국 정부는 대한민국 임시 정부의 전통을 이었으며, 우리 민족의 오랜 염원이었던 독립 정부를 수립했다는 점에서 의미가 있습니다.

㉠ ( ), ㉡ ( )

5-1 서술형 쌍둥이 문제
대한민국 정부 수립이 가지는 역사적 의미를 두 가지 쓰시오. [6점]

_____

_____

_____

_____

6·25 전쟁의 전개 과정

6 6·25 전쟁의 전개 과정에서 세 번째로 일어난 일은 무엇입니까? ( )

① 휴전이 결정되었다.

② 중국군이 압록강을 넘어 전쟁에 개입했다.

③ 국제 연합이 국제 연합군을 남한에 파견했다.

④ 북한군이 38도선 전 지역에서 공격을 시작했다.

⑤ 인천 상륙 작전을 계기로 국군과 국제 연합군은 평양을 비롯한 북한 지역의 대부분을 장악한 후 압록강까지 진격했다.

6-1 서술형 쌍둥이 문제
6·25 전쟁의 전개 과정 중 국군과 국제 연합군이 인천 상륙 작전을 성공한 직후 실행한 일을 쓰시오. [4점]

_____

_____

_____

_____

1 다음은 조선 후기 실학자들의 다양한 주장입니다. 이렇게 실학자들이 현실 문제에 관심을 두게 된 배경을 간단히 쓰시오. [5점]

> • 청의 문물을 적극적으로 받아들여야 합니다.
> • 우리의 지리, 역사, 언어, 자연 등을 연구해야 합니다.
> • 상업과 공업을 발달시켜야 합니다.
> • 새로운 농사 기술을 보급하고 토지 제도를 바꿔 농민들의 생활을 안정시켜야 합니다.

_____

_____

2 흥선 대원군이 다음과 같은 척화비를 한양과 전국 각지에 세운 까닭을 쓰시오. [7점]

"외세가 침범했는데 싸우지 않는 것은 곧 나라를 파는 것이다."

_____

_____

3 다음 밑줄 친 부분에 들어갈 을미사변 직후 조선의 상황을 조선에 대한 일본과 러시아의 영향력과 관련지어 쓰시오. [7점]

> 고종과 그의 비(부인)인 명성 황후는 외교적인 노력을 하면서 일본의 간섭을 막으려고 했습니다.

⬇

> 일본은 경복궁에 침입해 명성 황후를 시해하고 시신을 불태우는 만행을 저질렀습니다(을미사변).

⬇

> 을미사변 이후 고종은 러시아 공사관으로 거처를 옮겼고, 이로써 조선에서 _____

_____

_____

4 다음에서 잘못된 설명을 골라 기호로 쓰고, 바르게 고쳐 쓰시오. [5점]

> ㉠ 러일 전쟁에서 승리한 일제는 대한 제국을 점점 더 많이 간섭했습니다. 이토 히로부미는 ㉡ 궁궐을 포위한 상태에서 고종 황제의 허락을 받아 낸 후 ㉢ 외교권을 빼앗는 조약을 강제로 체결했습니다(을사늑약). 이후 일제는 ㉣ 고종 황제를 강제로 물러나게 하고 ㉤ 대한 제국의 군대도 해산시켰습니다.

_____

_____

5 다음 밑줄 친 부분에 들어갈 창민이가 현지에게 해 줄 알맞은 대답을 우리 민족이 겪었던 어려움과 관련지어 쓰시오. [7점]

- 창민: 일제 강점기에 우리 민족은 우리말 대신 일본어를 쓰도록 강요당했어.
- 현지: 그럼 우리 역사는 배울 수 있었어?
- 창민: 아니. 일제는 우리나라가 식민 지배를 받는 것이 당연하다고 생각하도록 우리나라의 역사를 왜곡했어. 또한 신사에 강제로 참배하도록 했지.
- 현지: 안타깝다. 정말 너무하네!
- 창민: 그렇지. 이러한 일제의 탄압으로 우리의 민족정신이 _____

_____

_____

6 다음은 대한민국 정부 수립 과정에서 있었던 일입니다. 밑줄 친 부분에 들어갈 알맞은 내용을 쓰시오. [7점]

1945년 12월 말 미국, 영국, 소련의 외무 장관은 모스크바에 모여 한반도의 문제를 어떻게 처리할 것인지를 회의했습니다.

↓

신탁 통치 문제와 관련해 나라가 혼란스러운 가운데 _____ 을/를 논의하고자 미소 공동 위원회가 개최되었습니다.

↓

미소 공동 위원회에서 미국과 소련 간의 서로 다른 입장으로 합의를 이루지 못했고, 그 결과 미국은 한국의 문제를 국제 연합(UN)에 넘겼습니다.

_____

_____

단계별 유형

7 다음 지도는 6·25 전쟁의 전개 과정을 나타낸 것입니다. 물음에 답하시오. [10점]

▲ 국군·국제 연합군의 반격

▲ 북한군의 남침

▲ 전선 고착·휴전

▲ 중국군의 개입

단계 1 위 ㉠~㉣을 6·25 전쟁의 전개 과정에 알맞게 순서대로 기호로 쓰시오.

(   )

단계 2 위 ㉠과 같이 국군과 국제 연합군이 북한 지역의 대부분을 장악한 후 압록강까지 진격할 수 있었던 계기가 된 작전의 이름을 쓰시오.

(   )

단계 3 위와 같은 6·25 전쟁으로 인한 물적 피해와 인적 피해를 각각 두 가지씩 쓰시오.

(1) 물적 피해: _____

_____

(2) 인적 피해: _____

_____

사회

2단원

1 민준이와 아리의 대화를 보고 탐구 문제를 바르게 정한 사람을 고르고, 그렇게 생각한 까닭을 쓰시오. [5점]

 모래시계에 대해 탐구해 볼까?

민준

 1분을 측정하는 모래 시계를 어떻게 만들 수 있을까?

아리

2 다음은 아리네 모둠이 정한 탐구 문제입니다. 탐구 문제를 해결하기 위해 페트병 안에 모래를 넣고 페트병 두 개를 연결한 후, 모래가 모두 떨어지는 데 일정한 시간이 걸리는 것을 이용한 모래시계를 만들려고 합니다. 이때 모래시계의 측정 시간에 영향을 주는 조건을 두 가지 이상 쓰시오. [7점]

아리네 모둠의 탐구 문제	1분을 측정하는 모래시계를 어떻게 만들 수 있을까?

3 탐구 계획을 세울 때 꼭 들어가야 할 내용을 두 가지 이상 쓰시오. [5점]

4 다음은 아리네 모둠에서 정한 탐구 문제를 해결하기 위한 실험 활동과 실험 결과입니다. 실험 결과를 통해 알 수 있는 사실을 한 가지 쓰시오. [5점]

아리네 모둠의 탐구 문제	1분을 측정하는 모래시계를 어떻게 만들 수 있을까?

[실험 활동]

1분을 측정하는 모래시계 만들기

[실험 결과]

모래의 무게(g)		40	80	120	160
걸린 시간(초)	1회	10	19	31	41
	2회	9	20	31	40
	3회	10	20	28	41

5 다음은 아리네 모둠에서 정한 탐구 문제를 해결하기 위한 실험 활동과 실험 결과입니다. 물음에 답하시오.
[10점]

> 아리네 모둠의 탐구 문제 | 1분을 측정하는 모래시계를 어떻게 만들 수 있을까?

> [실험 활동]
> 1분을 측정하는 모래시계 만들기
> [실험 결과]
> 모래의 양이 40g일 때 페트병 속 모래가 모두 떨어지는 데 10초가 걸렸습니다.

1단계 실험 결과를 통해 완성된 모래시계로 탐구 문제를 해결할 수 있는지, 없는지 쓰시오.

___

2단계 **1단계**에서 위와 같이 답한 까닭을 쓰시오.

___

3단계 **1단계**에서 탐구 문제를 해결할 수 없다고 답했다면 새로운 해결 방법을 쓰고, 탐구 문제를 해결할 수 있다고 답했다면 탐구를 통해 알 수 있는 점을 쓰시오.

___

6 다음은 아리네 모둠에서 정한 탐구 문제를 해결하기 위해 완성된 모래시계의 문제점입니다. 다음과 같은 문제가 있다면 그 원인과 해결 방법은 무엇이 있을지 각각 쓰시오. [7점]

> 아리네 모둠의 탐구 문제 | 1분을 측정하는 모래시계를 어떻게 만들 수 있을까?

> [완성된 모래시계의 문제점]
> 모래시계의 측정 시간이 1분보다 짧은 57초였습니다.

___

7 새로운 탐구 문제를 정하여 스스로 탐구하는 과정을 4단계로 쓰시오. [5점]

___

과학

1단원

생태계 구성 요소

1 생태계의 구성 요소에 대하여 옳게 설명한 친구의 이름을 쓰시오.

- 정윤: 곰팡이는 다른 생물을 먹이로 하여 살아가는 동물이야.
- 하린: 메뚜기는 죽은 생물이나 배출물을 분해하여 양분을 얻는 생물이야.
- 민준: 벼는 햇빛을 이용하여 살아가는 데 필요한 양분을 만드는 생물이야.

( )

1-1 서술형 쌍둥이 문제

생태계의 구성 요소 중 생산자, 소비자란 무엇인지 각각 쓰시오. [4점]

_____

_____

_____

생태계를 구성하는 생물의 먹이 관계

2 다음 ( ) 안에 들어갈 알맞은 말을 쓰시오.

생태계에서 생물의 먹이 관계가 사슬처럼 연결되어 있는 것을 (㉠)(이)라고 하고, 여러 개의 먹이 사슬이 얽혀 그물처럼 연결되어 있는 것을 (㉡)(이)라고 합니다.

㉠: ( ), ㉡: ( )

2-1 서술형 쌍둥이 문제

먹이 사슬과 먹이 그물이 무엇인지 각각 쓰시오. [4점]

_____

_____

_____

생태계를 구성하는 생물의 수나 양

3 오른쪽은 먹이 단계별로 생물의 수 또는 양을 표시한 것입니다. 이에 대해 <u>잘못</u> 설명한 것을 골라 기호를 쓰시오.

(가)
(나)
(다)
(라)

㉠ (가), (나), (다)는 소비자, (라)는 생산자입니다.
㉡ 생물의 수나 양은 (가)>(나)>(다)>(라)입니다.
㉢ (라)의 양이 갑자기 줄어들면 (가), (나), (다)의 수도 일시적으로 줄어듭니다.

( )

3-1 서술형 쌍둥이 문제

다음 그림을 보고, ㉣의 양이 갑자기 줄어들었을 때 ㉠, ㉡, ㉢의 수는 어떻게 되는지 쓰시오. [4점]

㉠
㉡
㉢
㉣

_____

_____

_____

비생물 요소가 생물에 주는 영향

4 다음 (   ) 안에 들어갈 비생물 요소를 각각 쓰시오.

> • (㉠   )은/는 식물이 양분을 만드는 데 필요하며, 동물의 번식 시기에 영향을 미치기도 합니다.
> • (㉡   )은/는 생물이 살아가는 장소를 제공해 주고, 식물은 (㉡   )에서 자라는 데 필요한 물과 양분을 얻습니다.

㉠: (   ), ㉡: (   )

 4-1
서술형
쌍둥이
문제

비생물 요소 중 햇빛과 물이 생물에 주는 영향을 각각 쓰시오. [4점]

 햇빛

 물

환경에 적응하며 살아가는 생물의 특징

5 다음은 선인장과 철새가 각각 환경에 적응한 특징을 설명한 것입니다. 선인장에 대한 설명에는 '선인장', 철새에 대한 설명에는 '철새'라고 쓰시오.

⑴ 건조한 환경에 적응되었습니다.   (   )
⑵ 온도 차가 커지면 다른 지역으로 이동합니다.
                                          (   )
⑶ 굵은 줄기와 뾰족한 가시를 가지고 있습니다.
                                          (   )

5-1
서술형
쌍둥이
문제

다음 선인장과 철새가 환경에 적응한 특징을 각각 쓰시오. [4점]

 선인장

 철새

과학

2단원

환경 오염이 생물에 주는 영향

6 환경 오염이 생물에 미치는 영향으로 옳지 않은 것에 ×표 하시오.

⑴ 토양이 사막화되면 식물이 잘 자랍니다.
                                          (   )
⑵ 황사나 미세 먼지로 동물의 호흡 기관에 이상이 생기기도 합니다.   (   )
⑶ 녹조 현상으로 물이 더러워지고 악취가 나면 그곳에 살고 있는 물고기가 죽습니다. (   )

 6-1
서술형
쌍둥이
문제

환경 오염이 생물에 미치는 영향을 한 가지 쓰시오.
                                          [4점]

과학 실전! 서술형 평가

1 다음의 곰팡이는 생산자, 소비자, 분해자 중 무엇인지 쓰고, 곰팡이가 양분을 얻는 방법을 쓰시오. [5점]

곰팡이

2 다음은 생태계의 먹이 그물입니다. 여러 개의 먹이 사슬이 서로 얽혀 있는 먹이 그물의 유리한 점을 쓰시오. [5점]

단계별 유형

3 다음은 먹이 단계별로 생물의 수 또는 양을 표시한 것입니다. 물음에 답하시오. [10점]

매
개구리
메뚜기
벼

단계 1 위 피라미드 모양은 어떻게 이루어진 것인지 쓰시오.

단계 2 다음 용어와 용어에 대한 설명을 알맞은 것끼리 선으로 이으시오.

(1)	1차 소비자	•	•	㉠	마지막 단계의 소비자
(2)	2차 소비자	•	•	㉡	1차 소비자를 먹이로 하는 생물
(3)	최종 소비자	•	•	㉢	생산자를 먹이로 하는 생물

단계 3 위 먹이 단계에서 1차 소비자의 수가 갑자기 늘어나면 생산자, 2차 소비자의 수 또는 양에는 어떤 변화가 나타나는지 쓰시오.

4 다음은 페트병에 콩나물을 넣은 뒤, 햇빛과 물 조건을 다르게 하여 콩나물의 자람을 관찰한 결과입니다. ㈎와 ㈏ 페트병의 실험 조건을 각각 쓰시오. (단, 햇빛과 물 조건 외의 나머지 조건은 모두 같게 하였습니다.) [7점]

㈎ 페트병	㈏ 페트병
떡잎이 노란색이고, 떡잎 아래 몸통이 매우 가늘어지고 시듦.	떡잎과 떡잎 아래 몸통이 초록색으로 변했고, 떡잎 아래 몸통이 길고 굵어졌음.

_____

_____

5 다음 공벌레를 보고, 공벌레가 적의 공격으로부터 몸을 보호하기 위해 어떤 행동으로 환경에 적응되었는지 쓰시오. [5점]

_____

_____

_____

6 다음 대벌레를 보고, 대벌레가 적으로부터 몸을 숨기기 위해 어떤 생김새로 환경에 적응되었는지 쓰시오. [5점]

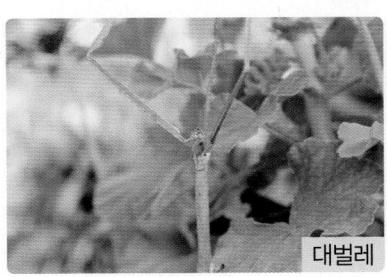

대벌레

_____

_____

_____

7 다음 그림에서 환경 오염을 일으키는 원인을 한 가지 쓰고, 생태계를 보전하기 위해 우리가 할 수 있는 일을 한 가지 쓰시오. [7점]

_____

_____

_____

습도가 높은 날씨

1 습도가 높을 때에 나타나는 특징이 <u>아닌</u> 것을 골라 × 표 하시오.

(1) 곰팡이가 잘 핍니다. ( )

(2) 음식물이 쉽게 부패합니다. ( )

(3) 빨래가 잘 마르지 않습니다. ( )

(4) 감기와 같은 호흡기 질환이 생기기 쉽습니다.
( )

1-1 서술형 쌍둥이 문제 습도가 높은 날씨가 우리 생활에 미치는 영향을 두 가지 쓰시오. [4점]

_____

_____

이슬과 안개

2 이슬과 안개에 대한 설명으로 옳은 것을 모두 골라 ○ 표 하시오.

(1) 이슬과 안개는 공기 중 수증기가 물방울로 변한 것입니다. ( )

(2) 이슬은 응결에 의해 나타나고, 안개는 증발에 의해 나타납니다. ( )

(3) 이슬은 공기 중 수증기가 차가워진 나뭇가지나 풀잎 표면에 물방울로 맺히는 것입니다. ( )

(4) 안개는 밤에 지표면 근처의 공기가 차가워지면 공기 중 수증기가 응결해 작은 물방울로 떠 있는 것입니다. ( )

2-1 서술형 쌍둥이 문제 다음과 같이 이슬과 안개의 공통점은 무엇인지 쓰시오. [4점]

이슬

안개

_____

_____

구름, 비, 눈

3 구름, 비, 눈에 대한 설명으로 옳은 것을 모두 골라 ○ 표 하시오.

(1) 구름, 비, 눈은 수증기가 증발해 나타나는 현상입니다. ( )

(2) 구름은 공기 중 수증기가 응결해 지표면 근처에 떠 있는 것입니다. ( )

(3) 비는 구름 속 작은 물방울이 합쳐지면서 무거워져 떨어지는 것입니다. ( )

(4) 눈은 구름 속 얼음 알갱이의 크기가 커지면서 무거워져 떨어질 때 녹지 않은 채로 떨어지는 것입니다. ( )

3-1 서술형 쌍둥이 문제 구름이 만들어지는 과정을 쓰시오. [4점]

구름

_____

_____

공기의 무게와 기압

4 공기의 무게와 기압에 대한 설명으로 옳지 <u>않은</u> 것을 골라 기호를 쓰시오.

> ㉠ 상대적으로 공기가 무거운 것을 고기압이라고 합니다.
> ㉡ 상대적으로 공기가 가벼운 것을 저기압이라고 합니다.
> ㉢ 따뜻한 공기는 차가운 공기보다 일정한 부피에 공기의 양이 더 많아 무겁고 기압 또한 더 높습니다.

(   )

4-1
서술형
쌍둥이
문제

다음 그림을 보고 일정한 부피에 공기의 양을 이용하여 차가운 공기와 따뜻한 공기의 무게를 비교하시오. [6점]

차가운 공기   따뜻한 공기

_____

_____

육지와 바다의 하루 동안 온도 변화

5 다음은 육지와 바다의 하루 동안 온도 변화를 나타낸 그래프입니다. (   ) 안에 들어갈 알맞은 말에 ○표 하시오.

> 낮에는 육지의 온도가 바다의 온도보다 (높습니다, 낮습니다).

5-1
서술형
쌍둥이
문제

다음 그래프를 보고 육지와 바다의 하루 동안 온도 변화를 비교하여 쓰시오. [6점]

▲ 육지와 바다의 하루 동안 온도 변화

_____

_____

해풍과 육풍

6 해풍에 대한 설명으로 옳지 <u>않은</u> 것을 골라 기호를 쓰시오.

> ㉠ 바닷가에서 낮에 부는 바람입니다.
> ㉡ 바다에서 육지로 부는 바람입니다.
> ㉢ 낮에는 바다가 육지보다 온도가 높기 때문에 부는 바람입니다.

(   )

6-1
서술형
쌍둥이
문제

오른쪽과 같이 바닷가에서 낮에 해풍이 부는 까닭을 쓰시오.
[4점]

바람이 부는 방향

_____

_____

과학 실전! 서술형 평가

1 오른쪽은 알코올 온도계 두 개를 사용하여 습도를 측정하는 건습구 습도계입니다. 건구 온도계와 습구 온도계의 특징을 각각 쓰시오. [5점]

건구 온도계 습구 온도계

▲ 건습구 습도계

_____

_____

_____

2 추운 날, 시완이가 실내로 들어왔더니 다음과 같이 차가운 안경알 표면이 뿌옇게 흐려졌습니다. 이와 같은 현상이 나타나는 까닭을 쓰시오. [5점]

_____

_____

_____

단계별 유형

3 다음과 같이 투명한 통에 따뜻한 물을 1 cm 정도 넣고, 향에 불을 붙여 통에 2초 정도 넣었다가 뺀 뒤, 투명 반구를 통에 올려 얼음과 색소를 탄 물을 넣어 나타나는 현상을 관찰했습니다. 물음에 답하시오. [10점]

향
반구
통

단계 1 위 실험에서 나타나는 변화와 비슷한 자연 현상을 두 가지 쓰시오.

_____

_____

단계 2 위 실험의 투명한 통 안에서 어떤 변화가 나타나는지 쓰시오.

_____

_____

단계 3 위 **단계 2**의 답과 같은 현상이 나타나는 까닭을 쓰시오.

_____

_____

_____

4 다음 그림과 같이 두 개의 플라스틱 통에 차가운 공기와 따뜻한 공기를 각각 넣은 후, 플라스틱 통의 무게를 측정하였습니다. ㈎ 플라스틱 통과 ㈏ 플라스틱 통의 무게 중 무거운 것을 고르고, 이 실험을 통해 알 수 있는 사실을 공기의 온도에 따른 공기의 무게와 관련지어 쓰시오. [7점]

_____

_____

_____

5 오른쪽과 같이 설치한 뒤, 일정한 시간 간격으로 전등을 켰을 때와 전등을 껐을 때 모래와 물의 온도를 측정하여 다음과 같이 그래프로 나타냈습니다. 이 실험에서 모래와 물의 온도 변화가 다르게 나타나는 까닭을 쓰시오. [5점]

_____

_____

_____

6 바닷가에서 부는 바람의 방향이 낮과 밤에 바뀌는 까닭을 쓰시오. [5점]

_____

_____

_____

7 다음은 계절별로 우리나라의 날씨에 영향을 미치는 공기 덩어리를 나타낸 것입니다. 우리나라 봄과 가을 날씨의 특징을 공기 덩어리의 성질과 관련지어 쓰시오. [5점]

_____

_____

_____

과학

4. 물체의 운동

연습! 서술형 평가

물체의 운동

1 다음은 물체의 운동을 나타내는 방법입니다. ( ) 안에 들어갈 알맞은 말을 보기 에서 골라 쓰시오.

> **보기**
>
> 방향, 이동 거리, 위치 변화

> 물체의 운동은 물체가 이동하는 데 걸린 시간과 ( )(으)로 나타냅니다.

( )

1-1 서술형 쌍둥이 문제 물체의 운동을 나타내는 방법을 쓰시오. [4점]

_____

_____

여러 가지 물체의 운동

2 여러 가지 물체의 운동에 대한 설명으로 옳지 <u>않은</u> 것에 ×표 하시오.

(1) 로켓은 달팽이보다 빠르게 운동합니다. ( )

(2) 롤러코스터와 대관람차는 빠르기가 일정한 운동을 합니다. ( )

(3) 배드민턴 채로 배드민턴공을 치면 처음에는 빠르게 날아가다가 점점 느려지면서 바닥으로 떨어집니다. ( )

2-1 서술형 쌍둥이 문제 오른쪽은 놀이공원에서 볼 수 있는 롤러코스터입니다. 롤러코스터의 운동을 빠르기와 관련지어 쓰시오. [4점]

_____

_____

일정한 거리를 이동한 물체의 빠르기

3 다음은 100 m 달리기 선수 4명의 시간 기록입니다. 선수들의 빠르기에 대한 설명으로 옳은 것에 ○표 하시오.

레인	걸린 시간	순위
1	9초 78	2위
2	9초 96	3위
3	9초 67	1위
4	10초 03	4위

(1) 3번 레인의 선수가 가장 빠릅니다. ( )

(2) 1번 레인의 선수가 가장 느립니다. ( )

(3) 100 m를 이동하는 데 가장 짧은 시간이 걸린 선수가 가장 느립니다. ( )

3-1 서술형 쌍둥이 문제 다음과 같은 100 m 달리기에서 선수들의 빠르기를 비교하는 방법을 쓰시오. [4점]

_____

_____

일정한 시간 동안 이동한 물체의 빠르기

4 다음은 일정한 시간 동안 종이 자동차가 이동한 거리를 나타낸 것입니다. 이에 대한 설명으로 옳은 것에 ○표 하시오.

구분	이동 거리(cm)
민준이의 종이 자동차	120
서현이의 종이 자동차	80
시안이의 종이 자동차	60

(1) 민준이의 종이 자동차가 가장 빠릅니다. (   )

(2) 서현이의 종이 자동차가 가장 느립니다. (   )

(3) 일정한 시간 동안 가장 긴 거리를 이동한 종이 자동차가 가장 느립니다. (   )

4-1 서술형 쌍둥이 문제

민준이네 가족과 지호네 가족은 각각 자동차와 고속 열차를 타고 동시에 서울을 출발했습니다. 두 시간 뒤 민준이네 가족과 지호네 가족은 각각 다른 거리를 이동했습니다. 이처럼 각 물체가 이동한 거리가 다를 때 물체의 빠르기를 비교하는 방법을 쓰시오. [4점]

_____

_____

_____

물체의 속력

5 희진이는 10초 동안에 40 m를 이동했고, 철민이는 20초 동안에 100 m를 이동했습니다. 희진이와 철민이의 속력은 얼마인지 각각 구하시오.

(1) 희진: (   ) m/s

(2) 철민: (   ) m/s

5-1 서술형 쌍둥이 문제

속력은 물체의 빠르기를 나타내는 한 가지 방법입니다. 물체의 속력을 구하는 방법을 쓰시오. [4점]

_____

_____

교통안전 수칙

6 도로 주변에서 지켜야 할 교통안전 수칙으로 옳지 <u>않은</u> 것을 보기 에서 골라 기호를 쓰시오.

> **보기**
> ㉠ 급한 일이 있을 때에는 무단횡단을 합니다.
> ㉡ 횡단보도를 건널 때 도로 좌우를 살핍니다.
> ㉢ 도로 주변에서 공은 공 주머니에 넣고 다닙니다.

(   )

6-1 서술형 쌍둥이 문제

다음과 같은 도로 주변에서 지켜야 할 교통안전 수칙을 두 가지 쓰시오. [4점]

_____

_____

실전! 서술형 평가

1 다음은 거리의 모습을 1초 간격으로 나타낸 것입니다. 그림에서 1초 동안에 운동한 물체를 두 가지 쓰고, 그렇게 생각한 까닭을 쓰시오. [5점]

3 다음은 수영 경기에 출전한 선수들의 기록을 나타낸 것입니다. 가장 먼저 도착한 선수의 이름을 쓰고, 그 까닭을 쓰시오. [7점]

이름	기록	이름	기록
이홍민	1분 10초 55	신소윤	1분 12초 35
김아리	1분 11초 25	김지윤	1분 10초 45

2 다음과 같이 스피드 스케이팅을 하거나 조정을 할 때 빠르기를 비교하는 방법을 쓰시오. [7점]

스피드 스케이팅

조정

4 그림은 3시간 동안 여러 교통수단이 이동한 거리를 나타낸 것입니다. 이와 같이 일정한 시간 동안 이동 거리가 다른 여러 교통수단의 빠르기를 비교하는 방법을 쓰시오. [5점]

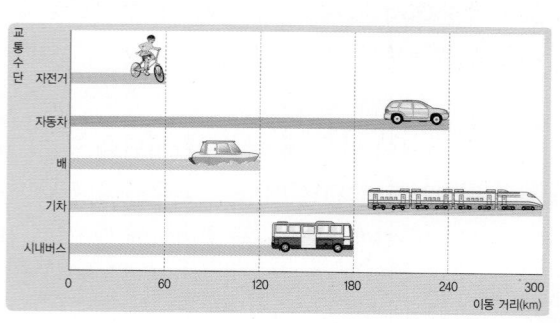

5 다음은 여러 가지 교통수단의 운동을 나타낸 것입니다. 물음에 답하시오. [10점]

나는 3시간 동안 240 km를 이동했어.

나는 1시간 동안 60 km를 이동했어.

단계 1 위 그림에서 파란색 자동차의 속력을 구하시오.

( ) km/h

단계 2 위 그림에서 버스의 속력을 구하시오.

( ) km/h

단계 3 파란색 자동차와 버스의 속력을 비교하여 쓰시오.

6 다음 속력의 뜻을 쓰시오. [5점]

15 km/h

7 그림은 자동차 탑승자를 보호하기 위해 자동차에 설치된 안전장치입니다. 이름을 쓰고, 그 기능을 쓰시오. [7점]

과학

4단원

과학

5. 산과 염기

연습! 서술형 평가

여러 가지 용액의 분류

1 여러 가지 용액을 분류할 때에 분류 기준으로 이용할 수 있는 성질이 <u>아닌</u> 것을 골라 기호를 쓰시오.

> ㉠ 용액의 색깔
> ㉡ 용액의 예쁜 정도
> ㉢ 용액의 투명한 정도
> ㉣ 용액을 흔들었을 때에 거품이 유지되는 시간

( )

1-1 서술형 쌍둥이 문제 다음과 같은 여러 가지 용액을 관찰하여 분류할 때에 이용할 수 있는 분류 기준을 한 가지 쓰시오. [4점]

_____

_____

지시약을 이용한 용액의 분류

2 지시약을 이용한 용액의 분류에 대한 설명으로 옳은 것을 골라 ○표 하시오.

⑴ 붉은색 리트머스 종이에 산성 용액을 떨어뜨리면 푸른색으로 변합니다. ( )

⑵ 리트머스 종이를 이용해서 산성 용액과 염기성 용액을 분류할 수 없습니다. ( )

⑶ 산성 용액에 페놀프탈레인 용액을 떨어뜨리면 페놀프탈레인 용액의 색깔이 변하지 않습니다. ( )

2-1 서술형 쌍둥이 문제 붉은색 리트머스 종이에 석회수, 묽은 수산화 나트륨 용액과 같은 염기성 용액을 떨어뜨리면 색깔이 어떻게 변하는지 쓰시오. [4점]

_____

_____

붉은 양배추 지시약으로 용액 분류하기

3 다음은 ㉠ 빨랫비누 물, ㉡ 석회수, ㉢ 묽은 염산에 붉은 양배추 지시약을 두세 방울씩 떨어뜨렸을 때 색깔 변화를 나타낸 것입니다. 각각 어떤 용액인지 기호를 쓰시오.

⑴ 붉은색 계열 ( )

⑵ 푸른색이나 노란색 계열 ( )

3-1 서술형 쌍둥이 문제 페놀프탈레인 용액을 떨어뜨렸을 때에 붉은색으로 변하는 용액에 붉은 양배추 지시약을 떨어뜨리면 색깔이 어떻게 변하는지 쓰시오. [6점]

_____

_____

산성 용액과 염기성 용액

4 산성 용액의 성질에는 '산성', 염기성 용액의 성질에는 '염기성'이라고 쓰시오.

(1) 달걀 껍데기를 넣으면 기포가 발생하면서 바깥쪽 껍데기가 녹아 없어집니다. ( )

(2) 삶은 달걀 흰자를 넣고 시간이 지나면 삶은 달걀 흰자가 녹아 흐물흐물해집니다. ( )

(3) 두부를 넣고 시간이 지나면 두부가 녹아 흐물흐물해지며 용액이 뿌옇게 흐려집니다. ( )

4-1 서술형 쌍둥이 문제 오른쪽과 같이 묽은 염산에 대리석 조각을 넣었을 때에 나타나는 변화를 쓰시오. [6점]

└ 묽은 염산
└ 대리석 조각

산성 용액과 염기성 용액 섞어 보기

5 산성 용액과 염기성 용액을 섞었을 때의 변화로 옳은 것을 모두 골라 ○표 하시오.

(1) 산성 용액에 염기성 용액을 넣을수록 산성이 점점 약해집니다. ( )

(2) 산성 용액에 염기성 용액을 넣을수록 산성이 점점 강해집니다. ( )

(3) 염기성 용액에 산성 용액을 넣을수록 염기성이 점점 약해집니다. ( )

(4) 염기성 용액에 산성 용액을 넣을수록 염기성이 점점 강해집니다. ( )

5-1 서술형 쌍둥이 문제 묽은 수산화 나트륨 용액에 붉은 양배추 지시약을 떨어뜨린 다음에 묽은 염산을 계속 넣었더니 용액의 색깔이 노란색 계열에서 붉은색 계열로 변하였습니다. 이것으로 알 수 있는 사실을 용액의 성질 변화와 관련지어 쓰시오. [6점]

과학

5단원

산성 용액과 염기성 용액의 이용

6 다음은 우리 생활에서 산성 용액과 염기성 용액을 이용하는 예입니다. 산성 용액을 이용하는 경우를 골라 기호를 쓰시오.

> ㉠ 표백제로 욕실을 청소합니다.
> ㉡ 속이 쓰릴 때 제산제를 먹습니다.
> ㉢ 생선을 손질한 도마를 식초로 닦아 냅니다.

( )

6-1 서술형 쌍둥이 문제 오른쪽과 같이 속이 쓰릴 때에 제산제를 먹는 까닭을 쓰시오. [4점]

실전! 서술형 평가

1 여러 가지 용액을 분류 기준을 정하여 분류하시오. [7점]

▲ 주스   ▲ 콜라   ▲ 물   ▲ 우유

(1) 분류 기준: (   )

(2) 분류하기: _____

_____

_____

2 다음과 같이 페놀프탈레인 용액을 떨어뜨리면 붉은색으로 변하는 용액은 리트머스 종이에 떨어뜨렸을 때 색깔을 어떻게 변화시키는지 쓰시오. [7점]

(1) 푸른색 리트머스 종이: _____

_____

(2) 붉은색 리트머스 종이: _____

_____

3 다음과 같은 성질이 있는 용액에 오른쪽의 붉은 양배추 지시약을 떨어뜨리면 어떤 계열의 색깔로 변하는지 쓰고, 그렇게 생각한 까닭을 쓰시오. [7점]

▲ 붉은 양배추 지시약

• 푸른색 리트머스 종이를 붉은색으로 변화시킵니다.
• 페놀프탈레인 용액을 떨어뜨리면 색깔이 변하지 않습니다.

(1) 색깔: (   ) 계열

(2) 까닭: _____

_____

_____

4 산성 용액에 대하여 잘못 설명한 것을 골라 기호를 쓰고, 바르게 고쳐 쓰시오. [5점]

㉠ 레몬즙, 묽은 염산 등이 있습니다.
㉡ 푸른색 리트머스 종이를 붉은색으로 변화시킵니다.
㉢ 페놀프탈레인 용액을 떨어뜨리면 색깔이 붉은색으로 변합니다.

_____

_____

5 다음은 요구르트와 치약의 성질을 알아보기 위한 실험 결과입니다. 이 실험 결과를 통해 알 수 있는 요구르트와 치약의 성질을 각각 쓰시오. [7점]

[요구르트의 성질]

리트머스 종이의 색깔 변화		페놀프탈레인 용액의 색깔 변화
푸른색 리트머스	붉은색 리트머스	
붉은색	변화 없음.	변화 없음.

[치약의 성질]

리트머스 종이의 색깔 변화		페놀프탈레인 용액의 색깔 변화
푸른색 리트머스	붉은색 리트머스	
변화 없음.	푸른색	붉은색 또는 분홍색

_____

_____

6 우리 생활에서 산성 용액과 염기성 용액을 이용하는 예를 한 가지씩 쓰시오. [7점]

(1) 산성 용액을 이용한 예: _____

_____

(2) 염기성 용액을 이용한 예: _____

_____

7 다음과 같은 실험을 하였습니다. 물음에 답하시오.
[10점]

> ㈎ 삼각 플라스크에 묽은 수산화 나트륨 용액 20mL를 넣고, 붉은 양배추 지시약을 열 방울 떨어뜨립니다.
> ㈏ ㈎의 삼각 플라스크에 묽은 염산 용액을 5mL씩 6회 넣습니다.

단계 1 위 실험에서 나타나는 지시약의 색깔 변화에 알맞게 순서대로 기호를 쓰시오.

㉠ 붉은색	㉡ 노란색
㉢ 푸른색	㉣ 보라색

(   ) → (   ) → (   ) → (   )

단계 2 염기성 용액에 산성 용액을 점점 많이 넣었을 때 용액의 성질은 어떻게 변하는지 쓰시오.

_____

_____

단계 3 **단계 2**의 답과 같이 변하는 까닭을 쓰시오.

_____

_____

_____

과학

5단원

정답과 풀이

국어 ·· 85쪽

수학 ·· 95쪽

사회 ·· 103쪽

과학 ·· 107쪽

연습! 서술형 평가

2~3쪽

1 ②, ④

풀이 지윤이는 명준이의 기분을 생각하지 않고 자신이 하고 싶은 말만 했습니다.

1-1 **예시 답안** 친구의 기분을 생각하며 말합니다. / 친구를 배려하며 말합니다.

채점 기준	답안 내용	배점
지윤이가 대화할 때 잘못한 점을 알고, 고쳐야 할 점을 정확하게 쓴 경우		4
'말을 잘 듣는다.'처럼 지윤이가 고쳐야 할 점에 대한 내용을 간단하게 쓴 경우		2

2 ②

풀이 엄마께서는 현욱이의 말을 경청하며 들어 주셨고, 현욱이의 입장에서 공감하며 말씀하셨습니다.

2-1 **예시 답안** 말하는 사람에게 주의를 기울여 집중해 듣습니다. / 말하는 사람의 처지가 되어 생각합니다. / 상대가 기분 나쁘지 않게 말합니다.

채점 기준	답안 내용	배점
현욱이와 엄마의 대화에서 알 수 있는 공감하며 대화하는 방법을 정확하게 쓴 경우		4
현욱이와 엄마의 대화에서 알 수 있는 공감하며 대화하는 방법을 간단하게 쓴 경우		2

3 ④

풀이 누리 소통망에서 대화를 할 때에는 상대가 대화하고 싶은지 먼저 확인해야 합니다.

3-1 **예시 답안** 얼굴이 안 보이기 때문에 더욱 예의 바르게 말해야 합니다. / 다른 사람에게 마음의 상처를 주지 않도록 조심해야 합니다.

채점 기준	답안 내용	배점
친구들이 잘못한 점을 정확히 알고, 고쳐야 할 점을 쓴 경우		4
'예의를 지킨다.'처럼 고쳐야 할 점을 간단히 쓴 경우		2

4 ⑤

풀이 '나'는 비행기를 처음 보고 신기하고 놀라운 마음이 들었고, 발을 동동 굴렸다는 것에서 신이 났다는 것을 알 수 있습니다. 또 얼른 커서 비행사가 되고 싶다고 생각했습니다.

4-1 **예시 답안** "그래. 여자라고 못 할 일이 어디 있겠어. 너는 꼭 비행사가 될 수 있을 거야."

채점 기준	답안 내용	배점
'나'의 생각에 어울리는 대답을 공감하며 대화하는 방법에 따라 쓴 경우		6
'나'의 생각에 어울리는 대답을 했지만, 공감하며 대화하는 방법에 부족한 부분이 있는 경우		3

| 채점 시 유의 사항 | '나'의 말에 대답하는 형식으로 공감하여 답하는 말을 썼으면 정답으로 인정합니다.

실전! 서술형 평가

4~5쪽

1 **예시 답안** 명준이의 기분을 생각하지 않고 말했습니다. / 자기가 하고 싶은 말만 했습니다.

채점 기준	답안 내용	배점
지윤이가 명준이와 대화할 때 잘못한 점을 구체적으로 쓴 경우		5
지윤이가 명준이와 대화할 때 잘못한 점을 간단하게 쓴 경우		3

2 **예시 답안** 그랬구나. 내가 너처럼 그림 그리기를 좋아하면 나도 서운했을 것 같아.

채점 기준	답안 내용	배점
대화의 내용에 맞게 지윤이의 입장에서 할 말을 공감하는 말로 쓴 경우		7
공감하는 대화를 하는 방법에 맞게 썼으나 대화의 내용과 맞지 않는 부분이 있는 경우		3

3 **예시 답안** ❶ 뿌듯한 마음
❷ 현욱이와 처지를 바꾸어 그런 행동을 한 까닭을 먼저 생각하고 말씀하셨습니다.
❸ 죄송해요, 엄마. 집안일을 도와드리려다가 오히려 프라이팬만 망가뜨렸어요.

채점 기준	답안 내용	배점
❶~❸에 모두 알맞은 내용을 쓴 경우		10
❶~❸ 중 두 가지만 알맞은 내용을 쓴 경우		6
❶~❸ 중 한 가지만 알맞은 내용을 쓴 경우		3

4 **예시 답안** 직접 말하기에 어색하고 서먹서먹했을 때 누리 소통망 대화로 마음을 전할 수 있습니다.
풀이 누리 소통망 대화는 얼굴을 보고 대화하지 않기 때문에 직접 대화하기 어렵거나 어색할 때 사용하면 좋습니다.

채점 기준	답안 내용	배점
누리 소통망을 사용해 대화하면 좋은 점을 정확하게 쓴 경우		5
누리 소통망을 사용해 대화하면 좋은 점을 간단하게 쓴 경우		3

5 **예시 답안** 우리가 교실을 깨끗하게 쓰면 좋겠어. 우리 내일 같이 청소하면 어떨까?

채점 기준	답안 내용	배점
누리 소통망 대화의 내용에 맞게 공감하는 대화로 쓴 경우		5
공감하는 말을 썼으나 대화의 내용에 맞지 않는 부분이 있는 경우		3

6 예시 답안 당계요 장군을 만나 그의 마음을 움직였고, 비행 학교에서 힘든 훈련을 이겨 냈습니다.

풀이 '나'는 비행 학교에 들어가기 위해 당계요 장군을 만나 마음을 움직였고, 비행 학교에 들어간 이후에는 힘든 훈련도 견디며 받았습니다.

채점 기준 답안 내용	배점
'내'가 노력한 일 두 가지를 모두 쓴 경우	5
'내'가 노력한 일 두 가지 중 한 가지만 쓴 경우	3

7 예시 답안 "그렇구나. 나라를 빼앗겼으면 되찾으려 노력해야지. 내가 너를 도와주마."

채점 기준 답안 내용	배점
당계요 장군의 입장에서 '나'에게 했을 말을 공감하며 대화하는 방법에 맞게 쓴 경우	7
당계요 장군의 입장에서 '나'에게 했을 말을 썼으나 문장에 어색한 부분이 있는 경우	3

2. 지식이나 경험을 활용해요

연습! 서술형 평가
6~7쪽

1 ②

1-1 예시 답안 줄다리기를 하는 줄의 굵기가 15센티미터 정도일 것이라고 생각했는데 영산 줄다리기는 그것보다 열 배나 더 굵은 줄을 사용한다는 것이 놀라웠습니다.

채점 기준 답안 내용	배점
줄다리기에 대한 자신의 지식이나 경험을 활용해 글과 관련 있는 내용을 쓴 경우	4
줄다리기와 관련 있는 내용을 썼으나 글의 내용과는 관련이 적은 내용을 쓴 경우	2

2 ④, ⑤

풀이 ①~③은 글을 읽고 알고 싶은 점을 말한 것입니다.

2-1 예시 답안 얼음을 장기간 보관할 수 있는 다른 방법으로는 무엇이 있을까? / 경주에 있는 석빙고에 간 적이 있어. 무덤처럼 생겼는데 어떻게 냉장고의 역할을 하는지 궁금했어.

채점 기준 답안 내용	배점
글의 내용을 바탕으로 하여 알고 싶은 점을 구체적으로 쓴 경우	4
글의 내용을 바탕으로 하여 알고 싶은 내용을 썼으나 문장에 어색한 부분이 있는 경우	2

3 ③

3-1 예시 답안 악기 연주 대회에 나갔던 일을 글로 쓰고 싶습니다. 처음 나가 본 연주 대회라 많이 긴장했지만 연습을 많이 해서 좋은 결과를 얻었기 때문입니다.

채점 기준 답안 내용	배점
자신이 체험한 일 중 글로 쓰고 싶은 것과 그 까닭을 모두 알맞게 쓴 경우	6
자신이 체험한 일 중 글로 쓰고 싶은 것만 쓴 경우	3

4 ⑤

4-1 예시 답안 문장 중간중간에 감상을 넣어 주면 글쓴이가 어떻게 느꼈는지 알 수 있어서 좋을 것 같다. 지금은 체험에 비해 감상이 부족해 보인다.

채점 기준 답안 내용	배점
글 ㉮에 대한 의견 한 가지를 정확하게 쓴 경우	4
글 ㉮에 대한 의견을 썼으나 고치지 않아도 될 부분을 쓴 경우	2

| **채점 시 유의 사항** | 글의 내용이나 표현과 관련해 민주가 이미 말한 부분이 아닌 다른 고칠 점을 썼으면 정답으로 인정합니다.

실전! 서술형 평가
8~9쪽

1 예시 답안 조상들은 용이 물을 다스리는 신이라고 생각해서 용을 기쁘고 즐겁게 하면 풍년이 들 것이라고 믿었기 때문에 용을 닮은 줄을 만들어 줄다리기를 했습니다.

채점 기준 답안 내용	배점
조상들이 물을 다스리는 신인 용을 기쁘게 하여 풍년이 들게 하려고 줄다리기를 했다는 내용을 정확하게 쓴 경우	5
용이 뜻하는 것과 용을 기쁘게 하면 풍년이 들게 하려고 했다는 내용 중 한 가지만 포함해 쓴 경우	3

2 예시 답안 윤지는 제목에 있는 '대동'이라는 낱말 뜻을 정확히 몰랐는데 글 내용을 살펴보면서 낱말의 뜻을 짐작할 수 있었습니다.

채점 기준 답안 내용	배점
지식과 경험을 활용해 글을 읽으면 어떤 점이 좋은지 구체적으로 쓴 경우	5
지식과 경험을 활용해 글을 읽으면 좋은 점을 간단하게 쓴 경우	3

| **채점 시 유의 사항** | '글 내용에 더 흥미를 느낄 수 있다.', '글 내용을 깊이 이해할 수 있다.'와 같은 답도 정답으로 인정합니다.

3 예시 답안 바깥 공기가 들어오지 않도록 출입구 동쪽은 담으로 막고 지붕에 구멍을 뚫어 더운 공기가 빠져나가도록 했습니다.

풀이 석빙고는 공기의 흐름을 고려하여 더운 공기는 위로 빠져나가고 찬 공기는 아래에 머물 수 있게 설계되었습니다.

채점 기준 답안 내용	배점
경주 석빙고가 과학적이라고 말할 수 있는 까닭 중 한 가지를 정확하게 쓴 경우	5
경주 석빙고가 과학적이라고 말할 수 있는 까닭을 썼으나 글의 내용을 요약하지 않고 그대로 쓴 경우	3

4 예시 답안 석빙고 내부의 데워진 공기가 지붕의 구멍으로 빠져나가서 찬 공기가 아래에 계속 있을 수 있었던 것 같습니다.

채점 기준	답안 내용	배점
제시된 과학 지식을 바탕으로 하여 이해한 내용을 쓴 경우		7
과학 지식의 내용이나 글의 내용 중 한 가지에 대해서만 쓴 경우		3

5 예시 답안 ❶ 국립한글박물관
❷ 한글 유물을 직접 볼 수 있어서 신기하고 즐거웠다는 것입니다.
❸ 체험한 일을 자세히 풀어 씁니다. / 체험에 대한 감상을 생생하게 전하도록 씁니다.

채점 기준	답안 내용	배점
❶~❸에 모두 알맞은 내용을 쓴 경우		10
❶~❸ 중 두 가지만 알맞은 내용을 쓴 경우		6
❶~❸ 중 한 가지만 알맞은 내용을 쓴 경우		3

6 예시 답안 (1) 어떤 일인지 이해하기 쉬운가?
(2) 처음, 가운데, 끝으로 나누었는가?
(3) 알기 쉬운 표현을 사용했는가?

채점 기준	답안 내용	배점
지식이나 경험을 활용해 함께 글을 고치기 위한 평가표의 내용으로 알맞은 것을 세 가지 모두 쓴 경우		7
지식이나 경험을 활용해 함께 글을 고치기 위한 평가표의 내용으로 알맞은 것을 두 가지만 쓴 경우		4
지식이나 경험을 활용해 함께 글을 고치기 위한 평가표의 내용으로 알맞은 것을 한 가지만 쓴 경우		1

7 예시 답안 '발끝이 닿은 장소'보다는 '발길이 닿은 장소'가 더 자연스러울 것 같습니다. / 상설 전시실이라는 낱말의 뜻이 조금 어려운것 같으므로 간단히 뜻을 설명해 주면 좋을 것 같습니다.

채점 기준	답안 내용	배점
글에서 고칠 점이 무엇인지 파악하여 자신의 의견을 정확하게 쓴 경우		5
글에 대한 자신의 의견을 썼으나 고치지 않아도 되는 부분에 대해 썼거나 명확하게 쓰지 못한 경우		3

3. 의견을 조정하며 토의해요

연습! 서술형 평가
10~11쪽

1 ③

1-1 예시 답안 상대의 의견을 비판하기만 했습니다. / 상대 의견의 장점을 받아들이지 않았습니다.

채점 기준	답안 내용	배점
남자아이가 잘못한 점을 정확하게 쓴 경우		4
남자아이가 잘못한 점을 '비판했다.'처럼 간단하게 쓴 경우		2

2 ⑤

풀이 의견을 조정하기 위해 토의로 해결하려고 했던 문제가 무엇인지 정확하게 파악한 것입니다.

2-1 예시 답안 의견을 실행하려면 무엇이 필요한지 따지기 위해 각자 자료를 찾아 의견을 말했을 것입니다.

채점 기준	답안 내용	배점
의견을 실행하려면 무엇이 필요한지 따지기 위해 각자 자료를 찾아 의견을 말했다는 내용을 정확하게 쓴 경우		6
의견을 조정하는 과정을 썼으나 의견 실행에 필요한 조건을 따진다는 내용이 잘 드러나지 않게 쓴 경우		3

3 ⑤

3-1 예시 답안 그림 ㉮에서 재훈이는 아무런 자료 없이 의견을 말하고 있지만 그림 ㉯에서는 신문 기사를 자료로 제시하고 있습니다.

채점 기준	답안 내용	배점
그림 ㉮에서는 아무 자료 없이 발표하고 있고, 그림 ㉯에서는 신문 기사를 자료로 제시했다는 내용을 정확하게 쓴 경우		4
그림 ㉮와 그림 ㉯의 차이점을 '자료를 제시했습니다.'처럼 간단하게 쓴 경우		2

| **채점 시 유의 사항** | 그림 ㉯에서는 구체적인 자료를 제시했다는 내용을 포함해서 써야 정답으로 인정합니다.

4 ⑤

풀이 이 글은 건강 달리기 프로그램을 통해 아동 비만을 줄일 수 있다는 내용의 자료입니다.

4-1 예시 답안 많은 내용을 글로만 설명해서 이해하기 쉽지 않기 때문입니다.

채점 기준	답안 내용	배점
많은 내용을 글로만 설명했다는 내용을 정확하게 쓴 경우		4
'글로만 썼기 때문입니다'처럼 간단하게 쓴 경우		2

실전! 서술형 평가
12~13쪽

1 예시 답안 (1) 마스크를 쓰고 생활합니다.
(2) 학교 곳곳에 공기 청정기를 설치합니다.

채점 기준	답안 내용	배점
친구들이 제시한 의견을 두 가지 모두 정확하게 쓴 경우		5
친구들이 제시한 의견을 한 가지만 정확하게 쓴 경우		3

2 예시 답안 참여자 모두가 만족하도록 의견을 모을 수 없게 됩니다. / 모두가 동의할 수 없기 때문에 문제를 합리적으로 해결하기 어렵습니다.

채점 기준	답안 내용	배점
의견을 합리적으로 조정하지 못했을 경우에 생길 문제점을 정확하게 쓴 경우		5
의견을 합리적으로 조정하지 못했을 경우에 생길 문제점을 간단하게 쓴 경우		3

3 [예시 답안] ⑴ 비용이 많이 들 수 있습니다.
⑵ 일회용이라 쓰레기 문제가 일어날 수 있습니다.

채점 기준	답안 내용	배점
문제점 두 가지를 모두 정확하게 쓴 경우		5
문제점 두 가지 중 한 가지만 정확하게 쓴 경우		3

4 [예시 답안] 의견에 대한 모든 토의 참여자의 생각을 들어 보기 위해서입니다.

채점 기준	답안 내용	배점
사회자가 질문을 한 까닭을 정확하게 쓴 경우		7
'의견을 듣기 위해서입니다.'처럼 간단하게 쓴 경우		4

5 [예시 답안] "건강한 학교생활을 하려면 틈새 시간을 어떻게 활용해야 할까?"입니다.

채점 기준	답안 내용	배점
첫 번째 그림에서 알 수 있는 토의 주제를 정확하게 쓴 경우		5
'틈새 시간을 활용하는 방법'처럼 토의 주제를 그대로 쓰지 않고 생략하여 쓴 경우		3

6 [예시 답안] ⑴ 제목을 중심으로 훑어 읽고, 의견을 뒷받침하는 기사문이나 보도문을 찾아 자세히 읽습니다.
⑵ 차례를 살펴보며 내용을 건너뛰며 읽고, 의견을 뒷받침하는 내용을 찾아 자세히 읽습니다.
[풀이] 신문 기사는 제목을 중심으로 먼저 훑어 읽고 그 중 의견을 뒷받침하는 기사문이나 보도문을 찾아 자세히 읽어야 하고, 책은 관련 있는 것을 고른 뒤 차례를 살펴보며 의견을 뒷받침하는 내용을 찾아 자세하게 읽어야 합니다.

채점 기준	답안 내용	배점
자료를 읽는 두 가지 방법을 모두 정확하게 쓴 경우		7
자료를 읽는 두 가지 방법 중 한 가지만 정확하게 쓴 경우		4

7 [예시 답안] ❶ 건강 달리기
❷ 표나 그래프를 이용해 나타냅니다.
❸

채점 기준	답안 내용	배점
❶~❸에 모두 알맞은 내용을 쓴 경우		10
❶~❸ 중 두 가지만 알맞은 내용을 쓴 경우		6
❶~❸ 중 한 가지만 알맞은 내용을 쓴 경우		3

4. 겪은 일을 써요

연습! 서술형 평가 14~15쪽

1 ⑤
[풀이] '어제저녁에'라는 과거를 나타내는 말과 '밀려온다'라는 서술어는 호응하지 않습니다.

1-1 [예시 답안] 어제저녁에 방에서 컴퓨터를 하는데 졸음이 밀려왔다.

채점 기준	답안 내용	배점
시간을 나타내는 말과 서술어가 호응하도록 바르게 문장을 고쳐 쓴 경우		4
문장 전체를 쓰지 않고, 서술어만 고쳐 쓴 경우		2

2 ⑤
[풀이] '좋아했다'가 아니라 '좋아하지 않는다'로 고쳐야 호응 관계가 바른 문장이 됩니다.

2-1 [예시 답안] 문장 성분의 호응 관계가 알맞지 않기 때문입니다.

채점 기준	답안 내용	배점
문장 성분의 호응 관계가 알맞지 않기 때문이라는 내용을 정확하게 쓴 경우		4
'문장 성분'과 '호응 관계'라는 말 중 한 가지만 포함해 쓴 경우		2

3 ③

3-1 [예시 답안] 좋은 글감을 골라야 글도 재미있기 때문입니다.

채점 기준	답안 내용	배점
'좋은 글감을 골라야 글이 재미있다.' 또는 '좋은 글이 된다.'는 내용을 포함해 쓴 경우		4
'재미있기 때문입니다.'처럼 간단하게 쓴 경우		2

4 ③

4-1 [예시 답안] 반 학생이 모두 사용할 수 있어야 합니다. / 긴 글을 쉽게 올리고 다 같이 읽어 볼 수 있어야 합니다.

채점 기준	답안 내용	배점
학급에서 글에 대한 의견을 주고받기 위해 사용할 매체의 조건을 정확하게 쓴 경우		6
'글을 쉽게 올릴 수 있어야 합니다.'처럼 간단하게 쓴 경우		3

| **채점 시 유의 사항** | '학교에서 사용할 수 있어야 합니다.'와 같은 답도 정답으로 인정합니다.

실전! 서술형 평가 16~17쪽

1 [예시 답안] 동생과 있었던 일 가운데에서 가족에게 서운했던 일을 떠올렸습니다.

풀이 윤서가 어떤 주제로 글을 썼는지 생각해 보면 쓸 내용을 떠올리는 단계에서 생각한 내용을 알 수 있습니다.

채점 기준	답안 내용	배점
윤서가 글로 쓰기 위해 떠올린 내용을 글 내용이 잘 드러나도록 정확하게 쓴 경우		5
'동생과 있었던 일'처럼 윤서가 겪은 일 중 일부분만 나타나게 쓴 경우		3

2 **예시 답안** (1) 어머니의 목소리가 별로 좋아 보이지 않았다.
(2) 그때 안방에서 아버지께서 부르셨다.

풀이 ㉠에서는 '좋아 보였다'가 '별로'와 호응하는 서술어가 아니므로 '좋아 보이지 않았다'로 고쳐 쓰고, ㉡에서는 '아버지가'와 '불렀다'의 높임 표현이 바르지 않으므로 '아버지께서 부르셨다'와 같이 고쳐 썼으면 정답으로 인정합니다.

채점 기준	답안 내용	배점
(1)과 (2)를 모두 바르게 고쳐 쓴 경우		5
(1)과 (2) 중 한 가지만 바르게 고쳐 쓴 경우		3

3 **예시 답안** (1) 결코, 전혀, 별로
(2) 나는 친구가 거짓말을 한 것이 결코 바른 행동이 아니라고 생각한다.
(3) 선생님 말씀은 전혀 들어 보지 못한 내용이었다.
(4) 나는 책 읽기를 별로 좋아하지 않는 편이다.

채점 기준	답안 내용	배점
(1)~(4)에 모두 알맞은 내용을 쓴 경우		7
(1)~(4) 중 두 가지만 알맞은 내용을 쓴 경우		5
(1)~(4) 중 한 가지만 알맞은 내용을 쓴 경우		3

| 채점 시 유의 사항 | '선생님 말씀은 전혀 들어 본 적이 없는 내용이었다.'처럼 '결코, 전혀, 별로'와 호응하는 서술어를 생각하여 문장을 자연스럽게 고쳐 썼으면 정답으로 인정합니다.

4 **예시 답안** (1) 소중하다는 것이다.
(2) '느낀 점은 ~ 느꼈다'가 되기 때문에 '느꼈다'는 '느낀 점'이라는 주어에 맞는 서술어가 아닙니다.

채점 기준	답안 내용	배점
(1)과 (2)에 모두 알맞은 답을 쓴 경우		5
(1)과 (2) 중 한 가지만 알맞은 답을 쓴 경우		3

5 **예시 답안** ❶ 명절에 일어난 일
❷ (1) 어머니의 한숨 / 어머니께서 한숨을 쉬시는 까닭이 궁금함.
(2) 설 명절을 힘들게 준비하시는 어머니의 모습 / 명절에 대한 부모님과의 대화 / 달라진 우리 집 추석의 모습
(3) 생각이 달라진 까닭 / 명절을 지내는 마음
❸ "후유."
　설이라며 학교에 가지 않아 신이 났던 우리와는 달리 어머니께서는 허리를 두드리며 자리에서 일어나시더니 깊은 한숨을 내쉬셨다.

풀이 자신의 체험 중 글로 쓰고 싶은 것 한 가지를 떠올려 쓰고, 그 글감을 바탕으로 하여 어떤 주제의 글을 쓰고 싶은지 생각해 봅니다.

채점 기준	답안 내용	배점
①~③에 모두 알맞은 내용을 쓴 경우		10
①~③ 중 두 가지만 알맞은 내용을 쓴 경우		6
①~③ 중 한 가지만 알맞은 내용을 쓴 경우		3

6 **예시 답안** (1) 글을 읽기 쉽게 글자 크기와 줄 간격 등을 조정합니다. (2) 저작권을 침해하지 않습니다.

채점 기준	답안 내용	배점
(1)과 (2)에 모두 알맞은 답을 쓴 경우		7
(1)과 (2) 중 한 가지만 알맞은 답을 쓴 경우		5

| 채점 시 유의 사항 | (1)과 (2)의 답을 바꾸어 써도 정답으로 인정합니다.

7 **예시 답안** 의견을 쉽게 주고받을 수 있습니다. / 한 사람이 쓴 글을 여러 사람이 동시에 읽고 의견을 쓸 수 있습니다. / 글을 고치기에 편리합니다. / 칭찬하는 말이나 고칠 부분을 편하게 전할 수 있습니다.

채점 기준	답안 내용	배점
매체를 활용해 글을 쓰고 의견을 나누는 방법을 직접 종이에 글을 쓰고 의견을 나누는 방법과 비교해 다른 점을 정확하게 쓴 경우		5
매체를 활용해 글을 쓰고 의견을 나누는 방법을 직접 종이에 글을 쓰고 의견을 나누는 방법과 비교해 다른 점을 간단하게 쓴 경우		3

🔵 5. 여러 가지 매체 자료

연습! 서술형 평가 18~19쪽

1 ①

1-1 **예시 답안** 우포늪을 더 구체적으로 설명하기 위해서입니다. / 사진이 있으면 보는 사람들의 관심을 더 잘 이끌어 낼 수 있기 때문입니다.

채점 기준	답안 내용	배점
사진과 글을 함께 제시하면 얻을 수 있는 효과에 대해 정확하게 쓴 경우		4
'사람들이 우포늪을 잘 모르기 때문입니다.'처럼 효과에 대해 정확하게 쓰지 못한 경우		2

2 ①, ②

풀이 장면에 따라 음악을 달리하면 인물이 하는 행동이 강조되고, 겉으로 드러나지 않은 인물의 속마음 등이 드러납니다.

2-1 예시 답안 영상 매체 자료는 음악, 화면 연출과 같은 방법으로 내용을 전달합니다.

채점 기준	답안 내용	배점
음악, 화면 연출로 내용을 전달하는 영상 매체 자료의 특징을 정확하게 나타나게 쓴 경우		4
음악, 화면 연출로 내용을 전달하는 영상 매체 자료의 특징을 간단하게 쓴 경우		2

3 ③

3-1 예시 답안 이야기의 시작을 알리고 묵묵히 노력하는 인물의 모습을 더욱 강조하기 위해서입니다.

채점 기준	답안 내용	배점
장면에 어울리는 음악을 사용하여 얻을 수 있는 효과를 정확하게 쓴 경우		6
'장면에서 나타내려는 것이 잘 나타난다.'처럼 장면에 어울리는 음악을 사용하여 얻을 수 있는 효과를 정확하게 쓰지 못한 경우		3

4 ③

풀이 인물들이 이야기를 나누는 공간은 '핑공 카페'로 글을 쓰고 댓글을 달 수 있다는 것으로 보아, 인터넷 카페라는 것을 알 수 있습니다.

4-1 예시 답안 인터넷 대화방에서 사실이 아닌 정보를 확인하지 않고 사실인 양 잘못된 정보를 퍼뜨려 다른 사람을 곤란하게 하는 것을 본 적이 있습니다.

채점 기준	답안 내용	배점
인터넷 매체에서 누군가가 다투는 모습, 비난하는 모습 등을 본 것에 대해 쓴 경우		4
인터넷 매체에서 본 일 중 누군가의 다툼이 아닌 다른 일을 쓴 경우		2

실전! 서술형 평가
20~21쪽

1 예시 답안 (1) 글, 그림, 사진을 사용합니다.
(2) 소리, 자막 따위의 여러 가지 연출 방법을 모두 사용합니다.
풀이 가는 인쇄 매체 자료, 나는 영상 매체 자료, 다는 인터넷 매체 자료의 모습을 나타낸 것입니다.

채점 기준	답안 내용	배점
(1)과 (2)에 모두 알맞은 답을 쓴 경우		5
(1)과 (2) 중 한 가지만 알맞은 답을 쓴 경우		3

2 예시 답안 글과 그림이 주는 시각 정보를 잘 살펴볼 뿐만 아니라 화면 구성과 소리에 담긴 정보도 탐색해야 해.

채점 기준	답안 내용	배점
인쇄 매체 자료, 영상 매체 자료, 인터넷 매체 자료의 특성을 모두 파악하여 전자 매체를 읽는 방법을 구체적으로 쓴 경우		7
인터넷 매체 자료를 읽는 방법을 썼지만, 문장에 어색한 부분이 있는 경우		4

3 예시 답안 유도지가 사건을 일으키는 인물이라는 것을 나타내기 위해서입니다.

채점 기준	답안 내용	배점
유도지가 사건을 일으키는 인물이라는 것을 나타내기 위해서라는 내용으로 쓴 경우		5
'유도지가 중요한 인물이기 때문입니다.'처럼 카메라가 유도지에게 가까이 다가가면서 보여 주는 까닭을 정확하게 쓰지 못한 경우		3

4 예시 답안 뇌물을 주고받는 일이 옳지 못하다는 것을 나타내기 위해서입니다.

채점 기준	답안 내용	배점
뇌물을 주고받는 일이 옳지 못한 일이기 때문이라는 내용이 나타나게 쓴 경우		5
'인물의 불안한 마음을 나타내기 위해서입니다.'처럼 뇌물을 주고받는 장면에 긴장이 느껴지는 배경 음악을 쓴 까닭을 정확하게 쓰지 못한 경우		3

5 예시 답안 알리려는 인물의 어떤 점을 소개할 것인지를 먼저 정하고 그 점을 중심으로 탐구해야 합니다. / 인물이 한 일을 중심으로 조사하면 좋을 것 같습니다.

채점 기준	답안 내용	배점
인물에 대해 탐구 계획을 세울 때 조사할 내용을 구체적으로 쓴 경우		5
인물에 대해 탐구 계획을 세울 때 조사할 내용을 간단하게 쓴 경우		3

6 예시 답안 (1) 글로 표현한 내용을 머릿속으로 떠올리면서 내용을 꼼꼼히 확인하며 읽어야 합니다.
(2) 여러 가지 표현 방법을 활용하기 때문에 표현에 활용한 요소들이 무엇을 나타내는지 생각하며 봐야 합니다.
풀이 인쇄 매체 자료는 글과 사진으로 이루어져 있으므로 글로 표현한 내용을 꼼꼼히 확인하며 읽어야 하고, 영상 매체 자료는 다양한 방법으로 내용을 표현하므로 각각의 장면에 쓰인 요소들이 무엇을 나타내는지 살피며 읽어야 합니다.

채점 기준	답안 내용	배점
(1)과 (2)에 모두 알맞은 답을 쓴 경우		7
(1)과 (2) 중 한 가지만 알맞은 답을 쓴 경우		4

7 예시 답안 ❶ 흑설 공주와 민서영
❷ 서영이가 흑설 공주의 글에 대한 반박 글을 올렸습니다.
❸ 다른 사람을 따돌리는 현상에 '마녀사냥'이라는 표현을 쓰기도 하는데, 이 글에서 부정확한 내용을 근거로 누군가를 공격하는 현상을 다루었기 때문입니다.

채점 기준	답안 내용	배점
❶~❸에 모두 알맞은 내용을 쓴 경우		10
❶~❸ 중 두 가지만 알맞은 내용을 쓴 경우		6
❶~❸ 중 한 가지만 알맞은 내용을 쓴 경우		3

| 채점 시 유의 사항 | '마녀사냥'이 어떤 뜻인지 정확히 알고, 이 글의 내용과 연관 지어 제목을 붙인 까닭을 구체적으로 써야 정답으로 인정합니다.

6. 타당성을 생각하며 토론해요

1 ①

풀이 그림 가에서는 자신의 의견을 근거를 들어 말했고, 그림 나에서는 자신의 의견을 주장하려고 상대의 기분을 상하게 했습니다.

1-1 **예시 답안** 서로 기분을 상하게 하면서 자신이 옳다고 우기기만 할 것입니다. / 문제를 해결하기보다 서로 다투게 될 것 같습니다.

채점 기준	답안 내용	배점
	서로 기분을 상하게 하고 문제를 해결하기 어렵다는 내용으로 쓴 경우	4
	서로 기분을 상하게 하고 문제를 해결하기 어렵다는 내용으로 썼지만, 맞춤법이 틀린 경우	3
	'대화가 잘 안 된다.'와 같이 구체적 내용을 쓰지 않고 미흡하게 쓴 경우	1

| 채점 시 유의 사항 | 그림 나에서는 자신의 의견을 주장하려고 상대의 기분을 상하게 하고 있기 때문에, '대화가 잘 이루어질 것이다.'라고 잘못 짐작한 경우 낮은 점수를 주거나 점수를 주지 않습니다.

2 ①, ②, ⑤

풀이 글쓴이는 유행보다는 자신의 흥미와 적성, 특기를 알고, 이것을 바탕으로 하여 직업을 고르려고 노력해야 한다고 했습니다.

2-1 **예시 답안** 직업의 선택은 유행이 아니라 자신의 적성이나 흥미, 특기를 고려해서 이루어져야 한다는 것입니다.

채점 기준	답안 내용	배점
	'유행'이 아니라 '적성, 흥미, 특기'를 고려해야 한다는 내용이 모두 포함되게 답을 쓴 경우	6
	'적성, 흥미, 특기' 중 한두 가지가 포함되게 답을 쓴 경우	4
	'적성, 흥미, 특기'라는 말이 포함되지 않는 내용으로 미흡하게 정리한 경우	2

3 ④, ⑤

풀이 '학급 임원은 필요하지 않다.'는 근거가 아니라 주장에 해당합니다.

3-1 **예시 답안** 한 매체의 설문 조사 결과와 학급 임원을 한 경험이 있는 학생의 면담 자료입니다.

채점 기준	답안 내용	배점
	자료 두 가지가 모두 포함되게 쓴 경우	4
	자료 두 가지 중 한 가지만 포함되게 쓴 경우	2
	자료의 부분적인 내용만 미흡하게 쓴 경우	1

| 채점 시 유의 사항 | 반대편이 근거에 대한 구체적인 자료로 제시한 것을 이 글에서 정확하게 찾아 쓴 경우에 높은 점수를 주고, 이 글에 나타나 있지 않은 자료에 대해 쓴 경우에는 낮은 점수를 주도록 합니다.

4 ⑤

풀이 이 시에서 고모는 사람보다 기계를 더 믿는 모습을 보여 주고 있습니다.

4-1 **예시 답안** 저희 아버지께서 아시는 길보다 자동차 길 도우미 안내를 더 믿으셨던 적이 있습니다. / 휴대 전화에 너무 많이 의존해 휴대 전화가 손에 없으면 불안해하는 일이 많다는 기사를 읽은 적이 있습니다.

채점 기준	답안 내용	배점
	이 시의 주제와 관련된 경험을 떠올려 쓴 경우	6
	이 시의 주제와 관련된 내용을 썼으나, 경험이 잘 드러나지 않은 경우	3
	이 시의 주제와 관련된 경험이 아니라, 시에서 나온 낱말 등 지엽적인 부분과 관련된 내용만으로 쓴 경우	1

| 채점 시 유의 사항 | 시와 주제와 관련 없이 시장에 간 경험이나 현금 지급기를 사용한 경험만 간단하게 쓴 경우에는 낮은 점수를 주도록 합니다.

1 **예시 답안** ❶ (1): 자신의 꿈이 '연예인'으로 바뀌었다고 하는 학생

(2): 직업 평론가 ○○○ 씨

❷ (1): 한 해에도 여러 번 바뀌는 희망 직업 때문에 고민이 많다는 내용

(2): 자신이 원하는 일이 무엇인지 모르며 사회에 어떤 다양한 직업이 있는지 알아보려고 하지 않는 사실이 문제라는 내용

❸ 나가 더 믿을 만한 근거 자료입니다. 해당 분야 전문가의 말이기 때문입니다.

채점 기준	답안 내용	배점
	❶~❸을 모두 알맞은 내용으로 쓴 경우	10
	❶~❸ 중 두 가지만 알맞은 내용으로 쓴 경우	6
	❶~❸ 중 한 가지만 알맞은 내용으로 쓴 경우	3

| 채점 시 유의 사항 | ❸단계에서는 해당 분야 전문가의 말이 더 믿을 만하다는 내용이 잘 드러나게 썼으면 정답으로 합니다.

2 **예시 답안** 상대편의 주장을 요약해 반론을 효과적으로 펼치기 위해서입니다.

채점 기준	답안 내용	배점
	상대편의 주장을 요약하여 반론을 효과적으로 펼치기 위해서라는 내용을 명확하게 쓴 경우	5
	상대편의 주장을 요약하였다는 내용은 쓰지 않았으나, 반론을 효과적으로 펼치기 위해서라는 내용을 명확히 밝힌 경우	3
	효과적으로 반론을 펼치기 위해서라는 말은 쓰지 않고, 상대편의 주장을 요약하기 위해서라고 단순하게 답한 경우	1

| 채점 시 유의 사항 | 제시된 답 외에 '상대편의 주장이 무엇인지 한 번 더 확인하여 반론의 관점을 명확하게 하기 위해서입니다.'와 같이 쓴 경우에도 정답으로 인정합니다.

3 예시 답안 "누구나 학급을 위해 봉사할 수 있다."와 "요즘은 기술이 발달해서 여러 사람이 동시에 회의에 참여할 수 있다."입니다.

채점 기준	답안 내용	배점
	반론의 내용 두 가지를 모두 바르게 쓴 경우	7
	반론의 내용 두 가지 중 한 가지만 바르게 쓴 경우	4
	반론의 내용 두 가지 중 한 가지를 썼으나 맞춤법이 틀린 경우	2

| 채점 시 유의 사항 | 반대편이 찬성편에게 한 반론의 중심 내용이 아니라, 부수적인 내용을 쓴 경우에는 낮은 점수를 줍니다.

4 예시 답안 "학급 임원을 뽑는 기준에 문제가 있다면 그 문제를 해결하면 됩니다.", "원하지 않는 학생이 학생 대표를 맡게 되는 또 다른 문제가 발생할 수 있습니다."입니다.

채점 기준	답안 내용	배점
	덧붙인 설명이나 대안을 모두 바르게 쓴 경우	5
	덧붙인 설명이나 대안 중 한 가지만 바르게 쓴 경우	2

5 예시 답안 자기편의 주장을 요약합니다. / 상대편에서 제기한 반론이 타당하지 않음을 지적합니다. / 자기편 주장의 장점을 정리합니다.

채점 기준	답안 내용	배점
	주장을 다지는 방법을 두 가지 이상 쓴 경우	7
	주장을 다지는 방법을 한 가지만 쓴 경우	4
	주장을 다지는 방법 한 가지를 썼으나 문장이 어색한 경우	1

6 예시 답안 의견에 대한 까닭을 구체적으로 말하지 않아서 토론이 이루어질 수 없습니다.

채점 기준	답안 내용	배점
	의견에 대한 까닭을 말하지 않았다는 내용으로 쓴 경우	5
	어떤 점이 문제인지 썼으나, 토론 태도와 관련이 부족한 경우	2

7 예시 답안 자신의 의견에 대한 까닭을 구체적으로 말해야 합니다.

채점 기준	답안 내용	배점
	독서 토론을 할 때 의견을 말하는 방법을 바르게 파악하여 쓴 경우	5
	독서 토론을 할 때 의견을 말하는 방법을 바르게 파악하였으나 맞춤법이 틀린 경우	3
	독서 토론과 관련성이 부족한 말하기 태도를 쓴 경우	1

7. 중요한 내용을 요약해요

연습! 서술형 평가 26~27쪽

1 ①, ③

풀이 '뜬금없는'은 '엉뚱한', '황당한' 같은 낱말과 바꾸어 쓸 수 있습니다.

1-1 예시 답안 잘 모르는 낱말 앞뒤의 내용을 자세히 살펴보면 낱말의 뜻을 짐작할 수 있습니다. / 이미 아는 친숙한 낱말로 바꾸었을 때 문장의 뜻이 자연스러운지 살펴보며 낱말의 뜻을 짐작할 수 있습니다.

채점 기준	답안 내용	배점
	낱말의 뜻을 짐작하는 방법을 바르게 쓴 경우	4
	낱말의 뜻을 짐작하는 방법을 썼으나 맞춤법이 틀린 경우	2

2 ④

풀이 '마른침'은 문맥상 '긴장했을 때 삼키는 침'이라고 그 뜻을 짐작할 수 있습니다.

2-1 예시 답안 긴장했을 때 삼키는 침이라는 뜻일 것입니다. 마른침이라는 말이 나온 앞부분의 상황을 보며 그렇게 짐작했습니다. 켈러 선생님이 내일까지 숙제를 해 오라고 호통을 치는 긴장되는 상황이었기 때문입니다.

채점 기준	답안 내용	배점
	'마른침'의 뜻과 뜻을 짐작한 까닭을 모두 바르게 쓴 경우	6
	'마른침'의 뜻은 바르게 썼으나 짐작한 까닭은 미흡하게 쓴 경우	3
	짐작한 까닭은 썼으나 '마른침'의 뜻을 잘못 짐작한 경우	1

| 채점 시 유의 사항 | '마른침'의 뜻을 정확하게 쓰고, 앞뒤 문장에서 '마른침'의 뜻을 짐작할 수 있는 부분과 관련해 그 까닭을 구체적으로 써야 정답으로 인정합니다.

3 ④

풀이 이 글에서는 '볼주머니'가 여러 번 반복되고 있습니다. 글을 읽고 내용을 요약할 때에는 이렇게 반복되는 중심 낱말을 찾습니다.

3-1 예시 답안 (1) 볼주머니를 이용해 먹이를 나르는 동물 (2) 먹이를 볼주머니에 잠시 저장해 안전한 장소로 이동해서 먹는다.

채점 기준	답안 내용	배점
	'볼주머니'라는 중심 낱말을 포함하여 바르게 요약한 경우	6
	'볼주머니'라는 중심 낱말을 포함하여 요약하였으나 문장이 어색한 경우	3
	'볼주머니'라는 낱말을 포함하지 않고 요약한 경우	1

| 채점 시 유의 사항 | (1)과 (2)의 내용을 모두 바르게 요약한 경우 높은 점수를 주고, (1)과 (2) 중 한 가지만 바르게 요약한 경우에는 중간 수준의 점수를 줍니다.

4 ③

풀이 이 글은 한지를 만드는 과정을 소개하고 있습니다.

4-1 예시 답안 닥나무를 베어다 푹푹 찌고, 겉껍질을 긁어내어 보드라운 하얀 속껍질만 모읍니다.

풀이 '제일 먼저'라는 말이 나오는 문장이 한지를 만드는 첫 번째 과정을 설명한 부분입니다.

채점 기준	답안 내용	배점
한지를 만드는 첫 번째 과정을 바르게 정리해 쓴 경우		4
한지를 만드는 첫 번째 과정을 정리했으나 문장이 어색한 경우		2
한지를 만드는 첫 번째 과정을 정리하지 않고 이 글에 쓰여 있는 문장을 그대로 옮겨 쓴 경우		1

| 채점 시 유의 사항 | 한지를 만드는 첫 번째 과정이 아니라 두 번째 과정이나 세 번째 과정을 쓴 경우에는 점수를 주지 않도록 합니다.

실전! 서술형 평가

28~29쪽

1 예시 답안 (1) 어떤 것을 대표하는 상징.
(2) 어떤 분야에서 활동하는 사람.

채점 기준	답안 내용	배점
가와 나에 쓰인 '얼굴'의 뜻을 모두 바르게 짐작해 쓴 경우		5
가와 나에 쓰인 '얼굴'의 뜻 중 하나만 바르게 짐작해 쓴 경우		3
가와 나에 쓰인 얼굴의 뜻 중 하나를 짐작해 썼으나, 맞춤법이 틀린 경우		2

2 예시 답안 새로운 얼굴을 회장으로 선출하기로 했습니다. / 우리 동아리의 새 얼굴을 소개합니다.

채점 기준	답안 내용	배점
'어떤 분야에서 활동하는 사람'이라는 뜻을 지닌 '얼굴'을 활용해 문장을 알맞게 만들어 쓴 경우		7
'어떤 분야에서 활동하는 사람'이라는 뜻을 지닌 '얼굴'을 활용해 썼으나 만든 문장이 어색한 경우		4
'어떤 분야에서 활동하는 사람'이라는 뜻을 지닌 '얼굴' 외에 다른 뜻을 지닌 '얼굴'로 문장을 만들어 쓴 경우		1

| 채점 시 유의 사항 | '내 친구는 얼굴이 둥글다'나 '얼굴에는 눈, 코, 입이 있다'와 같이 '눈, 코, 입이 있는 얼굴의 앞쪽 부분'이라는 뜻을 지닌 '얼굴'로 문장을 만들어 쓴 경우에는 낮은 점수를 주거나 점수를 주지 않습니다.

3 예시 답안 자신의 진실한 감정이 담긴 글을 독창적인 방식으로 써야 한다는 것입니다.

풀이 "글을 읽는 사람이 글쓴이의 '진짜' 감정을 느낄 수 있어야 해. 물론 평범한 방식으로는 절대 안 되지. 독자들이 전혀 예상하지 못한 방식으로, 깜짝 놀라도록. 한마디로 독창적이어야 한다는 말이야!"라는 켈러 선생님의 말을 통해 켈러 선생님이 강조한 내용을 알 수 있습니다.

채점 기준	답안 내용	배점
켈러 선생님이 글쓰기에서 강조한 내용을 바르게 찾아서 쓴 경우		5
켈러 선생님의 생각을 썼으나, 중요한 내용이 아닌 부수적인 내용을 찾아 쓴 경우		2
켈러 선생님의 생각이 아닌 자신의 생각을 쓴 경우		1

4 예시 답안 세게 비틀어 짠다는 뜻입니다. 쥐어짠다는 말이 손으로 꽉 쥔다는 뜻으로 짐작되기 때문입니다. / 골똘히 생각한다는 뜻입니다. 퍼트리샤가 주제에 대해 생각하는 상황이 나타나 있기 때문입니다.

채점 기준	답안 내용	배점
뜻을 짐작하고 까닭을 어울리게 쓴 경우		5
뜻과 짐작한 까닭이 서로 잘 어울리지 않는 경우		2

5 예시 답안 요약하기라고 합니다.

채점 기준	답안 내용	배점
'요약'이라는 말을 넣어 답을 바르게 쓴 경우		5
'요약'이라는 말은 사용했으나 맞춤법이 틀린 경우		3

6 예시 답안 글의 중요한 내용을 한눈에 파악할 수 있어 글의 핵심 내용을 잘 이해할 수 있습니다.

채점 기준	답안 내용	배점
글 가를 나와 같이 요약하면 좋은 점을 바르게 쓴 경우		7
일반적인 요약하기의 좋은 점을 썼지만, 글 가를 나와 같이 요약했을 때의 좋은 점과 관련이 부족한 경우		4

| 채점 시 유의 사항 | 제시된 답 외에 '그림으로 간단하게 정리하여 한눈에 잘 들어온다.'와 같이 쓰거나, '핵심 내용을 간략하게 확인할 수 있다.'와 같이 쓴 경우에도 정답으로 인정합니다.

7 예시 답안 ❶ 한지의 쓰임새
❷ 주제에 대한 특징을 나열하는 방법으로 소개하고 있습니다.
❸ 한지는 붓통, 표주박, 찻상, 부채, 탈 따위의 생활용품의 재료나 연, 제기, 고깔 장식 따위의 놀이용품의 재료로 널리 사용된다.

채점 기준	답안 내용	배점
❶~❸을 모두 알맞은 내용으로 쓴 경우		10
❶~❸ 중 두 가지만 알맞은 내용으로 쓴 경우		6
❶~❸ 중 한 가지만 알맞은 내용으로 쓴 경우		3

| 채점 시 유의 사항 | ❸단계에서는 한지가 생활용품, 놀이용품의 재료로 널리 쓰인다는 내용을 모두 요약해야 합니다. 생활용품과 놀이용품의 재료 중 한 가지의 내용만 정리한 경우에는 감점을 하도록 합니다.

8. 우리말 지킴이

1 ②

1-1 예시 답안 사물을 높이는 표현으로, 우리말 규칙에 맞지 않습니다.

채점 기준 답안 내용	배점
'사물을 높이는 표현'이라는 말을 사용해서 까닭을 정확히 쓴 경우	6
'사물을 높이는 표현'이라는 말은 쓰지 않고, 우리말 규칙에 맞지 않는다는 내용만 밝혀 쓴 경우	3
'잘못된 표현을 썼다'와 같이 구체적이지 않은 표현으로 까닭을 쓴 경우	1

2 ④

2-1 예시 답안 주제에 맞는 조사 대상을 생각하고 아이들에게 영향을 많이 주는 것으로 범위를 좁혀 정했습니다.

채점 기준 답안 내용	배점
주제에 맞는 조사 대상을 생각하고 범위를 좁혀서 정했다는 점을 명확하게 쓴 경우	4
주제에 맞는 조사 대상을 생각했다는 내용은 썼으나, 범위를 좁혀 정한 내용은 드러나지 않은 경우	2
'친구들과 이야기하여 정했다'와 같이 구체적인 내용을 쓰지 않고 미흡하게 답한 경우	1

3 ②

3-1 예시 답안 자료는 정확한 것인지, 자료에 대한 설명이 바른지 판단하며 듣습니다. / 발표 내용이 주제와 관련 있는지 판단하며 듣습니다.

채점 기준 답안 내용	배점
발표를 들을 때 주의할 점을 두 가지 이상 바르게 쓴 경우	6
발표를 들을 때 주의할 점 한 가지를 바르게 쓴 경우	4
발표를 들을 때 주의할 점 한 가지를 썼으나, 구체적 태도를 쓰지 않고 '잘 들어야 한다'와 같이 미흡하게 쓴 경우	2

4 ①, ②, ④

4-1 예시 답안 평온한 표정이고, 입은 말하는 모양이며, 말하는 사람과 듣는 사람이 서로를 바라보고 있습니다.

채점 기준 답안 내용	배점
표현 방법을 두 가지 이상 바르게 쓴 경우	4
표현 방법 한 가지를 바르게 쓴 경우	2
표현 방법 한 가지를 썼으나, '대화하는 모습을 그렸다'와 같이 표정과 몸짓이 잘 드러나지 않는 답을 쓴 경우	1

1 예시 답안 같은 의미를 지닌 우리말이 있는데도 영어를 그대로 간판에 사용했습니다.

채점 기준 답안 내용	배점
간판에 영어를 그대로 쓰는 문제점을 파악해 쓴 경우	5
간판에 영어를 그대로 쓰는 문제점을 썼으나, 문장이 어색한 경우	3

2 예시 답안 영어를 모르는 사람은 가게를 잘 찾지 못할 수 있습니다.

채점 기준 답안 내용	배점
영어 간판이 많아지면 어떤 문제가 생기는지를 명확하게 답한 경우	5
영어 간판이 많아질 때의 문제가 아니라 영어를 사용할 때의 문제점을 광범위하게 쓴 경우	3
영어 간판이 많아질 때의 문제점과 거리가 먼 답을 쓴 경우	1

3 예시 답안 ❶ ㉠: 자료, ㉡: 설명하는 말
❷ 저작자나 출처를 밝혀야 합니다.
❸ 발표한 내용, 모둠의 의견이나 전망입니다.

채점 기준 답안 내용	배점
❶~❸을 모두 알맞은 내용으로 쓴 경우	10
❶~❸ 중 두 가지만 알맞은 내용으로 쓴 경우	6
❶~❸ 중 한 가지만 알맞은 내용으로 쓴 경우	3

4 예시 답안 (1) 발표 내용만 보면서 읽듯이 발표하고 있습니다.
(2) 너무 빠른 속도로 발표하고 있습니다.
(3) 듣는 사람이 알아듣지 못하게 작게 말했습니다.

채점 기준 답안 내용	배점
㉮, ㉯, ㉰에서 잘못한 점이 무엇인지 모두 바르게 파악해 쓴 경우	7
㉮, ㉯, ㉰에서 잘못한 점 중 두 가지만 바르게 파악해 쓴 경우	4
㉮, ㉯, ㉰에서 잘못한 점 중 한 가지만 바르게 파악해 쓴 경우	2

5 예시 답안 듣는 사람과 눈을 맞추며 발표해야 합니다. / 듣는 사람이 알아들을 수 있는 목소리로 말해야 합니다. / 자료를 모든 학생이 볼 수 있도록 제시해야 합니다.

채점 기준 답안 내용	배점
발표할 때 주의할 점을 두 가지 이상 바르게 쓴 경우	5
발표할 때 주의할 점을 한 가지만 바르게 쓴 경우	3
발표할 때 주의할 점 한 가지를 썼으나, 문장이 어색한 경우	1

6 예시 답안 딱딱한 표정으로 눈썹 사이를 찡그리는 모습을 볼 때 당황한 것 같습니다.

채점 기준 답안 내용	배점
편의점 주인의 모습이 어떠한지 쓰고 그 모습에서 '당황한 마음'을 짐작하여 구체적으로 쓴 경우	5
편의점 주인의 모습은 쓰지 않고, '당황하였을 것이다.'와 같이 단순하게 쓴 경우	3

7 예시 답안 이마 부분에 세로선을 여러 개 그리고, 뒷머리를 만지는 동작을 그렸습니다.

채점 기준 답안 내용	배점
표정과 몸짓을 모두 바르게 쓴 경우	7
표정과 몸짓 중 한 가지만 바르게 쓴 경우	4
표정과 몸짓 중 한 가지를 썼으나, 문장이 어색한 경우	2

수학

1. 수의 범위와 어림하기

1 76, 80

1-1 예시 답안 수학 점수가 76점과 같거나 높고 80점과 같거나 낮은 학생은 78점인 우영이와 80점인 승아로 모두 2명입니다. / 2명

채점 기준	답안 내용	배점
	점수의 범위에 속하는 학생을 찾아 답을 바르게 구한 경우	4
	점수의 범위에 속하는 학생은 찾았으나 답을 잘못 구한 경우	2

2

2-1 예시 답안 47 초과 51 미만인 자연수는 47보다 크고 51보다 작은 수이므로 48, 49, 50입니다. 따라서 모두 더하면 48+49+50=147입니다. / 147

채점 기준	답안 내용	배점
	수의 범위에 알맞은 자연수를 찾아 답을 바르게 구한 경우	6
	수의 범위에 알맞은 자연수는 찾았으나 답을 잘못 구한 경우	3

3 ㄹ

3-1 예시 답안 32 이상 34 미만인 자연수는 32, 33이고, 32 초과 34 이하인 자연수는 33, 34입니다. 따라서 ㉠과 ㉡에 모두 포함되는 자연수는 33입니다. / 33

채점 기준	답안 내용	배점
	㉠과 ㉡에 포함되는 자연수를 찾아 답을 바르게 구한 경우	6
	㉠과 ㉡에 포함되는 자연수는 찾았으나 답을 잘못 구한 경우	3

4 4600에 ○표

4-1 예시 답안 트럭 한 대에 100상자씩 실을 수 있으므로 4518을 올림하여 백의 자리까지 나타내면 4600입니다. 따라서 트럭은 최소 46대 필요합니다. / 46대

채점 기준	답안 내용	배점
	올림하여 백의 자리까지 나타내어 답을 바르게 구한 경우	4
	올림하여 백의 자리까지 나타내었으나 답을 잘못 구한 경우	2

5 2160, 2100, 2000

5-1 예시 답안 2169를 버림하여 천의 자리까지 나타낸 수는 2000이고, 버림하여 십의 자리까지 나타낸 수는 2160입니다. 따라서 두 수의 차는 2160-2000=160입니다. / 160

채점 기준	답안 내용	배점
	버림하여 주어진 자리까지 나타내어 답을 바르게 구한 경우	4
	버림하여 주어진 자리까지 나타내었으나 답을 잘못 구한 경우	2

6 ①, ②

6-1 예시 답안 반올림하여 십의 자리까지 나타내었을 때 1760이 되는 네 자리 수는 1755부터 1764까지이므로 가장 큰 수는 1764, 가장 작은 수는 1755입니다. / 1764, 1755

채점 기준	답안 내용	배점
	반올림하여 십의 자리까지 나타내었을 때 1760이 되는 수의 범위를 알고 답을 바르게 구한 경우	6
	반올림하여 십의 자리까지 나타내었을 때 1760이 되는 수의 범위는 알았으나 답을 잘못 구한 경우	3

1 예시 답안 24 초과인 수는 24보다 큰 수로 24를 포함하지 않습니다. 따라서 24 초과인 자연수 25, 26, 27…… 중에서 가장 작은 수는 25입니다. / 25

채점 기준	답안 내용	배점
	24 초과인 자연수의 범위를 알고 답을 바르게 구한 경우	5
	24 초과인 자연수의 범위는 알았으나 답을 잘못 구한 경우	2

2 성우 / 예시 답안 59 이상 60 이하인 자연수는 59, 60이야.

채점 기준	답안 내용	배점
	수의 범위를 잘못 설명한 친구를 찾고 바르게 고친 경우	5
	수의 범위를 잘못 설명한 친구는 찾았으나 잘못 고친 경우	2

3 ❶ 예시 답안 미들급은 50 kg 초과 53 kg 이하이므로 몸무게가 50 kg보다 무겁고 53 kg과 같거나 가벼운 학생은 찬희와 윤호입니다. 따라서 미들급에 속한 학생은 모두 2명입니다. / 2명

채점 기준	답안 내용	배점
	미들급의 몸무게의 범위와 그 범위에 속하는 학생을 찾아 답을 바르게 구한 경우	4
	미들급의 몸무게의 범위와 그 범위에 속하는 학생은 찾았으나 답을 잘못 구한 경우	2

❷ 예시 답안 웰터급에 출전하려면 44 kg보다 무겁고 47 kg과 같거나 가벼워야 합니다. 따라서 몸무게가 50 kg인 아라는 최소 50-47=3 (kg)을 줄여야 합니다. / 3 kg

채점 기준	답안 내용	배점
	웰터급의 몸무게의 범위를 이용하여 답을 바르게 구한 경우	3
	웰터급의 몸무게의 범위는 알았으나 답을 잘못 구한 경우	1

4 예시 답안 1 m=100 cm이므로 끈을 100 cm씩 사용하여 상자를 포장하는 것입니다. 983을 버림하여 백의 자리까지 나타내면 900이므로 9개의 상자를 포장하고 끈이 83 cm 남습니다. 따라서 남은 끈 83 cm로는 상자를 포장할 수 없으므로 상자를 9개까지 포장할 수 있습니다. / 9개

채점 기준	답안 내용	배점
	버림의 방법으로 어림하여 답을 바르게 구한 경우	7
	버림의 방법으로 어림하였으나 답을 잘못 구한 경우	4

5 [예시 답안] 수 카드 4장으로 만들 수 있는 가장 작은 네 자리 수는 1049입니다. 따라서 1049를 반올림하여 백의 자리까지 나타내면 십의 자리 숫자가 4이므로 버림하여 1000이 됩니다. / 1000

채점 기준	답안 내용	배점
가장 작은 네 자리 수를 만들어 답을 바르게 구한 경우		7
가장 작은 네 자리 수는 만들었으나 답을 잘못 구한 경우		3

6 [예시 답안] 올림하기 전의 자연수는 61부터 70까지 수 중하나이고, 9를 곱한 수이므로 9의 배수를 찾으면 63입니다. 따라서 선아가 처음에 생각한 자연수는 $63 \div 9 = 7$입니다. / 7

채점 기준	답안 내용	배점
올림하기 전의 자연수 중에서 9의 배수를 찾아 답을 바르게 구한 경우		10
올림하기 전의 자연수 중에서 9의 배수는 찾았으나 답을 잘못 구한 경우		5

7 [예시 답안] 수직선에 나타낸 수의 범위는 17 초과 ㉠ 미만인 수이고, 17보다 큰 자연수를 작은 수부터 차례로 7개 쓰면 18, 19, 20, 21, 22, 23, 24이므로 ㉠에 알맞은 자연수는 25입니다. 따라서 25를 반올림하여 십의 자리까지 나타내면 일의 자리 숫자가 5이므로 올림하여 30이 됩니다. / 30

채점 기준	답안 내용	배점
수의 범위에 알맞은 자연수를 찾아 답을 바르게 구한 경우		10
수의 범위에 알맞은 자연수는 찾았으나 답을 잘못 구한 경우		5

2. 분수의 곱셈

연습! 서술형 평가
38~39쪽

1 $1, 3, 9, 2\frac{1}{4}, 5\frac{1}{4}$

1-1 [예시 답안] 정삼각형은 세 변의 길이가 모두 같으므로 둘레는 $1\frac{3}{4} \times 3 = (1 \times 3) + (\frac{3}{4} \times 3) = 3 + \frac{9}{4} = 3 + 2\frac{1}{4} = 5\frac{1}{4}$ (cm)입니다. / $5\frac{1}{4}$ cm

채점 기준	답안 내용	배점
정삼각형의 변의 성질을 이용하여 답을 바르게 구한 경우		4
정삼각형의 변의 성질은 이용하였으나 답을 잘못 구한 경우		2

2 ②

2-1 [예시 답안] 먹은 초콜릿의 개수는 36개 중에서 $\frac{4}{9}$만큼이므로 $36 \times \frac{4}{9}$를 계산합니다. $\overset{4}{36} \times \frac{4}{\underset{1}{9}} = 16$이므로 소라가 먹은 초콜릿은 16개입니다. / 16개

채점 기준	답안 내용	배점
먹은 초콜릿의 개수를 구하는 식을 알고 답을 바르게 구한 경우		4
먹은 초콜릿의 개수를 구하는 식은 알았으나 답을 잘못 구한 경우		2

3 $\frac{1}{15}$

3-1 [예시 답안] 나누어진 한 칸의 가로는 $\frac{1}{3}$ m, 세로는 $\frac{1}{5}$ m입니다. 따라서 나누어진 한 칸의 넓이는 $\frac{1}{3} \times \frac{1}{5} = \frac{1}{15}$ (m²)입니다. / $\frac{1}{15}$ m²

채점 기준	답안 내용	배점
나누어진 한 칸의 가로와 세로를 각각 분수로 나타내고 답을 바르게 구한 경우		6
나누어진 한 칸의 가로와 세로는 각각 분수로 나타내었으나 답을 잘못 구한 경우		3

4 $\frac{3}{8} \times \frac{6}{11} = \frac{3 \times \overset{3}{6}}{8 \times 11} = \frac{9}{44}$
$\underset{4}{}$

4-1 [예시 답안] 약분을 할 때 분모와 분자를 그들의 공약수로 나누어야 하는데 분자끼리 약분했으므로 잘못 계산하였습니다. / $\frac{3}{8} \times \frac{6}{11} = \frac{3 \times \overset{3}{6}}{8 \times 11} = \frac{9}{44}$

채점 기준	답안 내용	배점
계산이 잘못된 이유를 알맞게 쓰고 바르게 계산한 경우		4
계산이 잘못된 이유만 알맞게 썼거나 바르게 계산만 한 경우		2

5 $\frac{1}{10}$

5-1 [예시 답안] 주현이네 반에서 운동을 좋아하는 남학생은 반 전체 학생 수의 $\frac{7}{10} \times \frac{3}{7}$이고, 그중에서 $\frac{1}{3}$이 축구를 좋아하므로 축구를 좋아하는 남학생은 주현이네 반 전체 학생의 $\frac{7}{10} \times \frac{3}{7} \times \frac{1}{3} = \frac{1}{10}$입니다. / $\frac{1}{10}$

채점 기준	답안 내용	배점
식을 바르게 세우고 답을 구한 경우		6
식은 바르게 세웠으나 답을 잘못 구한 경우		3

6 >

6-1 [예시 답안] 직사각형 가의 넓이는 $1\frac{1}{2} \times 1\frac{2}{3} = \frac{3}{2} \times \frac{5}{3} = \frac{5}{2} = 2\frac{1}{2}$ (m²), 직사각형 나의 넓이는 $1\frac{7}{8} \times 1\frac{1}{15} = \frac{15}{8} \times \frac{16}{15} = 2$ (m²)입니다. 따라서 넓이가 더 넓은 것은 가입니다. / 가

채점 기준	답안 내용	배점
직사각형 가와 나의 넓이를 각각 구하고 답을 바르게 구한 경우		6
직사각형 가와 나의 넓이는 각각 구하였으나 답을 잘못 구한 경우		3

실전! 서술형 평가

1 예시 답안 ㉠, ㉡, ㉢을 각각 계산하면 ㉠ $\frac{3}{5} \times 2 = 1\frac{1}{5}$,

㉡ $\frac{2}{15} \times 9 = 1\frac{1}{5}$, ㉢ $\frac{3}{10} \times 6 = 1\frac{4}{5}$ 입니다.

따라서 계산 결과가 다른 하나는 ㉢입니다. / ㉢

채점 기준	답안 내용	배점
㉠, ㉡, ㉢을 각각 계산하고 답을 바르게 구한 경우		5
㉠, ㉡, ㉢은 각각 계산하였으나 답을 잘못 구한 경우		3

2 예시 답안 $6 > 4 > 3\frac{3}{8} > 3\frac{1}{8}$ 이므로 가장 큰 수는 6이고,

가장 작은 수는 $3\frac{1}{8}$ 입니다. 따라서 가장 큰 수와 가장 작은 수의

곱은 $6 \times 3\frac{1}{8} = \overset{3}{6} \times \frac{25}{\underset{4}{8}} = \frac{75}{4} = 18\frac{3}{4}$ 입니다. / $18\frac{3}{4}$

채점 기준	답안 내용	배점
가장 큰 수와 가장 작은 수를 각각 알고 답을 바르게 구한 경우		5
가장 큰 수와 가장 작은 수는 각각 알았으나 답을 잘못 구한 경우		2

3 예시 답안 성우가 사용한 밀가루는 $\frac{5}{9} \times \overset{1}{\underset{3}{\frac{3}{4}}} = \frac{5}{12}$ (kg)이

고, 소미가 사용한 밀가루는 $\frac{7}{10} \times \overset{1}{\underset{2}{\frac{5}{6}}} = \frac{7}{12}$ (kg)입니다.

따라서 $\frac{5}{12} < \frac{7}{12}$ 이므로 밀가루를 더 많이 사용한 친구는 소미

입니다. / 소미

채점 기준	답안 내용	배점
성우와 소미가 사용한 밀가루의 양을 각각 구하여 답을 바르게 구한 경우		5
성우와 소미가 사용한 밀가루의 양은 각각 구하였으나 답을 잘못 구한 경우		3
한 친구가 사용한 밀가루의 양만 구한 경우		1

4 예시 답안 ㉠, ㉡, ㉢, ㉣을 각각 계산하면 ㉠ $\frac{1}{3} \times \frac{1}{11} = \frac{1}{33}$,

㉡ $\frac{1}{5} \times \frac{1}{5} = \frac{1}{25}$, ㉢ $\frac{1}{6} \times \frac{1}{7} = \frac{1}{42}$, ㉣ $\frac{1}{9} \times \frac{1}{2} = \frac{1}{18}$ 입니다.

단위분수는 분모가 작을수록 큰 분수이므로 계산 결과가 큰

것부터 순서대로 쓰면 ㉣, ㉡, ㉠, ㉢입니다. / ㉣, ㉡, ㉠, ㉢

채점 기준	답안 내용	배점
㉠, ㉡, ㉢, ㉣을 각각 계산하고 답을 바르게 구한 경우		5
㉠, ㉡, ㉢, ㉣은 각각 계산하였으나 답을 잘못 구한 경우		3

5 ❶ $5\frac{1}{4}$ ❷ $1\frac{4}{5}$ ❸ $9\frac{9}{20}$

채점 기준	답안 내용	배점
세 문제의 답을 모두 바르게 구한 경우		7
두 문제의 답만 바르게 구한 경우		5
한 문제의 답만 바르게 구한 경우		3

풀이 ❸ $5\frac{1}{4} \times 1\frac{4}{5} = \frac{21}{4} \times \frac{9}{5} = \frac{189}{20} = 9\frac{9}{20}$

6 예시 답안 $4\frac{2}{3} \times 1\frac{1}{7} = \frac{14}{3} \times \overset{2}{\underset{1}{\frac{8}{7}}} = \frac{16}{3} = 5\frac{1}{3}$ 이므로

$5\frac{1}{3} > \square\frac{2}{3}$ 입니다. 따라서 $\square$ 안에 들어갈 수 있는 자연수는

1, 2, 3, 4이므로 합은 $1 + 2 + 3 + 4 = 10$ 입니다. / 10

채점 기준	답안 내용	배점
주어진 곱셈식을 계산하여 $\square$ 안에 들어갈 수 있는 자연수를 모두 알고 답을 바르게 구한 경우		7
주어진 곱셈식을 계산하여 $\square$ 안에 들어갈 수 있는 자연수는 모두 알았으나 답을 잘못 구한 경우		5
주어진 곱셈식만 계산한 경우		3

7 예시 답안 어떤 수를 $\square$라 하면 $\square - \frac{4}{9} = 1\frac{43}{45}$ 이므로

$\square = 1\frac{43}{45} + \frac{4}{9} = 1\frac{43}{45} + \frac{20}{45} = 1\frac{63}{45} = 2\frac{18}{45} = 2\frac{2}{5}$ 입니다.

따라서 바르게 계산하면 $2\frac{2}{5} \times \frac{4}{9} = \overset{4}{\frac{12}{5}} \times \overset{}{\underset{3}{\frac{4}{9}}} = \frac{16}{15} = 1\frac{1}{15}$ 입

니다. / $1\frac{1}{15}$

채점 기준	답안 내용	배점
잘못 계산한 식을 세워 어떤 수를 구하고 답을 바르게 구한 경우		10
잘못 계산한 식을 세워 어떤 수는 구하였으나 답을 잘못 구한 경우		6
잘못 계산한 식만 세운 경우		3

8 예시 답안 종이배를 접은 색종이는 $\overset{20}{100} \times \overset{}{\underset{1}{\frac{2}{5}}} = 40$ (장)이고,

종이배를 접고 남은 색종이는 $100 - 40 = 60$ (장)이므로 종이

학을 접은 색종이는 $\overset{5}{60} \times \overset{}{\underset{1}{\frac{5}{12}}} = 25$ (장)입니다.

따라서 종이배와 종이학을 접고 남은 색종이는

$100 - 40 - 25 = 35$ (장)입니다. / 35장

채점 기준	답안 내용	배점
종이배와 종이학을 접은 색종이의 수를 알고 답을 바르게 구한 경우		10
종이배와 종이학을 접은 색종이의 수는 알았으나 답을 잘못 구한 경우		7
종이배 또는 종이학을 접은 색종이의 수만 구한 경우		3

[다른 풀이] $\overset{5}{\overset{20}{100}} \times \overset{}{\underset{1}{\frac{3}{5}}} \times \overset{}{\underset{\underset{1}{4}}{\frac{7}{12}}} = 35$ (장)

정답과
풀이

수학

정답과 풀이 **97**

3. 합동과 대칭

1 다

1-1 예시 답안 두 도형의 모양과 크기가 같지 않아 포개었을 때 완전히 겹치지 않으므로 두 도형은 합동이 아닙니다.

채점 기준	답안 내용	배점
합동이 아닌 이유를 알맞게 쓴 경우		4

2 $60°$

2-1 예시 답안 각 ㅁㄹㄴ의 대응각은 각 ㄱㄷㄴ이므로 (각 ㅁㄹㄴ)=(각 ㄱㄷㄴ)=$60°$입니다. / $60°$

채점 기준	답안 내용	배점
각 ㅁㄹㄴ의 대응각을 알고 답을 바르게 구한 경우		4
각 ㅁㄹㄴ의 대응각은 알았으나 답을 잘못 구한 경우		2

3 30 cm

3-1 예시 답안 (변 ㄹㅂ)=(변 ㄱㄴ)=12 cm이므로 삼각형 ㄹㅁㅂ의 넓이는 $12 × 5 ÷ 2 = 30$ (cm^2)입니다. / 30 cm^2

채점 기준	답안 내용	배점
변 ㄹㅂ의 대응변을 알고 답을 바르게 구한 경우		4
변 ㄹㅂ의 대응변은 알았으나 답을 잘못 구한 경우		2

4 (위에서부터) 3, 5, 6

4-1 예시 답안 선분 ㅁㅂ을 대칭축으로 하는 선대칭도형이므로 (선분 ㄹㅁ)=(선분 ㄱㅁ)=3 cm, (변 ㄱㄴ)=(변 ㄹㄷ)=5 cm, (선분 ㄷㅂ)=(선분 ㄴㅂ)=6 cm입니다. 따라서 도형의 둘레는 $(3+5+6) × 2 = 28$ (cm)입니다. / 28 cm

채점 기준	답안 내용	배점
각 변의 길이를 알고 답을 구한 경우		4
각 변의 길이는 알았으나 답을 잘못 구한 경우		2

5 (   )(◯)(   )(◯)

풀이

5-1 예시 답안 한 도형을 어떤 점을 중심으로 $180°$ 돌렸을 때 처음 도형과 완전히 겹치는 도형이 점대칭도형이므로 점대칭도형을 모두 찾으면 마름모, 정육각형으로 2개입니다. / 2개

채점 기준	답안 내용	배점
점대칭도형을 모두 찾아 답을 바르게 구한 경우		6
점대칭도형은 모두 찾았으나 답을 잘못 구한 경우		3

6

6-1

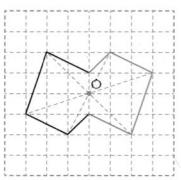

/ 예시 답안 각 점에서 대칭의 중심을 지나는 직선을 그어 대응점을 찍은 다음 각 대응점을 이어야 하는데 대칭의 중심을 지나지 않는 직선을 그은 점이 있으므로 잘못되었습니다.

채점 기준	답안 내용	배점
점대칭도형을 바르게 완성하고 잘못된 이유를 알맞게 쓴 경우		6
점대칭도형만 바르게 완성했거나 잘못된 이유만 알맞게 쓴 경우		3

1 예시 답안 두 원은 모양은 같지만 크기가 같지 않으므로 합동이 아닙니다.

채점 기준	답안 내용	배점
두 도형이 서로 합동이 아닌 이유를 알맞게 쓴 경우		5

2 예시 답안 대칭축은 대응점끼리 이은 선분을 둘로 똑같이 나눕니다. 따라서 대칭축에 의해 둘로 똑같이 나누어지는 선분은 대응점끼리 이은 선분인 선분 ㄴㅂ과 선분 ㄷㅁ입니다. / 선분 ㄴㅂ, 선분 ㄷㅁ

채점 기준	답안 내용	배점
대응점을 이은 선분과 대칭축의 관계를 알고 답을 바르게 구한 경우		5
대응점을 이은 선분과 대칭축의 관계는 알았으나 답을 잘못 구한 경우		2

3 ㉡ / 예시 답안 점대칭도형에서 대칭의 중심은 1개입니다.

채점 기준	답안 내용	배점
잘못 설명한 것을 찾고 바르게 고친 경우		5
잘못 설명한 것은 찾았으나 바르게 고치지 못한 경우		2

4 예시 답안 서로 합동인 두 도형에서 대응변의 길이는 같으므로 (변 ㄷㄹ)=(변 ㅂㅅ)=9 cm입니다. 따라서 직사각형 ㄱㄴㄷㄹ의 넓이는 $4 × 9 = 36$ (cm^2)입니다. / 36 cm^2

채점 기준	답안 내용	배점
직사각형 ㄱㄴㄷㄹ의 세로 길이를 알고 답을 바르게 구한 경우		7
직사각형 ㄱㄴㄷㄹ의 세로 길이는 알았으나 답을 잘못 구한 경우		4

5 예시 답안 대칭축의 수를 각각 알아보면 ㉠은 1개, ㉡은 5개, ㉢은 2개입니다. 따라서 대칭축의 수가 많은 도형부터 순서대로 기호를 쓰면 ㉡, ㉢, ㉠입니다. / ㉡, ㉢, ㉠

채점 기준	답안 내용	배점
각 도형의 대칭축의 수를 구하여 답을 바르게 구한 경우		7
각 도형의 대칭축의 수는 구하였으나 답을 잘못 구한 경우		3

6 예시 답안 대칭의 중심은 대응점끼리 이은 선분을 둘로 똑같이 나누므로 (선분 ㄱㄷ)=$7+7=14$ (cm)입니다. 따라서 (선분 ㄴㄹ)=$24-14=10$ (cm)이므로 (선분 ㄴㅇ)=$10÷2=5$ (cm)입니다. / 5 cm

채점 기준	답안 내용	배점
선분 ㄱㄷ과 선분 ㄴㄹ의 길이를 구하여 답을 바르게 구한 경우		7
선분 ㄱㄷ과 선분 ㄴㄹ의 길이는 구하였으나 답을 잘못 구한 경우		4
선분 ㄱㄷ의 길이만 구한 경우		2

7 예시 답안 각 ㄱㄹㄷ은 직각이고 (각 ㄹㄷㄱ)=(각 ㄹㄴㄱ)=180°−130°=50°입니다. 삼각형의 세 각의 크기의 합은 180°이므로 (각 ㄷㄱㄹ)=180°−90°−50°=40°입니다. / 40°

채점 기준	답안 내용	배점
각 ㄹㄷㄱ의 크기를 알고 답을 바르게 구한 경우		10
각 ㄹㄷㄱ의 크기는 알았으나 답을 잘못 구한 경우		5

8 ❶ 삼각형 ㄱㄴㅁ ❷ 6 cm, 18 cm ❸ 108 cm^2

채점 기준	답안 내용	배점
세 문제의 답을 모두 바르게 구한 경우		10
두 문제의 답만 바르게 구한 경우		6
한 문제의 답만 바르게 구한 경우		3

풀이 ❶ 삼각형 ㄱㄴㄷ과 삼각형 ㄷㅂㄱ이 서로 합동이고, 삼각형 ㄱㅁㄷ은 서로 합동인 두 삼각형의 겹치는 부분입니다. 따라서 삼각형 ㄱㄴㅁ과 삼각형 ㄷㅂㅁ은 서로 합동입니다.
❷ (변 ㄱㄴ)=(변 ㄷㅂ)=6 cm, (변 ㄴㅁ)=(변 ㅂㅁ)=8 cm 이므로 (변 ㄴㄷ)=8+10=18 (cm)입니다.
❸ (직사각형 ㄱㄴㄷㄹ의 넓이)=18×6=108 (cm^2)

4. 소수의 곱셈

연습! 서술형 평가
46~47쪽

1 예 / 1.2

1-1 예시 답안 한 병의 들이가 0.3 L인 물이 4병 있으므로 물의 양은 모두 0.3×4=1.2 (L)입니다. / 1.2 L

채점 기준	답안 내용	배점
문제에 알맞은 곱셈식을 세워 답을 바르게 구한 경우		4
문제에 알맞은 곱셈식은 세웠으나 답을 잘못 구한 경우		2

2 $1.7×5=\dfrac{17}{10}×5=\dfrac{17×5}{10}=\dfrac{85}{10}=8.5$

2-1 예시 답안 분수의 곱셈으로 계산할 때 분수와 자연수의 곱셈은 분모는 그대로 두고 분자와 자연수를 곱해야 하는데 분자는 그대로 두고 분모와 자연수를 곱하여 계산이 잘못되었습니다. / $1.7×5=\dfrac{17}{10}×5=\dfrac{17×5}{10}=\dfrac{85}{10}=8.5$

채점 기준	답안 내용	배점
계산이 잘못된 이유를 알맞게 쓰고 바르게 계산한 경우		4
계산이 잘못된 이유만 알맞게 썼거나 바르게 계산만 한 경우		2

3 4.08

3-1 예시 답안 8×0.51=4.08이므로 4.08<□에서 □ 안에 들어갈 수 있는 자연수는 5, 6, 7……입니다. 따라서 □ 안에 들어갈 수 있는 가장 작은 자연수는 5입니다. / 5

채점 기준	답안 내용	배점
□ 안에 들어갈 수 있는 자연수를 알고 답을 바르게 구한 경우		6
□ 안에 들어갈 수 있는 자연수는 알았으나 답을 잘못 구한 경우		4
곱셈식만 계산한 경우		2

4 57

4-1 예시 답안 1시간 30분=$1\dfrac{30}{60}$시간=$1\dfrac{5}{10}$시간=1.5시간입니다. 따라서 자전거로 1시간 30분 동안 쉬지 않고 달린 거리는 38×1.5=57 (km)입니다. / 57 km

채점 기준	답안 내용	배점
1시간 30분은 몇 시간인지 소수로 나타내어 답을 바르게 구한 경우		6
1시간 30분은 몇 시간인지 소수로 나타내었으나 답을 잘못 구한 경우		3

5 <

5-1 예시 답안 평행사변형 가의 넓이는 0.8×0.3=0.24 (m^2)이고, 정사각형 나의 넓이는 0.5×0.5=0.25 (m^2)입니다. 따라서 0.24<0.25이므로 나의 넓이가 더 넓습니다. / 나

채점 기준	답안 내용	배점
가와 나의 넓이를 구하여 답을 바르게 구한 경우		6
가와 나의 넓이는 구하였으나 답을 잘못 구한 경우		4
가와 나의 넓이 중 하나만 구한 경우		2

6

6-1 예시 답안 ㉠, ㉡, ㉢을 각각 계산하면
㉠ 4.276×10=42.76, ㉡ 42.76×100=4276,
㉢ 4276×0.1=427.6이므로 계산이 틀린 것은 ㉢입니다. / ㉢

채점 기준	답안 내용	배점
㉠, ㉡, ㉢을 각각 계산하여 답을 바르게 구한 경우		4
㉠, ㉡, ㉢ 중 일부만 계산한 경우		2

실전! 서술형 평가
48~49쪽

1 한나 / 예시 답안 0.71과 3의 곱은 2 정도가 돼.

채점 기준	답안 내용	배점
잘못 말한 친구를 찾고 잘못 말한 부분을 바르게 고친 경우		5
잘못 말한 친구는 찾았으나 바르게 고치지 못한 경우		3

2 〔예시 답안〕 7의 0.6배는 7의 $\dfrac{6}{10}$배로 7에 1보다 작은 수를 곱했기 때문에 처음 수보다 더 작아집니다.

채점 기준 답안 내용	배점
처음 수보다 작은 수가 나온 이유를 알맞게 쓴 경우	5

3 있습니다에 ○표 / 〔예시 답안〕 500×9.8은 500×10인 5000보다 작으므로 소윤이는 딸기를 살 수 있습니다.

채점 기준 답안 내용	배점
알맞은 말에 ○표 하고 그 이유를 알맞게 쓴 경우	7
알맞은 말에 ○표 하였으나 그 이유를 알맞게 쓰지 못한 경우	3

4 $1.73 \times 4.2 = 7.266$ / 〔예시 답안〕 1.73×4.2를 1.7의 4배 정도로 어림하면 6.8보다 더 큰 값이기 때문입니다.

채점 기준 답안 내용	배점
결괏값에 소수점을 바르게 찍고 이유를 알맞게 설명한 경우	7
결괏값에 소수점은 바르게 찍었으나 이유를 알맞게 설명하지 못한 경우	3

5 〔예시 답안〕 결괏값이 ㉠, ㉢, ㉣은 소수 세 자리 수이고, ㉡은 소수 두 자리 수입니다. 따라서 결괏값의 소수점 아래 자리 수가 다른 하나는 ㉡입니다. / ㉡

채점 기준 답안 내용	배점
결괏값의 소수점 아래 자리 수를 알고 답을 바르게 구한 경우	7
결괏값의 소수점 아래 자리 수는 알았으나 답을 잘못 구한 경우	3

6 ❶ 9.3 m ❷ 8.7 m ❸ 80.91 m²

채점 기준 답안 내용	배점
세 문제의 답을 모두 바르게 구한 경우	7
두 문제의 답만 바르게 구한 경우	4
한 문제의 답만 바르게 구한 경우	2

〔풀이〕 ❶ $6.2 \times 1.5 = 9.3$ (m)

❷ $5.8 \times 1.5 = 8.7$ (m)

❸ $9.3 \times 8.7 = 80.91$ (m²)

7 〔예시 답안〕 $51 \times 0.6 = 30.6$이고, $47 \times 0.7 = 32.9$이므로 $30.6 < \square < 32.9$입니다. 따라서 $\square$ 안에 들어갈 수 있는 자연수는 31, 32로 모두 2개입니다. / 2개

채점 기준 답안 내용	배점
두 곱셈식을 계산하여 답을 바르게 구한 경우	10
두 곱셈식은 계산하였으나 답을 잘못 구한 경우	5
한 곱셈식만 바르게 계산한 경우	2

8 〔예시 답안〕 어떤 수를 $\square$라 하면 잘못 계산한 식은 $\square + 6.3 = 15.4$이므로 $\square = 15.4 - 6.3 = 9.1$입니다. 따라서 바르게 계산하면 $9.1 \times 6.3 = 57.33$입니다. / 57.33

채점 기준 답안 내용	배점
어떤 수를 구하여 답을 바르게 구한 경우	10
어떤 수는 구하였으나 답을 잘못 구한 경우	5

5. 직육면체

연습! 서술형 평가

50~51쪽

1 6, 직육면체

1-1 〔예시 답안〕 6개의 면의 모양이 모두 직사각형이어야 하는데 그렇지 않습니다.

채점 기준 답안 내용	배점
직육면체의 정의를 알고 이유를 알맞게 쓴 경우	4

2 (위에서부터) 6, 12, 8, 직사각형

2-1 〔예시 답안〕 면이 6개, 모서리가 12개, 꼭짓점이 8개로 같습니다. / 면의 모양이 직육면체는 직사각형이고 정육면체는 정사각형으로 서로 다릅니다.

채점 기준 답안 내용	배점
같은 점과 다른 점을 모두 바르게 쓴 경우	6
같은 점과 다른 점 중에서 한 가지만 바르게 쓴 경우	3

3 ㉢

3-1 〔예시 답안〕 직육면체에서 서로 평행한 면을 찾으면 면 ㄱㄴㄷㄹ과 면 ㅁㅂㅅㅇ, 면 ㄴㅂㅅㄷ과 면 ㄱㅁㅇㄹ, 면 ㄷㅅㅇㄹ과 면 ㄴㅂㅁㄱ입니다. 따라서 서로 평행한 면은 모두 3쌍입니다. / 3쌍

채점 기준 답안 내용	배점
서로 평행한 면을 모두 찾고 답을 바르게 구한 경우	4
서로 평행한 면은 모두 찾았으나 답을 잘못 구한 경우	2

4

4-1 〔예시 답안〕 보이는 모서리를 실선으로 그려야 하는데 점선으로 그렸습니다.

채점 기준 답안 내용	배점
직육면체의 겨냥도를 잘못 그린 이유를 알맞게 쓴 경우	4

5

5-1 〔예시 답안〕 전개도를 접어서 정육면체를 만들었을 때 면 ㉠, 면 ㉡, 면 ㉣, 면 �은 면 ㉤과 수직이고, 면 ㉢은 면 ㉤과 평행합니다. 따라서 전개도를 접었을 때 면 ㉤과의 관계가 나머지 면과 다른 한 면은 면 ㉢입니다. / 면 ㉢

채점 기준 답안 내용	배점
면 ㉤과 다른 면과의 관계를 각각 알고 답을 바르게 구한 경우	4
면 ㉤과 다른 면과의 관계는 각각 알았으나 답을 잘못 구한 경우	2

6 ①, ②

6-1 [예시 답안] 점 ㄹ과 만나는 점은 점 ㄴ과 점 ㅇ이고, 점 ㅁ과 만나는 점은 점 ㅅ입니다. 따라서 선분 ㄹㅁ과 만나는 선분은 선분 ㅇㅅ입니다. / 선분 ㅇㅅ

채점 기준 답안 내용	배점
점 ㄹ, 점 ㅁ과 만나는 점을 각각 찾고 답을 바르게 구한 경우	6
점 ㄹ, 점 ㅁ과 만나는 점은 각각 찾았으나 답을 잘못 구한 경우	3

실전! 서술형 평가 52~53쪽

1 민혁 / [예시 답안] 모서리와 모서리가 만나는 점을 꼭짓점이라고 해.

채점 기준 답안 내용	배점
잘못 말한 친구의 이름을 쓰고 바르게 고친 경우	5
잘못 말한 친구의 이름은 썼으나 바르게 고치지 못한 경우	2

2 [예시 답안] 정육면체는 모든 모서리의 길이가 같고 모서리는 모두 12개이므로 모든 모서리 길이의 합이 144 cm인 정육면체의 한 모서리의 길이는 $144 \div 12 = 12$ (cm)입니다.
/ 12 cm

채점 기준 답안 내용	배점
정육면체의 성질을 알고 답을 바르게 구한 경우	5
정육면체의 성질은 알았으나 답을 잘못 구한 경우	2

3 [예시 답안] 전개도를 접었을 때 만나는 모서리의 길이가 같지 않으므로 전개도를 잘못 그렸습니다.

채점 기준 답안 내용	배점
전개도를 잘못 그린 이유를 알맞게 쓴 경우	5

4 [예시 답안] 직육면체에서 보이지 않는 모서리는 길이가 8 cm, 4 cm, 5 cm인 모서리가 각각 1개씩입니다.
따라서 보이지 않는 모서리 길이의 합은 $8 + 4 + 5 = 17$ (cm)입니다. / 17 cm

채점 기준 답안 내용	배점
보이지 않는 모서리의 수와 길이를 알고 답을 바르게 구한 경우	7
보이지 않는 모서리의 수와 길이는 각각 알았으나 답을 잘못 구한 경우	4

5 [예시 답안] (선분 ㅎㅋ)=(선분 ㅊㅈ)=(선분 ㅍㅌ)=3 cm이고, (선분 ㅋㅊ)=(선분 ㄱㅎ)=5 cm입니다.
따라서 선분 ㄱㅈ은 $5 + 3 + 5 + 3 = 16$ (cm)입니다. / 16 cm

채점 기준 답안 내용	배점
선분 ㅎㅋ, 선분 ㅋㅊ, 선분 ㅊㅈ의 길이를 각각 알고 답을 바르게 구한 경우	7
선분 ㅎㅋ, 선분 ㅋㅊ, 선분 ㅊㅈ의 길이는 각각 알았으나 답을 잘못 구한 경우	4

6 [예시 답안] 면 ㄷㅅㅇㄹ과 평행한 면은 면 ㄴㅂㅁㄱ입니다. 평행한 면은 모양과 크기가 같으므로 면 ㄴㅂㅁㄱ의 모서리 길이의 합은 $4 + 9 + 4 + 9 = 26$ (cm)입니다. / 26 cm

채점 기준 답안 내용	배점
면 ㄷㅅㅇㄹ과 평행한 면의 모서리 길이를 각각 알고 답을 바르게 구한 경우	7
면 ㄷㅅㅇㄹ과 평행한 면의 모서리 길이는 각각 알았으나 답을 잘못 구한 경우	4

7 ① 4 ② 1 ③ 5

④ [예시 답안] 주사위에서 평행한 두 면에 있는 눈의 수를 합하면 7이므로 면 ㉠에 알맞은 눈의 수는 4, 면 ㉡에 알맞은 눈의 수는 1, 면 ㉢에 알맞은 눈의 수는 5입니다. 따라서 면 ㉠, 면 ㉡, 면 ㉢에 알맞은 눈의 수를 합하면 $4 + 1 + 5 = 10$입니다. / 10

채점 기준 답안 내용	배점
면 ㉠, 면 ㉡, 면 ㉢에 알맞은 눈의 수를 구하여 답을 바르게 구한 경우	10
면 ㉠, 면 ㉡, 면 ㉢에 알맞은 눈의 수는 구하였으나 답을 잘못 구한 경우	7
세 면 중 한 면 또는 두 면에 알맞은 눈의 수만 구한 경우	3

6. 평균과 가능성

연습! 서술형 평가 54~55쪽

1 45, 43, 39, 4, 42

1-1 [예시 답안] 재형이네 모둠 학생 4명의 키를 모두 더하면 $138 + 151 + 145 + 146 = 580$ (cm)이므로 재형이네 모둠 학생 4명의 키의 평균은 $580 \div 4 = 145$ (cm)입니다. / 145 cm

채점 기준 답안 내용	배점
학생들의 키를 모두 더하여 답을 바르게 구한 경우	4
학생들의 키는 모두 더하였으나 답을 잘못 구한 경우	2

2 많은에 ○표

2-1 [예시 답안] 민호네 모둠의 제기차기 기록의 평균을 구하면 $(25 + 29 + 31 + 27) \div 4 = 28$(개)이므로 평균보다 제기차기를 더 많이 한 학생은 아리와 우현이로 모두 2명입니다. / 2명

채점 기준 답안 내용	배점
제기차기 기록의 평균을 구하여 답을 바르게 구한 경우	4
제기차기 기록의 평균은 구하였으나 답을 잘못 구한 경우	2

3 28

3-1 [예시 답안] 민재는 윗몸 말아 올리기를 평균 27번 했으므로 4회까지 한 윗몸 말아 올리기 기록의 합은 모두 $27 \times 4 = 108$(번)입니다. 따라서 민재는 3회에 윗몸 말아 올리기를 $108 - 24 - 31 - 25 = 28$(번) 했습니다. / 28번

채점 기준	답안 내용	배점
민재가 4회까지 한 윗몸 말아 올리기의 총 횟수를 알고 답을 바르게 구한 경우		6
민재가 4회까지 한 윗몸 말아 올리기의 총 횟수는 알았으나 답을 잘못 구한 경우		3

4 A 모둠

4-1 예시 답안 (지우네 모둠 기록의 평균)=124÷4=31(번), (윤희네 모둠 기록의 평균)=150÷5=30(번)이므로 지우네 모둠의 훌라후프 기록의 평균이 31−30=1(번) 더 많습니다.
/ 지우네 모둠, 1번

채점 기준	답안 내용	배점
두 모둠의 훌라후프 기록의 평균을 구하여 답을 바르게 구한 경우		6
두 모둠의 훌라후프 기록의 평균은 구하였으나 답을 잘못 구한 경우		3

5

5-1 예시 답안 내년 1월에는 날짜가 31일까지 있을 거야.

채점 기준	답안 내용	배점
일이 일어날 가능성이 '확실하다'가 되도록 말을 알맞게 바꾼 경우		4

6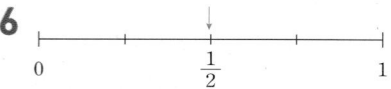

6-1 예시 답안 주사위를 던졌을 때 나온 눈의 수는 1, 2, 3, 4, 5, 6으로 6가지이고, 이 중 짝수는 2, 4, 6으로 3가지입니다. 따라서 주사위를 던졌을 때 나온 눈의 수가 짝수일 가능성은 '반반이다'이므로 수로 표현하면 $\frac{1}{2}$입니다. / $\frac{1}{2}$

채점 기준	답안 내용	배점
주사위를 던졌을 때 나온 눈의 수의 경우를 알고 답을 바르게 구한 경우		4
주사위를 던졌을 때 나온 눈의 수의 경우는 알았으나 답을 잘못 구한 경우		2

실전! 서술형 평가

56~57쪽

1 ㉢ / 예시 답안 윗옷 2벌 중 파란색이 없으므로 파란색 윗옷을 입을 가능성은 '불가능하다'입니다.

채점 기준	답안 내용	배점
기호를 바르게 쓰고 이유를 알맞게 설명한 경우		5
기호는 바르게 썼으나 이유를 알맞게 설명하지 못한 경우		2

2 예시 답안 네 경기 동안 얻은 점수의 평균이 (99+132+101+120)÷4=113(점)이므로 다섯 번째 경기에서는 113점보다 높은 점수를 얻어야 합니다. / 113점

채점 기준	답안 내용	배점
네 경기 동안 얻은 점수의 평균을 구하여 답을 바르게 구한 경우		5
네 경기 동안 얻은 점수의 평균은 구하였으나 답을 잘못 구한 경우		3

3 예시 답안 12월은 31일까지 있으므로 12월 35일이 있을 가능성은 '불가능하다'이고, 한 명의 아이가 태어날 때 여자 아이일 가능성은 '반반이다'입니다. 따라서 일이 일어날 가능성이 '반반이다'인 경우를 말한 친구는 준호입니다. / 준호

채점 기준	답안 내용	배점
두 친구가 말한 일이 일어날 가능성을 각각 알고 답을 바르게 구한 경우		5
두 친구가 말한 일 중 한 가지만 일어날 가능성을 알고 답을 잘못 구한 경우		2

4 예시 답안 (은수네 가족 나이의 평균)=125÷5=25(살), (민하네 가족 나이의 평균)=120÷5=24(살)이므로 은수네 가족의 나이의 평균이 더 많습니다. / 은수네 가족

채점 기준	답안 내용	배점
두 가족의 나이의 평균을 각각 구하여 답을 바르게 구한 경우		7
두 가족의 나이의 평균은 각각 구하였으나 답을 잘못 구한 경우		4

5 예시 답안 ㉠은 '반반이다'이므로 $\frac{1}{2}$, ㉡은 '불가능하다'이므로 0, ㉢은 '확실하다'이므로 1입니다. 따라서 일이 일어날 가능성이 높은 순서대로 쓰면 ㉢, ㉠, ㉡입니다. / ㉢, ㉠, ㉡

채점 기준	답안 내용	배점
각각의 일이 일어날 가능성을 알고 답을 바르게 구한 경우		7
각각의 일이 일어날 가능성은 알았으나 답을 잘못 구한 경우		4

6 예시 답안 5일 동안 팔린 책은 330×5=1650(권)이므로 수요일에 팔린 책은 1650−(345+265+310+370)=360(권)입니다. 따라서 책이 가장 많이 팔린 요일은 금요일입니다. / 금요일

채점 기준	답안 내용	배점
평균을 이용하여 답을 바르게 구한 경우		7
평균은 이용하였으나 답을 잘못 구한 경우		4

7 ❶ 13살 ❷ 19살

채점 기준	답안 내용	배점
두 문제의 답을 모두 바르게 구한 경우		10
한 문제의 답만 바르게 구한 경우		5

풀이 ❶ (13+11+16+12+13)÷5=13(살)
❷ 14×6−(13+11+16+12+13)=84−65=19(살)

8 예시 답안 16+23+19+25+14+□=97+□이고 97+□=20×6에서 □=120−97=23이므로 마지막에는 23번과 같거나 23번보다 더 많이 넘어야 합니다. 따라서 혜리네 반이 예선을 통과하려면 마지막에는 최소 23번을 넘어야 합니다. / 23번

채점 기준	답안 내용	배점
예선을 통과하기 위한 기록의 합의 조건을 알고 답을 바르게 구한 경우		10
예선을 통과하기 위한 기록의 합의 조건은 알았으나 답을 잘못 구한 경우		5

연습! 서술형 평가

58~59쪽

1 ②, ③, ④

풀이 고조선은 우수한 청동기 문화를 바탕으로 다른 부족을 정복하거나 통합하면서 세력을 확장했습니다. 그리고 고조선만의 독특한 문화를 발전시켰는 데, 그중에서도 미송리식 토기, 비파형 동검, 탁자식 고인돌이 고조선을 대표하는 문화유산입니다.

1-1 **예시 답안** 고조선을 대표하는 문화유산입니다.

채점 기준 답안 내용	배점
'고조선을 대표하는 문화유산이다.'라고 쓴 경우	4
'옛날에 만들어진 것이다.'라고 쓴 경우	2

│ 채점 시 유의 사항 │ 유물들의 분포 지역으로 고조선의 문화 범위를 짐작할 수 있다는 내용도 4점으로 합니다.

2 ㉡, ㉢

풀이 ㉠ 백제의 근초고왕은 남쪽 지역으로 영토를 넓히고 고구려를 공격해 북쪽으로 진출했습니다. 그리고 중국, 일본 등 주변 나라들과 활발하게 교류했습니다.

2-1 **예시 답안** 평양 지역으로 수도를 옮기고 남쪽으로 영역을 더욱 확장했습니다.

채점 기준 답안 내용	배점
'평양 지역으로 수도를 옮기고 남쪽으로 영역을 더욱 확장했다.'라고 쓴 경우	6
'영역을 확장했다.'라고 쓴 경우	3

3 궁예

풀이 신라 말 귀족들의 왕위 다툼으로 정치가 혼란해지자, 지방에서는 호족이 등장했습니다. 여러 호족 중에서 세력을 키운 견훤은 후백제를, 궁예는 후고구려를 세웠습니다. 왕건은 궁예가 세력을 키우자 그의 신하가 되어 후고구려의 건국을 도왔습니다. 그 후 궁예가 신하를 의심하고 죽이며 일부 호족들을 억압하자 궁예를 몰아내고 왕이 되었습니다. 고려를 세운 왕건은 정치를 안정시키려고 호족을 적절히 견제하되 존중하면서 나라를 다스렸습니다.

3-1 **예시 답안** 세금을 줄이고, 가난한 사람들이 굶주리지 않도록 힘썼습니다.

채점 기준 답안 내용	배점
세금 감면, 빈민 구제의 내용을 모두 바르게 쓴 경우	6
'백성들을 위하는 정책을 많이 만들었다.'라고 쓴 경우	2

4 서형, 종민

풀이 금속 활자는 판을 새로 짤 수 있어 여러 종류의 책을 만드는 데 효율적이었고, 금속으로 만들어져 쉽게 마모되지 않고 보관이 쉬웠습니다. 그러나 금속 활자 제작술의 발달이 정보의 생산과 유통으로 이어지지 못해 사회 변화에 끼친 영향력은 크지 않았습니다.

4-1 **예시 답안** 고려의 목판 제조술, 조각술, 인쇄술 등의 기술이 매우 뛰어났음을 알 수 있습니다.

채점 기준 답안 내용	배점
'고려의 뛰어난 목판 제조술, 조각술, 인쇄술 등을 알 수 있다.'라고 쓴 경우	4
'고려는 우수한 인쇄술을 가지고 있었다.'라고 쓴 경우	2

5 ②

풀이 ② 이성계를 중심으로 한 세력은 고려를 멸망시켜 새로운 왕조를 열었습니다. 그리고 고려의 도읍인 개경(개성)에서 오늘날의 서울인 한양으로 도읍을 옮겼습니다. 고려 말 연이은 외적의 침입과 권문세족의 횡포로 나라 안팎이 매우 혼란스러웠습니다. 이때 신진 사대부들 중 일부는 홍건적과 왜구의 침입을 물리치며 성장한 신흥 무인 세력과 손잡고 고려 사회의 문제를 해결하고자 했습니다.

5-1 **예시 답안** 이성계는 요동 지역을 공격하라는 명령을 받고 요동 지역으로 가는 도중 위화도에서 군대를 되돌려 반대 세력을 몰아내고 권력을 잡았습니다.

채점 기준 답안 내용	배점
위화도 회군에 대한 내용을 쓴 경우	6
'신진 사대부 중 일부가 이성계와 함께 고려 사회의 문제를 해결하려고 했다.'라고 쓴 경우	3

6 ④

풀이 비가 내린 양을 측정할 수 있는 측우기, 천체의 움직임을 살필 수 있는 혼천의, 오목한 솥 모양의 해시계로 북극을 맞춘 반구의 중심에 있는 그림자가 24절기에 따라 달라지며 계절에 따른 시간 변화도 고려한 공공 시계인 앙부일구, 스스로 종을 쳐서 시각을 알려 주는 물시계인 자격루는 백성의 생활에 도움이 되었던 과학 기구입니다.

6-1 **예시 답안** 백성들이 농사짓는 데 큰 도움이 되었습니다. / 일상생활에서 시간을 알거나 날씨를 대비하는 데 도움이 되었습니다.

채점 기준 답안 내용	배점
두 가지 모두 바르게 쓴 경우	4
한 가지만 바르게 쓴 경우	2

실전! 서술형 평가

1 **예시 답안** 신분 제도가 있었습니다. / 화폐의 개념이 있었습니다.

풀이 '사람을 죽인 사람은 사형에 처한다.'는 내용을 통해 큰 죄는 법으로 엄격하게 다스렸음을 알 수 있고, '남에게 상해를 입힌 사람은 곡식으로 갚는다.'는 내용을 통해 개인의 재산을 인정했다는 것을 알 수 있습니다.

채점 기준	답안 내용	배점
두 가지 모두 바르게 쓴 경우		5
한 가지만 바르게 쓴 경우		3

2 **예시 답안** 발해가 고구려를 계승하고자 고구려의 문화와 비슷하게 만들었을 것이기 때문입니다.

풀이 발해는 스스로 고구려를 계승한 나라임을 내세웠습니다. 이에 고구려의 문화를 바탕으로 여러 나라와 활발히 교류해 다른 나라의 문화를 받아들이면서 그들만의 독자적인 문화를 발전시켜 나갔습니다.

채점 기준	답안 내용	배점
'발해가 고구려를 계승하고자 고구려의 문화와 비슷하게 만들었을 것이기 때문이다.'라고 쓴 경우		7
'발해는 고구려의 문화를 바탕으로 문화를 발전시켜 나갔기 때문이다.'라고 쓴 경우		4

┃ 채점 시 유의 사항 ┃ 발해가 고구려의 영향을 많이 받았기 때문이라는 내용도 4점으로 합니다.

3 **예시 답안** 견훤의 자식들 사이에서 왕위 다툼이 일어나 힘이 약해졌습니다.

풀이 고려를 세운 왕건은 한때 후백제와의 전투에서 패배해 위기를 겪었으나 몇 년 뒤 전투에서는 크게 승리했습니다. 후백제는 견훤의 자식들 사이에서 왕위 다툼이 일어나 힘이 약해졌습니다. 이전부터 후백제의 침입으로 힘이 약해진 신라는 고려에 항복했습니다.

채점 기준	답안 내용	배점
'왕위 다툼이 일어나 힘이 약해졌다.'라고 쓴 경우		7
'왕실의 문제로 힘이 약해졌다.'라고 쓴 경우		4

4 **예시 답안** (1) 압록강 동쪽의 강동 6주를 얻었고, 싸우지 않고 거란을 돌아가게 했습니다.

(2) 고려로부터 송과 관계를 끊겠다는 약속을 받아냈습니다.

풀이 고려는 거란과의 첫 전투에서 패배하면서 위기감이 높아졌고, 서경(평양)에 가 있던 고려의 왕과 신하들은 대응 방안을 논의했습니다. 이런 가운데 고려가 거란의 추가 공격을 막아 내자, 거란의 장수 소손녕은 고려에 위협을 가하며 시간을 끌었습니다. 이에 서희는 고려와 송의 관계를 끊기 원하는 거란의 침입 의도를 파악하고, 적의 진영으로 가서 소손녕과

담판을 벌였습니다. 그 결과 고려는 송과 관계를 끊고 거란과 교류할 것을 약속했고, 압록강 동쪽의 강동 6주를 차지하게 되었습니다.

채점 기준	답안 내용	배점
(1), (2)를 모두 바르게 쓴 경우		7
(1), (2) 중 한 가지만 바르게 쓴 경우		4

5 **예시 답안** 고려가 가진 문제가 너무 많아서 일부를 고쳐서는 해결할 수 없소. 임금도 문제가 있으니 모든 것을 새롭게 시작해야 하오.

풀이 신진 사대부들마다 고려 말의 어지러운 상황을 해결하고자 하는 방법이 달랐습니다. 정몽주는 고려를 유지하면서 개혁하려고 했고, 정도전은 고려를 대신해 이성계를 중심으로 한 새로운 왕조를 세우고자 했습니다.

채점 기준	답안 내용	배점
고려가 아닌 새로운 나라를 세우고자 했던 정도전의 주장과 일치하는 근거를 쓴 경우		5
'고려를 그대로 둔 상태에서는 문제를 해결할 수 없다.'라고 쓴 경우		2

6 **예시 답안** 크게 양인과 천인으로 나뉘었고 양인은 양반, 중인, 상민으로 구분되었습니다. / 사람들은 유교적 질서에 따라 주어진 신분에 맞게 생활했습니다.

풀이 신진 사대부들은 조선을 건국한 후 임금부터 백성들까지 모두 유교 질서에 따라 생활해야 한다고 생각했습니다. 조선 시대에는 태어날 때부터 신분이 정해져 있어 크게 양인과 천인으로 나뉘었습니다. 양인은 양반, 중인, 상민으로 구분되었고, 사람들은 유교적 질서에 따라 각 신분에 맞는 생활을 했습니다.

채점 기준	답안 내용	배점
두 가지 모두 바르게 쓴 경우		5
한 가지만 바르게 쓴 경우		2

┃ 채점 시 유의 사항 ┃ 주어진 신분에 따라 하는 일이 달랐다는 내용도 정답으로 합니다.

7 ❶ ㉠ 임진왜란, ㉡ 병자호란

❷ **예시 답안** 곽재우는 자신의 재산으로 의병을 모아 여러 전투에서 일본군과 싸워 이겼습니다. / 권율은 행주산성에서 관군, 의병, 승병과 힘을 합해 일본군을 물리치고 승리를 거뒀습니다.

풀이 의병의 신분은 양반에서 천민에 이르기까지 다양했습니다. 백성들은 자기 고장과 나라를 지키고자 적극적으로 의병에 참여했고 의병은 전국으로 확대되었습니다. 한편 명의 군대가 참전해 조선을 도왔습니다. 조선과 명의 연합군은 평양성에서 승리를 거둔 후 한양을 되찾으려고 이동했고, 이때 권율은 행주산성으로 군사를 이동시켜 전투를 준비했습니다.

채점 기준	답안 내용	배점
두 가지 모두 바르게 쓴 경우		3
한 가지만 바르게 쓴 경우		1

3 예시 답안 조선의 지배 세력이 명이 쇠퇴하고 청의 세력이 커지는 상황에서도 명을 섬기고 청을 배척했기 때문입니다.

채점 기준	답안 내용	배점
'명을 섬기고 청을 배척했기 때문이다.'라고 쓴 경우		5
'나라의 힘이 약했기 때문이다.'라고 쓴 경우		2

│ 채점 시 유의 사항 │ 강력해진 청의 세력에 대해 잘못된 판단을 했기 때문이라는 내용, 명이 도움을 주지 못했기 때문이라는 내용, 청이 너무 빠르게 쳐들어와서 군사적으로 대응하기 어려웠기 때문이라는 내용은 주어진 글을 통해 알 수 없으므로 2점으로 합니다.

2. 사회의 새로운 변화와 오늘날의 우리

연습! 서술형 평가   62~63쪽

1 ②

풀이 처음에는 붕당 간의 다양한 의견이 나라를 운영하는데 도움을 주었습니다.

1-1 예시 답안 정치를 안정시키는 역할을 했지만, 당파 간의 갈등을 근본적으로 해결하지는 못했습니다.

채점 기준	답안 내용	배점
역할과 한계점을 모두 바르게 쓴 경우		4
역할과 한계점 중 한 가지만 바르게 쓴 경우		2

2 ②, ④

풀이 ① 조선이 일본과 맺은 조약이었고, ③ 조선이 강화도 조약을 계기로 개항했습니다. ⑤ 조약을 체결하는 장소에 군인들을 이끌고 나온 나라는 일본이었습니다.

2-1 예시 답안 조선에 불리한 불평등 조약이었습니다.

채점 기준	답안 내용	배점
조선에 불리한 불평등 조약이었다고 쓴 경우		6
불평등 조약이었다고만 쓴 경우		3
외국과 맺은 조약이었다고만 쓴 경우		1

3 주이, 민우

풀이 을미사변은 1895년에 일어났고, 독립 협회는 1896년에 설립되었습니다. 강화도 조약은 독립 협회 설립 이전인 1876년에 체결되었습니다.

3-1 예시 답안 청의 사신을 맞이하던 영은문이 있던 자리 부근에 독립문을 세웠습니다.

채점 기준	답안 내용	배점
영은문이 있던 자리 부근에 독립문을 세웠다고 쓴 경우		6
독립을 위해 노력했다고만 쓴 경우		1

4 상하이

풀이 대한민국 임시 정부는 여러 지역에서 흩어져 싸우던 독립군을 모아 한국광복군을 창설해 일본과의 전쟁을 준비했습니다.

4-1 예시 답안 비밀 연락망을 조직하여 국내의 독립운동을 지휘했습니다. / 독립 자금을 모으고 다른 나라와의 외교 활동을 하며 독립운동을 펼쳤습니다. / 김구는 한인 애국단을 조직하고, 무력으로 일제에 저항했습니다.

채점 기준	답안 내용	배점
두 가지 모두 바르게 쓴 경우		4
한 가지만 바르게 쓴 경우		2
일본에 맞서 싸웠다고만 쓴 경우		1

5 ㉠ 5(오), ㉡ 10(십)

풀이 남한에서는 1948년 5월 10일에 국회 의원을 뽑는 첫 번째 민주 선거를 실시했고, 이 선거로 구성된 제헌 국회에서 헌법이 통과되었습니다.

5-1 예시 답안 대한민국 임시 정부의 전통을 이었습니다. / 우리 민족의 오랜 염원이었던 독립 정부를 수립했습니다.

채점 기준	답안 내용	배점
두 가지 모두 바르게 쓴 경우		6
한 가지만 바르게 쓴 경우		3
정부가 만들어졌다고만 쓴 경우		1

6 ⑤

풀이 6·25 전쟁이 일어나자 전쟁에 대비하지 못한 국군은 낙동강 이남까지 후퇴했습니다. 국제 연합은 북한에 침략 행위를 중지할 것을 요구했는데, 북한이 이를 거부하자 국제 연합은 미국을 중심으로 16개국이 참여한 국제 연합군을 남한에 파견했습니다. 인천 상륙 작전이 성공하면서 전쟁의 상황이 우리나라에 유리해졌습니다. 이후 국군과 국제 연합군은 압록강까지 진격했지만 중국군이 전쟁에 개입하면서 국군과 국제 연합군은 다시 한강 이남으로 후퇴했습니다.

6-1 예시 답안 국군과 국제 연합군은 평양을 비롯한 북한 지역의 대부분을 장악한 후 압록강까지 진격했습니다.

채점 기준	답안 내용	배점
북한 지역을 대부분 장악한 후 압록강까지 진격했다고 쓴 경우		4
북한과 전쟁을 계속했다고만 쓴 경우		2

1 예시 답안 임진왜란과 병자호란을 겪은 이후 백성의 생활은 더욱 어려워진 상황에서 기존의 학문이 사회 문제를 해결할 방법을 제시하지 못했습니다.

풀이 실학자들은 백성의 생활을 안정시키고 나라의 힘을 기를 수 있는 방법을 연구했습니다. 실학자들은 새로운 문물과 현실 문제에 관심을 두고 다양한 분야를 연구하며 사회가 발전하도록 노력했습니다.

채점 기준	답안 내용	배점
	기존의 학문이 사회 문제를 해결할 방법을 제시하지 못했다고 쓴 경우	5
	사회 문제에 관심이 많았다고만 쓴 경우	3

2 예시 답안 서양과 교류하지 않겠다는 의지를 널리 알리기 위해서입니다.

풀이 프랑스와 미국에 두 차례나 침략을 당한 이후 흥선 대원군은 한양과 전국 각지에 척화비를 세워 서양과 교류하지 않겠다는 의지를 널리 알리고 통상 수교 거부 정책을 강화했습니다. 하지만 조선이 더욱 발전하려면 다른 나라와 교류해야 한다고 주장하는 사람이 점차 늘어나고 있었습니다.

채점 기준	답안 내용	배점
	서양과 교류하지 않겠다는 의지를 전국에 널리 알리기 위해서라고 쓴 경우	7
	흥선 대원군의 의지를 널리 알리기 위해서라고만 쓴 경우	4
	백성들에게 외세가 침범하면 나가서 싸워야 함을 강조하기 위해서라고 쓴 경우	2

3 예시 답안 일본의 영향력은 축소되었고, 러시아의 영향력은 커지게 되었습니다.

채점 기준	답안 내용	배점
	일본의 영향력은 축소되었고, 러시아의 영향력은 커지게 되었다고 쓴 경우	7
	러시아의 영향력이 커지게 되었다고만 쓴 경우	4

4 ㉡, 예시 답안 궁궐을 포위한 상태에서 고종 황제의 거부에도

풀이 일제는 을사늑약을 체결해 대한 제국의 외교권을 빼앗았습니다. 을사늑약 체결 이후 고종 황제는 을사늑약이 무효임을 국제 사회에 알리고자 노력했으나 성과를 거두지 못했습니다. 이후 일제는 고종 황제를 강제로 물러나게 하고 대한 제국의 군대도 해산시켰습니다.

채점 기준	답안 내용	배점
	㉡을 쓰고, 고종 황제의 거부에 대한 내용을 쓴 경우	5
	㉡을 쓰고, '고종 황제의 허락을 받아 낸 후' 문장만 삭제해 '궁궐을 포위한 상태에서'만 쓴 경우	3

5 예시 답안 훼손되고 사라질 위기에 처하게 되었어.

채점 기준	답안 내용	배점
	훼손되고 사라질 위기에 처하게 되었다고 쓴 경우	7
	일부 사라졌다고만 쓴 경우	4

| **채점 시 유의 사항** | 우리의 민족정신이 사라질 위기에 처한 것이지 완전히 사라진 것은 아니기 때문에 완전히 사라졌다는 내용은 정답으로 인정하지 않습니다.

6 예시 답안 임시 정부를 구성하는 방법

채점 기준	답안 내용	배점
	임시 정부를 구성하는 방법이라고 쓴 경우	7
	한반도 문제를 처리하는 방법이라고만 쓴 경우	4

7 ❶ ㉡ → ㉠ → ㉣ → ㉢

❷ 인천 상륙 작전

풀이 국군과 국제 연합군은 북한군의 배후인 인천을 공격해 빼앗고 서울을 되찾았습니다.

❸ (1) 예시 답안 국토가 황폐해졌습니다. / 건물, 도로, 철도, 다리 등이 파괴되어 복구하는데 많은 시간과 비용이 들었습니다.

(2) 예시 답안 국군과 국제 연합군뿐만 아니라 많은 민간인이 다치거나 죽었습니다. / 부모를 잃은 전쟁고아와 이산가족이 수없이 생겨났습니다. / 피란을 가지 못한 사람 중에는 점령군이 바뀔 때마다 국군이나 북한군에게 도움을 줬다고 죽거나 고통을 당하는 경우가 많았습니다.

채점 기준	답안 내용	배점
	(1), (2)를 모두 바르게 쓴 경우	6
	(1), (2) 중 한 가지만 바르게 쓴 경우	3

실전! 서술형 평가
66~67쪽

1 예시 답안 아리, 탐구의 목표와 내용이 분명하게 드러나 있기 때문입니다.

채점 기준 답안 내용	배점
아리를 고르고, 탐구의 목표와 내용이 분명하게 드러나 있기 때문이라고 쓴 경우	5
아리만 고른 경우	3

2 예시 답안 모래의 양, 페트병 연결부의 구멍 크기, 페트병의 기울기

채점 기준 답안 내용	배점
모래시계의 측정 시간에 영향을 주는 조건을 두 가지 모두 타당하게 쓴 경우	7
모래시계의 측정 시간에 영향을 주는 조건을 한 가지만 타당하게 쓴 경우	4

3 예시 답안 탐구 기간, 탐구 장소, 준비물, 탐구 순서, 역할 분담

풀이 탐구 계획을 세울 때에는 탐구 기간, 탐구 장소, 준비물, 탐구 순서, 역할 분담 등의 내용이 들어가야 합니다.

채점 기준 답안 내용	배점
탐구 계획을 세울 때 꼭 들어가야 할 내용을 두 가지 이상 옳게 쓴 경우	5
탐구 계획을 세울 때 꼭 들어가야 할 내용을 한 가지만 옳게 쓴 경우	3

4 예시 답안 모래의 무게가 무거울수록 모래가 떨어지는 데 걸린 시간은 길어집니다.

풀이 그 밖에 모래의 무게가 40 g 늘어나면 모래가 떨어지는 데 걸린 시간은 약 10초 길어집니다.

채점 기준 답안 내용	배점
실험 결과를 통해 알 수 있는 사실을 타당하게 쓴 경우	5

5 ❶ 예시 답안 탐구 문제를 해결할 수 없습니다.

❷ 예시 답안 모래시계로 측정한 시간이 1분보다 짧아 탐구 문제를 해결할 수 없기 때문입니다.

채점 기준 답안 내용	배점
탐구 문제를 해결할 수 없는 까닭을 타당하게 쓴 경우	3

❸ 예시 답안 페트병에 넣는 모래의 양을 늘려야 합니다.

채점 기준 답안 내용	배점
새로운 해결 방법을 타당하게 쓴 경우	4

6 예시 답안 원인: 페트병에 넣은 모래의 양이 적기 때문입니다. 해결 방법: 페트병에 모래를 더 넣습니다.

채점 기준 답안 내용	배점
원인과 해결 방법을 모두 타당하게 쓴 경우	7
원인만 타당하게 쓴 경우	4
해결 방법만 타당하게 쓴 경우	3

7 예시 답안 탐구 문제 정하기 → 탐구 계획 세우기 → 탐구 실행하기 → 탐구 결과 발표하기

채점 기준 답안 내용	배점
탐구 과정을 4단계로 옳게 쓴 경우	5
탐구 과정을 4단계로 썼으나 그 순서가 1~2개만 맞은 경우	2

2. 생물과 환경

연습! 서술형 평가
68~69쪽

1 민준

풀이 곰팡이는 죽은 생물이나 배출물을 분해하여 양분을 얻는 생물이며, 메뚜기는 다른 생물을 먹이로 하여 살아가는 동물입니다.

1-1 예시 답안 생산자는 햇빛을 이용하여 살아가는 데 필요한 양분을 만드는 생물입니다. 소비자는 스스로 양분을 만들지 못하고, 다른 생물을 먹이로 하여 살아가는 생물입니다.

채점 기준 답안 내용	배점
생산자, 소비자를 모두 옳게 쓴 경우	4
생산자, 소비자 중 한 가지만 옳게 쓴 경우	2

2 ㉠ 먹이 사슬, ㉡ 먹이 그물

풀이 생태계의 생물은 서로 먹고 먹히는 관계에 있습니다.

2-1 예시 답안 먹이 사슬은 생태계에서 생물의 먹이 관계가 사슬처럼 연결되어 있는 것을 말합니다. 먹이 그물은 생태계에서 여러 개의 먹이 사슬이 얽혀 그물처럼 연결되어 있는 것을 말합니다.

채점 기준 답안 내용	배점
먹이 사슬과 먹이 그물에 대하여 모두 옳게 쓴 경우	4
먹이 사슬과 먹이 그물 중 한 가지만 옳게 쓴 경우	2

3 ㉡

풀이 생물의 수나 양은 (라)>(다)>(나)>(가) 순입니다.

3-1 예시 답안 ㉠, ㉡, ㉢의 수가 일시적으로 줄어듭니다.

채점 기준 답안 내용	배점
㉣의 양이 갑자기 줄어들었을 때 ㉠, ㉡, ㉢의 수도 일시적으로 줄어든다고 쓴 경우	4
㉢의 수만 줄어든다고 쓴 경우	2

정답과 풀이

과학

4 ㉠ 햇빛, ㉡ 흙

풀이 햇빛은 식물이 양분을 만드는 데 필요하며, 동물의 번식 시기에 영향을 미치기도 합니다. 흙은 생물이 살아가는 장소를 제공해 주고, 식물은 흙에서 자라는 데 필요한 물과 양분을 얻습니다.

4-1 **예시 답안** 햇빛은 식물이 양분을 만드는 데 필요하며, 동물의 번식 시기에 영향을 미치기도 합니다. 물은 생물이 생명을 유지하는 데 반드시 필요합니다.

채점 기준	답안 내용	배점
햇빛과 물이 생물에 주는 영향을 모두 옳게 쓴 경우		4
햇빛과 물 중 한 가지만 옳게 쓴 경우		2

5 (1) 선인장 (2) 철새 (3) 선인장

풀이 선인장의 굵은 줄기와 뾰족한 가시는 건조한 환경에 적응된 특징이며, 철새의 다른 지역으로 이동하는 행동은 계절별 온도 차가 큰 환경에 적응된 특징입니다.

5-1 **예시 답안** 선인장의 굵은 줄기와 뾰족한 가시는 건조한 환경에 적응된 특징이며, 철새의 다른 지역으로 이동하는 행동은 계절별 온도 차가 큰 환경에 적응된 특징입니다.

채점 기준	답안 내용	배점
선인장과 철새가 환경에 적응한 특징을 모두 옳게 쓴 경우		4
선인장과 철새 중 한 가지만 환경에 적응한 특징을 옳게 쓴 경우		2

6 (1) ×

풀이 토양이 사막화되면 식물이 잘 자라지 못하거나 죽기도 합니다.

6-1 **예시 답안** 환경이 오염되면 그곳에 살고 있는 생물의 종류와 수가 줄거들거나 생물이 멸종되기도 합니다.

채점 기준	답안 내용	배점
환경 오염이 생물에 미치는 영향을 타당하게 쓴 경우		4

실전! 서술형 평가
70~71쪽

1 분해자, **예시 답안** 곰팡이는 죽은 생물이나 배출물을 분해하여 양분을 얻습니다.

채점 기준	답안 내용	배점
분해자라고 쓰고, 곰팡이가 양분을 얻는 방법을 옳게 쓴 경우		5
곰팡이가 양분을 얻는 방법만 옳게 쓴 경우		3
분해자라고만 쓴 경우		2

2 **예시 답안** 어느 한 종류의 먹이가 부족해지더라도 다른 먹이를 먹고 살 수 있으므로 여러 생물이 함께 살아가기에 유리합니다.

채점 기준	답안 내용	배점
먹이 그물의 유리한 점을 옳게 쓴 경우		5

3 ❶ **예시 답안** 먹이 단계에 따라 생물의 수나 양을 아래에서부터 쌓아 올리면 먹이 단계가 위로 올라갈수록 줄어드는 피라미드 모양을 이룹니다.

채점 기준	답안 내용	배점
피라미드 모양이 이루어진 까닭에 대해 옳게 쓴 경우		3

❷ (1) ㉢ (2) ㉡ (3) ㉠

❸ **예시 답안** 일시적으로 생산자의 수나 양은 줄어들고, 2차 소비자의 수는 늘어납니다.

채점 기준	답안 내용	배점
생산자, 2차 소비자의 생물의 수 또는 양의 변화를 모두 옳게 쓴 경우		4
생산자와 2차 소비자의 생물의 수, 양의 변화 중 한 가지만 옳게 쓴 경우		2

4 **예시 답안** ⑺는 햇빛이 들지 않는 곳에서 물을 주지 않은 것이고, ⑻는 햇빛이 잘 드는 곳에서 물을 준 것입니다.

풀이 콩나물이 자라는 데 햇빛과 물이 모두 영향을 줍니다.

채점 기준	답안 내용	배점
⑺ 페트병과 ⑻ 페트병의 실험 조건을 모두 옳게 쓴 경우		7
⑺ 페트병과 ⑻ 페트병 중 한 가지만 옳게 쓴 경우		4

5 **예시 답안** 몸을 공처럼 오므리는 행동을 통해 적의 공격으로부터 몸을 보호하기 유리하게 적응되었습니다.

채점 기준	답안 내용	배점
공벌레가 환경에 적응한 생활 방식을 옳게 쓴 경우		5

6 **예시 답안** 가늘고 길쭉한 생김새를 통해 나뭇가지가 많은 주변 환경에서 적으로부터 몸을 숨기기 유리하게 적응되었습니다.

채점 기준	답안 내용	배점
대벌레가 환경에 적응한 생김새를 옳게 쓴 경우		5

7 **예시 답안** 쓰레기 배출, 쓰레기를 분리배출 합니다.

채점 기준	답안 내용	배점
그림의 환경 오염을 일으키는 원인을 한 가지 쓰고, 생태계 보전을 위해 할 수 있는 일을 한 가지 쓴 경우		7
그림의 환경 오염을 일으키는 원인만 쓰거나 생태계 보전을 위해 할 수 있는 일만 쓴 경우		4

3. 날씨와 우리 생활

1 (4) ×

풀이 감기와 같은 호흡기 질환은 습도가 낮을 때에 생기기 쉽습니다.

1-1 **예시 답안** 곰팡이가 잘 핍니다. 음식물이 쉽게 부패합니다.

풀이 그 밖에 빨래가 잘 마르지 않습니다.

채점 기준	답안 내용	배점
습도가 높은 날씨가 우리 생활에 미치는 영향 두 가지를 타당하게 쓴 경우		4
습도가 높은 날씨가 우리 생활에 미치는 영향을 한 가지만 타당하게 쓴 경우		2

2 (1) ○ (3) ○ (4) ○

풀이 이슬과 안개는 모두 응결에 의해 나타나는 현상입니다.

2-1 **예시 답안** 공기 중 수증기가 물방울로 변하는 것으로, 응결에 의하여 나타나는 현상입니다.

채점 기준	답안 내용	배점
이슬과 안개의 공통점을 응결에 의한 현상이라고 쓰거나 공기 중 수증기가 물방울로 변한 것이라고 쓴 경우		4

3 (3) ○ (4) ○

풀이 구름은 공기가 위로 올라가 차가워지면 공기 중 수증기가 응결해 물방울이 되거나 얼음 알갱이 상태로 변해 하늘에 떠 있는 것입니다.

3-1 **예시 답안** 공기가 지표면에서 하늘로 올라가면서 부피가 점점 커지고 온도는 점점 낮아집니다. 이때 공기 중 수증기가 응결해 물방울이 되거나 얼음 알갱이 상태로 변해 하늘에 떠 있는 것이 구름입니다.

채점 기준	답안 내용	배점
구름이 만들어지는 과정을 옳게 쓴 경우		4
구름이 만들어지는 과정을 썼으나 설명이 미흡한 경우		2

4 ⓒ

풀이 차가운 공기는 따뜻한 공기보다 일정한 부피에 공기의 양이 더 많아 무겁고 기압이 더 높습니다.

4-1 **예시 답안** 차가운 공기는 따뜻한 공기보다 일정한 부피에 공기의 양이 더 많아 무겁습니다.

채점 기준	답안 내용	배점
일정한 부피에 공기의 양을 이용하여 차가운 공기와 따뜻한 공기의 무게를 비교한 경우		6

5 높습니다

5-1 **예시 답안** 낮에는 육지의 온도가 바다의 온도보다 높고, 밤에는 육지의 온도가 바다의 온도보다 낮습니다.

채점 기준	답안 내용	배점
낮과 밤의 육지와 바다의 온도 변화를 옳게 비교하여 쓴 경우		6
낮과 밤의 육지와 바다의 온도 변화를 한 가지만 옳게 쓴 경우		3

6 ⓒ

풀이 해풍은 낮에는 육지가 바다보다 온도가 높으므로 육지 위는 저기압, 바다 위는 고기압이 되어 부는 바람입니다.

6-1 **예시 답안** 낮에는 육지가 바다보다 온도가 높으므로 육지 위는 저기압, 바다 위는 고기압이 되기 때문에 바다에서 육지로 바람이 붑니다.

채점 기준	답안 내용	배점
바닷가에서 낮에 해풍이 부는 까닭을 옳게 쓴 경우		4
바닷가에서 낮에 해풍이 부는 까닭을 썼지만 설명이 미흡한 경우		2

1 **예시 답안** 건구 온도계는 헝겊을 싸지 않은 온도계로, 기온을 측정합니다. 습구 온도계는 알코올 온도계 액체샘을 헝겊으로 감싼 뒤에 헝겊의 아랫부분이 물에 잠기도록 한 온도계입니다.

채점 기준	답안 내용	배점
건구 온도계와 습구 온도계의 특징을 모두 옳게 쓴 경우		5
건구 온도계와 습구 온도계의 특징 중 한 가지만 옳게 쓴 경우		3

2 **예시 답안** 공기 중 수증기가 안경알 표면에서 응결했기 때문입니다.

채점 기준	답안 내용	배점
공기 중 수증기가 응결하여 나타나는 현상이라고 쓴 경우		5
응결했기 때문이라고만 쓴 경우		3

3 ❶ **예시 답안** 안개와 이슬이 만들어지는 현상과 비슷합니다.

채점 기준	답안 내용	배점
안개와 이슬이 만들어지는 현상과 비슷하다고 쓴 경우		3

❷ **예시 답안** 통 안이 뿌옇게 흐려집니다.

채점 기준	답안 내용	배점
통 안이 뿌옇게 흐려진다고 쓰거나 통 안 수증기가 응결하여 떠 있다고 쓴 경우		3

❸ **예시 답안** 투명 반구의 얼음으로 인해 통 안 온도가 낮아지면서 수증기가 응결하여 물방울로 떠 있기 때문입니다.

채점 기준	답안 내용	배점
통 안쪽 온도가 낮아지면서 수증기가 응결한다는 내용이 포함되어 있는 경우		4
통 안쪽 온도가 낮아진다고만 쓰거나 수증기가 응결한다고만 쓴 경우		2

정답과 풀이

과학

4 ㈎ 플라스틱 통, 〔예시 답안〕 차가운 공기가 따뜻한 공기보다 무겁습니다.

〔풀이〕 공기도 무게가 있으며, ㈎ 플라스틱 통의 무게가 더 무거운 것을 통해 차가운 공기가 따뜻한 공기보다 무겁다는 것을 알 수 있습니다.

채점 기준	답안 내용	배점
㈎ 플라스틱 통을 고르고, 실험을 통해 알 수 있는 사실을 옳게 쓴 경우		7
실험을 통해 알 수 있는 사실만 옳게 쓴 경우		4
㈎ 플라스틱 통만 고른 경우		3

5 〔예시 답안〕 모래는 물에 비하여 빠르게 데워지고 빠르게 식으며, 물은 모래에 비하여 천천히 데워지고 천천히 식기 때문입니다.

채점 기준	답안 내용	배점
모래는 물에 비하여 빠르게 데워지고 빠르게 식는다고 쓰거나 물은 모래에 비하여 천천히 데워지고 천천히 식는다고 쓴 경우		5

6 〔예시 답안〕 육지와 바다는 낮과 밤에 데워지고 식는 정도가 다르기 때문입니다.

〔풀이〕 바닷가에서 낮에는 육지가 바다보다 온도가 높고, 밤에는 바다가 육지보다 온도가 높습니다. 따라서 낮에는 바다 위가 고기압이 되어 해풍이 불고, 밤에는 육지 위가 고기압이 되어 육풍이 붑니다.

채점 기준	답안 내용	배점
육지와 바다는 낮과 밤에 데워지고 식는 정도가 다르다고 쓴 경우		5

7 〔예시 답안〕 봄과 가을에는 남서쪽 대륙에서 이동해 오는 따뜻하고 건조한 공기 덩어리의 영향으로 날씨가 따뜻하고 건조합니다.

채점 기준	답안 내용	배점
날씨의 특징을 공기 덩어리의 성질과 관련지어 옳게 쓴 경우		5

🔘 4. 물체의 운동

연습! 서술형 평가 76~77쪽

1 이동 거리

1-1 〔예시 답안〕 물체의 운동은 물체가 이동하는 데 걸린 시간과 이동 거리로 나타냅니다.

채점 기준	답안 내용	배점
물체의 운동을 나타내는 방법을 걸린 시간과 이동 거리를 모두 포함하여 쓴 경우		4
걸린 시간과 이동 거리 중 한 가지만 쓴 경우		2

2 (2) ×

2-1 〔예시 답안〕 롤러코스터는 내리막길에서 점점 빨라지고, 오르막길에서 점점 느려지는 운동을 합니다.

채점 기준	답안 내용	배점
롤러코스터를 내리막길에서와 오르막길에서의 운동으로 구분하여 빠르기와 관련지어 옳게 쓴 경우		4
롤러코스터의 내리막길에서의 운동만 쓰거나 오르막길에서의 운동만 쓴 경우		2

3 (1) ○

3-1 〔예시 답안〕 일정한 거리를 이동하는 데 걸린 시간을 기록하여 비교합니다.

채점 기준	답안 내용	배점
일정한 거리를 이동하는 데 걸린 시간을 기록하여 비교한다고 쓴 경우		4
걸린 시간으로 비교한다고만 쓴 경우		2

4 (1) ○

〔풀이〕 시안이의 자동차가 가장 느립니다. 일정한 시간 동안 가장 긴 거리를 이동한 자동차가 가장 빠릅니다.

4-1 〔예시 답안〕 이동한 거리가 다른 물체의 빠르기는 일정한 시간 동안 이동한 거리로 비교합니다.

채점 기준	답안 내용	배점
일정한 시간 동안 이동한 거리로 비교한다고 쓴 경우		4

5 (1) 4 (2) 5

〔풀이〕 희진이의 속력은 40 m÷10초=4 m/s이고, 철민이의 속력은 100 m÷20초=5 m/s입니다.

5-1 〔예시 답안〕 속력은 물체의 이동 거리를 걸린 시간으로 나누어 구합니다.

〔풀이〕 속력은 물체의 빠르기를 나타내는 한 가지 방법으로 일상생활에서 이동 거리와 걸린 시간이 모두 다른 물체의 빠르기는 속력으로 나타내면 편리하게 비교할 수 있습니다.

채점 기준	답안 내용	배점
속력을 구하는 방법을 이동 거리와 걸린 시간을 모두 포함하여 옳게 쓴 경우		4
속력을 구할 때 이동 거리와 걸린 시간이 필요하다고만 쓴 경우		2

6 ㉠

6-1 〔예시 답안〕 횡단보도를 건널 때 도로 좌우를 살핍니다. 도로 주변에서 공은 공 주머니에 넣고 다닙니다.

채점 기준	답안 내용	배점
도로 주변에서 지켜야 할 교통안전 수칙 두 가지를 모두 타당하게 쓴 경우		4
도로 주변에서 지켜야 할 교통안전 수칙을 한 가지만 타당하게 쓴 경우		2

실전! 서술형 평가 78~79쪽

1 [예시 답안] 자전거, 자동차, 할머니, 1초 동안 위치가 변했기 때문입니다.

채점 기준	답안 내용	배점
1초 동안 운동한 물체를 두 가지 모두 옳게 쓰고, 위치가 변했기 때문이라고 쓴 경우		5
위치가 변했기 때문이라고만 쓴 경우		3
1초 동안 운동한 물체만 두 가지 옳게 쓴 경우		2

2 [예시 답안] 일정한 거리를 이동하는 데 걸린 시간으로 빠르기를 비교합니다.

채점 기준	답안 내용	배점
일정한 거리를 이동하는 데 걸린 시간으로 빠르기를 비교한다고 쓴 경우		7
걸린 시간으로 빠르기를 비교한다고만 쓴 경우		3

3 김지윤 [예시 답안] 일정한 거리를 이동하는 데 가장 짧은 시간이 걸렸기 때문입니다.

[풀이] 일정한 거리를 이동하는 데 짧은 시간이 걸린 선수가 긴 시간이 걸린 선수보다 더 빠릅니다.

채점 기준	답안 내용	배점
김지윤을 옳게 고르고, 그 까닭을 옳게 쓴 경우		7
일정한 거리를 이동하는 데 가장 짧은 시간이 걸렸기 때문이라고만 쓴 경우		4
김지윤만 옳게 고른 경우		3

4 [예시 답안] 일정한 시간 동안 긴 거리를 이동한 물체가 짧은 거리를 이동한 물체보다 더 빠릅니다.

[풀이] 물체의 이동 거리가 다를 때 물체의 빠르기는 일정한 시간 동안 긴 거리를 이동한 물체가 짧은 거리를 이동한 물체보다 빠릅니다.

채점 기준	답안 내용	배점
일정한 시간 동안 긴 거리를 이동한 물체가 더 빠르다고 쓴 경우		5

5 ❶ 80

[풀이] 파란색 자동차는 3시간 동안 240 km를 이동하므로 속력은 240 km÷3h=80 km/h입니다.

❷ 60

[풀이] 버스는 1시간 동안 60 km를 이동하므로 속력은 60 km÷1h=60 km/h입니다.

❸ [예시 답안] 파란색 자동차의 속력은 80 km/h이고 버스의 속력은 60 km/h이므로 파란색 자동차가 더 빠릅니다.

채점 기준	답안 내용	배점
파란색 자동차가 더 빠르다고 쓴 경우		4

6 [예시 답안] 1시간 동안에 15 km를 이동할 수 있는 빠르기입니다.

[풀이] 물체의 속력을 나타낼 때에는 속력의 크기와 속력의 단위를 함께 씁니다.

채점 기준	답안 내용	배점
속력의 뜻을 옳게 쓴 경우		5

7 에어백 [예시 답안] 충돌 사고에서 탑승자의 몸에 가해지는 충격을 줄여 줍니다.

채점 기준	답안 내용	배점
에어백이라고 쓰고, 에어백의 기능을 옳게 쓴 경우		7
에어백의 기능만 옳게 쓴 경우		4
에어백이라고만 쓴 경우		3

🔵 5. 산과 염기

연습! 서술형 평가 80~81쪽

1 ㉡

[풀이] 용액의 예쁜 정도는 객관적인 기준이 아니므로 분류 기준이 될 수 없습니다.

1-1 [예시 답안] 투명한가?, 색깔이 있는가?, 흔들었을 때 거품이 3초 이상 유지되는가?

채점 기준	답안 내용	배점
분류 기준을 옳게 쓴 경우		4

2 (3) ○

[풀이] 붉은색 리트머스 종이에 산성 용액을 떨어뜨리면 변화가 없으며, 리트머스 종이를 이용하면 산성 용액과 염기성 용액을 분류할 수 있습니다.

2-1 [예시 답안] 붉은색 리트머스 종이가 푸른색으로 변합니다.

채점 기준	답안 내용	배점
붉은색 리트머스 종이가 푸른색으로 변한다고 옳게 쓴 경우		4

3 (1) ㉢ (2) ㉠, ㉡

[풀이] 빨랫비누 물과 석회수에 붉은 양배추 지시약을 떨어뜨리면 푸른색이나 노란색 계열로 변하고, 묽은 염산에 붉은 양배추 지시약을 떨어뜨리면 붉은색 계열로 변합니다.

3-1 예시 답안 푸른색이나 노란색 계열의 색깔로 변합니다.
풀이 페놀프탈레인 용액을 떨어뜨렸을 때에 붉은색으로 변하는 용액은 염기성 용액입니다. 염기성 용액에 붉은 양배추 지시약을 떨어뜨리면 푸른색이나 노란색 계열의 색깔로 변합니다.

채점 기준 답안 내용	배점
푸른색이나 노란색 계열로 변한다고 옳게 쓴 경우	6
푸른색 계열 또는 노란색 계열이라고만 쓴 경우	3

4 (1) 산성 (2) 염기성 (3) 염기성

4-1 예시 답안 기포가 발생하면서 대리석 조각이 녹습니다.

채점 기준 답안 내용	배점
기포가 발생하면서 대리석 조각이 녹는다고 옳게 쓴 경우	6
기포가 발생한다 또는 대리석 조각이 녹는다고만 쓴 경우	3

5 (1) ○ (3) ○

5-1 예시 답안 염기성 용액에 산성 용액을 넣을수록 염기성이 점점 약해집니다.

채점 기준 답안 내용	배점
염기성 용액에 산성 용액을 넣을수록 염기성이 점점 약해진다고 옳게 쓴 경우	6
염기성이 점점 약해진다고만 쓴 경우	3

6 ㉢
풀이 표백제와 속이 쓰릴 때 먹는 제산제는 염기성 용액입니다.

6-1 예시 답안 염기성인 제산제가 위액의 산성을 약하게 하여 속 쓰림이 줄어들기 때문입니다.

채점 기준 답안 내용	배점
염기성인 제산제가 위액의 산성을 약하게 하여 속 쓰림이 줄어들기 때문이라고 옳게 쓴 경우	4
속 쓰림이 줄어들기 때문이라고만 쓴 경우	2

실전! 서술형 평가
82~83쪽

1 (1) 예시 답안 색깔이 있는가?
(2) 예시 답안 색깔이 있는 용액: 주스, 콜라, 우유, 색깔이 없는 용액: 물

채점 기준 답안 내용	배점
(1)과 (2)를 모두 타당하게 쓴 경우	7
(1)만 타당하게 쓴 경우	4

2 (1) 예시 답안 색깔이 변하지 않습니다.
풀이 페놀프탈레인 용액을 떨어뜨리면 붉은색으로 변하는 용액은 염기성 용액입니다.
(2) 예시 답안 푸른색으로 변합니다.

채점 기준 답안 내용	배점
(1)과 (2)를 모두 옳게 쓴 경우	7
(1)과 (2) 중 한 가지만 옳게 쓴 경우	4

3 (1) 붉은색
(2) 예시 답안 푸른색 리트머스 종이를 붉은색으로 변화시키고 페놀프탈레인 용액을 떨어뜨리면 색깔이 변하지 않는 용액은 산성 용액이기 때문에 붉은 양배추 지시약을 떨어뜨리면 붉은색 계열의 색깔로 변합니다.

채점 기준 답안 내용	배점
(1)과 (2)를 모두 옳게 쓴 경우	7
(2)만 옳게 쓴 경우	4
(1)만 옳게 쓴 경우	3

4 ㉢, 예시 답안 페놀프탈레인 용액을 떨어뜨리면 색깔이 변하지 않습니다.

채점 기준 답안 내용	배점
기호를 옳게 고르고, 바르게 고쳐 쓴 경우	5
기호만 옳게 고른 경우	3

5 예시 답안 요구르트는 산성 용액이고, 치약은 염기성 물질입니다.

채점 기준 답안 내용	배점
요구르트와 치약의 성질을 모두 옳게 쓴 경우	7
요구르트와 치약의 성질을 한 가지만 옳게 쓴 경우	4

6 (1) 예시 답안 생선을 손질한 도마를 식초로 닦아 냅니다.
(2) 예시 답안 속이 쓰릴 때 제산제를 먹습니다.

채점 기준 답안 내용	배점
(1)과 (2)를 모두 옳게 쓴 경우	7
(1)과 (2) 중 한 가지만 옳게 쓴 경우	4

7 ❶ ㉡, ㉢, ㉣, ㉠
❷ 예시 답안 염기성이 점점 약해집니다.

채점 기준 답안 내용	배점
염기성이 점점 약해진다고 옳게 쓴 경우	3

❸ 예시 답안 염기성을 띠는 물질과 산성을 띠는 물질이 서로 짝을 맞추면서 각각의 성질을 잃어버리기 때문입니다.

채점 기준 답안 내용	배점
염기성을 띠는 물질과 산성을 띠는 물질이 서로 짝을 맞추면서 각각의 성질을 잃어버리기 때문이라고 옳게 쓴 경우	4
염기성을 띠는 물질과 산성을 띠는 물질이 만났기 때문이라고만 쓴 경우	2